高职高专机电类专业统编教材
全国水利水电高职教研会组编

机械制造基础

主　编　单冬敏　张兰芳　杨化书
主　审　胡修池　梁建和

黄河水利出版社

内容提要

本书是高职高专机电类专业统编教材，是根据全国水利水电高职教研会制定的《机械制造基础》课程教学大纲编写完成的。全书共分12章，主要介绍工程材料的性能、金属材料的结构与结晶、钢的热处理、工程材料的性能及其应用、公差配合与技术测量基础、铸造、锻压、焊接和金属切削加工基础等。各章前都编写了学习指导，明确基本内容、重点和难点，适当介绍学习方法。部分重点章增加技能训练内容。

本书可作为高职高专机械类和近机类专业教材，也可供有关工程技术人员参考。

图书在版编目(CIP)数据

机械制造基础/单冬敏，张兰芳，杨化书主编．—郑州：黄河水利出版社，2009.1

高职高专机电类专业统编教材

ISBN 978－7－80734－503－9

Ⅰ.机… Ⅱ.①单… ②张… ③杨… Ⅲ.机械制造－高等学校：技术学校－教材 Ⅳ.TH

中国版本图书馆CIP数据核字(2008)第203109号

组稿编辑：王路平　电话：0371－66022212　E-mail：hhslwlp@126.com
简　群　66026749　W_JQ001@126.com

出 版 社：黄河水利出版社
地址：河南省郑州市金水路11号　邮政编码：450003
发行单位：黄河水利出版社
发行部电话：0371－66026940、66020550、66028024、66022620(传真)
E-mail：hhslcbs@126.com
承印单位：黄委会设计院印刷厂
开本：787 mm×1 092 mm　1/16
印张：18
字数：420千字　印数：1—4 100
版次：2009年1月第1版　印次：2009年1月第1次印刷

定价：32.00元

前　言

本书是根据教育部《关于加强高职高专教育人才培养工作意见》和《面向21世纪教育振兴行动计划》等文件精神,以及由全国水利水电高职教研会拟定的教材编写规划,报水利部批准,由全国水利水电高职教研会组织编写的机电类专业统编教材。

机械制造基础是高职高专机械类和近机类专业的一门重要的技术基础课,具有很强的实践性。为适应高职高专培养应用型人才的要求,本书坚持以应用为目的,以必须够用为度的原则,力求理论与实践相结合,密切联系生产实际,避免深奥的理论阐述,注重对学生基本技能训练和综合分析能力的培养;叙述力求清楚易懂、详略得当。本书有以下特色:

(1)注意结合生产实际和应用技术的发展。如在第四章列出了汽车和机床主要零件的选材实例,增加了近年来应用较多的塑料模具钢的内容。

(2)各章前都编写了学习指导,明确基本内容、重点和难点,适当介绍学习方法。

(3)部分重点章增加技能训练内容。如在第三章增加了碳钢的热处理技能训练,在第六章增加了量块的使用和用比较仪测量轴直径等技能训练内容。通过技能训练巩固理论知识,提高学生的动手能力。

本书主要适用于高职高专机械类和近机类专业,也可作为职业大学、业余大学、函授大学学生的教材及供有关工程技术人员参考。

本书编写人员及编写分工如下:黄河水利职业技术学院靳征昌编写第一、九章,黄河水利职业技术学院单冬敏编写第二、三、六章,黄河水利职业技术学院杨化书编写第四章,湖北水利水电职业技术学院张兰芳编写第五、十二章,黄河水利职业技术学院陈先锋编写第七、八章,浙江同济科技职业学院叶炬锋编写第十章,黄河水利职业技术学院陈艳艳编写第十一章。本书由单冬敏、张兰芳、杨化书担任主编,单冬敏负责统稿,由黄河水利职业技术学院胡修池、广西水利电力职业技术学院梁建和担任主审。

本书在编写过程中得到各位编者所在学校领导、老师的大力支持,并参考了有关文献和资料,在此一并表示衷心的感谢。

由于编者水平有限,且时间仓促,书中缺点和错误在所难免,恳请广大师生、读者批评指正。

编　者

2008年10月

目　录

第一章　工程材料的性能

学习指导

工程方面使用的材料称为工程材料，按属性可分为三类：金属材料、高分子材料和无机非金属材料。工程材料之所以能够在工程领域中得到广泛应用，是因为它具有良好的使用性能和优良的工艺性能。工艺性能指制造加工过程中反映出来的各种性能；使用性能又可分为力学性能、物理性能、化学性能。力学性能是本章的重点内容，要求熟悉几个主要的力学性能指标——屈服强度、抗拉强度、伸长率、断面收缩率、冲击韧性和疲劳强度的物理意义及常用符号。对工艺性能，只要求了解其概念，不是本章重点。

第一节　工程材料的力学性能

力学性能是材料在受外力作用时表现出来的性能，主要包括强度、塑性、硬度、韧性和疲劳性能等。

一、强度与塑性

金属材料抵抗塑性变形或断裂的能力称为强度。强度的大小通常用应力来表示，强度愈高，材料所能承受的载荷愈大。

根据载荷作用方式的不同，强度可分为抗拉强度、抗压强度、抗弯强度、抗剪强度和抗扭强度等。工程上常以屈服强度和抗拉强度作为强度指标。

抗拉强度是通过金属拉伸试验测定的，通常在拉伸试验机上进行。先将被测材料制成如图 1-1 所示的标准试样（参见 GB 6397—86《金属拉伸试验试样》），图中 d_0 为试样直径，l_0 为测定塑性用的标距长度。试验时，将圆柱形状光滑试样装夹在拉伸试验机上，沿试样轴向缓慢施加载荷，随着轴向拉伸力不断增加，试样被逐渐拉长，直至拉断。通过力与位移传感器可获得载荷（P）与试样伸长量（Δl）之间的关系曲线，称为拉伸曲线或 $P-\Delta l$ 曲线，如图 1-2(a)所示。

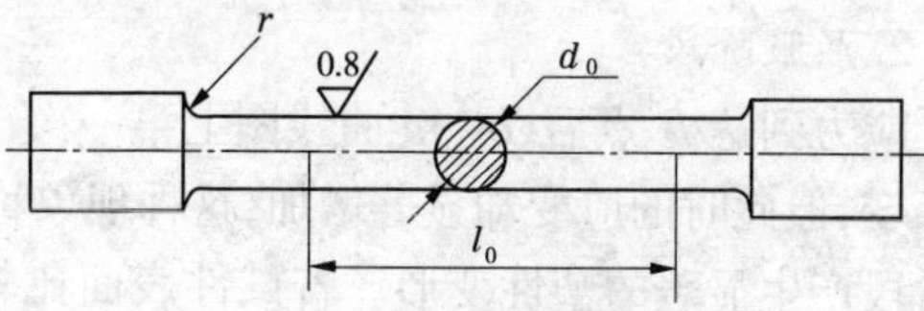

图 1-1　拉伸试样

若将纵坐标以应力 σ（$\sigma = P/A_0$，A_0 为试样原始截面积）表示，横坐标以应变 ε（$\varepsilon = \Delta l/l_0$，$l_0$ 为试样标距）表示，则这时的曲线与试样的尺寸无关，称为应力—应变曲线（$\sigma-\varepsilon$ 曲线），如图 1-2(b)所示。

通过拉伸试验可以揭示材料在静载荷作用下的力学行为，即弹性变形、塑性变形、断裂三个基本过程，还可以确定材料的最基本的力学性能指标——强度与塑性。

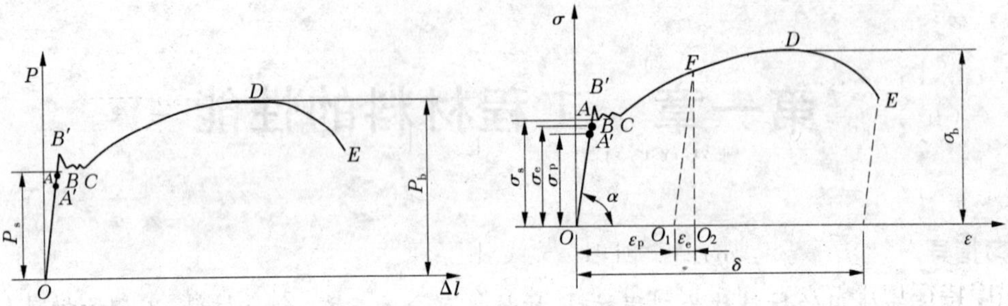

(a)拉伸曲线(P-Δl曲线)　　(b)应力—应变曲线(σ-ε曲线)

图 1-2　拉伸曲线

(一)低碳钢拉伸时的力学性质

由图 1-2(b)低碳钢的拉伸曲线可以看出,整个拉伸过程可分为弹性阶段、屈服阶段、强化阶段、颈缩阶段四个阶段。下面根据 $\sigma-\varepsilon$ 曲线讨论低碳钢拉伸时的力学性能。

1. 弹性阶段

这一阶段可分为两部分:开始段斜直线 OA'和微弯曲线 $A'A$。斜直线 OA'表示力 P 与伸长量 Δl 为线性关系,应力与应变也成正比变化,除去试验力后,试样将恢复到原始长度。此直线段的斜率即材料的弹性模量 E,即 $E=\sigma/\varepsilon$。它表征材料对弹性变形的抗力。其值越大,材料产生一定量的弹性变形所需要的应力越大,反映了材料内部原子间结合键的强弱。

直线最高点 A'的应力称为比例极限。当应力不超过比例极限 σ_p 时,材料服从虎克定律。例如 Q235 钢的比例极限 $\sigma_p \approx 200$ MPa。

当试件应力小于 A 点应力时,试件只产生弹性变形,A 点的应力 σ_e 是材料只产生弹性变形的最大应力,称弹性极限。若应力超过 σ_e,则试件除弹性变形外还产生塑性变形。由于弹性极限与比例极限数值接近,通常不作区分。

2. 屈服阶段

应力到达 B'点后,$\sigma-\varepsilon$ 曲线图上第一次出现倒退,由 B'点倒退至 B 点,而后应力几乎不变,但此时的应变却显著增加,这种现象称为屈服。曲线上的 $B'C$ 段称为屈服阶段,此阶段产生显著的塑性变形。若试件表面比较光滑,在试件表面出现与轴线约成 45°的一系列迹线。因为在 45°的斜截面上剪应力最大,所以这些迹线即是材料沿最大剪应力作用面发生滑移的结果,这些迹线称为滑移线。目前认为,金属材料塑性变形的产生即是由于金属晶体间滑移的结果。由于 B'点应力值不稳定,以数值比较稳定的 B 点应力 σ_s 作为材料屈服时的应力,称为屈服极限。Q235 钢的屈服极限 σ_s 大约为 235 MPa。

3. 强化阶段

试件内所有晶粒都发生一定程度滑移之后,屈服现象终止。要使试件继续变形,必须增加外力,这种现象称为材料强化。由屈服终止的 C 点到 D 点称为材料强化阶段,曲线 CD 段向右上方倾斜。强化阶段的变形绝大部分也是塑性变形,同时整个试件的横向尺寸明显缩小。D 点是 $\sigma-\varepsilon$ 曲线上的最高点,D 点的应力 σ_b 称为抗拉强度(或强度极限)。Q235 钢的抗拉强度为 400 MPa。

4. 颈缩阶段

D 点过后，试件局部显著变细，出现颈缩现象（见图 1-3）。由于“颈缩”，试件截面显著缩小，因此使试件继续变形所需的载荷反而减小，到达 E 点时试件断裂。

上述拉伸试验中出现的四个阶段，三个强度特征值（σ_p、σ_s、σ_b）即为低碳钢在静载拉伸中的主要强度性质。

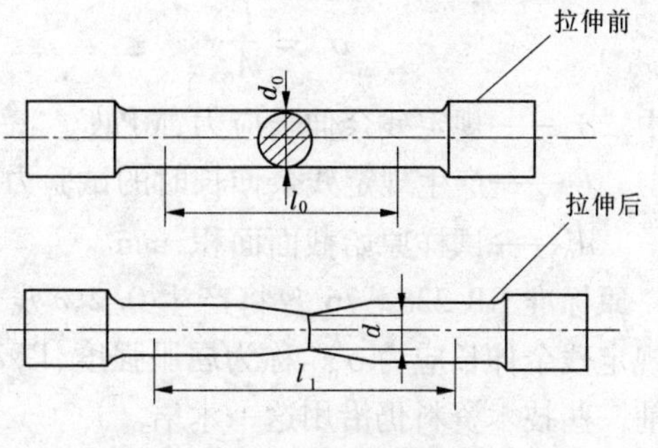

图 1-3　颈缩示意图

5. 卸荷与冷作硬化

如果将试件拉伸到超过弹性范围后的任一点，例如图 1-2(b)中的 F 点，然后逐渐撤力，在卸载过程中试件的应力、应变沿着与 OA'平行的直线返回到 O_1 点。这表明材料在卸载中应力增量与应变增量成直线关系，即 $\Delta\sigma = E\Delta\varepsilon$，这称为卸载定律。载荷全部卸掉后达到 O_1 点，这表明 OO_1 所代表的是不可消失的塑性应变 ε_p。

对有残余应变的试件重新加载，则应力应变基本上沿着方才的卸载直线 O_1F 上升，到 F 点后仍沿曲线 FDE 变化，直到断裂。这里看到，当 $\sigma = \sigma_s$ 时并不发生屈服，而是达到 F 点的应力后才出现塑性变形，所以，材料的比例极限提高了，而且断裂后的残余应变比原来的少了 OO_1 段。这种在常温下经过塑性变形后材料强度提高、塑性降低的现象，叫做冷作硬化。当某些构件对塑性的要求不高时，可利用它来提高材料的比例极限与屈服极限，例如对起重机的钢丝绳采用冷拔工艺，对某些型钢采用冷轧工艺均可收到这种效果。

（二）强度指标及其意义

在拉伸试验的各个阶段，都分别对应有典型的应力。常用的强度指标有屈服强度和抗拉强度，应重点掌握。

1. 屈服强度 σ_s

屈服强度也叫屈服点，是指材料产生屈服时的最小应力。在拉伸试验过程中，载荷不增加（保持恒定），试样仍能继续伸长时的应力称为屈服强度，用符号 σ_s 表示，计算公式如下

$$\sigma_s = \frac{P_s}{A_0} \tag{1-1}$$

式中　σ_s——屈服强度，MPa；

P_s——试样屈服时的最小载荷，N；

A_0——试样原始横截面面积，mm^2。

工业上使用的许多金属材料，在拉伸试验过程中，没有明显的屈服现象。例如图 1-4 所示灰铸铁的拉伸曲线表明灰铸铁无屈服现象。对于许多没有明显屈服现象的金属材料，用“规定残余伸长应力”作为相应的强度指标。

拉伸试验方法国家标准 GB 228—87 规定：当试样卸除拉伸力后，其标距部分的残余伸长达到规定的原始标距百分比时的应力，作为规定残余伸长应力（σ_r）。表示此应力的符号应附以角标说明，例如 $\sigma_{r0.2}$ 表示规定残余伸长率为0.2%时的应力。

$$\sigma_r = \frac{F_r}{A_0} \tag{1-2}$$

式中 σ_r——规定残余伸长应力，MPa；

F_r——产生规定残余伸长时的试验力，N；

A_0——试样原始截面面积，mm^2。

原标准 GB 228—76 曾将产生 0.2% 残余伸长率的规定残余伸长应力 $\sigma_{r0.2}$ 称为屈服强度，以 $\sigma_{0.2}$ 表示。目前一些技术资料仍沿用这一术语。

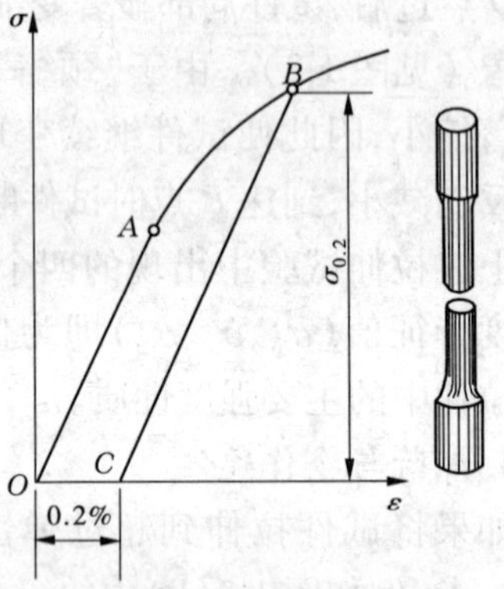

图 1-4 灰铸铁拉伸曲线

屈服强度 σ_s 和规定残余伸长应力 $\sigma_{0.2}$ 都是衡量金属材料塑性变形抗力的指标。机械零件在工作时如受力过大，则因过量的塑性变形而失效。当零件工作时所受的应力低于材料的屈服强度或规定的残余伸长应力，则不会产生过量的塑性变形。材料的屈服强度或规定的残余伸长应力越高，允许的工作应力也越高，则零件的截面尺寸及自身质量就可以减小。因此，材料的屈服强度或规定的残余伸长应力是机械零件设计的主要依据，也是评定金属材料性能的重要指标。

屈服强度是对材料组织、成分敏感的性能，可以通过热处理、合金化以及塑性变形等方法在很大范围内变化。提高材料的屈服强度往往是热处理、合金化以及塑性变形的主要目的之一。

2. 抗拉强度 σ_b

材料在拉伸过程中所能承受的最大载荷与原始截面面积之比称为抗拉强度（也称强度极限），用符号 σ_b 表示。计算公式如下

$$\sigma_b = \frac{P_b}{A_0} \tag{1-3}$$

式中 σ_b——抗拉强度，MPa；

P_b——试样承受的最大载荷，N；

A_0——试样原始横截面面积，mm^2。

由拉伸试验可见，对塑性材料来说，在载荷达到最大载荷 P_b 以前试样均匀变形，而在 P_b 以后变形将集中在颈部。抗拉强度表征材料对最大均匀塑性变形的抗力，是材料的主要力学性能指标之一。零件在工作中所承受的应力，不允许超过抗拉强度，否则会产生断裂。σ_b 也是机械零件设计和选材的重要依据。

（三）塑性指标及其应用

工程材料根据断裂前发生的塑性变形的大小分为两类：塑性材料和脆性材料。前者指断裂前产生较大塑性变形的材料，如低碳钢及铜、铝等金属；后者指断裂前塑性变形很小的材料，如铸铁、石料、玻璃等。低碳钢和铸铁是工程中广泛使用的两种典型材料。金属材料断裂前发生塑性变形的能力，称为塑性。塑性指标也是由拉伸试验测得的，常用伸长率和断面收缩率来表示。

1. 伸长率

试样拉断后，标距的伸长量与原始标距的百分比称为伸长率，以 δ 表示。

$$\delta = \frac{l_1 - l_0}{l_0} \times 100\% \qquad (1\text{-}4)$$

式中 l_0——试样原始标距长度,mm;

l_1——试样拉断后的标距长度,mm。

必须注意,伸长率的数值与试样尺寸有关,所以试验时应对所选定的试样尺寸做出规定,以便进行比较。如 $l_0=5d_0$ 时,用 δ_5 表示;$l_0=10d_0$ 时,用 δ_{10} 或 δ 表示。

一般认为,$\delta_{10} \geqslant 5\%$ 的材料为塑性材料,$\delta_{10} < 5\%$ 的材料为脆性材料。

2. 断面收缩率

试样拉断后,缩颈处横截面面积的缩减量与原始横截面面积的百分比称为断面收缩率,以 ψ 表示。

$$\psi = \frac{A_0 - A_1}{A_0} \times 100\% \qquad (1\text{-}5)$$

式中 A_0——试样的原始截面面积,mm^2;

A_1——试样拉断处的最小截面面积,mm^2。

δ 和 ψ 值愈大,材料的塑性愈好。良好的塑性不仅是金属材料进行轧制、锻造、冲压、焊接的必要条件,而且在使用时万一超载,由于产生塑性变形,能够避免突然断裂。塑性好的金属可以发生大量塑性变形而不破坏,也易于加工成复杂形状的零件。例如,工业纯铁的 δ 可达 50%,ψ 可达 80%,可以拉制细丝、轧制薄板等。灰铸铁 δ 几乎为零,所以不能进行塑性变形加工。

【例 1-1】 有一低碳钢拉伸试样,原直径为 10 mm、标距长为 100 mm,拉伸时在载荷为 21 000 N 时发生屈服,试样断裂前的最大载荷为 30 000 N,断裂后长度为 133 mm,断裂处最小直径为 6 mm,试计算 σ_s、σ_b、δ、ψ。

解:试样的直径 d_0 为 10 mm,标距长度 l_0 为 100 mm;断裂后试样断口直径 d_1 为 6 mm,试样拉断后的标距长度 l_1 为 133 mm。

计算试样原始横截面面积 A_0:$A_0 = (d_0/2)^2\pi = (10/2)^2 \times 3.14 = 78.5(mm^2)$

计算试样断裂处最小截面面积 A_1:$A_1 = (d_1/2)^2\pi = (6/2)^2 \times 3.14 = 28.3(mm^2)$

试样屈服时的载荷为 21 000 N,即 $P_s = 21\,000$ N;试样拉断前的最大载荷为 30 000 N,即 $P_b = 30\,000$ N。

应用式(1-1)、式(1-3)~式(1-5)分别计算 σ_s、σ_b、δ、ψ:

$\sigma_s = P_s/A_0 = 21\,000/78.5 = 267.5(MPa)$

$\sigma_b = P_b/A_0 = 30\,000/78.5 = 382.2(MPa)$

$$\delta = \frac{l_1 - l_0}{l_0} \times 100\% = \frac{133-100}{100} \times 100\% = 33\%$$

$$\psi = \frac{A_0 - A_1}{A_0} \times 100\% = \frac{78.5-28.3}{78.5} \times 100\% = 64\%$$

二、硬度

材料抵抗局部变形特别是塑性变形、压痕或划痕的能力称为硬度。它不是一个单纯的物理或力学量，而是代表弹性、塑性、强度和韧性等一系列不同物理量的综合性能指标。

硬度直接影响到材料的耐磨性及切削加工性，是各种零件和工具必须具备的性能指标。机械制造业所用的刀具、量具、模具等，都应具备足够的硬度，才能保证使用性能和寿命。有些机械零件如齿轮等，也要求有一定的硬度，以保证足够的耐磨性和使用寿命。因此，硬度是金属材料重要的力学性能之一。

硬度值又可以间接地反映金属的强度及金属在化学成分、金相组织和热处理工艺上的差异，而与拉伸试验相比，硬度试验简便易行，因而硬度试验应用十分广泛。硬度测试的方法很多，最常用的有布氏硬度试验法、洛氏硬度试验法，有时还采用维氏硬度法。

（一）布氏硬度

1. 测试原理

使用直径为 D 的球体（淬火钢球或硬质合金球），以规定的试验力 F 压入试样表面，经规定保持时间后卸除试验力，然后测量表面压痕直径 d，用压痕表面积 S 除载荷 F，所得的商即为布氏硬度，如图 1-5 所示。

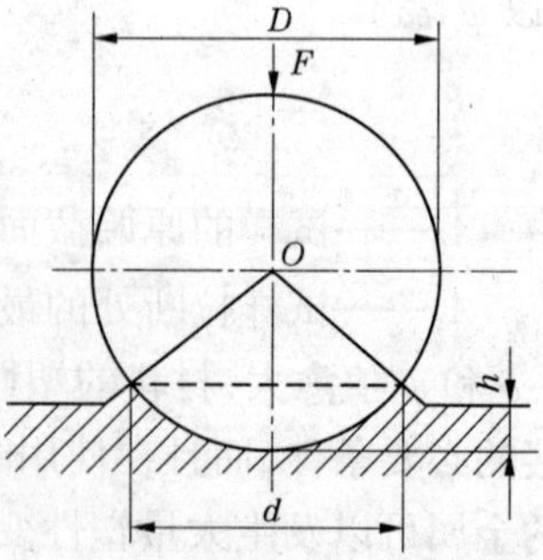

图 1-5　布氏硬度试验原理图

布氏硬度值是用球面压痕单位表面积上所承受的平均压力来表示的，用符号 HBS(HBW) 来表示。布氏硬度值按下式计算：

$$\text{HBS(HBW)} = 0.102\frac{F}{\pi Dh} = 0.102\frac{2F}{\pi D(D-\sqrt{D^2-d^2})} \tag{1-6}$$

式中　HBS(HBW)——用淬火钢球（硬质合金球）试验时的布氏硬度值；

F——试验力，N；

d——压痕平均直径，mm；

D——球体直径，mm。

从式(1-6)中可以看出，当试验力(F)、压头球体直径(D)一定时，布氏硬度值仅与压痕平均直径(d)的大小有关。d 越小，布氏硬度值越大，也就是硬度越高。相反，d 越大，布氏硬度值越小，硬度也越低。

通常布氏硬度值不标出单位。在实际应用中，布氏硬度一般不用计算，而是用专用的刻度放大镜量出压痕平均直径(d)，根据压痕直径的大小，再从专门的硬度表中查出相应的布氏硬度值。

2. 布氏硬度的表示方法

布氏硬度的表示符号为 HBS 和 HBW 两种。压头为淬火钢球时用 HBS 表示，一般适用于测量软钢、灰铸铁、非铁金属等布氏硬度值在 450 以下的材料。压头为硬质合金球时，用 HBW 表示，适用于布氏硬度值在 650 以下的材料。符号 HBS 或 HBW 之前的数字为硬度值，符号后面按以下顺序用数字表示试验条件：①球体直径；②试验力；③试验力保持的时间（10 ~ 15 s，不标注）。

例如 250 HBS10/1000/25 表示用直径 10 mm 的淬火钢球，在 9 807 N(1 000 kgf) 试验力的作用下，保持 25 s 时测得的布氏硬度值为 250。470 HBW5/750 表示用直径 5 mm 的硬质合金球,在 7 355 N(750 kgf)试验力的作用下,保持 10 ~ 15 s 时测得的布氏硬度值为 470。

由于材料有硬有软,被测工件有厚有薄、有大有小,如果只采用一种标准的试验力 F 和压头直径 D,就会出现对某些材料和工件不适应的现象。做布氏硬度试验时,压头球体的直径(D)、试验力(F)及试验力保持的时间(t),应根据被测金属材料的种类、硬度值的范围及金属的厚度进行选择。为保证同一种材料采用不同的 F 和 D 进行试验时,能得到统一的布氏硬度值,就要使压痕几何形状具有相似性,即应建立 F 和 D 的某种选配关系,以保证布氏硬度的不变性。

常用的压头球体直径(D)有 10 mm、5 mm、2.5 mm 三种,而试验力有 29 420 N、9 807 N、7 355 N、2 452 N、1 839 N、613 N、153 N 等数种,供不同材料和不同厚度试样测试时选用,其中常用的压头直径为 10 mm,试验力为 29 420 N。布氏硬度试验规范见表 1-1。

表 1-1　布氏硬度试验规范

<table>
<tr><th>材料种类</th><th>布氏硬度使用规范</th><th>球直径 D(mm)</th><th>$0.102F/D^2$ 值</th><th>试验力 F(N)</th><th>试验力保持时间(s)</th><th>备注</th></tr>
<tr><td rowspan="2">钢、铸铁</td><td>≥140 HBS</td><td>10
5
2.5</td><td>30</td><td>29 420
7 355
1 839</td><td>10</td><td rowspan="5">1. 压痕中心距试样边缘距离不应小于压痕平均直径的 2.5 倍。
2. 两相邻压痕中心距离不应小于压痕平均直径的 4 倍。
3. 试样厚度至少应为压痕深度的 10 倍。试验后,试样支撑面应无可见变形痕迹</td></tr>
<tr><td><140 HBS</td><td>10
5
2.5</td><td>10</td><td>9 807
2 452
613</td><td>10 ~ 15</td></tr>
<tr><td rowspan="3">非铁金属材料</td><td>≥130 HBS</td><td>10
5
2.5</td><td>30</td><td>29 420
7 355
1 839</td><td>30</td></tr>
<tr><td>35 ~ 130 HBS</td><td>10
5
2.5</td><td>10</td><td>9 807
2 452
613</td><td>30</td></tr>
<tr><td><35 HBS</td><td>10
5
2.5</td><td>2.5</td><td>2 452
613
153</td><td>60</td></tr>
</table>

3. 布氏硬度的特点及应用范围

布氏硬度是使用最早、应用最广的硬度试验方法,主要适用于铸铁、非铁金属以及经退火、正火和调质处理的硬度不是很高的钢材的硬度测定。

测量布氏硬度采用的试验力大,球体直径也大,因而压痕直径也大,因此能较准确地反映出金属材料的平均性能。另外,由于布氏硬度与其他力学性能(如抗拉强度)之间存在着一定的近似关系,因而在工程上得到了广泛的应用。

布氏硬度试验法的缺点是操作时间较长,对不同材料需要不同的压头和试验力,压痕测量较费时。在进行高硬度材料试验时,由于球体本身的变形会使测量结果不准确,因此,用淬火钢球压头测量时,材料硬度值必须小于 450;用硬质合金球压头时,材料硬度值必须小于650。布氏硬度试验法又因其压痕较大,不宜用于测量成品及薄件。

(二)洛氏硬度

1. 洛氏硬度测试原理

洛氏硬度的测试原理是以顶角为120°的金刚石圆锥体(或ϕ1.588 mm淬火钢球)为压头,在规定试验力作用下,垂直地压入被测金属表面,经规定保持时间后卸除主试验力,依据压入深度h,确定洛氏硬度值。

测量的示意图如图1-6所示。测量时,先加初始试验力F_0,压入深度为h_1,目的是为消除因被测零件表面不光滑而造成的误差。然后再加主试验力F_1,在总试验力F的作用下,压头压入深度为h_2。卸除主试验力,由于金属弹性变形的恢复,使压头回升到h_3的位置,则由主试验力所引起的塑性变形的压痕深度$h = h_3 - h_1$。显然,h值越大,被测金属的硬度越低。为了符合数值越大,硬度越高的习惯,用0.002 mm的压痕深度作为一个硬度单位,将一个常数K减去h再除以0.002来表示硬度的大小,由此获得洛氏硬度值,用符

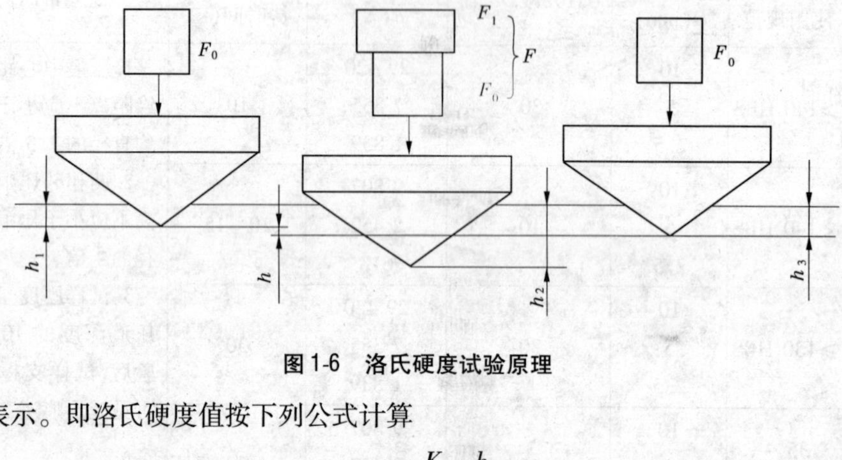

图1-6 洛氏硬度试验原理

号HR表示。即洛氏硬度值按下列公式计算

$$HR = \frac{K - h}{0.002} \tag{1-7}$$

式中 HR——洛氏硬度值;

K——常数,用金刚石圆锥体压头进行试验时K为0.2 mm,用淬火钢球压头进行试验时K为0.26 mm;

h——压痕深度,mm。

洛氏硬度没有单位,试验时硬度值直接从硬度计的表盘上读出。

2. 常用洛氏硬度标尺的使用范围

为使洛氏硬度计能够测试从软到硬各种材料的硬度,其压头及载荷可以变更,而刻度盘上也有三个不同标尺。表1-2列出了各个硬度标尺的压头、总载荷及其适用材料。其中,HRC在生产中应用最广。

洛氏硬度表示方法如下:符号HR前面的数字表示硬度值,HR后面的字母表示不同洛氏硬度的标尺。例如45 HRC表示用C标尺测定的洛氏硬度值为45。

表 1-2　常用的三种洛氏硬度的试验条件及应用范围

符号	压头类型	总试验力 F(kN)	硬度值有效范围	应用举例
HRA	120°金刚石圆锥体	0.588 4	70～85	硬质合金,表面淬硬层,渗碳层
HRB	ϕ1.588 mm 钢球	0.980 7	25～100	非铁金属,退火、正火钢等
HRC	120°金刚石圆锥体	1.471 1	20～67	淬火钢、调制钢等

注:总试验力 = 初始试验力 + 主试验力;初始试验力全为 98 N。

3.特点及应用

洛氏硬度试验的优点是操作简单迅速,十分方便,能直接从刻度盘上读出硬度值;压痕较小,几乎不伤及工件表面,故可用来测定成品及较薄的工件;测试的硬度值范围大,可测从很软到很硬的金属材料。

其缺点是:压痕较小,当材料的内部组织不均匀时,硬度数值波动较大,通常需要在不同的部位测试数次,取平均值来代表材料的硬度。

上述硬度试验方法中,布氏硬度试验力与压头直径受制约关系的约束,并有钢球压头的变形问题;洛氏硬度各标尺之间没有直接的简单对应关系。维氏硬度(符号为 HV)克服了上述两种硬度试验的缺点,其优点是试验力可以任意选择,特别适用于表面强化处理(如化学热处理)的机械零件和很薄的试样。

维氏硬度以锥角为 136°的金刚石棱锥体为压头,以 HV 表示维氏硬度符号,它的值等于载荷值除以压痕的总面积。在实际测定时,只要量出压痕的对角线长度,就可查表得到它们的硬度值。维氏硬度试验所用压力可根据试样的大小、厚薄等条件来选择,可测定很软到很硬的各种材料。由于所加压力小,压入深度较浅,故可测定较薄材料和各种表面渗层,且准确度高。但维氏硬度试验时需测量压痕对角线的长度,测试手续较繁。不如洛氏硬度试验法那样简单、迅速,不适宜成批生产的常规检验。维氏硬度的测定原理与布氏硬度相类似,其试验方法和技术条件可参阅国家标准 GB 4340—84。

三、韧性

许多机械零件在工作中往往要受到冲击载荷的作用,如活塞销、锤杆、冲模和锻模等。冲击载荷的特点是载荷作用到构件上时具有一定的速度(因而具有一定的动能),加载时间仅有千分之几秒。制造这类零件所用的材料,其性能指标不能单纯用静载荷作用下的指标来衡量,而必须考虑材料抵抗冲击载荷的能力。

材料抵抗冲击载荷作用而不破坏的能力称为冲击韧性(简称韧性)。材料的冲击韧性是材料断裂时所吸收的冲击能量的度量。它与强度、塑性明显不同,强度是使材料变形或断裂所需要应力的度量,塑性是材料变形能力的度量。能量是力和距离的乘积,是材料的强度与塑性高低的综合反映,用焦耳(J)来表示,它与应力—应变曲线下的面积有密切的关系。

目前,常用一次摆锤冲击弯曲试验来测定金属材料的冲击韧性。

(一)冲击试验的原理及方法

一般将带有缺口的标准冲击试样(参见 GB/T 229—94)放在摆锤式冲击试验机的支座上(见图 1-7),使重摆从一定高度落下将试件一次冲断。由试验机可测出试件所吸收的能量 E(J),将 E 除以试件缺口处的截面面积 A(cm^2),所得数值即材料的冲击韧度 a_k。

$$a_k = \frac{E}{A} \tag{1-8}$$

式中 a_k——冲击韧度(冲击值);

E———断试样所消耗的冲击功,J;

A——试样缺口处的截面面积,cm^2。

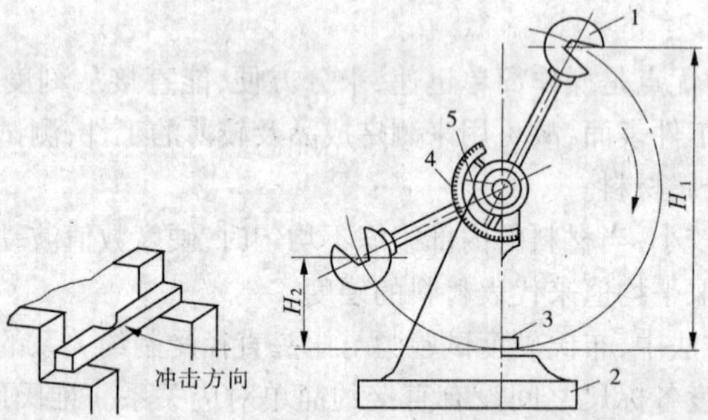

1—摆锤;2—机架;3—试样;4—刻度盘;5—指针

图 1-7 摆锤式冲击试验原理图

a_k 值愈大表示材料抵抗冲击的能力愈强。通常脆性材料的冲击韧性值远比塑性材料低,这说明脆性材料抵抗冲击的能力极差,所以承受冲击载荷的构件多采用塑性材料。

对于脆性材料(如铸铁、淬火钢等)的冲击试验,试样一般不开缺口,因为开缺口的试样冲击值过低,难以比较不同材料冲击性能的差异。

冲击值的大小与很多因素有关。它不仅受试样形状、表面粗糙度、内部组织的影响,还与试验时的环境温度有关。因此,冲击值一般作为选择材料的参考,不直接用做强度计算。

(二)冲击韧度指标的应用

工程实际中,在冲击载荷作用下的机械零件很少因一次大能量冲击而遭破坏,绝大多数是经一次冲击不足以使零件破坏的小能量多次重复冲击,最后导致断裂,如发动机的连杆、冲模的冲头等。它们的破坏是由于多次冲击损伤的积累,导致裂纹的产生与扩展的结果,根本不同于一次冲击的破坏过程。对于这样的零件,用冲击韧度来作为设计依据显然是不符合实际的。因此,不能用一次冲击试验所测得的 a_k 值来衡量这些零件材料对冲击载荷的抗力。

实践表明,一次冲击韧度高的材料,在小能量多次冲击试验条件下其抗力不一定高,反过来也一样。如大功率柴油机曲轴是用孕育铸铁制成的,它的冲击韧度接近于零,而在长期使用中未发生断裂。因此,需要采用小能量多次冲击试验来检验这类金属的抗冲击性能。

试验研究表明,在冲击不太大的情况下,金属材料承受多次重复冲击的能力主要取决于强度,而不要求过高的冲击韧度。例如,用球墨铸铁制造的曲轴,只要强度足够,其冲击韧度达到 8 ~ 15 J/cm² 时，其使用性能就能够得到满足。

冲击值对组织缺陷很敏感，它能反映出材料品质、宏观缺陷和显微组织等方面的变化，因此冲击试验是生产上用来检验冶炼、热加工、热处理等工艺质量的有效方法。

四、疲劳极限

许多机械零件，如车轴、齿轮、弹簧等，在工作过程中各点的应力随时间作周期性的变化。这种随时间作周期性变化的应力称为交变应力(也称循环应力)。在交变应力的作用下，虽然零件所承受的应力低于材料的屈服点，但经过较长时间的工作后产生裂纹或突然发生完全断裂的现象称为金属的疲劳。

疲劳破坏是机械零件失效的主要原因之一。据统计，在机械零件失效中大约有80%属于疲劳破坏，而且疲劳破坏前没有明显的变形，所以疲劳破坏经常造成重大事故。

疲劳失效与一次脆断不同，其损伤是逐渐积累、逐渐发展的。大体上可把疲劳失效过程分为三个阶段——裂纹的形成、逐渐发展及最终的突然断裂。裂纹一旦萌生，就会在周期应力作用下逐渐向深处扩展，逐渐横越零件表面；由于反复的拉、压，裂开的两个面相互挤压，形成光滑区；当裂缝扩展，残余部分抗力不足时，就会突然断裂。突然断裂区呈粗糙颗粒状。所以疲劳破坏时，断口呈光滑和粗糙两个区域。

(一)疲劳破坏的特征

尽管交变载荷有各种不同的类型，但疲劳破坏仍有以下共同的特点：

(1)即使是塑性材料也没有明显的塑性变形，断裂前没有征兆，而是突然破坏；

(2)引起疲劳断裂的应力很低，一般情况下远低于材料的屈服极限。

(二)疲劳强度和疲劳曲线

材料的疲劳极限通常都是在旋转弯曲疲劳试验机上测定的。在交变载荷的作用下，材料承受的交变应力值 σ 与断裂前的应力循环次数 N 之间的关系称为疲劳曲线，如图 1-8所示。曲线表明，金属承受的交变应力越小，则断裂前的应力循环次数 N 越多；反之，则 N 越少。从图 1-8 中可以看出，当应力达到 σ_5 时，曲线与横坐标平行，表示应力低于此值时，试样可以经受无数的周期循环而不破坏，此应力值称为材料的疲劳极限。显然疲劳极限的数值愈大，材料抵抗疲劳破坏的能力愈强。当应力为对称循环时(见图 1-9)疲劳极限用符号 σ_{-1} 表示。

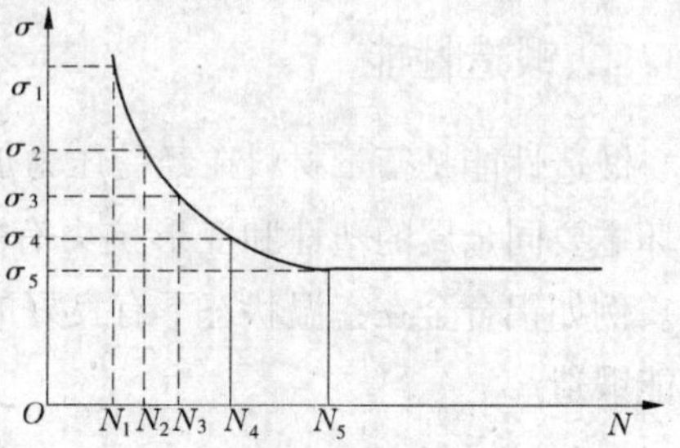

图 1-8　疲劳曲线

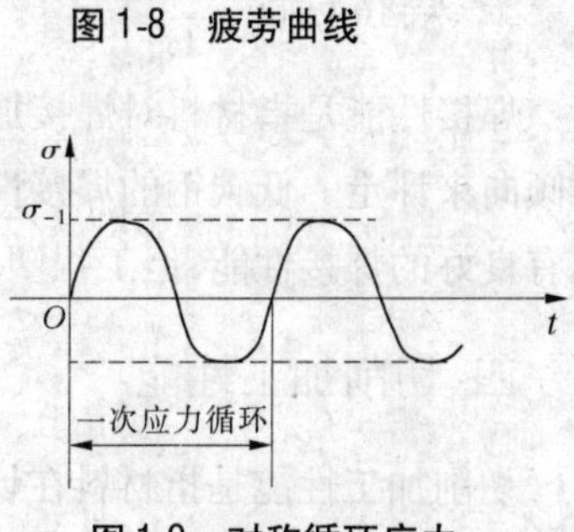

图 1-9　对称循环应力

由于实际测试时不可能做到无数次应力循环，故规定各种金属材料应有一定的应力循环基数。如钢材以 10^7 为基数，即钢材的应力循环达到 10^7 仍不发生疲劳断裂，就认为不会发生疲劳断裂了。对于非铁合金和某些超高强度钢，则常取 10^8 为基数。

(三)提高抵抗疲劳能力的措施

机械零件产生疲劳断裂的原因是由于材料含有杂质、表面划痕及其他能引起应力集中的缺陷,在交变应力反复作用下首先在应力集中的部位产生微裂纹。微裂纹随应力循环次数的增加而逐渐扩展,致使机械零件的有效截面逐渐减小,直至不能承受所加载荷而突然断裂。

为了提高机械零件的疲劳强度,除应改善其结构形状、减少应力集中外,还可采取表面强化的方法,如提高机械零件的表面质量、喷丸处理、表面热处理等;同时,应控制材料的内部质量,避免气孔、夹杂等缺陷。

第二节　工程材料的工艺性能

工程材料的工艺性能是指工程材料是否易于加工成型的性能,如金属材料的铸造性能、锻造性能、焊接性能、热处理性能、切削加工性能等。工程材料的工艺性能好坏,决定着它的加工成型的难易程度,会直接影响制造零件的工艺方法、质量以及制造成本。

一、铸造性能

铸造性能是指用金属液体浇注铸件时,金属易成型并获得优质铸件的性能。流动性好、收缩率小、偏析倾向小是表示铸造性能好的指标。在金属材料中,铸铁和青铜的铸造性较好。

二、锻造性能

锻造性能是衡量材料在经受压力加工时获得优质零件难易程度的性能。锻造性能的好坏主要同金属的塑性和变形抗力有关。塑性越好,变形抗力越小,材料的锻造性能越好。例如铝合金在室温状态下有良好的锻造性能,碳钢在加热状态下锻造性能较好,铸铁不能锻造。

三、焊接性能

焊接性能是指材料对焊接加工的适应性。焊接性能好坏一般用焊接处出现各种缺陷的倾向来评定。低碳钢的焊接性能较好,而铸铁和铝合金的焊接性能差。某些工程塑料也有良好的焊接性能,但工程塑料与金属的焊接机制及工艺方法有所不同。

四、切削加工性能

切削加工性能是指材料在切削加工时的难易程度。它与材料的种类、成分、硬度、韧性、导热性及内部组织状态等许多因素有关。切削加工性好的材料切削容易,对刀具磨损小,加工出的工件表面也比较光滑。铸铁、铜合金、铝合金及一般碳钢的切削加工性能较好。非金属材料与金属材料的切削加工工艺要求不同。

技能训练一　强度和塑性指标的测定

一、训练目的

掌握金属材料屈服点、抗拉强度、伸长率和断面收缩率的测定方法，加深对金属材料拉伸时力学性能的理解。

二、训练内容

(1)观察低碳钢和铸铁在拉伸过程中的各种现象；

(2)测绘低碳钢和铸铁的载荷—变形曲线($P-\Delta l$ 曲线)；

(3)测定低碳钢的屈服点 σ_s、抗拉强度 σ_b、伸长率 δ、断面收缩率 ψ；

(4)测定灰铸铁的抗拉强度 σ_b；

(5)观察低碳钢拉伸强化阶段的卸载规律。

三、试验设备及工具

电子万能试验机，应变式引伸计，游标卡尺。

四、训练步骤

准备低碳钢和铸铁标准试样各一根，按 GB 6397—86《金属拉伸试验试样》的要求制取。采用圆截面短比例试样，如图 1-10 所示。图中 d_0 为试样原始直径，l_0 为原标距，且短比例试样要求 $l_0=5d_0$。

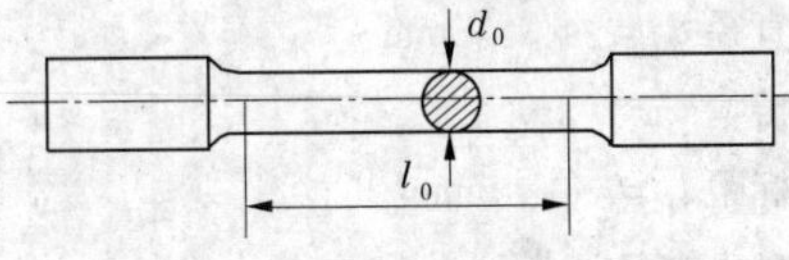

图 1-10　拉伸试样

在试验过程中，从电子万能试验机的微机显示屏幕上，可以看到记录的拉伸曲线，如图 1-11所示。低碳钢的拉伸曲线可分为四个阶图段(弹性、屈服、强化、颈缩阶段)。

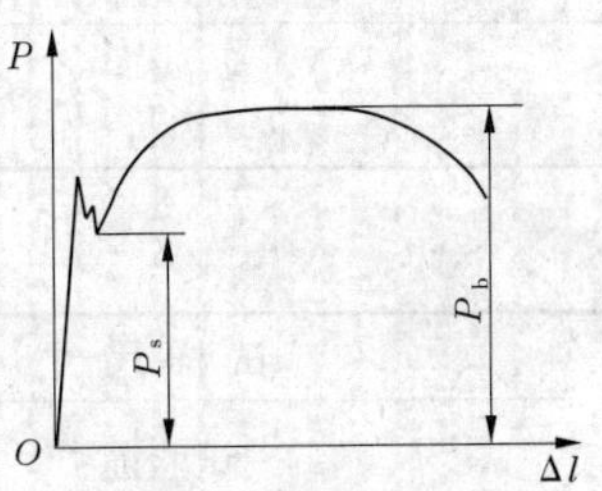

图 1-11　拉伸曲线

试验完毕，微机自动给出屈服载荷 P_s 和最大载荷 P_b。再测取试样断后直径(低碳钢试样为颈缩断裂处的最细直径)和断后标距。代入公式：$\sigma_s=\dfrac{P_s}{A_0}$；$\sigma_b=\dfrac{P_b}{A_0}$；$\delta=\dfrac{l_1-l_0}{l_0}\times 100\%$；$\psi=\dfrac{A_0-A_1}{A_0}\times 100\%$。可求出低碳钢的拉伸屈服点 σ_s、抗拉强度 σ_b、伸长率 δ、断面收缩率 ψ。

应当指出，上述所测定的性能指标都为名义值，在工程上使用较为方便。由于试样受力后其直径和标距都随载荷而改变，真实的应力和应变应当用试样瞬时的截面面积和瞬时的标距进行计算。在试样屈服以后，其直径和标距都有较大的改变，因此应力和应变的真实值与名义值之间会有较大的差别。

测定过程按以下步骤进行：

(1)测量试样原始直径 d_0，在试样上标出原标距 l_0，并记录测量数值。

在试样中间及两标距点的内侧附近，分别用游标卡尺在相互垂直方向上测取试样直径的平均值作为试样在该处的直径，取三者中的最小值作为计算直径 d_0。

(2)先将低碳钢的拉伸试样安装在万能试验机上，再把引伸计安装在试样的中部，并将指针调零。

(3)开动万能试验机，匀速缓慢加载，观察试样的屈服现象和颈缩现象，直至试样被拉断为止，并分别记录下主动指针回转时的最小载荷 P_s 和从动指针所停留位置的最大载荷 P_b。

(4)取下拉断后的试样，摘下引伸计，将断口吻合压紧，用游标卡尺量取断口处的最小直径和两标距点之间的距离，测量断后尺寸 d_1、l_1。

(5)取下并分析自动描绘器记录的曲线图。

(6)测定灰铸铁拉伸时的强度性能指标。测量试样原始尺寸，开动万能试验机，匀速缓慢加载直至试样被拉断为止，记录下指针所停留位置的最大载荷 P_b，测量拉断后的试样尺寸，取下并分析自动描绘器记录的曲线图。

(7)整理试验现场，将试验机各机构恢复原位。

五、提交成果

完成表 1-3 和表 1-4，并比较低碳钢和铸铁拉伸曲线的差异。

表 1-3　低碳钢拉伸试验数据与计算

试 样 尺 寸	试 验 数 据
试验前： 标距 l_0 =　　　mm 直径 d_0 =　　　mm 试验后： 标距 l_1 =　　　mm 最小直径 d_1 =　　　mm	屈服载荷 P_s =　　　kN 最大载荷 P_b =　　　kN 屈服应力 $\sigma_s = P_s/A_0$ =　　　MPa 抗拉强度 $\sigma_b = P_b/A_0$ =　　　MPa 伸长率 $\delta = (l_1 - l_0)/l_0$ = 断面收缩率 $\psi = (A_0 - A_1)/A_0$ =
拉断后的试样草图	试样的拉伸图

表 1-4　灰铸铁拉伸试验数据与计算

试 样 尺 寸	试 验 数 据
试验前： 直 径 d =　　　mm	最大载荷 P_b =　　　kN 抗拉强度 $\sigma_b = P_b/A_0$ =　　　MPa
拉断后的试样草图	试样的拉伸图

技能训练二　材料硬度的测定

一、训练目的

(1)了解布氏硬度、洛氏硬度计的主要构造及操作方法,学会正确使用硬度计进行布氏硬度和洛氏硬度的测量。

(2)了解常用硬度试验法的应用范围,学习根据材料的种类、试样的厚度正确选择测定硬度的方法。

(3)初步建立碳钢的含碳量与其硬度间的关系和热处理能改变材料硬度的概念。

二、训练内容

(1)测定碳钢(20、45、60、T8、T12)退火试样的布氏硬度值(HBS)。

(2)测定碳钢(45、T8、T12)淬火试样的洛氏硬度值(HRC)。

(3)测定45钢调质试样的洛氏硬度值(HRC)。

将学生分成若干组,利用备好的硬度试块或试样,在硬度计上测定其相应硬度值,使之学会硬度计的使用方法。

三、设备及工具

(1)布氏硬度计、读数放大镜、洛氏硬度计、硬度试块若干。

(2)铁碳(ϕ20 mm×10 mm ,20、45、60、T8、T12)退火试样若干。

(3)碳钢(45、T8、T12)淬火试样、45调质、白钢刀头试样若干。

四、训练步骤

(一)布氏硬度的测定

(1)清理试样表面。被测表面应是无氧化皮及外来污物的光洁表面,以保证能准确测量压痕直径。

(2)根据试样材料及厚度,按布氏硬度试验规范选择钢球压头的直径、载荷大小及载荷保持时间。

(3)把试样稳固地放在硬度计工作台上,按布氏硬度计的操作规范进行试验,表面留下一个压痕。

(4)移动试样后重做一次试验,使试样表面又留下一个压痕。为了使试验结果精确,相邻两压痕的中心距离应不小于压痕直径的4倍;压痕中心距试样边缘的距离不小于压痕直径的2.5倍;压痕直径 d 的大小应在 $0.24 \sim 0.6D$ 范围内;压痕深度应小于试样厚度的1/10。

(5)自工作台上取下试样,用读数显微镜在相互垂直方向上测量压痕直径,然后计算其平均值并做好记录。

(6)根据压痕直径 d,查对照表求得各试样的布氏硬度值。

(7)测完硬度值,卸掉载荷后,必须使压头完全离开试样后再取下试样。

(二)洛氏硬度的测定

(1)清理试样表面。被测表面应无油脂、氧化皮、裂纹、凹坑、显著的加工痕迹以及其他外来污物。

(2)根据试样材料,选择压头及载荷。根据试样形状,选择合适的工作台。

(3)把试样放在硬度计工作台上,按洛氏硬度计的操作规范进行试验,由指示器上读得硬度值并做好记录。

(4)移动试样,并在另一位置继续进行试验,前后共测 3 点。计算 3 次试验得出硬度值的平均值,并做好记录。

为了使试验结果精确,相邻两压痕的中心以及任一压痕中心距试样边缘的距离都不得小于 3 mm。

五、提交成果

完成表 1-5 和表 1-6。

表 1-5　布氏硬度

试验材料及处理	试验规范			试验结果			
				压痕直径 d(mm)			
	钢球直径(mm)材料	载荷 F(N)	载荷停留时间(s)	d_1	d_2	$d_{平均}$	硬度值 HBS

表 1-6　洛氏硬度

试验材料及处理	试验规范			测得硬度值				洛氏硬度值
	压头	总载荷 F(N)	硬度标尺	第一次	第二次	第三次	平均硬度值	

思考与练习

1-1　什么叫强度、塑性？衡量这两种性能的指标有哪些？它们各用什么符号表示？

1-2　低碳钢拉伸图大致可分几个阶段？各阶段有何特征？

1-3　低碳钢和灰铸铁在常温静载拉伸时的力学性能和破坏形式有何异同？

1-4　什么叫硬度？布氏硬度值、洛氏硬度值确定时的主要区别在哪里？它们各适合测量哪些材料的硬度？

1-5　在生产中，冲击试验有何重要作用？

1-6　什么叫疲劳极限？为什么说疲劳断裂对机械零件潜在着很大的危险性？

1-7　下列硬度标注方法是否正确？为什么？

(1) HBS 250 ~ 300；(2) 600 ~ 650 HBS；(3) 5 ~ 10 HRC；(4) HRC 70 ~ 75；(5) HV 800 ~ 850。

1-8　某厂购进一批 40 钢，按国家标准规定，力学性能应不低于下列数据，$\sigma_s = 335$ MPa，$\sigma_b = 570$ MPa，$\delta_5 = 19\%$，$\psi = 45\%$。入厂验收时，采用 $d_0 = 10$ mm 的标准短试样进行拉伸试验，测得 $P_s = 28\,260$ N，$P_b = 45\,530$ N，$l_1 = 60.5$ mm，$d_1 = 7.3$ mm。试列式计算并回答这批钢材的力学性能是否符合要求。

第二章　金属材料的结构与结晶

学习指导

各种金属材料具有不同的性能，这是由其内部组织结构决定的。因此，了解常用金属的晶体结构、结晶过程及影响晶粒大小的因素、铁的同素异构转变、合金组织和性能的特点，是学习铁碳合金等内容的基础。本章介绍金属材料的结构、金属材料的结晶和铁碳合金相图。

铁碳合金是应用最广泛的金属材料，铁碳合金相图分析和铁碳合金相图的应用是本章的重点，也是本章的难点。铁碳合金相图的学习应从熟悉相图中的点、线、区开始，最后达到能分析典型合金平衡组织，熟悉其性能随组织变化的规律的要求，为学习金属材料热处理及学会选材用材奠定基础。

第一节　金属材料的结构

一、晶体与非晶体

自然界存在的固态物质可分为晶体和非晶体两大类。在物质内部，凡是原子呈无序堆积状况的，称为非晶体，如普通玻璃、沥青、石蜡等都是非晶体。相反，凡是原子作有序排列的称为晶体，金属与合金大都是晶体。

晶体与非晶体由于原子排列方式不同而具有不同的性能。晶体物质的特点：①一般具有规则的外形；②具有固定的熔点；③具有各向异性。非晶体物质的特点：①一般无规则的外形；②无固定的熔点；③具有各向同性。

二、晶体结构的概念

(一)晶胞与晶格

实际晶体中的各种质点(原子、离子等)都在不停地运动着，但是研究晶体结构时，为了便于理解把原子看成一个小球，金属晶体就是由这些小球有规律地堆积而成的物体，如图 2-1(a)所示。

为了研究晶体中物质质点的排列规律，将原子简化成一个几何质点，用假想线将这些点连接起来，便形成一个空间几何格架。这种表示晶体中原子排列规律的空间格架叫做晶格，如图 2-1(b)所示。

晶体中原子作周期性排列，因此可在晶格内取一个代表晶格特征的，由最少数目原子构成的最小结构单元表示晶格，称为晶胞，如图 2-1(c)所示。晶胞重复堆积形成晶格，是能够反映晶格特征的最小几何单元。晶胞能反映晶格特征，晶格性质的研究可转化为研究晶胞性质的问题。

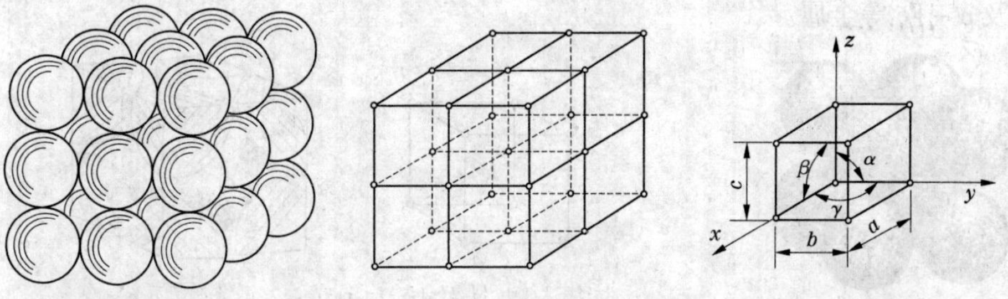

(a)晶体中的原子排列　　(b)晶格　　(c)晶胞及晶格参数

图 2-1　简单立方晶格与晶胞示意图

(二)晶格参数

不同元素的原子半径大小不同,因此组成的晶胞大小也不同,晶胞的大小和形状可用其棱边长度 a、b、c 及棱边夹角 α、β、γ 表示,见图 2-1(c)。晶胞的棱边长度及各棱边的夹角,称为晶格参数。晶胞的各棱边长度又称为晶格常数,其单位为 Å(埃,1 Å = 10^{-10}m)。当晶格常数 $a=b=c$,且 $\alpha=\beta=\gamma=90°$时,这种晶胞组成的晶格称为简单立方晶格。

(三)晶面和晶向

金属晶体中通过原子中心的平面,称为晶面。通过原子中心的直线,可代表空间一定的方向,称为晶向。按照一定的规则可将晶格中任意一个晶面和晶向用特定的符号标定出来。这种数字符号分别称为晶面指数和晶向指数。图 2-2 所示为立方晶格中的三种重要晶面;图 2-3 所示为立方晶格中的三种重要晶向。

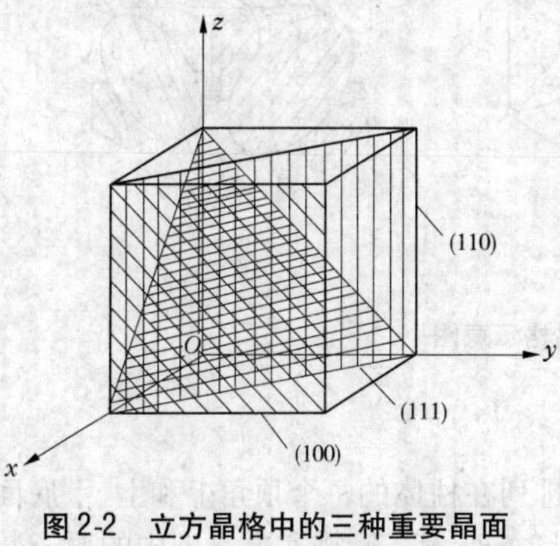

图 2-2　立方晶格中的三种重要晶面

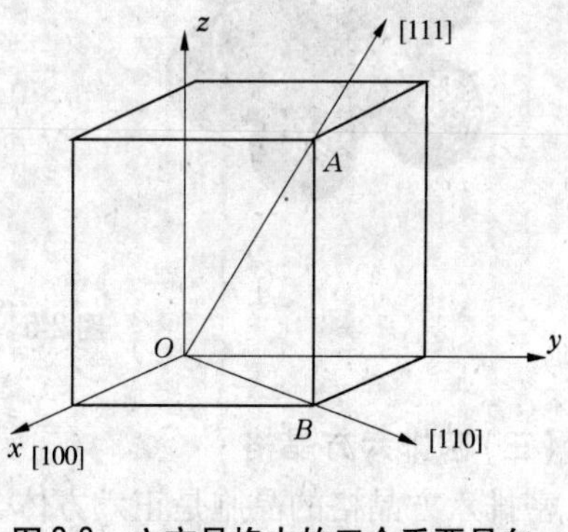

图 2-3　立方晶格中的三个重要晶向

三、金属的三种典型晶体结构及其特性参数

根据金属中原子排列规律的不同,金属的晶格类型有 14 种,但绝大多数金属属于下面三种晶格。

(一)体心立方晶格

体心立方晶格的晶胞是立方体,原子位于立方体的八个顶角上和立方体的中心,如图 2-4 所示。晶胞每个顶角上的原子均为八个晶胞共有,而晶胞中心的原子为该晶胞独有,所以体心立方晶胞中的原子数为 $1+8\times1/8=2$(个)。属于这种晶格类型的有 Cr、V、W、Mo 及 $\alpha-Fe$ 等金属。

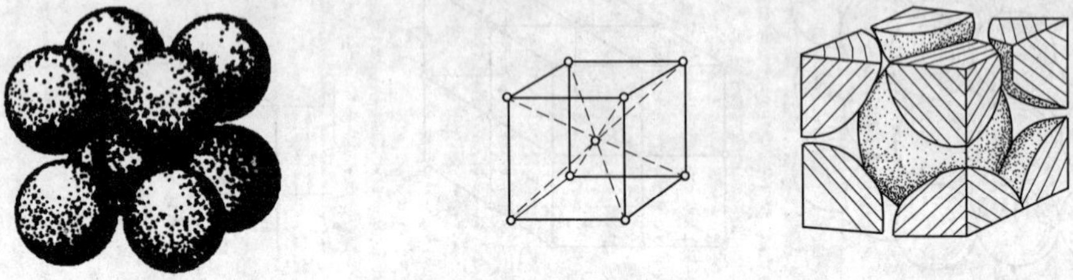

(a)　(b)　(c)

图 2-4　体心立方晶格示意图

晶胞中原子占有的体积与该晶胞体积的比值称为致密度。体心立方晶格原子半径 $r=\frac{\sqrt{3}}{4}a$,晶胞体积为 a^3,致密度为 $2\times\frac{4}{3}\pi r^3/\alpha^3=0.68$,即晶格中有 68% 的体积被原子占据,其余为空隙。

(二)面心立方晶格

面心立方晶格的晶胞也是立方体,原子位于立方体的八个顶角上和立方体六个面的中心,如图 2-5 所示。面心立方晶胞中的原子数为 $6\times1/2+8\times1/8=4$(个),致密度为 0.74。属于这种晶格类型的有 Al、Cu、Pb、Ni 及 $\gamma-Fe$ 等金属。

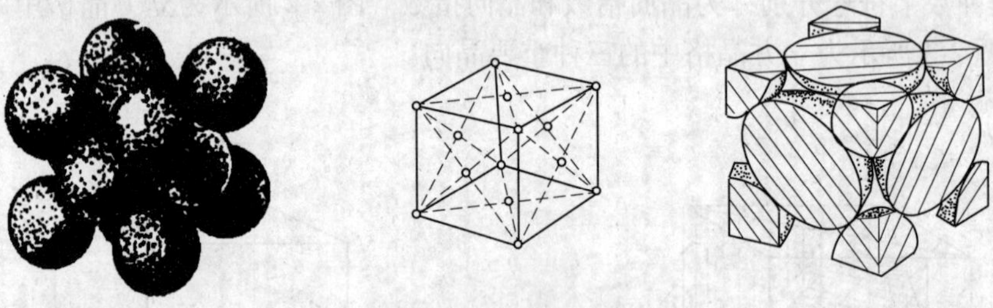

(a)　(b)　(c)

图 2-5　面心立方晶格示意图

(三)密排六方晶格

密排六方晶格的晶胞是正六方体,原子不仅排列在柱体的每个顶角上和上、下底面的中心,而且在两个六方体中间还有三个原子,如图 2-6 所示。密排六方晶胞中的原子数为 $12\times1/6+2\times1/2+3=6$(个),致密度为 0.74。属于这种晶格类型的有 Mg、Be、Cd 及 Zn 等金属。

三种典型晶体结构的晶格特性参数如表 2-1 所示。各种金属因其晶格结构不同,而具有不同的性能。同一晶格类型的金属,一方面因其晶格参数不同而存在性能上的差异,另一方面又因晶格类型相同而具有一些相近的性能。如:体心立方晶格的金属一般具有较好的塑性,密排六方晶格的金属一般较脆,面心立方晶格的金属的塑性一般优于体心立方等。

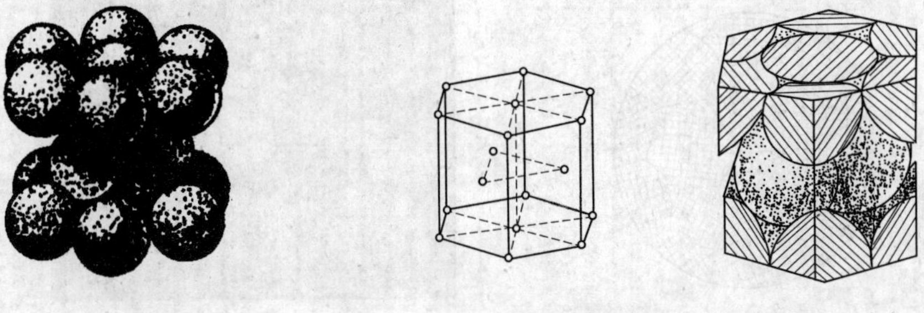

(a)　　　　　　　　(b)　　　　　　　　(c)

图 2-6　密排六方晶格示意图

表 2-1　晶格类型及特性参数

晶格类型	晶格常数	晶胞中原子数	最近原子间距	致密度
体心立方	a	$1+8\times1/8=2$	$a\sqrt{3}/2$	0.68
面心立方	a	$6\times1/2+8\times1/8=4$	$a\sqrt{2}/2$	0.74
密排六方	a,c	$12\times1/6+2\times1/2+3=6$	a	0.74

由于在同一晶格的不同晶面和晶向上原子排列的疏密程度不同,因此原子结合力就不同,从而引起晶体在各个方向上的物理、化学、力学性能上的差异,这就是晶体的各向异性。如:$\alpha-\mathrm{Fe}$ 的单晶体,弹性模量在[111]方向为 286 000 MPa,在[100]方向为 132 000 MPa。在工业用金属材料中,通常没有各向异性。如:工业纯铁(多晶体 $\alpha-\mathrm{Fe}$)在不同方位取样试验,其弹性模量均在 210 000 MPa 左右。这是因为工业金属材料并非上述的理想晶体。

四、实际金属的晶体结构

(一)单晶体与多晶体

如果一块金属内部的晶格方位完全一致,称为单晶体。单晶体是用特殊的方法制成的晶体,具有各向异性。对于工业金属材料,即使是一块很小的金属中也包含有许多小晶体,每个小晶体内部,晶格方位是一致的,各小晶体之间,彼此方位不同。这种外形不规则的颗粒状小晶体,称为晶粒。晶粒与晶粒之间的界面称为晶界。由许多晶粒组成的晶体称为多晶体(见图 2-7)。多晶体由于各晶粒方位不同,晶体的性能在各个方向相互补充和抵消,故宏观显示出各向同性,亦称为“伪无向性”。

(二)晶体缺陷

实际晶体中由于结晶条件和外力的作用等条件的影响,原子排列并不绝对规则。晶体中原子排列不规则的区域称为晶体缺陷。根据晶体缺陷的几何特点,将其分为点缺陷、线缺陷和面缺陷三种。

1. 点缺陷

点缺陷是在三维空间三个方向上尺寸都很小的缺陷。最常见的点缺陷是空位和间隙原子。如果晶格上应该有原子的地方没有原子,就会形成“空洞”,称为空位。同时也可能在晶格的空隙中出现多余的原子,形成间隙原子,如图 2-8 所示。

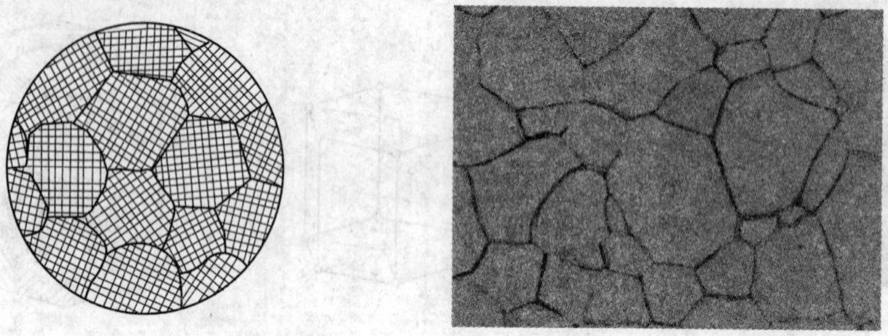

(a)多晶体示意图　　(b)多晶体的显微组织照片

图 2-7　多晶体的晶粒与晶界

当晶格中的原子获得足够的运动能量时，空位周围的原子就会脱离原来的位置进入空位，而在原来的位置上形成新的空位，间隙原子也可以从一个间隙跑到另一个间隙。这种空位和间隙原子的运动是化学热处理中原子扩散的重要方式。

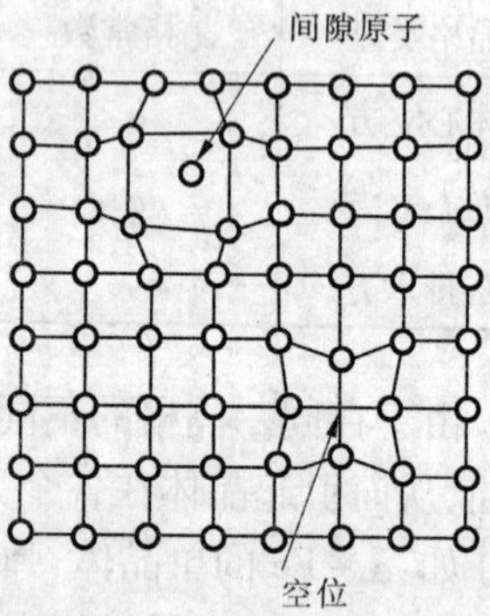

图 2-8　晶格点缺陷示意图

2. 线缺陷

线缺陷是在三维空间两个方向上尺寸都很小的缺陷。线缺陷即晶格中的位错线，简称位错。晶体中某处一列或若干列原子发生有规律的错排现象，称为位错。如图 2-9 所示，晶体的 *ABCD* 平面上多出了一个垂直方向的平面 *EFGH*，这个错排的半原子面如同刀刃一样插入晶体，称为刃位错。刃位错是位错的一种主要类型。在位错附近的区域，晶格发生了畸变。

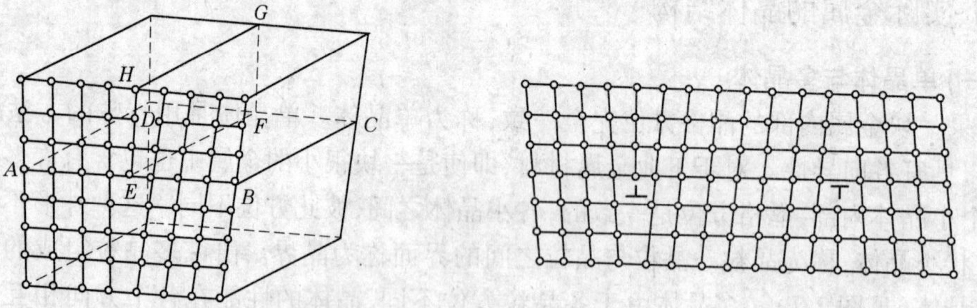

(a)刃位错三维图　　(b)刃位错平面图

图 2-9　刃位错示意图

位错的特点之一是很容易在晶体中移动，金属材料的塑性变形就是通过位错的移动来实现的。

3. 面缺陷

面缺陷是在三维空间的一个方向上尺寸很小的缺陷。如图 2-10 所示，两个晶粒交界处因两晶粒位向不同，必须从一个晶粒位向逐步过渡到另一个晶粒位向。在两晶粒之间的过渡层（晶界）原子排列是不规则的，属于面缺陷。

在一个晶粒内部，还可能分割成许多尺寸很小，位向差很小（1°～2°，或只有几分、几秒）的小晶块，它们相互嵌镶成一个晶粒。这些晶粒中的小晶块，称为亚晶粒（或嵌镶块）。亚晶粒之间的界面称为亚晶界。如图 2-11 所示，亚晶界处的原子排列也是不规则的，也属于面缺陷。

由于晶体中各种缺陷的存在，实际金属的强度比理想金属晶体约低一半。金属晶体的缺陷对金属的性能有很大的影响。晶体中的空位、间隙原子、位错、晶界和亚晶界等结构缺陷都会造成晶格畸变，引起塑性变形抗力的增大，使金属的强度和硬度提高。例如，经剧烈冷变形的金属，由于晶体内的位错数量增加，其抗拉强度和硬度会提高很多。晶界处晶格发生畸变，其强度和硬度均比晶粒内部高，而晶粒越细小，晶界就越多，所以金属晶粒越细其强度就越高。

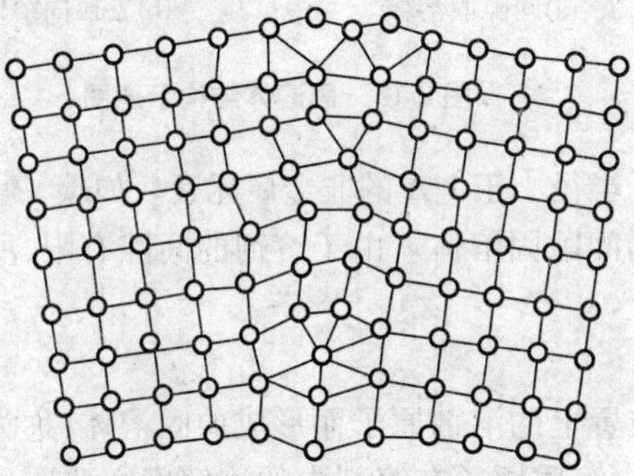

图 2-10　晶界的过渡结构示意图

图 2-11　亚晶界示意图

五、合金的晶体结构

（一）合金的基本概念

合金是两种或两种以上的金属元素或金属与非金属元素组成的具有金属性质的物质。例如普通黄铜是铜和锌组成的合金，碳素钢是铁和碳组成的合金。合金比组成合金的纯金属有更好的力学性能。

组成合金的最基本的独立物质称为组元。组元可以是金属元素、非金属元素或稳定的化合物。根据合金中组元的多少，合金可分为二元合金、三元合金和多元合金。例如普通黄铜为铜和锌组成的二元合金。硬铝是铝、铜和镁组成的三元合金。

在合金中具有相同的物理和化学性能，并与其他部分以界面分开的各个均匀的组成部分称为相。液态的物质称为液相，固态的物质称为固相。一种相在一定条件下转变成另一种相，称为相变。例如金属结晶是金属由液相变为固相的相变。

固态合金可以由单相组成也可以由多相组成。数量、形态、大小和分布形式不同的各种相组成了合金的组织。组织是用肉眼或放大镜、显微镜观察到的材料内部的形态结构。用肉眼或放大镜观察到的组织，称为宏观组织；用显微镜观察到的组织，称为显微组织。

（二）合金的组织结构

合金在液态时各组元都能互相溶解，形成一个均匀的液相。在结晶时由于各组元之间的相互作用,可形成固溶体、金属化合物或混合物。

1. 固溶体

合金中两组元相互溶解形成的一种均匀的固相,称为固溶体。固溶体中含量较多的组元称为溶剂,含量较少的组元称为溶质。固溶体的晶格类型与溶剂相同。按溶质原子在溶剂晶格中所占的位置不同,固溶体又可分为间隙固溶体和置换固溶体。

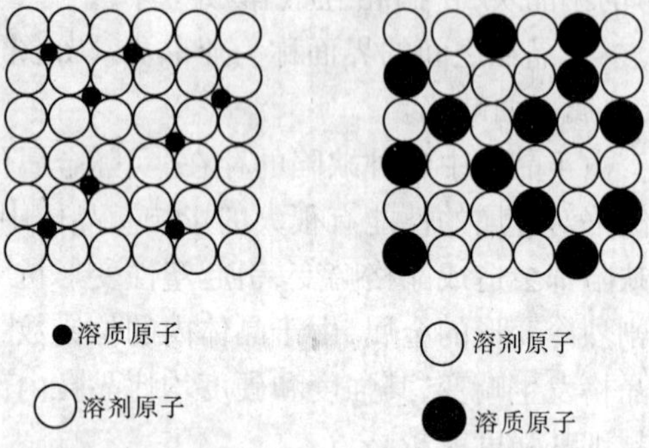

(a)间隙固溶体 (b)置换固溶体

图 2-12 固溶体结构示意图

1) 间隙固溶体

溶质原子分布在溶剂晶格间隙中形成的固溶体,称为间隙固溶体,如图 2-12(a)所示。由于溶剂晶格间隙尺寸很小,能够形成间隙固溶体的溶质原子通常是一些原子半径小于 1 Å 的非金属元素。如碳、氮、硼等非金属元素溶入铁的晶格中形成的固溶体为间隙固溶体。由于溶剂的间隙有限,所以间隙固溶体的溶解度也是有限的。

2) 置换固溶体

溶质原子置换了溶剂晶格中某些结点位置上的溶剂原子而形成的固溶体,称为置换固溶体,如图 2-12(b)所示。在置换固溶体中溶质原子在溶剂中的溶解度主要取决于两者原子直径的差别、它们在元素周期表中的位置和晶格类型。通常溶质原子与溶剂原子直径差别较小,在原子周期表中的位置较近,晶格类型相同,则两组元可以任何比例相互溶解(称为无限互溶固溶体)。如铁与铬、铜、镍便能形成无限互溶固溶体。反之溶质在溶剂中的溶解度是有限的(称为有限互溶固溶体)。如铜和锌、铜和锡都形成有限互溶固溶体。有限互溶固溶体的溶解度一般随温度的升高而增大。

在固溶体中,由于溶质原子的溶入使晶格发生畸变,如图 2-13 所示。晶格畸变增大了位错运动的阻力,使金属的变形更加困难,从而使合金的强度和硬度提高,而塑性、韧性有所下降。这种通过形成固溶体使金属强度和硬度提高的现象,称为固溶强化。固溶强化是提高金属材料力学性能的重要途径之一。

2. 金属化合物

合金中各组元相互作用形成的一种具有金属特性的物质,称为金属化合物。金属化合物的晶格类型不同于任何一组元,一般具有高硬度、高熔点和高脆性的特点。合金中的金属化合物能提高合金的强度、硬度和耐磨性,同时使塑性、韧性显著降低,为金属材料中的重要强化相。

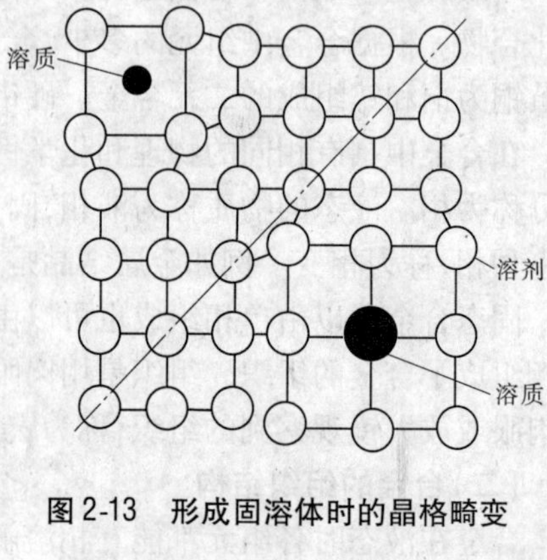

图 2-13 形成固溶体时的晶格畸变

3. 混合物

两种或两种以上的相按一定的质量百分数

组成的物质，称为混合物。固溶体与纯金属、固溶体与金属化合物或不同的固溶体等均可组成混合物。混合物各组成部分仍保持各自原来的晶格。混合物的性能介于各组成相之间并随各相的形状、大小、数量及分布不同而变化。

合金的室温组织可以有一种或几种晶体结构，既可以是单相，也可以是多相，比纯金属复杂得多。在两相或多相合金组织中，数量较多的一相称为基本相。工业上用的合金大多以固溶体为基本相，而金属化合物是作为强化相出现的，数量较少。例如室温下，碳素钢的基本相是碳溶于 $\alpha-Fe$ 中形成的间隙式固溶体，Fe_3C 是强化相。工业生产中常通过各种工艺改变强化相的形状、大小和分布（改变合金的组织），来改变合金的性能。

第二节　金属材料的结晶

物质由液态转变为固态的过程称为凝固。如果通过凝固形成晶体结构，则称为结晶。

一、纯金属的冷却曲线及过冷度

将纯金属加热熔化成液体，然后缓慢冷却下来。在冷却过程中每隔一定时间测量一次温度，将测量的数据描绘在温度—时间坐标中，便获得温度随时间变化的曲线，称为冷却曲线。图 2-14 为纯金属冷却曲线绘制过程。

由曲线可见，液态金属冷却到某一温度时，在曲线上出现一个平台，该平台对应的温度即为纯金属的结晶温度。因为金属结晶时放出结晶潜热，补偿了此时向环境散发的热量，使温度保持恒定。理论上金属冷却时的结晶温度与加热时的熔化温度是同一温度，通常用 T_0 表示。

实际上液态金属总是冷却到理论结晶温度以下才开始结晶的，如图 2-15 所示。实际结晶温度（T_1）低于理论结晶温度（T_0）的现象，称为过冷现象。理论结晶温度与实际结晶温度之差（$\Delta T = T_0 - T_1$），称为过冷度。冷却速度越大，实际结晶温度就越低，过冷度也就越大。当冷却速度无限小时，ΔT 趋于零，即实际结晶温度与理论结晶温度趋于一致。此时液体与晶体共存，达到可逆平衡（结晶速度无限缓慢）。所以理论结晶温度又称平衡结晶温度。

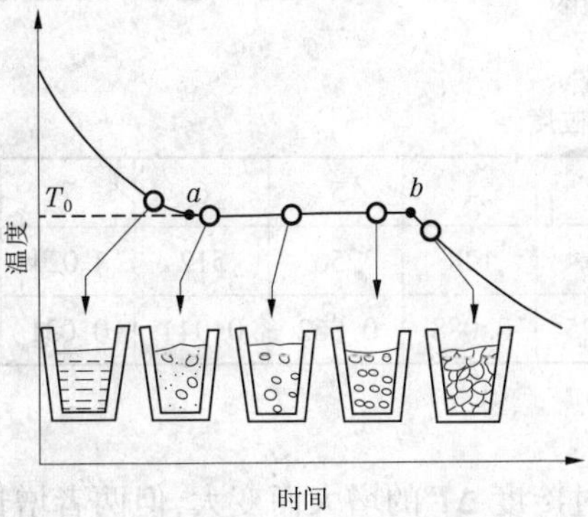

图 2-14　纯金属冷却曲线绘制

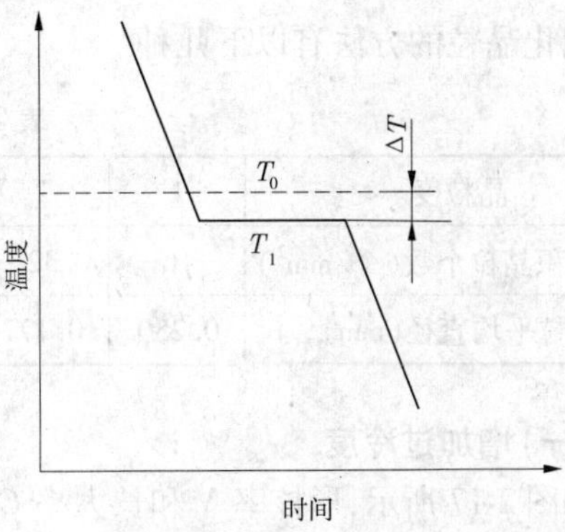

图 2-15　纯金属冷却曲线及过冷度

二、纯金属的结晶过程

图 2-16 为纯金属结晶过程示意图。当液态金属冷却接近理论结晶温度时,原子自发聚集形成一些近似于晶体中原子排列规律的小集团,这些小集团大小不等,取向各异,此起彼伏,时聚时散。当温度降低至理论结晶温度以下时,这些小集团的一部分稳定下来,成为结晶核心,即晶核。晶核吸附周围液体中的金属原子,并向着不同位向按树枝生长方式长大。当成长枝晶与相邻晶体的枝晶相互接触时,晶体就向尚未凝固的部位生长,同时液体金属中又会产生新的晶核并不断长大,直至枝晶间的金属液体用完为止。因此,结晶过程是形核和晶核不断长大的过程,最后形成许多相互接触而外形不规则的晶体。这些外形不规则而内部原子排列规律的小晶体称为晶粒。

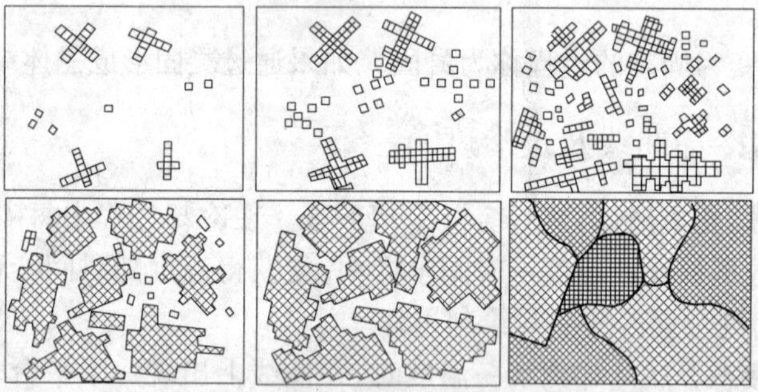

图 2-16　纯金属结晶过程示意图

三、晶粒大小对金属力学性能的影响

工业金属材料结晶后形成由许多晶粒组成的多晶体组织。晶粒的大小对金属的性能有很大的影响。通常在室温下,细晶粒金属强度高,塑性和韧性好,而粗晶粒金属的耐蚀性好、磁导率大、磁滞损耗少。

晶粒大小用晶粒度表示。如表 2-2 所示,晶粒度号越大,晶粒越细。为了提高金属的力学性能,必须控制晶粒的大小。分析结晶过程可知,金属结晶后晶粒的大小取决于形核率 N(形成晶核的数目/($mm^3 \cdot s$))和长大率 G(mm/s)。N 越大且 G 越小,晶粒就越细。常用细化晶粒的方法有以下几种。

表 2-2　晶粒度

晶粒度	1	2	3	4	5	6	7	8
单位面积晶粒个数(个/mm^2)	16	32	64	128	256	512	1 024	2 048
晶粒平均直径(mm)	0.250	0.177	0.125	0.088	0.062	0.044	0.031	0.022

(一)增加过冷度

如图 2-17 所示,形核率 N 和长大率 G 都随过冷度 ΔT 的增大而变大,但两者增长程度不同。随 ΔT 的增大,N 的增长速度大于 G 的增长速度,因此过冷度增大能使晶粒细化。

在生产中增大冷却速度,降低浇注温度,都可以细化晶粒。在连续冷却时,冷速越大,过冷度也越大。对于大型铸件要获得大的过冷度是不易办到的,而且过大的过冷度还可能使铸件产生裂纹而报废,因此需要采取其他细化晶粒的方法。

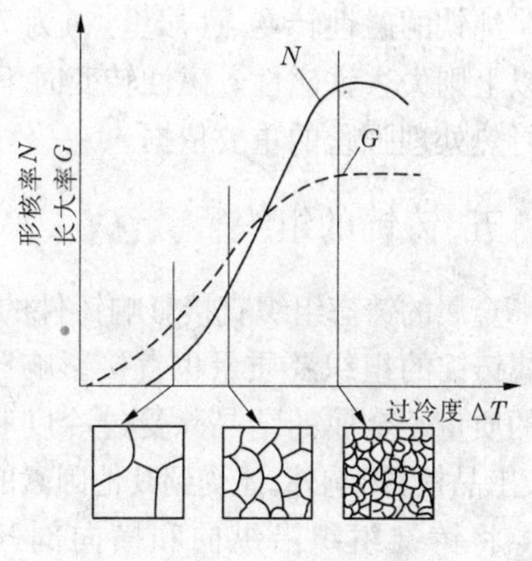

图 2-17　N、G 和 ΔT 的关系

(二)变质处理

在液态金属结晶前加入少量的变质剂(孕育剂),使它分散在金属液中作为人工晶核,从而提高形核率,这种细化晶粒的方法称为变质处理。钢中加入钛、硼、铝等,铸铁中加入硅铁、硅钙合金等都能细化晶粒。

(三)振动处理

在结晶时对金属液加以机械振动、超声波振动和电磁波振动等措施,造成生长中的枝晶破碎,形成更多的结晶核心,从而达到细化晶粒的目的。

四、金属的同素异构转变

纯铁的冷却曲线如图 2-18 所示。液态纯铁缓慢冷却至 1 538 ℃结晶,得到具有体心立方晶格的 $\delta-Fe$,继续冷至 1 394 ℃转变为具有面心立方晶格的 $\gamma-Fe$,再冷至 912 ℃又转变为体心立方晶格的 $\alpha-Fe$。如再继续冷却至室温,晶格类型不再发生变化。

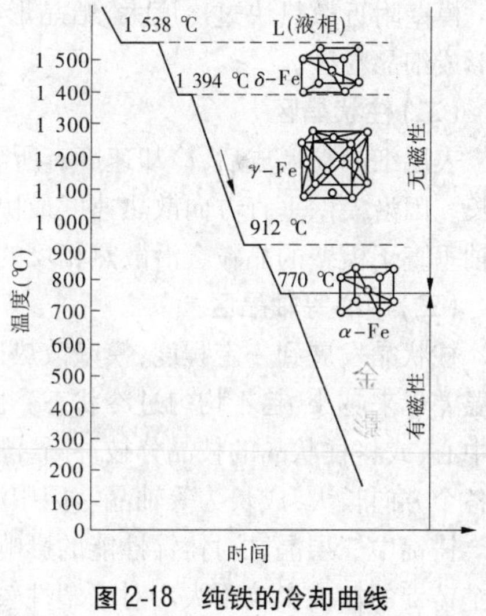

图 2-18　纯铁的冷却曲线

$\delta-Fe$ 和 $\alpha-Fe$ 虽然都是体心立方晶格,但晶格常数不同,因此属于不同的晶格。金属在固态下随温度的改变,由一种晶格转变为另一种晶格的现象,称为同素异构转变。具有同素异构转变的金属有铁、钴、钛、锰等。以不同晶格形式存在的同一金属元素的晶体称为同素异构晶体。同一金属的同素异构晶体按其稳定存在的温度,由低温到高温依次用希腊字母 α、β、γ、δ 等表示。纯铁的同素异构转变可用下式表示:

$$\delta-Fe \xleftrightarrow{1\,394\ ℃} \gamma-Fe \xleftrightarrow{912\ ℃} \alpha-Fe$$

金属的同素异构转变与液态金属的结晶有许多相同之处:有一定的平衡转变温度;转变时需要过冷;转变也有一个形核和长大的过程。同素异构转变与液态金属的结晶不同之处在于:同素异构转变是固态下的相变,原子扩散困难,因此比液态金属的结晶需要较大的过冷度;由于晶格的变化导致金属的体积发生变化,转变时会产生较大的内应力。例如 $\gamma-Fe$ 转变为 $\alpha-Fe$ 时,铁的体积会膨胀约1%。它可引起钢淬火时产生应力,严重时会导致工件变形和开裂。

纯铁的磁性转变点(居里点)为770 ℃。在770 ℃温度以下纯铁具有铁磁性,在该温度以上则失去铁磁性。磁性转变时不发生晶格转变。纯铁的同素异构转变,是钢铁能够进行热处理强化的重要依据。

五、铸锭的组织

金属的铸态组织直接影响铸件的使用性能,金属铸锭的组织及质量也直接影响压力加工型材的质量。金属的结晶除受过冷度和未熔杂质(人工晶核)影响外,还受到其他因素的影响。

将铸锭组织沿纵向和横向剖开磨光并腐蚀,一般可看到细晶区、柱状晶区、等轴晶区三层区域,如图2-19所示。以下分析一般铸锭组织的特点和成因。

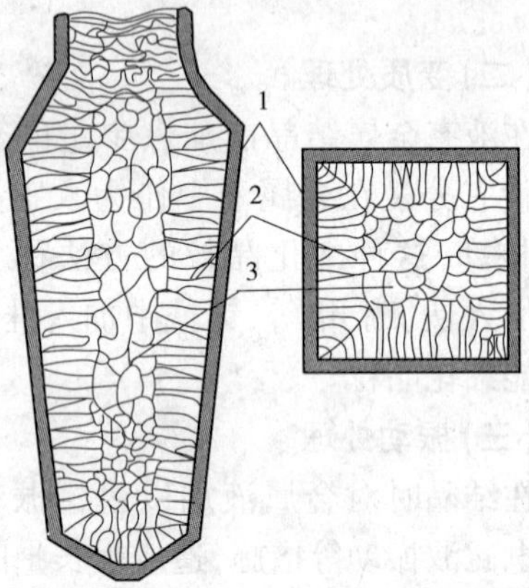

1—表层细晶区;2—柱状晶区;3—中心等轴晶区

图2-19　铸锭剖面组织

(一)表层细晶区

模壁附近散热快过冷度大,结晶形核率高,易形成细晶粒区。

(二)柱状晶区

表层细晶粒形成后,冷却速度有所降低,晶核长大率大于形成率,各晶粒得到较快的成长。因沿模壁垂直方向散热速度最快,且沿该方向枝晶生长也不因抵触而受限制,故枝晶轴垂直于模壁的晶粒会沿散热相反的方向向液体中长大,形成柱状晶区。

(三)中心等轴晶区

柱状晶发展到一定程度,模壁散热速度不断减小,同时由于结晶潜热的释放,中心液体温差越来越小,趋于均匀过冷状态。由于液体流动等原因可能将一些未熔杂质推至铸锭中心,或将柱状晶的枝晶分枝冲断,漂移到铸锭中心,形成中心区的晶核。这些晶核可向各个方向长大,成长为等轴晶。因中心区域过冷度较小,所示晶粒比较粗大。

铸锭中三层晶区对铸锭性能的影响是不同的。表面细晶区力学性能好,但厚度小,对整个铸锭的性能影响不大。对于塑性较好的非铁金属,希望得到较大的柱状晶区,因为柱状晶区比较细密,力学性能较好。柱状晶沿其长度方向的强度较高,对于主要承受单向载荷的机械零件(如涡轮叶片),常需获得柱状晶组织。钢锭一般不希望得到柱状晶组织,因柱状晶呈各向异性,而钢的塑性较差,锻造或轧制时易发生开裂。中心等轴晶区的性能没有方向性,但该区结晶时形成很多微小的缩孔和缩松,会使力学性能降低。

改变液态金属的成分与凝固条件,可以改变三层晶区的相对大小和晶粒的粗细,甚至获得两层或一个晶区组成的铸锭。

第三节　铁碳合金相图

钢铁是现代工业中广泛使用的合金,其基本组元是铁和碳两个元素,故称铁碳合金。铁碳合金的性能主要取决于其组织。

一、铁碳合金的相和组织

在铁碳合金中,铁和碳可以形成固溶体、化合物或混合物。

(一)铁素体

碳溶入 $\alpha-Fe$ 中形成的间隙固溶体称为铁素体,用符号 F 表示。铁素体的显微组织与纯铁相同,在显微镜下看到明亮的多边形晶粒,见图 2-7(b)。

$\alpha-Fe$ 是体心立方晶格,晶格间隙很小,所以碳的溶解度较低。在 727 ℃时碳在 $\alpha-Fe$ 中有最大溶解度 0.021 8%,随温度下降,溶解度减少,在室温下溶解度只有 0.000 8%。由于铁素体含碳量低,其力学性能几乎与纯铁相同,强度和硬度很低,塑性和韧性良好。铁素体在 770 ℃以下具有铁磁性,在 770 ℃以上则失去铁磁性。

(二)奥氏体

碳溶入 $\gamma-Fe$ 中形成的间隙固溶体称为奥氏体,用符号 A 表示。奥氏体仅存在于 727 ℃以上的高温范围内,为非铁磁性相,其高温显微组织如图 2-20 所示。与铁素体相比奥氏体的晶界较平直。

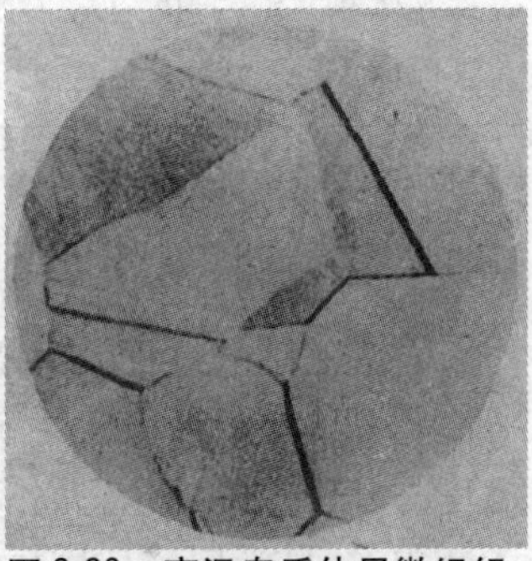

图 2-20　高温奥氏体显微组织

由于 $\gamma-Fe$ 是面心立方晶格,晶格间隙较大,所以碳的溶解度较高。在 1 148 ℃时碳在 $\gamma-Fe$ 中有最大溶解度 2.11%,随温度下降,溶解度减少,在 727 ℃时溶解度为 0.77%。

奥氏体强度和硬度不高,但具有良好的塑性,适合压力加工成型,这是锻造时把钢加热到高温状态的主要原因。

(三)渗碳体

渗碳体是含碳量为 6.69% 的铁与碳形成的金属化合物。其分子式为 Fe_3C,常用符号 C_m 表示。渗碳体与铁和碳的晶格均不相同,是具有复杂晶格的间隙化合物。其熔点约为 1 227 ℃,不发生同素异构转变。渗碳体硬度很高(65 ~ 68 HRC),塑性和韧性几乎为零,脆性很大,是铁碳合金中的主要强化相。渗碳体在钢和铸铁中与其他相共存时可呈片状、球状、网状或板条状,其数量、形态、大小和分布对钢和铸铁的性能有很大的影响。

(四)珠光体

珠光体为铁素体和渗碳体的混合物,用符号 P 表示。其显微组织为铁素体与渗碳体片层交替排列(参考图 2-21)。在缓慢冷却条件下,珠光体的含碳量为 0.77%。珠光体由铁素体和渗碳体两相组成,其力学性能取决于铁素体和渗碳体的性质,大体上是两者性能的平均值,所以有较高的强度,适中的硬度,并具有一定的塑性。

(五)莱氏体

莱氏体分为高温莱氏体和低温莱氏体。高温莱氏体是奥氏体和渗碳体组成的混合物,用符号 L_d 表示;低温莱氏体是珠光体和渗碳体组成的混合物,用 L_d' 表示。

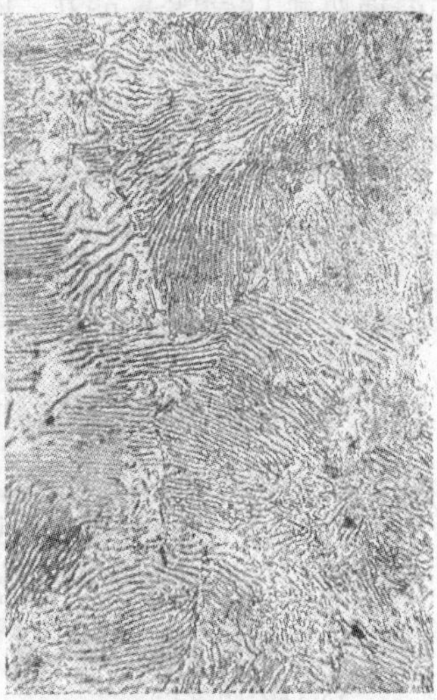

图 2-21　共析钢显微组织

莱氏体的力学性能与渗碳体相似,硬度很高,塑性很差。

上述五种组织中,铁素体、奥氏体和渗碳体是铁碳合金的基本相。珠光体、莱氏体是基本组织。表 2-3 是铁碳合金基本相和组织的力学性能。

表 2-3 铁碳合金相和组织的力学性能

名称	符号	含碳量(%)	力学性能		
			σ_b(MPa)	δ(%)	HBS(HBW)
铁素体	F	≤0.021 8	180~280	30~50	50~80
奥氏体	A	≤2.11	—	40~60	120~220
渗碳体	C_m	6.69	30	0	<800
珠光体	P	0.77	800	20~35	180
莱氏体	L_d'(L_d)	4.30	—	0	>700

二、铁碳合金相图

合金的结晶过程较为复杂,通常运用合金相图来分析合金的结晶过程。

相图是表示平衡条件下(极其缓慢加热或冷却的条件下),给定合金系中合金成分、温度与其相和组织状态之间关系的坐标图形。相图也称为平衡图或状态图。测绘相图的方法很多,最常用的是热分析法。

铁碳合金相图是表示在极其缓慢冷却(或极其缓慢加热)的条件下不同成分的铁碳合金的状态或组织随温度变化的图形。

铁和碳可以形成 Fe_3C、Fe_2C、FeC 等一系列化合物,而稳定的化合物可以作为一个独立的组元,因此整个铁碳合金相图可以视为由 $Fe-Fe_3C$、$Fe-Fe_2C$、Fe-FeC 等一系列二元相图组成。由于含碳量大于5%的铁碳合金材质太脆,无实用价值,所以在铁碳合金相图中只需研究 $Fe-Fe_3C$ 部分。因此,一般所说铁碳合金相图,实际上是 $Fe-Fe_3C$ 二元相图。

$Fe-Fe_3C$ 合金相图如图 2-22 所示。为了便于分析,将相图上实用意义不大的左上角部分(包晶转变部分)省略。经简化后的 $Fe-Fe_3C$ 相图如图 2-23 所示。

(一)$Fe-Fe_3C$ 相图分析

1. 特性点

$Fe-Fe_3C$ 相图中几个主要特性点的温度、含碳量及含义如表 2-4 所示。

2. 特性线

$Fe-Fe_3C$ 相图中主要特性线的名称、含义如下。

1)*ACD* 线

ACD 线为液相线。此线以上,铁碳合金为液相,用 L 表示。液态合金冷却到 *AC* 线开始从液相中结晶出奥氏体,冷却到 *CD* 线开始结晶出渗碳体。从液相中析出的渗碳体称为一次渗碳体,用 $Fe_3C_{Ⅰ}$ 或 $C_{mⅠ}$ 表示。

2)*AECF* 线

AECF 线为固相线。在此线下方,铁碳合金全部结晶成固相。

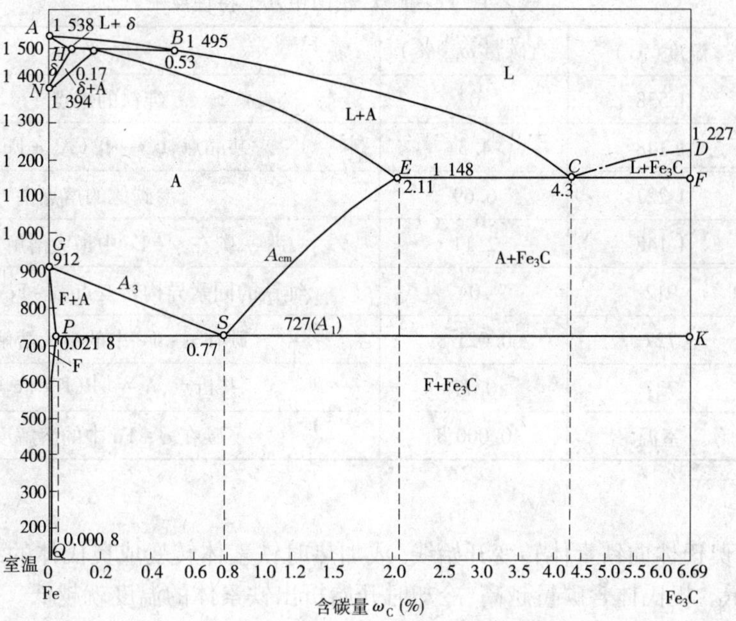

图 2-22　Fe - Fe_3C 相图

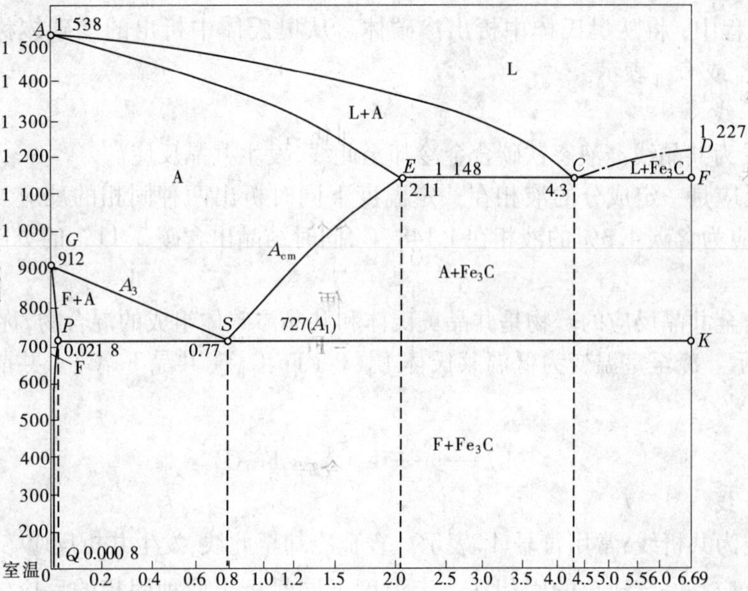

图 2-23　简化 Fe - Fe_3C 相图

在液相线与固相线之间为金属液的结晶区域，在这个区域内金属液与固相共存。*AEC* 区内金属液与奥氏体共存；*DCF* 区内金属液与渗碳体共存。

表 2-4　$Fe-Fe_3C$ 相图中几个特性点

特性点	温度(℃)	含碳量 ω_C(%)	含 义
A	1 538	0	纯铁的熔点
C	1 148	4.3	共晶点,$L_c \longleftrightarrow L_d(A_E + Fe_3C)$
D	1 227	6.69	渗碳体的熔点
E	1 148	2.11	碳在 $\gamma-Fe$ 中最大溶解度
G	912	0	纯铁的同素异构转变点 $\alpha-Fe \longleftrightarrow \gamma-Fe$
P	727	0.021 8	碳在 $\alpha-Fe$ 中的最大溶解度
S	727	0.77	共析点,$A_S \longleftrightarrow P(F + Fe_3C)$
Q	室温	0.000 8	碳在 $\alpha-Fe$ 中的溶解度

3)*GS* 线

冷却时奥氏体向铁素体转变开始线(或加热时铁素体转变成奥氏体的终止线),常用符号 A_3 表示。奥氏体含碳量越高,冷却时开始析出铁素体的温度就越低。

4)*ES* 线

碳在奥氏体中的溶解度线,常用符号 A_{cm}表示。在 1 148 ℃时奥氏体中碳的溶解度为 2.11%,而在 727 ℃时仅为 0.77%,因此碳含量大于 0.77% 的铁碳合金自 1 148 ℃冷至 727 ℃的过程中,将从奥氏体中析出渗碳体。从奥氏体中析出的渗碳体称为二次渗碳体,用 $Fe_3C_{Ⅱ}$ 或 $C_{mⅡ}$ 表示。

5)*ECF* 线

ECF 线为共晶线。液态铁碳合金冷却至此线,发生共晶反应。

共晶反应是一定成分的液相在一定温度下同时析出两种固相的反应。在铁碳合金中,共晶反应为含碳 4.3% 的液相在 1 148 ℃,同时结晶出含碳 2.11% 的奥氏体和渗碳体的反应。

铁碳合金共晶反应的产物是共晶奥氏体和共晶渗碳体组成的混合物,称为莱氏体,用符号 L_d 表示。冷至室温变为低温莱氏体 $L_d'(P + Fe_3C_{Ⅱ}$ + 共晶 Fe_3C)。共晶反应的转变式为:

$$L_c \xrightarrow{1\ 148\ ℃} L_d(A_E + Fe_3C)$$

6)*PSK* 线

PSK 线为共析线,常用符号 A_1 表示。合金冷却至此线,发生共析反应。

共析反应是一定成分的固相在一定温度下同时析出两种固相的反应。在铁碳合金中,共晶反应为含碳 0.77% 的奥氏体,在 727 ℃同时析出含碳 0.021 8% 的铁素体和共析渗碳体的反应。

铁碳合金共析反应的产物是共析铁素体和共析渗碳体组成的混合物,称为珠光体,用符号 P 表示。共析反应的转变式为:

$$A_S \xrightarrow{727\ ℃} P(F + Fe_3C)$$

7) *PQ* 线

PQ 线为碳在铁素体中的溶解度曲线。在 727 ℃时铁素体中碳的溶解度为 0.021 8%，而在室温时仅为 0.000 8%，因此铁素体自 727 ℃冷至室温的过程中，将析出渗碳体。从铁素体中析出的渗碳体称为三次渗碳体，用 $Fe_3C_{Ⅲ}$ 或 $C_{mⅢ}$ 表示。

如上所述，渗碳体可分为 $Fe_3C_{Ⅰ}$、$Fe_3C_{Ⅱ}$、$Fe_3C_{Ⅲ}$、共晶 Fe_3C 和共析 Fe_3C，尽管这五种渗碳体的化学成分相同、晶格结构相同、属于同一种相，但是由于生成条件不同、形态和分布不同，因此对铁碳合金的性能有着不同的影响。其中 $Fe_3C_{Ⅲ}$ 数量少，对铁碳合金性能的影响也很小。

3. 相区

简化的 Fe－Fe_3C 相图中，有四个单相区：即液相区（L）、奥氏体区（A）、铁素体区（F）和渗碳体区（Fe_3C）。五个两相区：（L＋A）区、（L＋ Fe_3C）区、（A＋F）区、（A＋ Fe_3C）区、（F＋ Fe_3C）区。相区接触规则是：两个单相区之间为两相区，该两相区的相为两相邻单相区相之和。

（二）典型铁碳合金的结晶过程及组织

1. 典型铁碳合金结晶过程

分析图 2-24 所示六种典型铁碳合金结晶过程如下。

1）共析钢（含碳量 $\omega_C = 0.77\%$）

图 2-24 中合金 Ⅰ 为含碳量 0.77% 的共析钢。其冷却曲线和结晶过程如图 2-25 所示。金属液冷却至和 *AC* 线相交的 1 点时，开始结晶出奥氏体（A），温度继续下降，奥氏体量增加，直至 2 点液相全部转变为奥氏体。2 点至 3 点之间组织不发生变化。当温度降至 3 点时，奥氏体在恒温下发生共析转变全部生成珠光体。温度继续下降直至室温，珠光体不再发生变化。共析钢的室温平衡组织是珠光体，如图 2-21 所示。

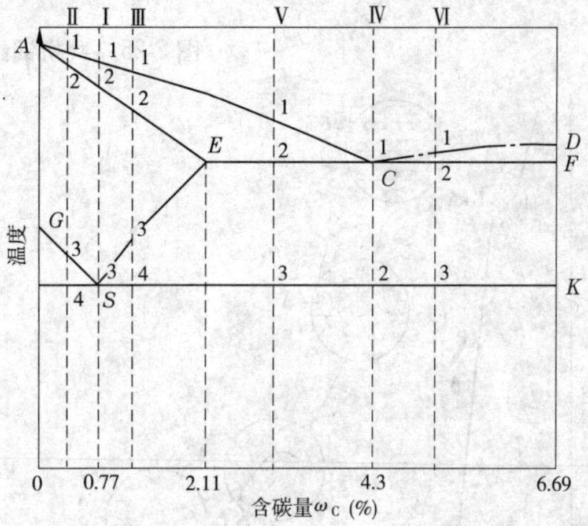

图 2-24　典型铁碳合金在 Fe－Fe_3C 相图中的位置

2）亚共析钢（$0.021\ 8\% < \omega_C < 0.77\%$）

图 2-24 中合金 Ⅱ 为含碳量 0.45% 的亚共析钢，其冷却曲线和结晶过程如图 2-26 所示。合金 Ⅱ 温度在 3 点以上，结晶过程与合金 Ⅰ 类似。当温度降至 3 点时，开始从奥氏体中析出铁素体。随温度的下降铁素体量逐渐增加，奥氏体量逐渐减少。由于铁素体含碳量较低，致使尚未转变的奥氏体的含碳量沿 *GS* 线增加，当温度降至 4 点时，未转变奥氏体中的含碳量达到 0.77%，此奥氏体在恒温下发生共析转变，生成珠光体。4 点以下至室温，合金组织不再发生变化。所有亚共析钢的结晶过程都和合金 Ⅱ 相似，其室温平衡组织都是铁素体加珠光体（见图 2-27），只是随着含碳量的增加，铁素体量相对减少，珠光体量相对增加。

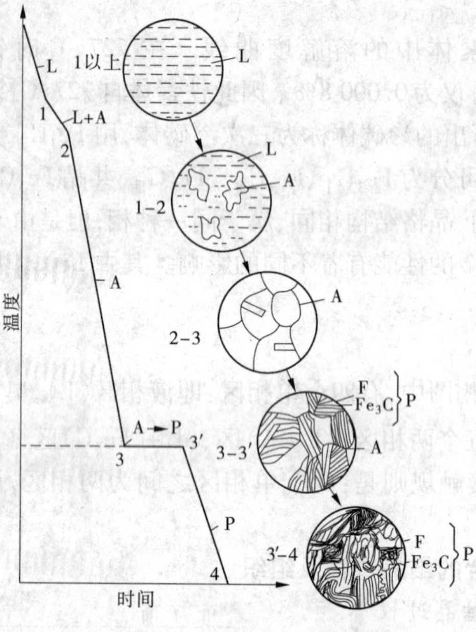

图 2-25　共析钢结晶过程

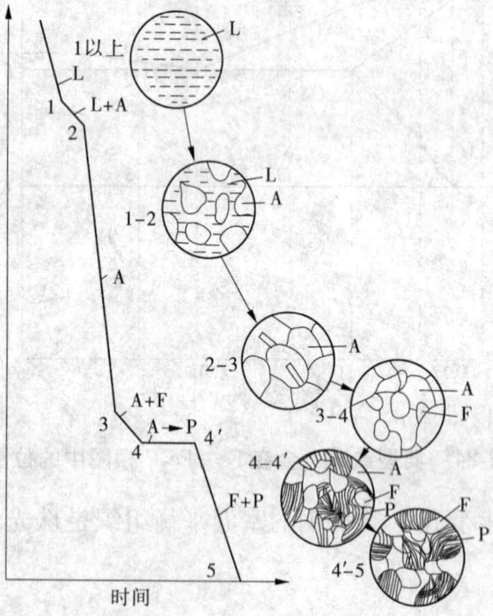

图 2-26　亚共析钢结晶过程

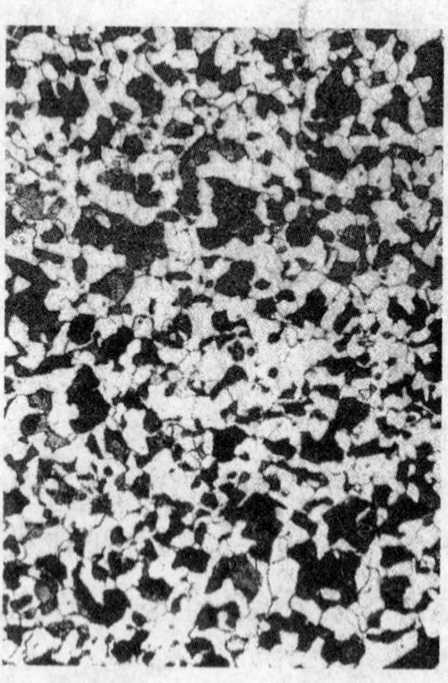

图 2-27　含碳 0.45% 的亚共析钢显微组织

3)过共析钢($0.021\ 8\% < \omega_C \leq 2.11\%$)

图 2-24 中合金Ⅲ为含碳量 1.2% 的过共析钢,其冷却曲线和结晶过程如图 2-28 所示。合金Ⅲ温度在 3 点以上,结晶过程与合金Ⅰ类似。当温度降至 3 点时,奥氏体中含碳量达到饱和,继续冷却,奥氏体中溶碳能力将继续下降,此时从奥氏体中析出沿晶界分布的二次渗碳体($Fe_3C_{Ⅱ}$)。随温度的下降二次渗碳体量逐渐增加,奥氏体量逐渐减少。由于 $Fe_3C_{Ⅱ}$ 含碳量高,致使尚未转变的奥氏体的含碳量沿 *ES* 线减少,当温度降至 4 点时,未

转变奥氏体中的含碳量达到0.77%,此奥氏体在恒温下发生共析转变,生成珠光体。4点以下至室温,合金组织不再发生变化。所有过共析钢的结晶过程都和合金Ⅲ相似,其室温平衡组织都是珠光体加网状二次渗碳体(见图2-29),只是随着含碳量的增加,珠光体量相对减少,二次渗碳体量相对增加。

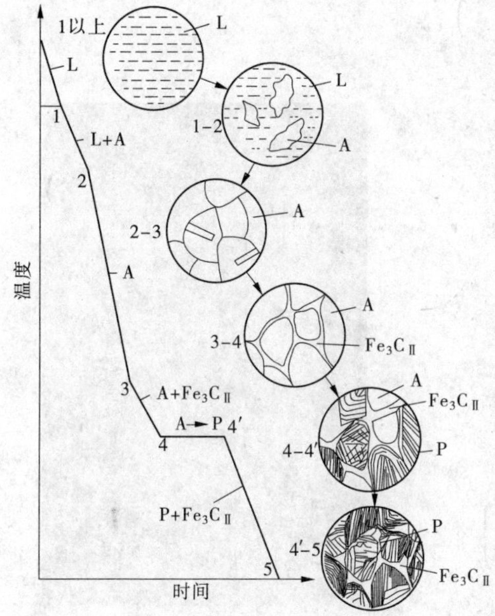

图2-28 过共析钢结晶过程

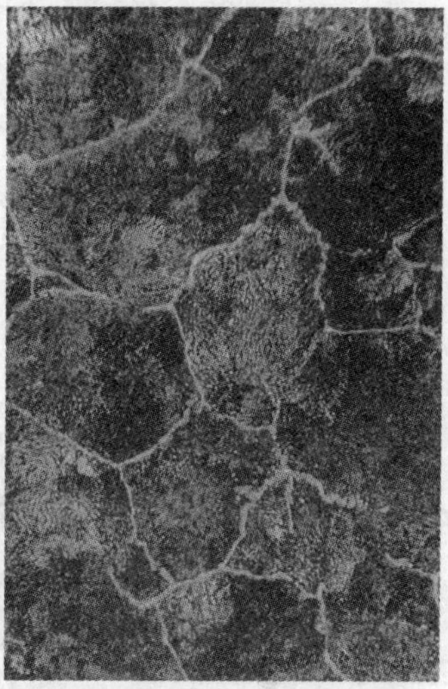

图2-29 含碳1.2%的过共析钢显微组织

4)共晶白口铸铁(ω_C=4.30%)

图2-24中合金Ⅳ为含碳量4.3%的共晶白口铸铁,其冷却曲线和结晶过程如图2-30所示。当金属液冷却至1点时发生共晶反应,形成高温莱氏体L_d(A_E+共晶Fe_3C)。高温莱氏体的形态一般是粒状或条状共晶奥氏体均匀分布在共晶渗碳体基体上。继续冷却至1点以下时,共晶奥氏体将结晶出二次渗碳体,同时其含碳量将沿*ES*线逐步降低,当温度降至2点(727 ℃)时,共晶奥氏体含碳量降至0.77%,此时该奥氏体将发生共析反应,生成珠光体。继续冷却,合金组织不再发生变化。所以,共晶白口铸铁的室温平衡组织为低温莱氏体L_d'($P+Fe_3C_{Ⅱ}$+共晶Fe_3C),如图2-31所示。

5)亚共晶白口铸铁(合金Ⅴ,2.11%<ω_C<4.30%)

当金属液冷却至1点时开始结晶出奥氏体,由于奥氏体含碳量较低,致使剩余液相含碳量沿*AC*线增高,当温度降至2点时,其含碳量达到4.3%,剩余液相在恒温下发生共晶转变,形成高温莱氏体L_d(A_E+共晶Fe_3C)。在随后的降温过程中,由液相析出的奥氏体转变为$P+Fe_3C_{Ⅱ}$,高温莱氏体的转变与共晶白口铸铁相同。所以,亚共晶白口铸铁的室温平衡组织为$P+Fe_3C_{Ⅱ}+L_d'$,如图2-32所示。

6)过共晶白口铸铁(合金Ⅵ,4.3%<ω_C<6.69%)

当金属液冷却至1点时开始结晶出$Fe_3C_{Ⅰ}$,由于渗碳体含碳量较高,致使剩余液相含碳量降低,当温度降至 2 点时,其含碳量达到 4.3%,剩余液相在恒温下发生共晶转变,形成高温莱氏体 L_d(A_E + 共晶 Fe_3C)。在随后的降温过程中,高温莱氏体的转变与共晶白口铸铁相同。所以,过共晶白口铸铁的室温平衡组织为 $Fe_3C_Ⅰ + L'_d$,如图 2-33 所示。

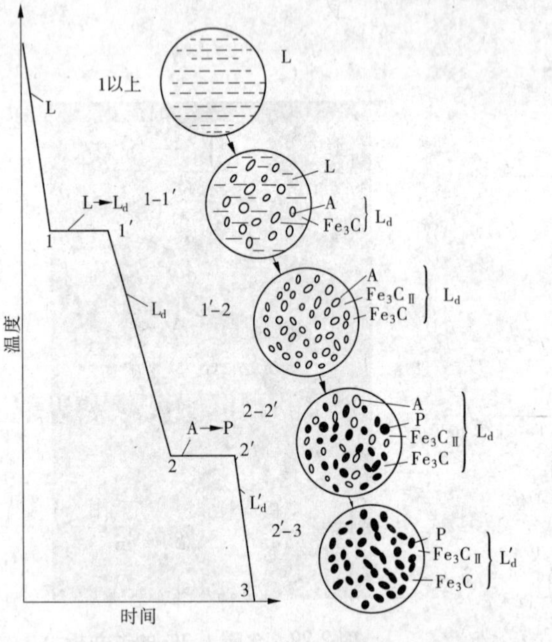

图 2-30　共晶白口铸铁结晶过程

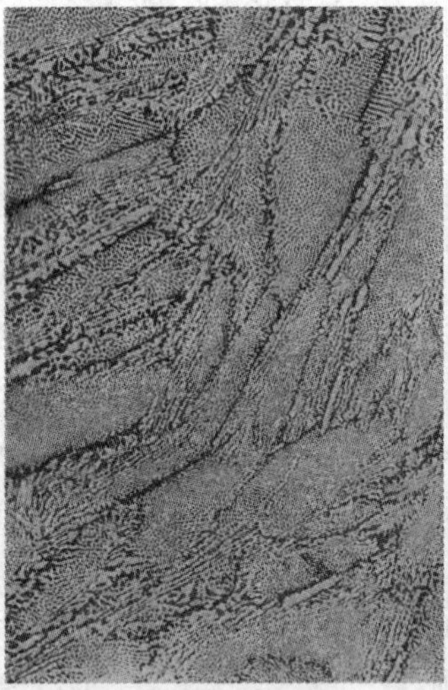

图 2-31　共晶白口铸铁显微组织

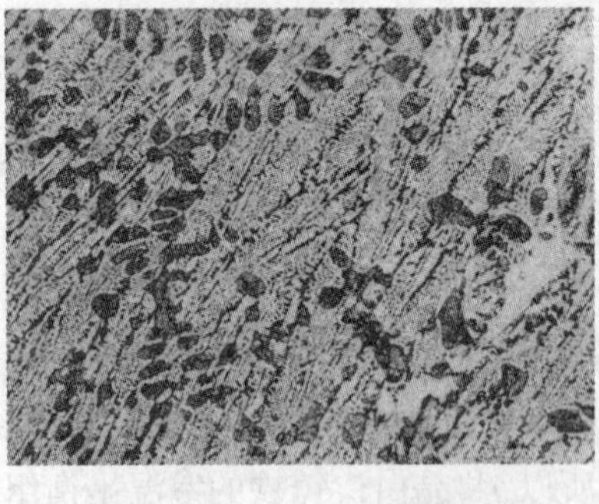

图 2-32　亚共晶白口铸铁显微组织

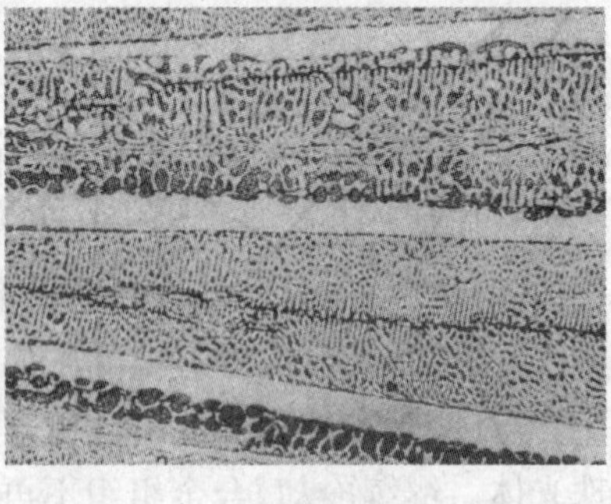

图 2-33　过共晶白口铸铁显微组织

2. 铁碳合金的分类

铁碳合金按其含碳量和室温组织不同分为以下三类。

1) 工业纯铁

$\omega_C \leq 0.0218\%$ 的铁碳合金称为工业纯铁。工业纯铁在冷却过程中不发生共析转变,室温组织是铁素体(忽略三次渗碳体的析出)。

2) 钢

$0.0218\% < \omega_C \leq 2.11\%$ 的铁碳合金称为钢。其特点是高温时都可转变为单一的奥氏体组织,冷却过程中都发生共析转变。根据其含碳量及室温组织的不同,钢又可分为亚

共析钢、共析钢和过共析钢。

3）白口铸铁

$2.11\% \leqslant \omega_C < 6.69\%$ 的铁碳合金称为白口铸铁。其特点是金属液结晶时都发生共晶反应生成莱氏体。根据含碳量及室温组织的不同，白口铸铁又可分为亚共晶白口铸铁、共晶白口铸铁和过共晶白口铸铁。

铁碳合金的分类及室温组织见表 2-5。

表 2-5　铁碳合金的分类及室温组织

项目	工业纯铁	钢			白口铸铁		
		亚共析钢	共析钢	过共析钢	亚共晶	共晶	过共晶
含碳量（%）	$\leqslant 0.0218$	$0.0218 \leqslant \omega_C \leqslant 2.11$			$2.11 < \omega_C < 6.69$		
		<0.77	0.77	>0.77	<4.30	4.30	>4.30
室温组织	F	F + P	P	$P + C_{mII}$	$P + C_{mII} + L'_d$	L'_d	$L'_d + C_{mI}$

3. $Fe - Fe_3C$ 组织图（按组织分区的 $Fe - Fe_3C$ 图）

前面所讲的是 $Fe - Fe_3C$ 相图，在相图的各个区域中标明的是各种平衡相。例如在 *PSK* 线以下的区域为 F 与 Fe_3C 两相区，这表明任何成分的铁碳合金（不管是钢还是铁，也不管是亚共析、过共析、亚共晶还是过共晶），在共析反应温度以下都是由铁素体和渗碳体两相组成的。但根据以上讨论可知，即使是同一种相，由于生成条件不同，形态、大小分布是不同的。例如共析渗碳体呈片状，它与共析铁素体形成层片状珠光体；共晶渗碳体为莱氏体中的基体；过共析钢平衡冷却中析出的二次渗碳体呈网状等。用肉眼或借助于放大镜、金相显微镜观察到的材料内部具有一定形态的部分，称为组织。例如铁素体组织、渗碳体组织、珠光体组织、莱氏体组织等。组织可以是单相，也可以是多相。不同的组织具有不同的性能，因此按组织划分 $Fe - Fe_3C$ 图的区域更有利于分析材料的组织和性能。

图 2-34 所示为按组织分区的 $Fe - Fe_3C$ 图，该图共有五个单组织区、七个复杂组织区。记忆各组织区的方法如下：记住五个单组织区 A、F、Fe_3C_I、P 和 L_d（L'_d）区。根据五个单组织区仿照相区接触规则可直接写出三个复杂组织区：（F + P）区、（$Fe_3C_I + L'_d$）区、（$Fe_3C_I + L_d$）区；考虑是否发生共晶反应，应过成分坐标上含碳 2.11% 点作垂线，该线以左不发生共晶反应，含碳量大于 0.77% 的 A 在冷却过程中析出 Fe_3C_{II}。将垂线看做 Fe_3C_{II} 区，即可写出剩余的四个复杂组织区（$A + Fe_3C_{II}$）区、（$P + Fe_3C_{II}$）区、（$A + Fe_3C_{II} + L_d$）区和（$P + Fe_3C_{II} + L'_d$）区。

（三）铁碳合金的成分组织和性能的关系

1. 含碳量与组织的关系

由 $Fe - Fe_3C$ 组织图可知，随着含碳量的增加，铁碳合金中铁素体量逐渐减少，渗碳体量逐渐增加，见图 2-35（c），其显微组织将按下列顺序发生变化，见图 2-35（a）：$F \rightarrow (F + P) \rightarrow P \rightarrow (P + C_{mII}) + (P + C_{mII} + L'_d) \rightarrow L'_d \rightarrow (L'_d + C_{mI})$。

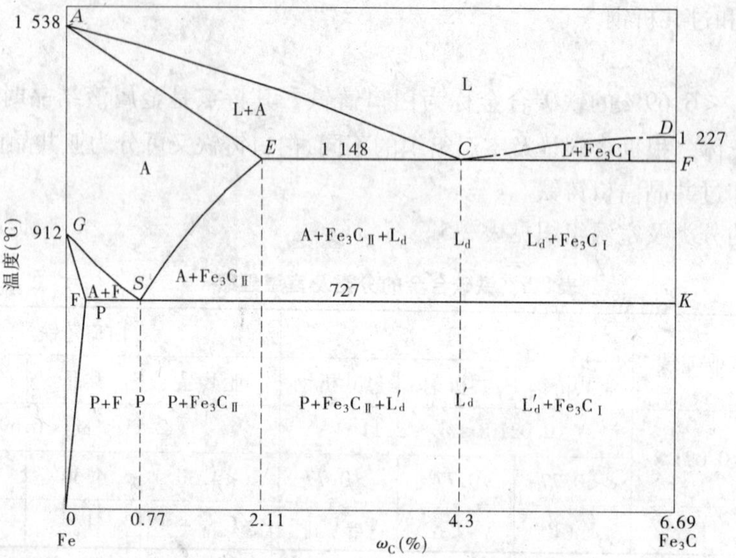

图 2-34　Fe－Fe$_3$ 组织图

2. 含碳量与性能的关系

图 2-36 表示含碳量对正火碳素钢力学性能的影响。力学性能随含碳量的变化总趋势是，随含碳量增加，钢的强度和硬度增加，塑性、韧性下降。但当 ω_C > 0.9% 时，钢的强度迅速降低。硬度增加，塑性、韧性降低的原因是随含碳量的增加，钢中的脆硬相(Fe_3C)增多。

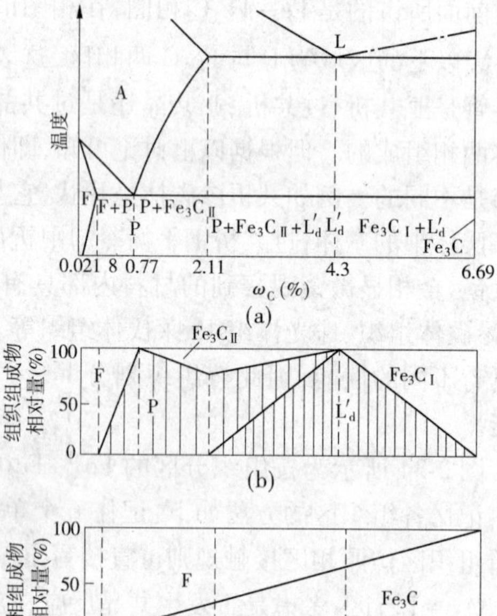

图 2-35　铁碳合金成分与组织的关系

强度是一个对组织形态很敏感的性能。随含碳量的增加，亚共析钢中 P 增多而 F 减少。P 的强度比较高，F 的强度较低。所以亚共析钢的强度随含碳量的增大而增大。但当碳质量分数超过共析成分之后，由于强度很低的 $Fe_3C_{Ⅱ}$ 沿晶界出现，合金强度的增高变慢，到含碳量约 0.9% 时，$Fe_3C_{Ⅱ}$ 沿晶界形成完整的网，因而强度迅速降低，随着碳质量分数的进一步增加，强度不断下降，到 2.11% 后，合金中出现 L_d' 时，强度已降到很低的值。为保证钢有足够的强度，并具有一定的塑性和韧性，其含碳量一般不超过 1.4%。白口铸铁中都有莱氏体组织，具有很高的硬度和脆性，既难以切削加工，也不能锻造成型，因此工业应用很少。但是由于白口铸铁具有很高的抗磨损能力，对于要求高硬度高耐磨的零件，如犁铧、冷轧辊等，可采用白口铸铁制造。

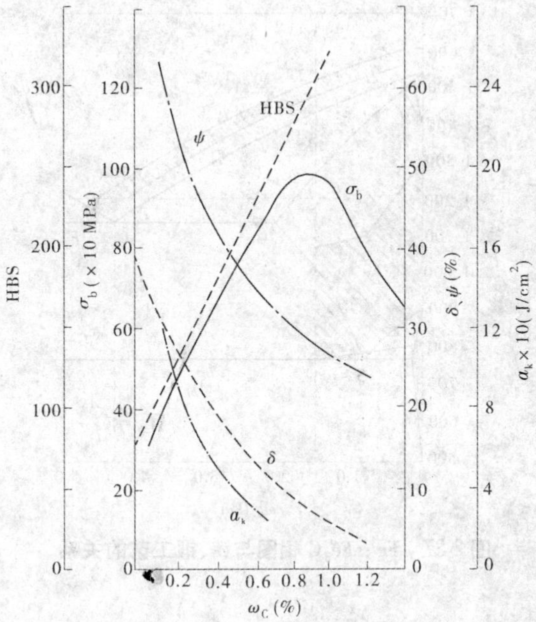

图 2-36　含碳量对钢力学性能的影响

(四) $Fe-Fe_3C$ 相图的应用

$Fe-Fe_3C$ 相图可作为选择材料,制定铸造、锻轧以及热处理等热加工工艺的依据,在生产中具有重要意义。

1. 选材

根据零件的不同性能要求确定材料的种类。例如:制造船体、桥梁以及建筑结构的各种金属构件,要求塑性、韧性好,焊接性能好,而对强度的要求并不太高,可选用含碳量较低的钢。制造齿轮、轴类等机械零件,需要强度、塑性和韧性都较好的材料,可选用含碳量适中的钢。制造各种工具、量具等,需要硬度高、耐磨性好的材料,则选用含碳量较高的钢。

2. 铸造

合金中以共晶成分的合金铸造性能最好。因为在共晶点附近结晶温度低,温度范围小,故液态金属的流动性好,可得到质量好的致密铸件。因此,在铸造生产中共晶成分的铸铁得到了广泛的应用。铸钢的含碳量为 0.2% ~0.6%,其熔点比铸铁高,结晶范围比铸铁大(见图 2-37),铸造性能比铸铁差,主要用于制造强度、韧性要求高的铸件。

3. 锻造

钢经加热获得奥氏体组织时,强度低,塑性好,便于压力加工。所以,钢材的锻轧温度都选在单一的奥氏体区。为避免严重的氧化导致脱碳,始锻(轧)温度不能太高;为避免锻(轧)裂纹的产生,终锻(轧)温度不能太低。锻轧温度范围如图 2-37 所示。

4. 热处理

根据 $Fe-Fe_3C$ 相图,可确定各种热处理操作(退火、正火、淬火等)的加热温度(详见第三章)。

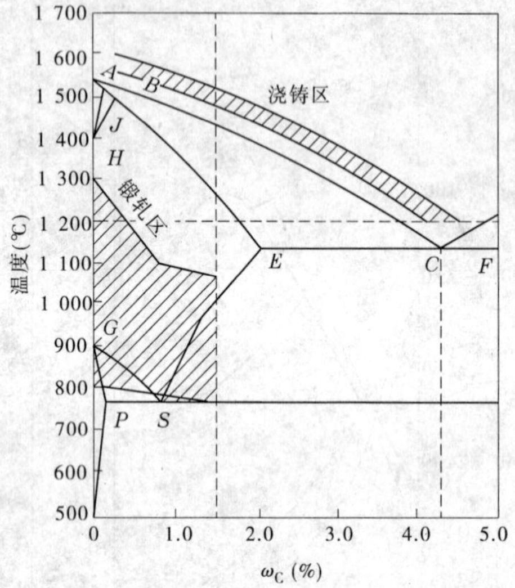

图 2-37　Fe - Fe_3C 相图与铸、锻工艺的关系

技能训练三　铁碳合金平衡组织观察

一、训练的目的

(1)认识不同成分的铁碳合金在平衡状态下的组织形态。

(2)分析含碳量对铁碳合金显微组织的影响。

(3)掌握金相显微镜的使用方法。

二、训练内容

观察给出试样的显微组织,画出所观察到组织的示意图。

在金相显微镜下铁碳合金的几种基本组织:

(1)铁素体(F)。铁素体是碳溶于 α - Fe 中的间隙固溶体。铁素体分为自由铁素体(先共析铁素体)和共析铁素体两种。共析铁素体与共析渗碳体形成层片状组织(珠光体)。自由铁素体在金相显微镜下一般呈等轴块状,铁素体的这种形态往往是在奥氏体晶粒较细、冷却速度较慢时产生的。在钢含碳量较高、奥氏体晶粒较粗大、冷却速度较大的情况下,自由铁素体也可呈网状分布在原奥氏体晶界上。铁素体呈网状分布,将使钢的硬度、强度、塑性、韧性全面降低,所以应避免网状铁素体的形成。

(2)渗碳体(Fe_3C)。渗碳体是含碳量为 6.69% 的铁与碳形成的金属化合物。抗浸蚀能力较强,经 3% ~5% 硝酸酒精溶液浸蚀后呈亮白色。从金属液体中析出的渗碳体为一次渗碳体,呈白色针棒状;从奥氏体中析出的渗碳体为二次渗碳体,沿晶界分布;从铁素体中析出的渗碳体为三次渗碳体,沿晶界分布,数量很少;共析反应生成的渗碳体为共析渗碳体,呈层片状;共晶反应生成的渗碳体为共晶渗碳体,呈白色基体。在铁碳合金中,渗碳体是一个强化相,当它与铁素体形成层片状的珠光体时,合金的强度和硬度得到提高;

当它以连续的网状分布在珠光体的边界上时,合金的强度迅速下降;当它作为基体或以针状形态分布在合金基体上时,铁碳合金的塑性、韧性下降,强度也随之降低。

(3)珠光体(P)。珠光体是铁素体和渗碳体的机械混合物,在一般退火处理下,是由铁素体和渗碳体相互混合交替排列形成的层片状组织,经4%硝酸酒精溶液浸蚀后,在高倍放大时能清楚地看到珠光体中平行相间的宽条铁素体和条状渗碳体;当放大倍数较低时,这时所观察到的珠光体中的渗碳体呈一条黑线。当组织较细而放大倍数较低时,珠光体的片层就不能分辨,而呈黑色。

(4)莱氏体(L_d')。低温莱氏体是由珠光体、共晶渗碳体及二次渗碳体所组成的机械混合物。经4%硝酸酒精溶液浸蚀后,莱氏体的组织特征是,在白亮色的渗碳体基体上分布着许多黑色点(块)状或条状的珠光体。二次渗碳体分布在珠光体边缘和共晶渗碳体连在一起,没有边界线,无法分辨开。

三、设备及工具

(1)金相显微镜。

(2)金相试样:工业纯铁、20钢、45钢、T8钢、T12钢、共晶白口铸铁、亚共晶白口铸铁、过共晶白口铸铁八块试样(铸铁试样为铸造状态,其余为退火状态)。

(3)金相图谱。

四、训练步骤

(1)按观察要求,选择物镜和目镜,并装在显微镜上。

(2)按照金相显微镜的操作程序,将其调节到所看见的组织最为清晰为止。

(3)分析比较试样内部组织,写出试样组织组成物名称并画出示意图。

五、提交成果

完成试验报告(格式如下)。

试样材料	放大倍数	浸蚀剂	组织组成物名称	显微组织示意图

思考与练习

2-1 解释下列名词术语:晶体、晶格、晶胞、单晶体、多晶体、合金、组元、固溶体、金属化合物。

2-2 常见金属的晶格类型有哪几种?不同金属的晶格结构差别主要体现在哪两个方面?

2-3 什么叫同素异构转变?试写出纯铁的同素异构转变过程。

2-4 为什么单晶体具有各向异性,而多晶体一般不显示各向异性?

2-5　金属的结晶包括哪两个过程？常用细化晶粒的方法有哪几种？

2-6　说明铁素体、奥氏体、渗碳体、珠光体、莱氏体的显微组织特征和性能特点，分析 $Fe_3C_{Ⅰ}$、$Fe_3C_{Ⅱ}$、$Fe_3C_{Ⅲ}$、共晶 Fe_3C 和共析 Fe_3C 的异同处。

2-7　默画出简化后的 $Fe-Fe_3C$ 图，说明主要特性点、特性线的意义，并填写各区的组织。

2-8　试分析含碳量 0.2%、0.77%、1.0% 的铁碳合金在缓慢冷却条件下的组织转变。

2-9　随含碳量的增加，铁碳合金的强度、硬度、塑性和韧性怎样变化？为什么？

2-10　为什么碳素钢加热至高温具有良好的锻造性能，而铸铁却不能锻造？

第三章　钢的热处理

学习指导

本章介绍钢在加热和冷却时的转变、钢的普通热处理、钢的表面热处理和零件的热处理工艺路线分析。在了解钢在加热和冷却过程中组织转变规律的基础上，熟悉普通热处理工艺方法（退火、正火、淬火、回火）是本章的重点。对C曲线的理解及临界冷却速度和淬透性的概念既是本章的重点也是难点。

热处理是将金属或合金在固态下加热、保温一定的时间，以不同的方式冷却，以获得所需组织和性能的工艺。通过热处理可以提高金属材料的力学性能，充分发挥其潜力，延长机械零件的使用寿命，也可以改善材料的加工工艺性能，使其更容易加工成型。热处理工艺应用非常广泛，在机械制造业中占有十分重要的地位。

任何一种热处理工艺都由加热、保温和冷却三个阶段组成。因此，热处理工艺过程可用以温度、时间为坐标的曲线图表示（见图3-1），此曲线称为热处理工艺曲线。

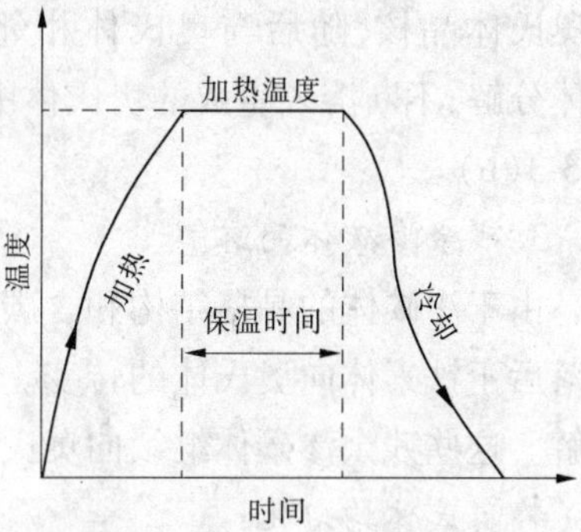

图3-1　热处理工艺曲线

热处理工艺能够改变钢的性能的根本原因是铁有同素异构转变，因而经不同的加热和冷却过程使钢的组织发生了变化。

第一节　钢在加热和冷却时的转变

一、钢在加热时的转变

（一）钢在加热时的相变温度

大多数热处理工艺都要将钢加热到相变温度以上，使其组织转变成奥氏体。只有使钢呈奥氏体状态才能通过不同的冷却方式转变成不同的组织，从而获得所需要的性能。

由 $Fe-Fe_3C$ 相图可知，A_1、A_3 和 A_{cm} 是钢在极其缓慢的加热和冷却条件下的相变温度（平衡相变温度）。但在生产中，加热和冷却不可能极其缓慢，此时钢的组织转变有滞后现象，即在加热时实际相变温度要高于平衡相变温度，冷却时低于平衡相变温度。加热和冷却速度越快，实际相变温度与平衡相变温度的偏离也越大。如图3-2所示，通常加热时的相变温度分别用 A_{c1}、A_{c3}、A_{ccm} 表示；冷却时的相变温度分别用 A_{r1}、A_{r3}、A_{rcm} 表示。

（二）钢在加热时的组织转变

将钢加热到 A_{c1} 点以上，以获得全部或部分奥氏体组织的操作称为奥氏体化。下面以共析钢为例说明奥氏体的形成过程。

奥氏体的形成是通过形核和长大来实现的，其基本过程如图 3-3 所示。

1. 奥氏体形核

奥氏体晶核易在铁素体与渗碳体相界面上生成，见图 3-3(a)。因为在此处原子排列紊乱，原子偏离平衡位置处于畸变状态，具有较高的能量，为奥氏体的形核提供了有利条件。

2. 奥氏体晶核的长大

奥氏体晶核形成后，与奥氏体相邻的铁素体中的铁原子通过扩散运动转移到奥氏体晶核，随后与奥氏体相邻的渗碳体分解，不断溶入生成的奥氏体中，使奥氏体向铁素体和渗碳体两个方向逐渐长大，见图 3-3(b)。

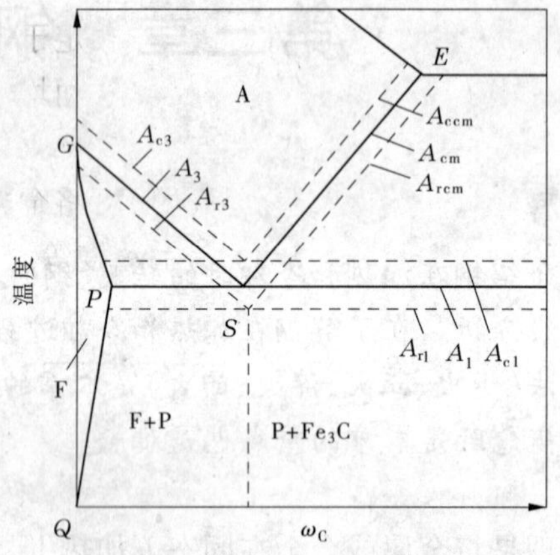

图 3-2　钢在加热和冷却时的相变温度

3. 残余渗碳体的溶解

由于渗碳体的晶格结构和含碳量与奥氏体差别很大，所以渗碳体向奥氏体的溶解必然落后于铁素体向奥氏体的转变。在铁素体全部转变成奥氏体后，仍有部分渗碳体尚未溶解。这些残余渗碳体继续向奥氏体溶解还需要一段时间，直至全部消失，见图 3-3(c)。

4. 奥氏体均匀化

渗碳体刚刚全部溶解时，奥氏体中的含碳量是不均匀的。在原来的渗碳体处含碳量较高，在原来的铁素体处含碳量较低，需要继续延长保温时间，使碳原子进一步扩散，才能得到含碳量均匀的奥氏体组织，见图 3-3(d)。

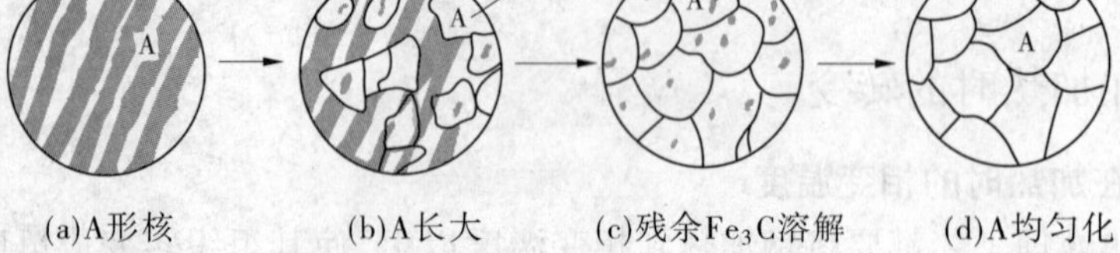

(a)A形核　(b)A长大　(c)残余Fe_3C溶解　(d)A均匀化

图 3-3　共析钢的奥氏体化过程

将亚共析钢加热至 A_{c3} 以上，过共析钢加热至 A_{ccm} 以上，即可获得单相奥氏体组织。但对于过共析钢，此时奥氏体晶粒已经粗化。

(三) 奥氏体晶粒的长大

由于珠光体组织比较细密，形成奥氏体晶核比较多，因此当珠光体刚刚转变成奥氏体时，奥氏体晶粒是比较细小的。但是随着加热温度的升高，保温时间的延长，奥氏体晶粒会自发地长大。

1. 奥氏体的实际晶粒度

某一具体热加工条件下获得的奥氏体的晶粒度，称为奥氏体实际晶粒度。奥氏体冷却转变时，其转变组织的晶粒大小主要决定于奥氏体晶粒的大小，而细晶粒组织有较高的力学性能。因此，钢加热时为了获得细小而均匀的奥氏体晶粒，必须控制加热温度和保温时间。

为了测定或比较钢的实际晶粒大小，将金相试样在显微镜下放大100倍，并与标准晶粒度等级图比较(见图3-4)。标准晶粒度等级分为8级，1~4级为粗晶粒，5~8级为细晶粒。

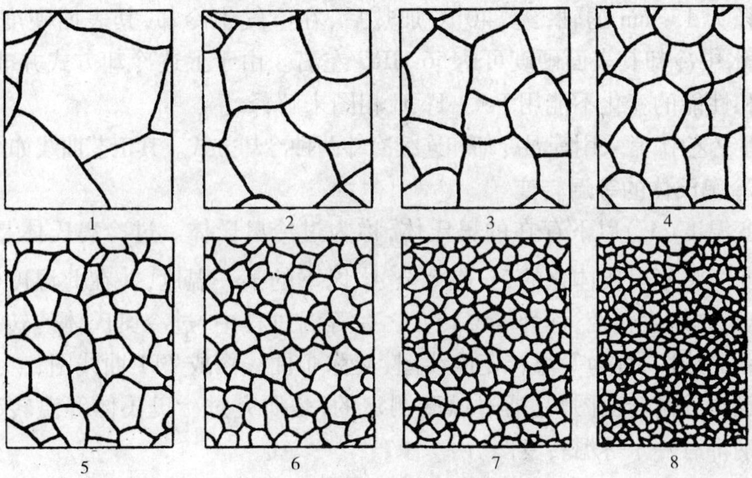

图3-4　标准晶粒度等级

2. 奥氏体本质晶粒度

不同牌号的钢，奥氏体晶粒长大的倾向是不同的。有些钢的奥氏体晶粒随加热温度的升高会迅速长大，而另一些钢的奥氏体晶粒则不容易长大。钢在加热时奥氏体晶粒长大的倾向用本质晶粒度来表示。钢加热到930 ℃ ±10 ℃、保温8 h、冷却后测得的晶粒度叫本质晶粒度。将本质晶粒度与标准晶粒度等级图比较，晶粒度1~4级为本质粗晶粒钢，5~8级为本质细晶粒钢。

沸腾钢一般都为本质粗晶粒钢，镇静钢一般为本质细晶粒钢。需经热处理的零件，一般都采用本质细晶粒钢。但是，本质细晶粒钢加热温度过高，保温时间过长时，晶粒也会粗化。

3. 奥氏体晶粒度的控制

1) 加热温度和保温时间

加热温度越高，晶粒长大速度越快，奥氏体晶粒就越粗大。在一定温度下，随保温时间的延长，晶粒不断长大，但长大速度越来越慢，不会无限长大下去，所以应该严格控制加热温度和保温时间。

2) 加热速度

加热速度越快，奥氏体化的实际温度就越高，奥氏体形核率大于长大率，易获得细小的晶粒。但若保温时间太长晶粒也会粗大，因此生产上利用快速加热短时保温的方法获得细晶粒组织。

3）钢的成分

奥氏体中碳含量增高，晶粒长大倾向增大。未溶碳化物则阻碍晶粒长大。钢中加入钛、钒、铌、锆、铝等元素，有利于得到本质细晶粒钢，因为碳化物、氧化物和氮化物弥散分布在晶界上，能阻碍晶粒长大，而加入锰和磷则可促进晶粒长大。

二、钢在冷却时的转变

钢加热至奥氏体状态，用不同的冷却速度冷却，可获得不同的力学性能。例如：用45钢制造的直径为15 mm的轴，经840 ℃加热后，在空气中冷却，其表面硬度不大于209 HBS；如果在水中冷却其表面硬度可达56 HRC左右。由于上述冷却方式并非平衡冷却，所以其组织和性能的变化不能用Fe $-Fe_3C$相图来解释。

在热处理工艺中，常采用等温冷却和连续冷却两种冷却方式。其工艺曲线如图3-5所示。

（一）过冷奥氏体的等温转变

共析转变温度（A_1）以下存在的奥氏体，称为过冷奥氏体。过冷奥氏体是不稳定的，必然发生转变。将经奥氏体化的钢，速冷至A_1以下的某一温度，并在此温度停留一段时间，使过冷奥氏体发生转变，称为等温转变。在等温过程中，过冷奥氏体的转变产物与转变时间的关系曲线图，称为等温转变曲线图，又称C曲线图或TTT曲线图。

过冷奥氏体等温转变图，是通过试验测定的，是研究过冷奥氏体等温转变的重要工具。每一种钢都有一个等温转变图。

1. 共析钢过冷奥氏体的等温转变

如图3-6所示，在共析钢等温转变曲线图中，上面的水平线为A_1线（同铁碳相图中的A_1），A_1线以上是奥氏体稳定区。下面两条水平线中，M_s线为马氏体转变开始线，M_f线为马氏体转变终了线，M_s到M_f之间是马氏体转变区。$A_1 \sim M_s$之间是过冷奥氏体等温转变区，在该区中，左边的一条C曲线为过冷奥氏体等温转变开始线（$a_1 \sim a_5$线），右边的一条为等温转变终了线（$b_1 \sim b_5$线）。在转变开始线的左方是过冷奥氏体区，在转变终了线的右方是转变产物区，两条曲线之间是转变区。

共析钢过冷奥氏体等温转变包括两个转变区。

1）珠光体转变区

在A_1 ~550 ℃范围内，过冷奥氏体的转变产物为珠光体型组织，此区称为珠光体转变区。

珠光体型组织是渗碳体呈层片状分布在铁素体基体上形成的混合物，转变温度越低，层间距越小。按片层间距大小可将珠光体型组织分为珠光体（P）、索氏体（S）和托氏体（T），如表3-1所示。珠光体型组织的力学性能主要取决于片层间距的大小，片层间距越小，强度、硬度越高，同时塑性、韧性也有所改变。

2）贝氏体转变区

在550 ℃ ~M_s之间，过冷奥氏体的转变产物为贝氏体型组织，此区称为贝氏体转变区。

贝氏体是极分散的渗碳体分布在碳过饱和的铁素体基体上的两相混合物，用符号B表

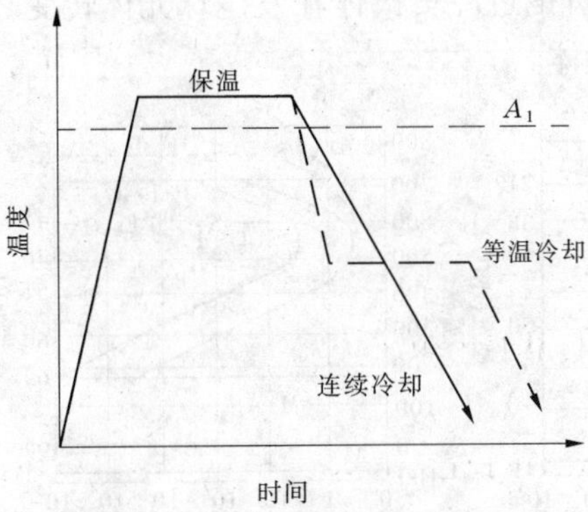

图 3-5　两种冷却方式示意图

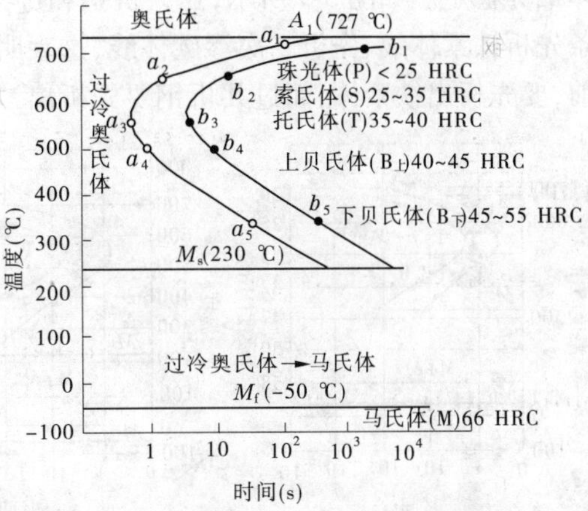

图 3-6　共析钢过冷奥氏体等温转变图

示。奥氏体向贝氏体的转变属于半扩散型转变，铁原子不扩散而碳原子有一定扩散能力。

表 3-1　共析钢珠光体型组织形成温度及硬度

组织名称	形成温度(℃)	大约层片间距(μm)	硬度(HRC)
珠光体(P)	A_1 ~680	0.6~0.8	<25
索氏体(S)	680~600	0.1~0.3	25~35
托氏体(T)	600~550	<0.1	35~40

贝氏体分为上贝氏体和下贝氏体两种。过冷奥氏体在 550~350 ℃之间等温转变形成的产物称上贝氏体，它在显微镜下呈羽毛状组织(见图 3-7)；在 350 ℃ ~ M_s 之间的转变产物称下贝氏体，下贝氏体在显微镜下为黑色针状组织(见图 3-8)。

图 3-7　上贝氏体显微组织

图 3-8　下贝氏体显微组织

上贝氏体硬度为 40~45 HRC，塑性较差，脆性较大，生产中很少使用；下贝氏体硬度为 45~55 HRC，具有良好的塑性和韧性，生产中常采用等温淬火获得下贝氏体组织。

2. 影响奥氏体等温转变的因素

(1)含碳量的影响。在正常加热条件下，亚共析钢的 C 曲线，随着含碳量的增加向右移；过共析钢的 C 曲线，随着含碳量的增加向左移。所以，在碳钢中以共析钢的过冷奥氏体最为稳定。如图 3-9 所示，亚共析钢和过共析钢 C 曲线鼻尖上部分别比共析钢多出一条先析铁素体线、先析二次渗碳体线，这表明，亚共析钢过冷奥氏体在发生珠光体转变之前，要先析出铁素体，而过共析钢要先析出二次渗碳体。

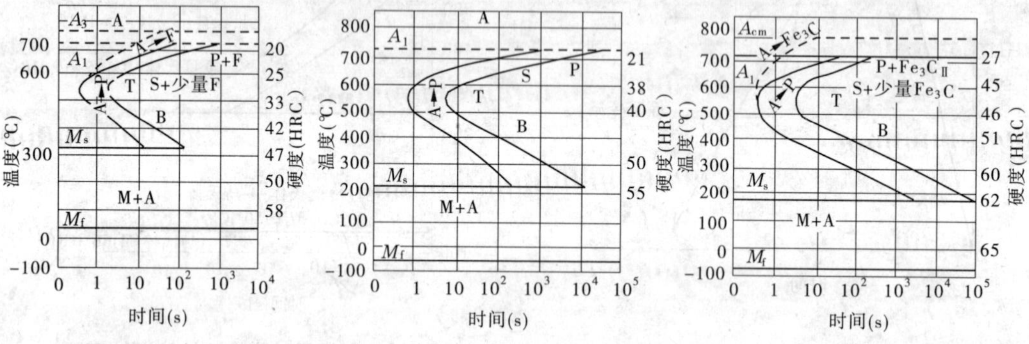

(a)亚共析钢　(b)共析钢　(c)过共析钢

图 3-9　含碳量对 C 曲线的影响

(2)合金元素的影响。除钴外，所有的合金元素溶入奥氏体后，都会增大奥氏体的稳定性，使 C 曲线右移。碳化物形成元素含量较多时，C 曲线形状发生变化，出现两组 C 曲线。

(3)加热温度和保温时间的影响。随着加热温度的提高和保温时间的延长，奥氏体的成分逐渐均匀化，同时奥氏体晶粒长大，晶界减少，从而减少了过冷奥氏体转变的形核率，提高了奥氏体稳定性，使 C 曲线右移。

(二)过冷奥氏体连续冷却转变

在热处理生产中，过冷奥氏体大都是在连续冷却中转变的，例如水冷淬火、空冷正火、炉冷退火等。因此，需要用钢的连续冷却转变图(CCT 曲线)，研究过冷奥氏体的连续冷却转变规律。

1. 共析钢的连续冷却曲线图(CCT 曲线)

共析钢连续冷却转变图如图 3-10 所示，图中 P_s 线表示珠光体开始转变，P_f 线表示珠光体转变结束，K 线是珠光体转变终止线。冷却速度小于 v_c' 时，只发生珠光体转变；大于 v_c 时则发生马氏体转变。冷却速度介于二者之间时，过冷奥氏体有一部分转变为珠光体，冷却曲线与 K 线相交时，珠光体转变中止，而剩余过冷奥氏体一直保留到 M_s 点以下，发生马氏体转变。

v_c 称为马氏体临界冷却速度，又称上临界冷却速度，它是不发生非马氏体转变所需的最小冷却速度。v_c 值越小，钢在淬火时越容易获得马氏体组织。v_c' 称为下临界冷却速度，它是得到全部珠光体组织的最大冷却速度，v_c' 越小，则退火所需的时间就越长。

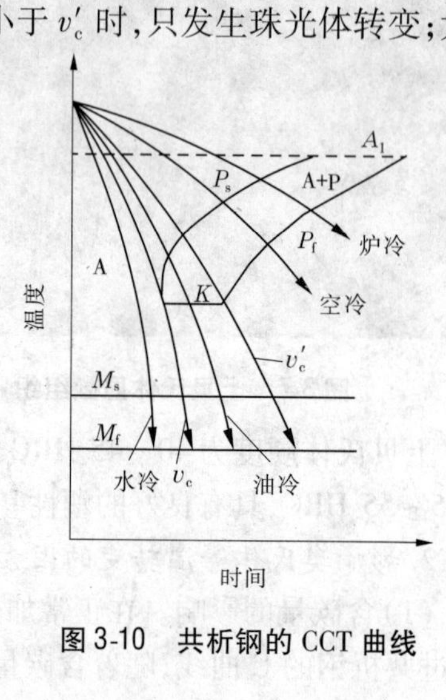

图 3-10　共析钢的 CCT 曲线

2. 马氏体转变

碳在 α - Fe 中的过饱和固溶体，称为马氏体。马氏体转变是在低温(M_s 以下)下进行的，由于温度低，铁碳原子均难以扩散。当由 $\gamma-Fe$ 转变成 $\alpha-Fe$ 时，原来固溶在奥氏体中的碳全部保留在 $\alpha-Fe$ 的晶格中，使碳的含量超过了平衡溶解度，形成了过饱和。

马氏体的晶格模型如图3-11所示，碳原子溶于 $\alpha-Fe$ 晶格间隙中。由于马氏体中溶有过饱和的碳，使 $\alpha-Fe$ 晶格畸变，由体心立方变为体心正方。马氏体中含碳量越高，其晶格畸变就越大，相应地马氏体的硬度就越高，塑性、韧性下降。马氏体转变速度极快，转变时体积发生膨胀（马氏体比容比奥氏体比容大），因而产生很大的内应力，对尚未转变的奥氏体产生多向的压力，故马氏体转变不能进行到底，即使过冷到 M_f 以下温度，仍有部分奥氏体存在。这部分奥氏体称为残余奥氏体。残余奥氏体不仅会降低钢的硬度和耐磨性，而且会在工件使用过程中继续变成马氏体，从而使工件的尺寸发生变化。因此，对高精度的工件常采用冷处理的方法，将淬火钢降温至0 ℃以下的某一温度，以减少残余奥氏体量。

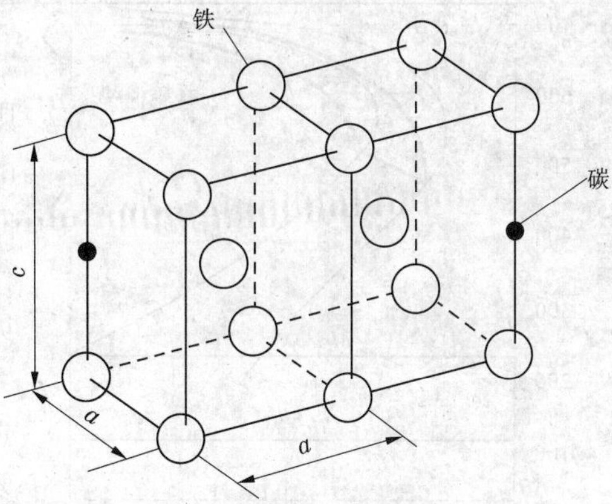

图3-11　马氏体的晶格示意图

马氏体的显微组织如图3-12所示。含碳量较高（$\omega_C>1\%$）的马氏体呈针状或片状（见图3-12（a）），称为针状马氏体；含碳量较低（$\omega_C<0.2\%$）的马氏体则呈板条状（见图3-12（b）），称为板条状马氏体。针状马氏体强度和硬度高，但塑性和韧性很差；板条状马氏体不仅具有较高的强度和硬度，而且具有较好的塑性和韧性，因而在生产中有较多的应用。

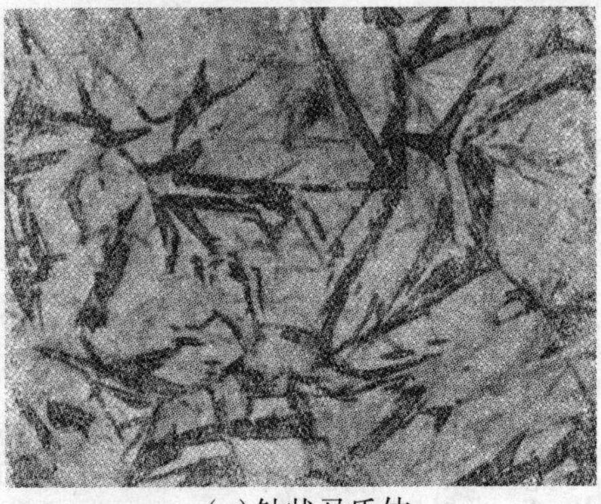

（a）针状马氏体

（b）板条状马氏体

图3-12　马氏体的显微组织

3. 等温转变C曲线在连续冷却中的作用

钢的过冷奥氏体连续冷却曲线反映了钢在连续冷却时的组织转变，可作为制定和分析热处理工艺的依据。但是由于连续冷却曲线的测定比较困难，因此生产上常用等温转变曲线近似地分析连续冷却转变的情况。下面以共析钢为例加以说明。

将代表连续冷却的冷却曲线叠画在等温转变图上（见图3-13），根据它们同C曲线相交的位置可大致估计其转变情况。例如，图中冷却速度 v_1 相当于随炉冷却，奥氏体将

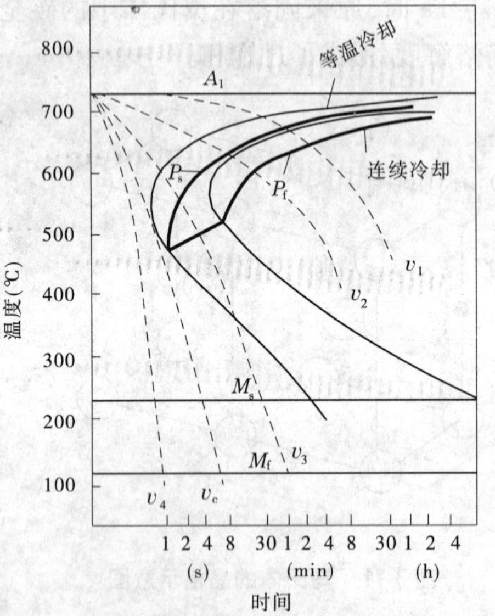

图 3-13　在 TTT 曲线上估计连续冷却转变过程

在 A_1 以下附近的温度进行转变,得到粗片状珠光体;v_2 相当于在空气中冷却,估计将得到索氏体;v_3 相当于在油中冷却,则奥氏体在"鼻尖"附近分解一小部分,而其余的奥氏体则转变为马氏体,最后得到托氏体和马氏体的混合组织;v_4 相当于在水中冷却,它不与 C 曲线相交,奥氏体将全部过冷到 M_s 点以下进行马氏体转变。显然连续冷却过程中不发生贝氏体转变。

由于 CCT 曲线(图 3-13 中粗实线)位于 TTT 曲线(图 3-13 中细实线)的右下方,所以要获得同样的组织,连续冷却转变比等温转变的温度要低些,孕育期要长些;v_c 是根据 TTT 曲线估计出的马氏体临界冷却速度,它并没有与 CCT 曲线的"鼻尖"相切。所以,用 TTT 曲线估计连续冷却转变过程是很粗略的。

第二节　钢的普通热处理

一、退火与正火

(一)退火

退火是将钢加热到适当的温度,保温一定的时间,然后缓慢冷却(一般随炉冷却)的热处理工艺。退火常作为预备热处理,其目的是:①降低钢的硬度以利切削加工及冷变形加工;②细化晶粒改善组织,为钢的最终热处理做准备;③消除钢中的残余应力,以防止变形和开裂。

根据钢的成分和退火目的不同,常用退火方法有完全退火、球化退火、去应力退火等几种。

1. 完全退火

完全退火是将钢加热到 A_{c3} +(30～50)℃(完全奥氏体化),保温后随炉冷却到 600 ℃以下再出炉空气冷却,以获得接近平衡组织的工艺。

完全退火在加热过程中,钢的组织全部转变成奥氏体,在冷却过程中,奥氏体转变为细小均匀的平衡组织,从而降低钢的强度和硬度、细化晶粒、消除了内应力。

完全退火主要用于亚共析钢铸、锻、焊件等,退火后的组织为铁素体加粗片状的珠光体。过共析钢不宜采用完全退火,以避免二次渗碳体以网状形式沿奥氏体晶界析出,使钢的力学性能变坏,给切削加工和以后的热处理带来不便。

2. 球化退火

球化退火是将过共析钢加热到 A_{c1} +(20～30)℃,保温后随炉冷却到 600 ℃左右再空冷,使钢中的碳化物球化的工艺方法。

球化退火将得到球状珠光体组织。球状珠光体是渗碳体呈球形颗粒分布在铁素体基体上形成的混合物,如图 3-14 所示。同片状珠光体相比,球状珠光体不仅硬度低,便于切削加工,而且在淬火加热时,奥氏体晶粒不易粗大,冷却时工件的变形开裂倾向小。

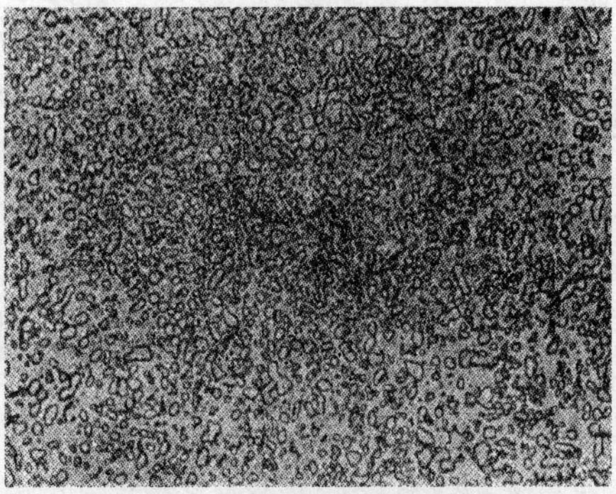

图 3-14　球状珠光体组织

球化退火主要用于共析钢和过共析钢的锻轧件,如用碳素工具钢、合金工具钢制造的刃具、量具、模具等。这些工件在锻造后必须进行球化退火,才适用于切削加工,同时也为最后的淬火处理做好组织准备。若钢的原始组织中有明显的网状渗碳体,则在球化退火前应进行正火处理,以消除网状渗碳体的不良影响。

3. 去应力退火

去应力退火是将钢加热到 A_{c1} 以下某一温度(一般为 500 ~ 600 ℃),保温一定时间后缓慢冷却(一般随炉冷却)的工艺方法。其目的是消除机械加工、铸造、锻造、焊接等工艺过程中产生的残余应力。

去应力退火不发生组织转变,残余应力的消除主要是通过加热、保温和缓冷过程中发生的塑性变形或蠕变变形产生的应力松弛实现的。

(二)正火

正火是将钢加热到 A_{c3}(或 A_{ccm})以上 30 ~ 50 ℃,保温适当的时间后,在静止的空气中冷却的工艺方法。正火的冷却速度比退火稍快,所以正火钢的组织比退火钢细,其强度、硬度比退火钢高。亚共析钢的正火组织为铁素体加细片状珠光体,过共析钢的正火组织为细片状珠光体(伪共析组织)。

对力学性能要求不高的结构零件,正火可作为最终热处理,以提高其强度、硬度和韧性。作为预备热处理,正火可改善低碳钢的切削加工性;消除过共析钢中的网状渗碳体,改善其力学性能,并为以后的热处理做好组织准备。

(三)正火与退火的选择

(1)从切削加工性考虑。通常认为硬度在 170 ~ 230 HBS 范围内的钢材切削加工性能最好。所以,当硬度 < 170 HBS 时,可选用正火提高硬度;硬度 > 230 HBS 时,可选用退火降低硬度。

(2)从使用性能考虑。亚共析钢正火比退火有更好的力学性能,如果零件的性能要求不高,正火可作为最终热处理。过共析钢可通过正火消除网状渗碳体的不良影响。

(3)从经济上考虑。正火生产周期短,应优先选用。

各种退火和正火的温度范围如图 3-15 所示。

二、淬火

淬火是将钢件加热到 A_{c3} 或 A_{c1} +(30 ~ 50)℃,保温一定的时间,以大于临界冷却速度

v_c 的冷速冷却,获得马氏体或贝氏体组织的热处理工艺。淬火在多数情况下是为了获得马氏体,以提高钢的强度、硬度和耐磨性。

(一)淬火的加热温度

碳钢的淬火加热温度可根据铁碳相图选择,如图 3-16 所示。

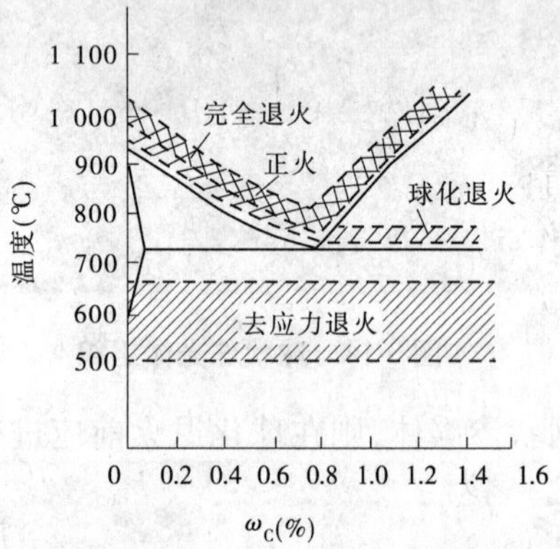

图 3-15 各种退火和正火加热温度范围

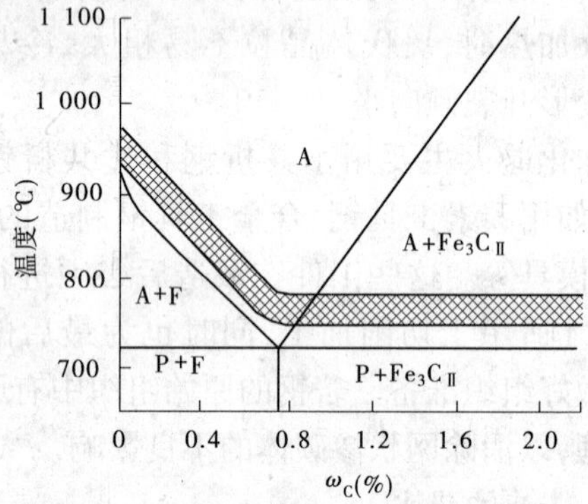

图 3-16 碳钢淬火加热温度范围

亚共析钢淬火加热温度为 A_{c3}+(30~50)℃,以获得细晶粒的奥氏体,从而在冷却后获得细小的马氏体组织。如果加热温度过高,则奥氏体晶粒粗化,淬火后得粗大的马氏体组织,使钢变脆。如果加热温度过低(在 A_{c1} ~ A_{c3}之间),淬火后组织中将含有未溶铁素体,使工件的力学性能降低。

过共析钢淬火加热温度为 A_{c1} 以上 30~50 ℃,淬火后获得细小的马氏体和均匀分布在马氏基体上的细小的未溶碳化物组织。这种组织不仅具有高强度和高硬度,而且还有些韧性。如果淬火加热温度选择在 A_{ccm} 以上,则会引起奥氏体晶粒粗化,使淬火后得粗大的马氏体,增大了脆性和变形开裂倾向;同时由于碳化物溶解过多,淬火后钢中残余奥氏体量增多,钢的硬度和耐磨性降低。若加热温度太低,则获得非马氏体组织,达不到性能要求。

上述加热温度仅适用于一般情况,在实际生产中还需要根据工件的形状、尺寸、冷却介质等因素进行调整。

(二)淬火介质

钢在加热获得奥氏体后,要淬火获得马氏体组织,其冷却速度必须大于临界冷却速度。如果冷却过慢,工件不能淬硬;如果冷却过快,工件的体积收缩和组织转变都很剧烈,从而引起很大的内应力,容易造成工件的变形和开裂。

根据过冷奥氏体等温转变曲线可知,要获得马氏体组织,只需在 C 曲线"鼻尖"附近(550 ℃左右)快冷,而在 650 ℃以上或 400 ℃以下的温度范围并不需要快冷,特别是在 300~200 ℃以下发生马氏体转变时,尤其不应快冷,否则易造成变形和开裂。钢的理想淬火冷却曲线如图 3-17 所示。到目前为止,生产中还没有一种冷却介质能获得如此理想的淬火冷却速度,而最常用的冷却介质是水、盐水和油。

1. 水、盐水和碱水

水是使用最早、最普遍而且是最便宜的一种淬火介质,但水的冷却特性并不理想。水在需要快冷的 650~500 ℃温度范围,平均冷却速度不超过 200 ℃/s,而在需慢冷的 300~

200 ℃温度范围，其平均冷却速度高达 700 ℃/s。

在水中加入食盐，可破坏高温阶段附在淬火工件上的蒸汽膜，增大水在高温阶段的冷却速度。浓度为 5% ~15% 的盐水溶液在高温区的冷却速度和冷却均匀性大为提高；在 200 ~300 ℃温度范围内冷速比纯水快；在 200 ℃以下冷速与纯水相同。因此，在盐水中淬火时的开裂倾向与纯水相比并不见得大。

鉴于 5% ~15% 的盐水有很高的冷却能力，且能保证工件的均匀冷却，目前生产中常用它代替纯水作为冷却介质，并广泛用于碳素结构钢零件的淬火。碳素工具钢双液淬火时，也往往用盐水做快冷部分的淬火介质。

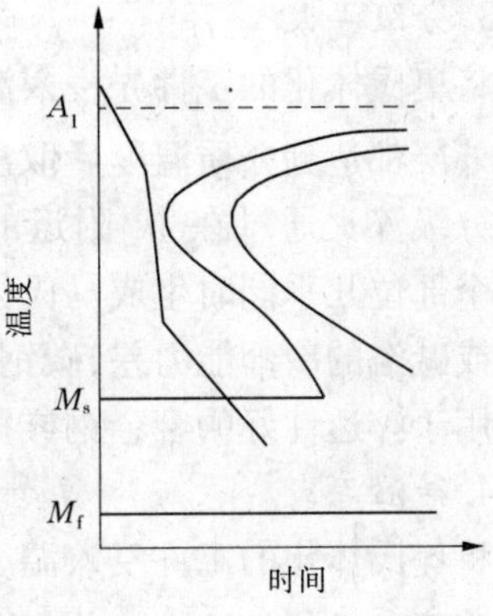

图 3-17　理想淬火冷却曲线

在水中加入苛性碱（NaOH）的作用也和加入食盐类似，10% ~15% NaOH 水溶液在高温下冷却速度比水或盐水都高，但在低温下冷速比水或盐水低，因而淬火后硬度高，均匀，不易产生变形和裂纹。苛性钠水溶液能和已氧化的工件表面发生还原反应，淬火后工件表面呈银白色，具有较好的外观。但苛性钠水溶液对工件及设备腐蚀较大，淬火时有刺激性气体，溅在皮肤上会产生刺激作用，因而在生产中应用不如盐水那样广泛。

2. 油

油的冷却能力很弱，在 650 ~600 ℃范围内其冷却强度仅为水的 25%；在 300 ~200 ℃范围内冷却强度仅为水的 11%。因此，以油为淬火冷却介质，对减小淬火变形和开裂是很有利的，但仅适用于过冷奥氏体稳定性较大的合金钢或尺寸较小的碳素钢工件淬火，一般用 10 号或 20 号机油。号数越小，黏度越小，闪点越低，而冷却能力越高。

3. 新型淬火介质

目前，使用效果较好的新型淬火介质有过饱和硝盐溶液、氯化锌 – 碱水溶液、水玻璃淬火剂以及聚乙烯醇水溶液等。应该指出，以上几种淬火剂都是在一定淬火条件下才能获得较好的效果，因此在推广使用时，必须结合具体情况，经过小批量试验后再投产使用。

（三）淬火方法

1. 单液淬火

将工件奥氏体化后，在单一淬火介质中冷却到室温，称为单液淬火。例如，碳钢在水或水溶液中淬火、合金钢在油中淬火等，均属于单液淬火。

单液淬火操作简单，易实现机械化与自动化。但单独用水或油淬火，冷却特性不理想，易发生硬度不足或淬裂现象，多用于形状简单的零件。

2. 双液淬火

先将奥氏体化的工件淬入冷却能力较强的介质中，冷却至稍高于 M_s 的温度，立即浸入另一种冷却能力弱的介质中，缓冷至室温。例如，碳钢先水淬后油冷；合金钢先油淬后空冷。

双液淬火可有效减小工件在低温转变时的内应力，从而减少工件的变形与开裂，但将工件从第一种介质转入第二种介质的温度是靠经验控制的，不易掌握。双液淬火主要用于碳素工具钢制造的易淬裂的工件，如丝锥等。

3. 分级淬火

将奥氏体化的工件先浸入温度在 M_s 附近的盐浴或碱浴中，保持适当的时间，待工件的内外层都达到介质温度后取出空冷，以获得马氏体组织的工艺称为分级淬火。

分级淬火通过在 M_s 附近的保温，使工件内、外温差减到最小，空冷时可在工件截面上各个部位几乎同时生成马氏体组织，从而使淬火应力减小，防止工件的变形与开裂。但盐浴或碱浴的冷却能力差，碳钢零件在淬火后，容易出现非马氏体组织。因此，分级淬火主要用于淬透性好的合金钢或截面不大、形状复杂的碳钢工件。

4. 等温淬火

将奥氏体化的工件浸入温度稍高于 M_s 的盐浴或碱浴中，等温足够的时间，使奥氏体转变为下贝氏体的淬火工艺，称为等温淬火（贝氏体等温淬火）。下贝氏体组织具有良好的综合力学性能。

贝氏体等温淬火可显著减小淬火应力及淬火变形，基本上避免了淬火开裂，常用来处理各种模具、成型刀具等。

5. 局部淬火

有些工件按其工作条件只是局部要求高硬度，则可对要求高硬度的部位局部加热淬火，以避免工件其他部分产生变形与裂纹。

三、钢的回火

将淬火钢重新加热至 A_{c1} 以下某一温度，保温一段时间，然后冷却到室温的热处理工艺，称为回火。

（一）回火的主要目的

1. 降低脆性，消除和减小内应力

工件淬火后存在很大的内应力和脆性，通过回火可减小或消除淬火时产生的内应力，防止工件在使用过程中的变形和开裂。

2. 获得工件所要求的力学性能

工件淬火后硬度高且脆性大，通过回火可提高钢的韧性，适当调整钢的强度和硬度，使工件达到所要求的力学性能。

3. 稳定工件尺寸

钢淬火后的组织是马氏体及少量的残余奥氏体。淬火马氏体和残余奥氏体都是极不稳定的组织，它们会自发地向稳定组织（铁素体和渗碳体等）转变，从而引起工件形状和尺寸的变化。通过回火，可使淬火组织发生一定的转变并使其稳定化，以保证工件在以后的使用过程中不再发生形状和尺寸的变化。

（二）回火的分类及其应用

在热处理工艺中通常按回火温度把回火分为低温回火、中温回火和高温回火。

1. 低温回火（<250 ℃）

低温回火时，马氏体中过饱和的碳以碳化物的形式析出；残余奥氏体分解，析出碳化物并转变成过饱和的 $\alpha-Fe$ 固溶体。低温回火的组织是薄片状的碳化物分布在过饱和程度较低的马氏体基体上，称为回火马氏体。

回火马氏体基本上保持了马氏体的高硬度和高耐磨性，并降低了应力，提高了韧性。共析钢淬火低温回火，硬度可达 58 ~ 64 HRC。低温回火主要用于刀具、量具、冷模具等要求硬而耐磨的零件。

2. 中温回火(250 ~ 500 ℃)

中温回火时，马氏体中过饱和的碳基本全部析出，形成许多细小的渗碳体质点。α - Fe晶格恢复正常，变为铁素体，内应力基本消除。中温回火的组织是细小的渗碳体质点分布在铁素体基体上，称为回火托氏体。

回火托氏体的硬度比回火马氏体的硬度明显降低，具有较高的弹性极限、屈服极限和适当的韧性。共析钢淬火中温回火，硬度可达 40 ~ 50 HRC。中温回火主要用于弹性零件及热锻模等。

3. 高温回火(>500 ℃)

高温回火时，从马氏体中析出的碳化物聚集成球粒状。高温回火的组织是细小球粒状的渗碳体分布在铁素体基体上，称为回火索氏体。

在生产中通常把淬火加高温回火的复合热处理工艺称为调质。经调质处理得到的回火索氏体组织具有良好的综合力学性能。调质处理广泛用于承受复杂应力的零件，如连杆、曲轴、高强度螺栓等。

调质与正火处理相比，不仅能提高工件的强度，而且调质钢塑性、韧性远高于正火钢。调质后综合力学性能高的原因是调质组织为回火索氏体，其渗碳体呈球粒状，而正火后的组织是层片状索氏体(或托氏体)。因此，重要的零件应采用调质处理工艺。

在回火过程中，由于组织发生了变化，钢的性能也随之发生变化。其总的趋势是随着回火加热温度的升高，钢的强度、硬度下降，而塑性、韧性提高。图 3-18 所示 40 钢的力学性能与回火加热温度的关系，基本反映了上述规律。图 3-18 中回火钢在 300 ℃以下加热时，屈服点随加热温度的升高有所提高，这主要是因为淬火内应力的消除和高度分散的极

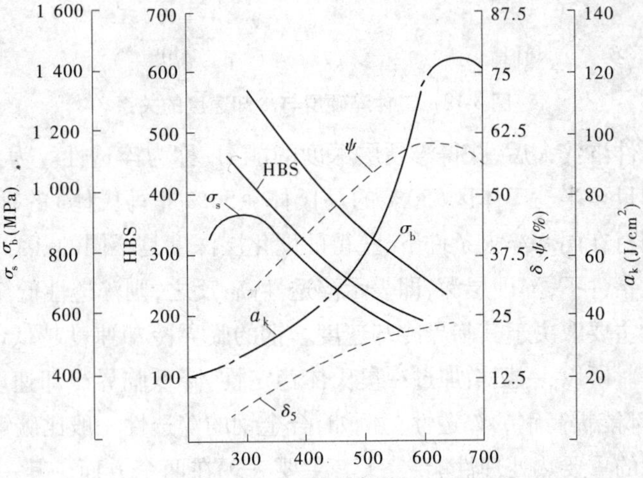

图 3-18　40 钢力学性能与回火温度的关系

细碳化物的强化作用。一般来说,回火钢的性能只与回火加热温度有关,而与冷却速度无关。

(三)回火脆性

有些钢在某一温度回火时,其冲击韧度比在较低温度回火时显著下降,称为回火脆性。在较低温度(250 ~ 400 ℃)出现的回火脆性称为第一类回火脆性,防止的办法是不在此温度范围内回火。在较高温度(500 ~ 600 ℃)出现的回火脆性,称为第二类回火脆性。回火后的快冷可避免第二类回火脆性的发生。

四、钢的淬透性与淬硬性

淬火时,工件表面的冷却速度较高,而中心的冷却速度较低,从表面到中心的各处冷却速度是不同的,见图 3-19(a)。因此,实际淬火中会出现两种情况:一是工件从表面到中心冷却速度都大于该钢的临界冷却速度,则工件在整个截面上都获得马氏体组织,即工件被淬透了;二是工件截面上某处冷却速度低于其淬火临界冷却速度($v_{临}$),则工件表面获得马氏体组织,具有高硬度,而心部获得非马氏体组织,即工件未被淬透,见图 3-19(b)。

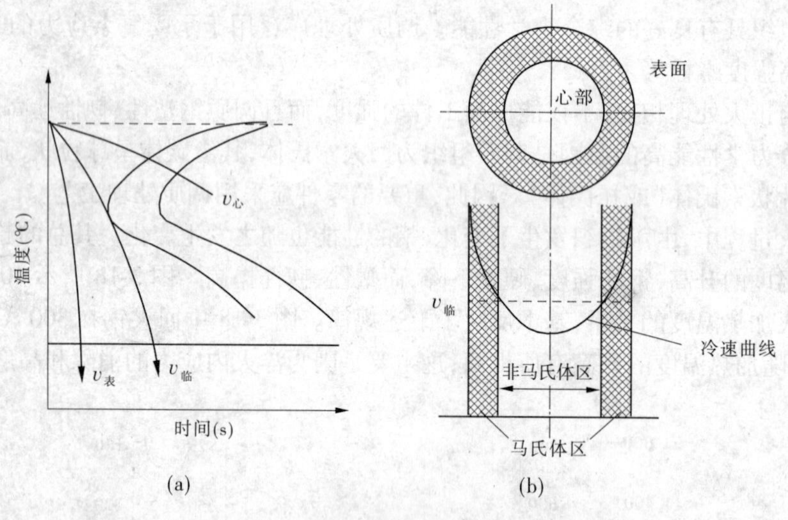

图 3-19　工件淬硬层与冷却速度的关系

钢在一定条件下淬火后,获得淬硬层深度的能力,称为淬透性。为了测试方便,通常把由工件表面测量至半马氏体区(50% 的马氏体 + 50% 非马氏体)的垂直距离作为淬硬层深度。不同钢材在同一淬火条件下,获得的硬化层深度是不同的,因此具有不同的淬透性。在一定淬火条件下,淬硬层深,即表示淬透性高;反之,则淬透性低。

钢的淬透性主要取决于其临界冷却速度。钢的临界冷却速度越低(C 曲线越靠右),其淬透性就越好。所以,一切增加过冷奥氏体稳定性,降低临界冷却速度的因素(主要是钢的化学成分)都能提高钢的淬透性。例如,合金钢的淬透性一般比碳钢好。

淬透性是钢的重要热处理性能之一,其主要表现在两个方面。其一是淬透性好的钢经淬火高温回火后,能在工件表面和心部得到均匀一致的组织和性能,如图 3-20(a)所示;若淬透性差,工件未淬透,淬火高温回火后,虽然截面上的硬度基本一致,但未淬透部分的屈服点和冲击韧度却显著降低，如图 3-20(b)所示。因此，好的淬透性对提高大截面零件的力学性能，发挥钢材的潜力，具有重要意义。其二是淬透性好的钢，在淬火冷却时，可采用冷速较低的淬火介质，以减小工件变形和开裂的倾向。对在工作时承受交变的拉(压)应力的调质件，如连杆、连杆螺栓等重要零件，必须保证这类零件表面和心部具有均匀一致的组织和性能，此时应选用能全部淬透的钢。而对于应力主要集中在工件表面，心部应力不大(如承受弯曲应力、扭转应力)的零件，则可考虑淬透性低的钢。

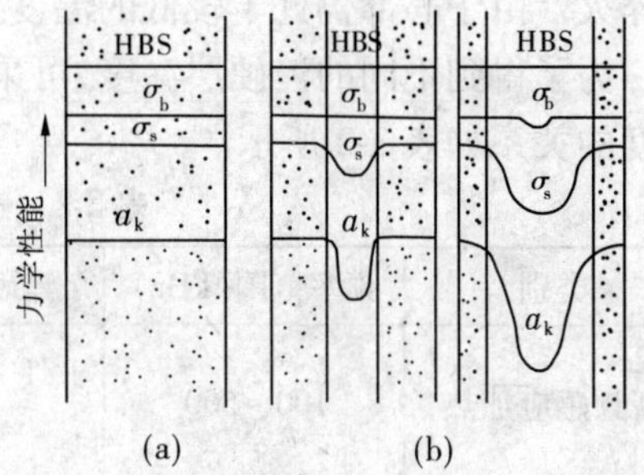

图 3-20　淬硬层深度与力学性能的关系

钢的淬透性与淬硬性是两个不同的概念。淬硬性是指钢淬火后能达到的最高硬度，它主要取决于马氏体的含碳量。淬透性好的钢其淬硬性不一定高。例如低碳合金钢淬透性相当好，但其淬硬性却不高；高碳非合金钢淬硬性高，但淬透性却差。

第三节　钢的表面热处理

在冲击、交变载荷及摩擦条件下工作的机械零件，如曲轴、齿轮、活塞销等，表层承受较高的应力，要求工件表层具有高强度、硬度、耐磨性及疲劳强度，而心部要求具有足够的塑性和韧性。为此需采用表面热处理工艺。

常用的表面热处理工艺有表面淬火和化学热处理两种。

一、表面淬火

仅对工件表层进行加热、冷却使之转变为马氏体的热处理工艺，称为表面淬火。常用的有感应加热表面淬火和火焰加热表面淬火两种。

(一)感应加热表面淬火

感应加热表面淬火是利用感应电流通过工件所产生的热效应，使工件表面局部加热，并快速冷却的淬火工艺，其淬火原理如图 3-21 所示。把工件放入空心铜管绕制的感应器内，将高频电流通入感应器，以产生交变磁场，处在交变磁场中的工件内将产生同样频率的感应电流(涡流)。根据集肤效应原理，感应电流主要分布在工件的表层，而且感应器中的电流频率越高，涡流越集中于工件的表层。依靠工件表层的涡流产生的热效应，工件表层迅速被加热至淬火温度，此时快速冷却，将工件表

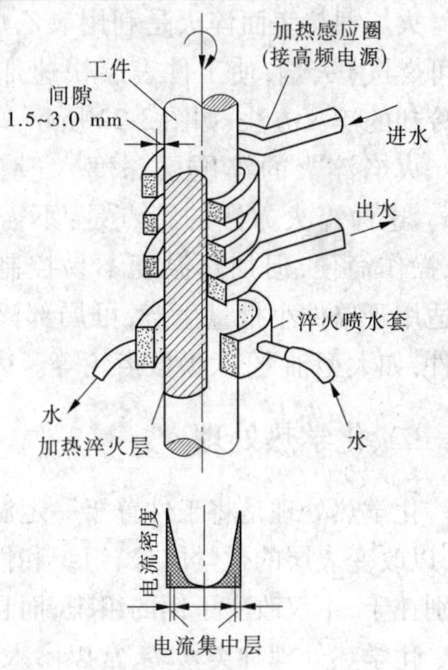

图 3-21　感应加热示意图

层淬火。由于心部仍处于较低的温度，表面淬火后仍为原始组织。

为了得到不同的淬硬层深度，可采用不同频率的电流进行加热，电流的频率与淬硬层深度的关系如表3-2所示。

表3-2 感应加热淬火频率的选择

类别	频率范围(kHz)	淬硬层深度(mm)	应用举例
高频感应加热	100~500	0.5~2.5	中、小型轴、销套等圆柱形零件，小模数齿轮等
中频感应加热	1~10	3~10	尺寸较大的轴类，大、中模数齿轮等
工频感应加热	0.05	10~20	大型零件，如轧辊、火车车轮的表面淬火、棒料穿透加热等

感应加热淬火的特点如下：

(1)加热速度快。零件由室温加热到淬火温度，仅需几秒到几十秒的时间。

(2)淬火质量好。由于加热迅速，奥氏体晶粒不易长大，可以在工件的表层得到极细的针状马氏体(隐晶马氏体)，硬度比普通淬火高2~3 HRC。

(3)淬火层深度易于控制。淬火操作易于实现机械化与自动化，保证淬火层的深度，适用于大批量生产。

(4)不容易氧化脱碳且热处理变形小。由于加热速度快，工件表面不易氧化脱碳，同时心部温度低，不发生组织转变，所以热处理变形小。对于精度要求不高的齿轮，可在感应加热表面淬火后直接装配使用。

感应加热表面淬火主要用于中碳钢(含碳量0.4%~0.5%)和中碳合金钢。

(二)火焰加热表面淬火

火焰加热表面淬火是利用氧乙炔(或其他可燃气)火焰，使工件表层快速加热并快速冷却的淬火方法，如图3-22所示。

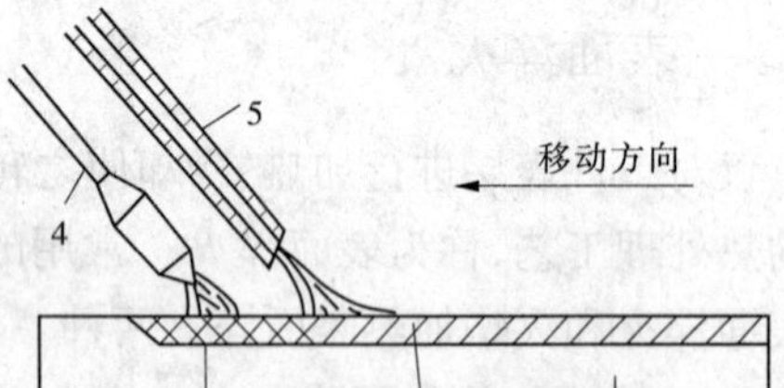

图3-22 火焰淬火示意图

火焰淬火的淬硬层深度一般为2~6 mm。这种淬火方法的特点是：不需特殊设备，操作简便，但加热温度不易控制。一般只适用于单件小批量生产，可局部淬硬大型工件，如大型轴类、大模数齿轮等。火焰淬火可用于中碳钢、中碳合金钢，也可用于铸铁。

二、化学热处理

化学热处理是将工件置于一定温度的介质中保温，使其中一种或几种元素渗入其表层，以改变表层的化学成分、组织和性能的热处理工艺。化学热处理与其他热处理的主要区别在于，不仅改变了钢的组织，而且表层的化学成分发生了变化。

化学热处理种类繁多，常以渗入工件表层的元素来命名，如渗碳、渗氮、碳氮共渗等。不论哪一种方法，都具有分解、吸收、扩散三个基本过程。

(1)分解。化学介质在一定温度下,分解析出能够渗入工件表层的活性原子。

(2)吸收。活性原子进入工件表面,例如溶入铁的晶格形成固溶体,与铁形成金属化合物等。

(3)扩散。渗入的活性原子由表面向中心迁移,形成一定厚度的扩散层。

(一)钢的渗碳

将工件在渗碳介质中加热、保温,使碳原子渗入表层的化学热处理工艺,称为渗碳。渗碳的目的是提高工件表层的含碳量,形成一定的碳浓度梯度,并在淬火低温回火后获得表层的高硬度和心部的高韧性。渗碳用钢通常为低碳钢和低碳合金钢。

根据渗碳剂不同,渗碳分为气体渗碳、液体渗碳和固体渗碳三种。目前生产中广泛采用气体渗碳。

气体渗碳是将工件在气体渗碳剂中进行渗碳的工艺。气体渗碳剂有两类:一类是碳氢化合物有机液体,如煤油、丙酮等;另一类是气体介质,如液化石油气、城市煤气等。

将工件置于密闭的渗碳炉中,加热至 900 ~ 950 ℃,滴入煤油、丙酮、甲醇等渗碳剂(见图 3-23)。这些渗碳剂在高温下分解,产生活性碳原子如:$2CO \rightarrow [C] + CO_2$,$CH_4 \rightarrow 2H_2 + [C]$。

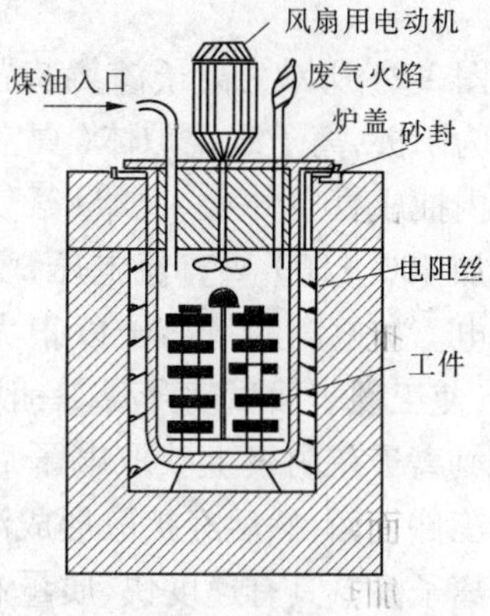

图 3-23　气体渗碳示意图

活性碳原子渗入工件表面的高温奥氏体中,并通过扩散形成一定厚度的渗碳层。渗碳层深度一般按每小时渗入 0.2 ~ 0.25 mm 的速度进行计算。零件渗碳后表层含碳量可达 0.8% ~ 1.1%,含碳量从表层到心部逐渐减少。在缓慢冷却条件下,渗碳层组织由表面向中心依次为:过共析区、共析区、亚共析区,中心仍然为原始组织。

渗碳零件经淬火低温回火后,表层显微组织为细针马氏体和均匀分布的细粒渗碳体,硬度高达 58 ~ 64 HRC,心部因是低碳钢,其显微组织仍为铁素体和珠光体(某些低碳合金钢,其心部组织为低碳马氏体加铁素体),所以心部具有较高的韧性和适当的强度。

气体渗碳的渗碳层质量高,渗碳过程易于控制,生产率高,劳动条件好,易于实现机械化与自动化,适用于成批大量生产。

(二)钢的渗氮

在一定温度下,将活性氮原子渗入工件表层的热处理工艺,称为渗氮(氮化)。渗氮的目的是提高工件的表面硬度、耐磨性、疲劳强度、热硬性和耐腐蚀性。渗氮的方法有气体渗氮、液体渗氮及离子渗氮等。

1. 气体渗氮

气体渗氮时,将工件置于通入氨气的炉中,加热至 500 ~ 600 ℃,使氨气分解出活性氮原子,即 $2NH_3 \rightarrow 2[N] + 3H_2$。活性氮原子渗入工件表层与钢中的合金元素形成合金氮化物,并向心部扩散形成氮化层。氮化层深度一般为 0.1 ~ 0.6 mm。

气体渗氮与渗碳相比具有如下特点:

(1)由于合金氮化物有很高的硬度和热稳定性,钢件渗氮后不需淬火就可以得到高硬度。如38CrMoAl 渗氮层硬度可达1 000 HV以上(相当于69~72 HRC),而且该硬度值可在600~650 ℃时维持。

(2)氮化温度低,且不需淬火,因此工件变形很小。

(3)氮化层由致密的合金氮化物组成,因此可防止水、蒸汽和碱性溶液的腐蚀。

气体渗氮的缺点是工艺复杂,生产周期长,成本高,氮化层薄而脆,不宜承受集中的重载荷。因此,氮化只用于要求高耐磨性和高精度的零件,如精密机床的丝杠、镗床主轴、重要阀门等。

2. 离子渗氮

在低于一个大气压的渗氮气氛中,利用高压电场使工件(阴极)和阳极之间产生的辉光放电,使氮原子渗入工件表面的渗氮工艺,称为离子渗氮。离子渗氮也称为辉光离子氮化(或离子氮化)。

图3-24所示为离子渗氮装置。把工件放入炉内作为阴极,离子氮化炉体(真空容器)作为阳极,将炉内抽成真空并通入少量氨气。在阴极与阳极之间加400~500 V直流电压,氨气被电离形成辉光放电。被电离的氮离子以很大的速度轰击工件表面,使工件表面温度升高(一般为450~650 ℃),并使氮离子在阴极上获取电子后还原成氮原子而渗入工件表面,然后经扩散形成渗氮层。

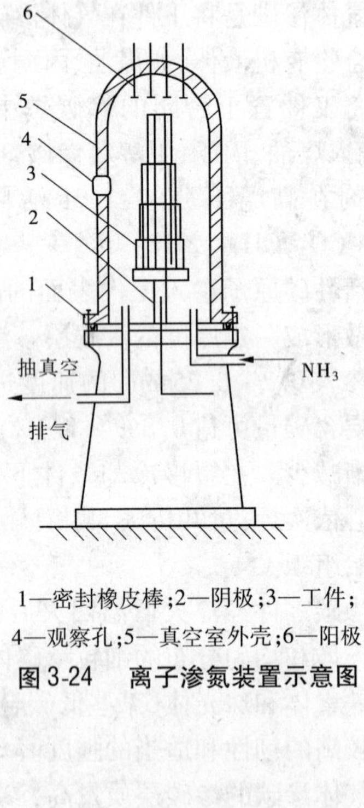

1—密封橡皮棒;2—阴极;3—工件;
4—观察孔;5—真空室外壳;6—阳极

图3-24　离子渗氮装置示意图

离子渗氮具有速度快、质量高、变形小、可实现氮势控制、氨气消耗少、对材料适应性强等优点,已在汽车配件(曲轴、凸轮轴等)、机床配件(机床主轴、丝杠等)、模具制造等方面得到应用。但是离子氮化设备较为复杂,测温及大功率设备的灭弧及氮化层均匀化问题尚需进一步完善。

(三)碳氮共渗

在一定温度下,将碳、氮同时渗入工件表层的化学热处理工艺,称为碳氮共渗。碳氮共渗根据使用介质的物理状态不同,分为固体、液体和气体碳氮共渗三种;根据共渗温度不同,可分为低温(500~600 ℃)、中温(700~880 ℃)和高温(900~950 ℃)碳氮共渗三种。在我国以中温气体碳氮共渗和低温气体碳氮共渗应用较广。

中温气体碳氮共渗以渗碳为主,通常在密闭的炉子里通入煤油和氨气(或煤气和氨气等),加热至820~870 ℃,共渗层含碳量为0.7%~1.0%,含氮量为0.15%~0.5%。渗后热处理基本上与渗碳相同,其表层组织为含碳、氮的马氏体及呈细小分布的碳氮化合物。中温气体碳氮共渗与渗碳相比,加热温度低,零件变形小,生产周期短,渗层具有较高的硬度、耐磨性和疲劳强度,常用于处理齿轮、蜗杆和轴类零件。

低温气体碳氮共渗以渗氮为主,又称为软氮化。它常用的共渗介质是尿素,处理温度一般不超过 570 ℃,处理时间为 1 ~3 h。与渗氮相比,处理温度低,时间短,工件变形小,不受钢种限制,碳钢、低合金钢、工模具钢、不锈钢、铸铁及铁基粉末冶金材料均可进行软氮化处理。

软氮化能显著地提高工件的疲劳强度、耐磨性和耐腐蚀性。在干摩擦条件下还具有抗擦伤和抗咬合等性能。目前生产中软氮化已广泛应用于模具、量具、高速钢刀具、曲轴、齿轮、气缸套、机械结构件等耐磨工件的处理。

第四节 零件的热处理工艺路线分析

热处理是机械制造中的重要工序,它穿插在机械零件制造的加工工序之间。正确理解热处理技术条件,合理安排热处理工序的位置,对于改善钢的切削加工性,保证零件的质量,满足使用要求,具有重要的意义。

一、热处理的技术条件

对零件提出的热处理后应达到的组织、性能、精度和加工工艺等要求,统称热处理技术条件。热处理技术条件是根据零件的工作条件以及所选的材料提出的。一般机械零件都以硬度作为热处理技术条件,重要的机械零件还应标出力学性能指标或金相组织要求。对于要求表面热处理的机械零件,还需标出硬化层(或渗层)深度和部位。

热处理技术条件可用文字标注,也可用采用《金属热处理工艺分类及代号》(GB/T 12603—90)等规定的代号标注。热处理技术条件一般标注在零件图标题栏上方。

二、热处理工序位置的确定

零件的加工是沿一定的工艺路线进行的,热处理工序一般安排在铸、锻、焊等热加工和切削加工工序之间。根据热处理的目的和工序位置的不同,可将其分为预备热处理和最终热处理两大类。

(一)预备热处理

预备热处理包括退火、正火、调质等。退火、正火工序常安排在毛坯生产之后,切削加工之前,以消除热加工毛坯的内应力、细化晶粒、均匀组织、改善切削加工性,为后续热处理工序做好组织准备。对于精密零件,在半精加工之后还要安排去应力退火,以消除切削加工过程中产生的残余应力。调质是为了提高零件的综合力学性能,为最终热处理做组织准备。调质工序一般安排在粗加工之后,半精加工或精加工之前,以免表面调质层在粗加工时大部分被切掉,失去调质处理的作用。

(二)最终热处理

最终热处理包括淬火、回火及表面热处理等。零件经最终热处理后硬度较高,除磨削外,不宜进行其他形式的切削加工,故一般安排在半精加工之后,磨削之前。

因为氮化处理的工件变形小且氮化层薄,所以氮化工序只能安排在研磨(或余量较小的精磨)之前,以免氮化层大部分被磨掉,失去氮化的作用。氮化处理的预备热处理一般为调质,以提高心部的力学性能,使较薄的氮化层能承受较大的集中载荷。

有些零件工作性能要求不高，在毛坯退火、正火或调质后，性能即可满足使用要求，这时退火、正火和调质也可作为最终热处理。

三、典型零件的热处理工艺路线分析

（一）机床主轴

图 3-25 所示为机床主轴，该轴采用 45 钢锻造毛坯，其热处理技术条件为：①整体调质硬度为 220 ~ 250 HBS；②内锥孔和外锥体硬度为 40 ~ 45 HRC，表面 3 ~ 5 mm 内金相组织为回火托氏体；③花键部分硬度为 48 ~ 53 HRC，表层 1.5 mm 内金相组织为回火托氏体。

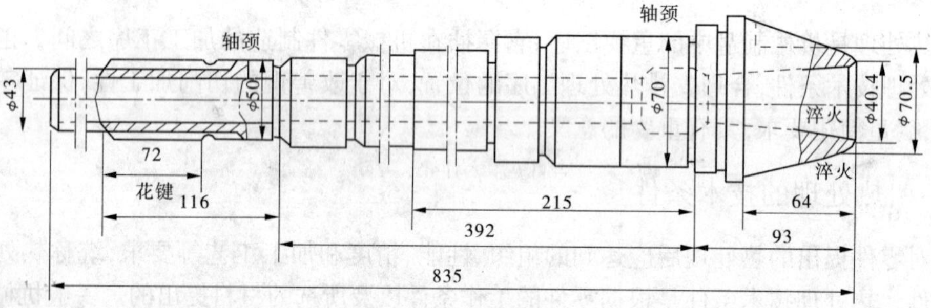

图 3-25 机床主轴

主轴加工工艺路线为：下料→锻造→正火→机械粗加工→调质→机械半精加工→锥孔及外锥体局部淬火、回火→粗磨（外圆、锥孔、外锥体）→铣花键，花键淬火、回火→精磨（外圆、锥孔、外锥体）。

以上热处理工序中，正火和调质属于预备热处理，锥孔及外锥体的局部淬火、回火和花键的淬火、回火为最终热处理。各个热处理工序作用如下：

（1）正火。正火是为了消除锻造应力，得到合适的硬度（170 ~ 230 HBS）以改善切削加工性，同时也改善组织，为调质做准备。安排在锻造后，粗加工之前。

（2）调质。调质是为了使主轴得到高的综合力学性能和疲劳强度。调质后硬度达到 220 ~ 250 HBS。为了更好地发挥调质的效果，将其安排在粗加工后进行。

（3）淬火。锥孔、外锥体及花键部分的淬火是为了获得要求的表面硬度。锥孔和外锥体部分采用盐浴快速加热并水淬，经回火后，硬度达到 45 ~ 50 HRC。花键部分可采用高频淬火，以减少变形，经回火后表面硬度达 48 ~ 53 HRC。

为减小变形，锥部淬火应与花键淬火分开进行。将锥部淬火及回火安排在粗磨之前，以便用粗磨纠正盐浴淬火引起的变形；将花键加工与淬火、回火安排在精磨之前，以便用精磨消除花键加工引起的变形，并最终达到加工精度要求。

（二）齿轮

图 3-26 为汽车变速箱第二轴齿轮，该齿轮采用 20CrMnTi 锻造毛坯，热处理技术要求：①渗碳层深度 0.8 ~ 1.3 mm；②淬火、回火后表面硬度 58 ~ 62 HRC，心部硬度 33 ~ 48 HRC。

齿轮加工工艺路线为：下料→锻造→正火→机械加工→渗碳、淬火、回火→磨花键孔内径。

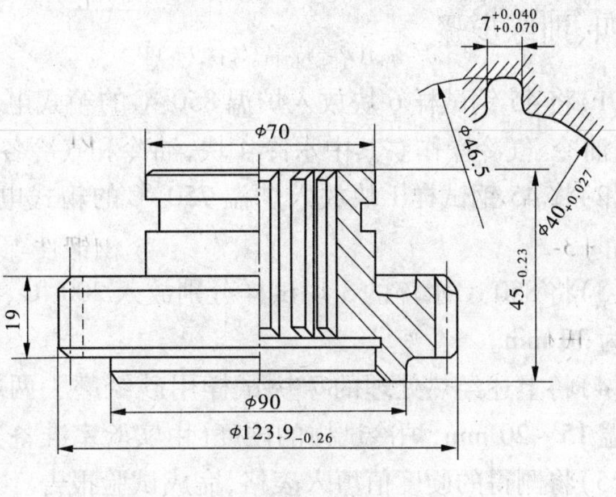

图 3-26　汽车变速箱第二轴齿轮

以上热处理工序中，正火属于预备热处理，渗碳、淬火、回火为最终热处理。各个热处理工序作用如下：

(1) 正火。正火是为了消除锻造应力，得到合适的硬度（170 ~ 230 HBS）以改善切削加工性，同时也改善组织，为渗碳淬火做准备，并安排在锻造后、粗加工之前。

(2) 渗碳。为了使表层获得高的含碳量及渗碳层深度要求，渗碳应安排在齿加工之后，采用气体渗碳，加热温度 920 ~ 940 ℃，保温时间约 5 h。

(3) 淬火及低温回火。要提高表面硬度必须淬火。因 20CrMnTi 淬透性好，对过热不敏感，在渗碳后晶粒并不粗大，所以渗碳后可直接淬火。回火的作用是消除应力减小脆性，经低温回火后表面硬度可达 58 ~ 62 HRC。齿轮心部没有碳渗入，可得低碳马氏体，具有较好的强度和韧性，硬度达 33 ~ 48 HRC。

技能训练四　碳钢的热处理

一、训练目的

(1) 熟悉钢的几种基本热处理操作（正火、淬火、回火）；

(2) 了解加热温度、冷却速度、回火温度等因素对碳钢热处理性能（硬度）的影响；

(3) 掌握硬度计的使用方法。

二、训练内容

(1) 45 钢正火、淬火、回火操作；

(2) 测量试样的布氏硬度或洛氏硬度。

三、设备及工具

(1) 实验用箱式电阻加热炉；

(2) 布氏和洛氏硬度机；

(3) 淬火用水桶和油桶各一个；

(4) 淬火用钳子、砂纸；

(5) 实验试样一套。

四、训练步骤

(1)将 45 钢试样 6 块放入炉温 850 ℃的箱式电炉中,保温 15 ~ 20 min 后,分别进行水冷、油冷、气冷操作。其中水冷 4 块,油冷和气冷各 1 块。

(2)将 45 钢试样 1 块放入炉温 750 ℃的箱式电炉中,保温 15 ~ 20 min 后进行水冷操作。

(3)将 850 ℃水淬的 3 块试样分别放入 200 ℃、400 ℃、600 ℃的炉内回火,回火保温时间为 30 min。

(4)将上述经热处理的 7 块试样用砂纸磨去两端面氧化皮,测硬度。同时测量 850 ℃保温 15 ~ 20 min,炉冷试样的硬度(由实验室准备)。

(5)将测得的硬度值填入表格,完成试验报告。

五、提交成果

(1)提交处理后的试样 7 块。

(2)完成下表。

钢号	热处理工艺			硬度值(HRC 或 HBS)				预计组织
	加热温度(℃)	冷却方法	回火温度(℃)	1	2	3	平均	
45	850	炉冷						
		气冷						
		油冷						
		水冷						
		水冷	200					
		水冷	400					
		水冷	600					
	750	水冷						

(3)分析并回答下列问题:①同一加热温度保温时间的条件下,钢的硬度随冷却速度发生怎样的变化?②850 ℃保温水淬后的试样,随回火温度的升高,硬度怎样变化?③850 ℃保温后水淬和 750 ℃保温后水淬的试样硬度有何差别?为什么?

思考与练习

3-1　什么是钢的热处理?常用热处理方法有哪些?

3-2　什么叫热处理工艺曲线?说明热处理工艺的三个阶段。

3-3　解释下列符号的意义:A_{c1}、A_{c3}、A_{ccm}及A_{r1}、A_{r3}、A_{rcm}。

3-4　共析钢加热时奥氏体形成分为哪几个阶段?

3-5　什么叫过冷奥氏体?共析钢过冷奥氏体在不同温度等温转变时可得到哪些产

物(用符号表示)？它们的性能(用硬度表示)如何？

3-6　什么是临界冷却速度？影响临界冷却速度的主要因素是什么？

3-7　什么是马氏体？马氏体有哪两种基本类型？其性能各有何特点？

3-8　一般对亚共析钢退火应采用哪种退火工艺,目的是什么？常用于什么场合？

3-9　一般对共析钢或过共析钢退火应采用哪种退火工艺,目的是什么？

3-10　为提高材料的切削加工性能,对T10钢(平均含碳量1%)应采用退火还是正火？20钢(平均含碳量0.2%)呢？

3-11　什么叫淬火？如何选择淬火的加热温度？淬火的目的是什么(得什么组织,提高钢的什么性能)？

3-12　常用淬火介质有哪些？应用范围如何？

3-13　什么叫单液淬火、双液淬火、等温淬火、分级淬火和局部淬火？

3-14　何为淬透性？影响淬透性的主要因素是什么？它与淬硬性的区别是什么？

3-15　什么是回火？回火的目的是什么？低温回火、中温回火和高温回火各适用于什么场合？

3-16　指出下列工件的淬火及回火温度并说明回火后的组织和大致硬度。①45钢小轴(要求综合力学性能高);②65Mn弹簧;③T12钢锉刀。

3-17　什么叫表面热处理？常用表面热处理方法有哪几种,应用范围如何？

3-18　现有20钢、40钢制造的齿轮各一个,为提高齿面的硬度和耐磨性,宜采用何种热处理工艺？

3-19　甲、乙两厂同时生产一种45钢零件,硬度要求220～250 HBS。甲厂采用正火处理,乙厂采用调质处理,都达到了硬度要求。试分析甲、乙两厂产品的组织和性能的差别。

3-20　用T10钢制成形状简单的车刀和用45钢制成较重要的轴,工艺路线为:锻造→热处理→机械粗加工→热处理→精加工。对两工件①说明预备热处理工艺方法及作用;②制定最终热处理工艺规范(加热温度、冷却介质)并指出最终热处理后各自的组织形态。

第四章　工程材料

学习指导

本章主要介绍非合金钢(碳素结构钢、优质碳素结构钢、碳素工具钢等)、合金钢(低合金钢、机械结构用合金钢、合金工具钢、特殊性能钢)、铸铁(灰铸铁、可锻铸铁、球墨铸铁、蠕墨铸铁)的牌号、化学成分、性能、热处理及其应用范围。简单介绍金属材料的分类及其钢中杂质元素的影响,非铁金属材料的牌号、性能及其应用范围,非金属材料性能、特点和应用。

本章重点掌握非合金钢(碳素结构钢、优质碳素结构钢、碳素工具钢)、合金钢(低合金钢、机械结构用合金钢、合金工具钢)、铸铁(灰铸铁、可锻铸铁、球墨铸铁)的牌号、化学成分特点、性能特点、热处理及其应用范围。根据材料的牌号,能判断金属材料的名称,所用热处理的种类及其应用范围,能合理地选择常用金属材料。

对合金钢的学习应注意和碳素钢类比,如合金钢和碳素钢在分类编号、含碳量的表示方法、含碳量对组织和性能的影响方面均有一定的共性,而淬透性高、回火稳定性好等特点则是合金钢的重要特性。铸铁的学习应注意理解石墨的形态、大小、分布状态是影响铸铁性能的主要因素。

本章难点是各种材料的牌号、热处理和应用范围的选用。

第一节　非合金钢

在 $Fe-Fe_3C$ 相图上处于 P、E 点之间成分的合金,称为碳素钢,也称为非合金钢。非合金钢中以铁为基础,碳为主要元素,除此之外还有少量的锰、硅、硫、磷等杂质元素。杂质元素对钢的力学性能有重要影响。

一、杂质元素对钢性能的影响

(一)锰和硅

在炼铁、炼钢的生产过程中,由于原料中存在着锰、硅以及使用锰、硅做脱氧剂,使碳素钢中残存少量锰和硅元素。当锰含量少于1.2%、硅含量少于0.4%时,能溶入铁素体使之强化,而且钢的塑性和韧性也不降低。因此,一般来说,锰和硅在钢中是有益元素。

(二)硫和磷

硫和磷也是从原材料及燃料中带入钢中的。硫在固态下不溶于铁,以 FeS 的形式存在于钢中。FeS 与铁形成低熔点(980 ℃)共晶体,分布在奥氏体的晶界上。当钢被加热至1 000 ~1 200 ℃进行形变加工时,由于晶界处共晶体熔化,晶粒间结合被破坏,出现脆裂现象,称为热脆。磷能部分溶解在铁素体中形成固溶体,部分在结晶时形成脆性很大的化合物(Fe_3P),使钢在室温下(一般为100 ℃以下)的塑性和韧性急剧下降,在低温时脆性更加严重,称为冷脆。钢中的磷、硫是有害元素,应严格控制其含量。但是在易切削钢中,适当地提高磷、硫含量,增加钢的脆性,反而有利于切削时形成断裂切屑,从而提高切削效率延长刀具寿命。

二、非合金钢的分类

(一)按钢的含碳量分类

按钢中含碳量的不同,非合金钢可分为:

(1)低碳钢,$\omega_C < 0.25\%$;

(2)中碳钢,$\omega_C = 0.25\% \sim 0.6\%$;

(3)高碳钢,$\omega_C > 0.6\%$。

(二)按钢的冶金质量分类

按钢的冶金质量,非合金钢可分为:

(1)普通质量钢,$\omega_S \leqslant 0.050\%$,$\omega_P \leqslant 0.045\%$;

(2)优质钢,$\omega_S \leqslant 0.035\%$,$\omega_P \leqslant 0.035\%$;

(3)高级优质钢,$\omega_S \leqslant 0.025\%$,$\omega_P \leqslant 0.025\%$;

(4)特级质量钢,$\omega_S \leqslant 0.015\%$,$\omega_P \leqslant 0.025\%$。

(三)按钢的用途分类

按用途的不同,非合金钢可分为:

(1)结构钢,主要用于制造各种机械零件和工程结构件,其含碳量一般都小于0.70%;

(2)工具钢,主要用于制造各种刀具、模具和量具,其含碳量一般都大于0.7%。

(四)按脱氧方法分类

按脱氧方法的不同,非合金钢可分为:

(1)沸腾钢,在冶炼后期不加脱氧剂,浇注时钢液产生CO沸腾,组织不致密,力学性能较差;

(2)镇静钢,脱氧完全,浇注时不产生CO沸腾,组织致密,力学性能较好;

(3)半镇静钢,脱氧情况介于镇静钢和沸腾钢之间。

(五)按组织分类

按组织不同,非合金钢可分为亚共析钢、共析钢和过共析钢。

非合金钢按现行标准主要分为碳素结构钢、优质碳素结构钢、碳素工具钢、易切削结构钢和工程用铸造碳钢共五类。

三、非合金钢的牌号和用途

(一)碳素结构钢

碳素结构钢是建筑及工程用非合金结构钢,价低,焊接性、冷变形成型性优良,用于制造一般工程结构及普通机械零件。通常轧制成各种型材(圆钢、方钢、工字钢、钢筋等),一般不热处理,在热轧状态下直接使用。表4-1列出了碳素结构钢的牌号、化学成分和力

表 4-1　碳素结构钢的牌号、化学成分和力学性能(GB 700—88)

牌号	等级	化学成分 ω_{Me}(%)					脱氧方法	拉伸试验												
		C	Mn	Si	S	P		屈服点 σ_s(MPa)						抗压强度 σ_b(MPa)	伸长率 δ_5(%)					
				不大于				钢材厚度(直径)$\delta(d)$(mm)							钢材厚度(直径)$\delta(d)$(mm)					
								≤16	16~40	40~60	60~100	100~150	>150		≤16	16~40	40~60	60~100	100~150	>150
								不小于							不小于					
Q195		0.06~0.12	0.25~0.050	0.30	0.050	0.045	F,b,Z	(195)	(185)					315~390	33	32				
Q215	A	0.09~0.15	0.25~0.55	0.30	0.050	0.045	F,b,Z	215	205	195	185	175	165	335~410	31	30	29	28	27	26
	B				0.045															
Q235	A	0.14~0.22	0.30~0.65	0.30	0.050	0.045	F,b,Z	235	225	215	205	195	185	375~460	26	25	24	23	22	21
	B	0.12~0.20	0.30~0.70		0.045															
	C	≤0.18	0.35~0.80		0.040	0.040	Z													
	D	≤0.17			0.035	0.035	TZ													
Q255	A	0.18~0.28	0.40~0.70	0.30	0.050	0.045	Z	255	245	235	225	215	205	410~510	24	23	22	21	20	19
	B				0.045															
Q275		0.28~0.38	0.50~0.80	0.35	0.050	0.045	Z	275	265	255	245	235	225	490~610	19	18	17	16	15	14

学性能。

碳素结构钢的牌号:Q(汉语拼音字母)+屈服点数值+质量等级符号(A、B、C、D、E共五级)+脱氧方法符号等。脱氧方法用F(沸腾钢)、b(半镇静钢)、Z(镇静钢)、TZ(特殊镇静钢)表示,“Z”和“TZ”可以不标。如:Q235AF代表屈服点 $\sigma_s = 235$ MPa、质量为A级的沸腾碳素结构钢。

Q195、Q215钢通常轧成薄板、钢筋等,可用于制作铆钉、螺钉、地脚螺栓及轻负荷的冲压零件和焊接结构件等。Q235、Q255钢可用做螺栓、螺母、拉杆、销子、吊钩和不太重要的机械零件以及建筑结构中的螺纹钢、工字钢、槽钢、钢筋等。Q235C、Q235D可作为重要焊接结构件用。Q275钢可部分代替优质碳素结构钢使用。Q195、Q275一般无特殊要求时是普通质量非合金钢,其余是优质非合金钢。

(二)优质碳素结构钢

优质碳素结构钢是用于制造重要机械零件的钢,一般要经过热处理。优质碳素结构钢的牌号、化学成分和力学性能见表4-2。优质碳素结构钢的牌号用两位数字表示,表示钢中平均碳含量的万分之几。若钢中锰的含量较高时,在两位数字后面加Mn。如40表示钢中平均碳含量为0.40%;65Mn表示平均碳含量为0.65%,Mn含量为0.7%~1.00%。

优质碳素结构钢的用途:08F钢一般轧成高精度薄板或薄带供应,主要用于冷冲压件,如汽车外壳、仪器和仪表外壳等;10~25钢常用于制作冲压件、焊接件、强度要求不高的零件及渗碳件,如机器外罩、焊接容器、小轴、销子、法兰盘、螺钉、螺母、垫圈及渗碳凸轮、齿轮等;30~55钢调质后可得到良好综合力学性能,主要用于受力较大的机械零件,如曲轴、连杆、齿轮、机床主轴等;60以上的钢具有较高的强度、硬度和弹性,但焊接性、切削性差,主要用于制作各种弹簧、高强度钢丝、机车轮缘、低速车轮及其他耐磨件。牌号后加Mn的钢,其用途与对应钢号的普通含锰量钢基本相同,但淬透性和强度稍高,可制作截面稍大或强度稍高的零件。

为适应某些专业的特殊需要,对优质碳素结构钢的成分和工艺作一些调整,使性能能够适应专业需要,可派生出锅炉与压力容器、船舶、桥梁、汽车、农机、纺织机械、焊条、铆螺等一系列专业用钢,国家已制定了标准。

(三)碳素工具钢

常用碳素工具钢的牌号、成分、硬度和用途见表4-3。碳素工具钢生产成本较低,加工性能良好,可用于制造低速、手动刀具及常温下使用的工具、模具、量具等。各种牌号的碳素工具钢淬火后的硬度相差不大,但随含碳量的增加,未溶的二次渗碳体增多,钢的耐磨性提高,韧性降低。所以,不同牌号的工具钢适用于不同用途的工具。

碳素工具钢的牌号是T(“碳”的汉语拼音字首)+数字(表示钢的平均含碳量的千分之几)。例如T10表示平均 $\omega_C = 1.00\%$ 的碳素工具钢。碳素工具钢都是优质钢,如钢号后标A,表示高级优质钢。

(四)易切削结构钢

在钢中加入一种或几种元素,利用其本身或与其他元素形成的一种对切削有利的夹杂物,来改善钢材的切削加工性的钢叫易切削钢。常用元素有S、P、Pb,也用Ca、Se、Te等。其牌号是在同类结构钢牌号前冠以“Y”,以区别其他结构用钢。例如Y15Pb中 $\omega_C =$

表 4-2　优质碳素结构钢的牌号、化学成分和力学性能（GB 699—88）

牌号	化学成分 ω_{Me}（%）					力学性能						
	C	Si	Mn	P	S	屈服点 σ_s（MPa）	抗拉强度 σ_b（MPa）	伸长率（%）	断面收缩率 ψ（%）	冲击韧度 a_k（J/cm^2）	硬度≤（HBS）	
						不小于					热轧钢	退火钢
05F	≤0.06	≤0.03	≤0.04	≤0.035	≤0.040	—	—	—	—	—	—	—
08F	0.05～0.11	≤0.03	0.25～0.50	≤0.040	≤0.040	180	300	35	60	—	131	—
08	0.05～0.12	0.17～0.37	0.35～0.65	≤0.035	≤0.040	200	330	33	60	—	131	—
10F	0.07～0.14	≤0.07	0.25～0.50	≤0.040	≤0.040	190	320	33	55	—	137	—
10	0.07～0.14	0.17～0.37	0.35～0.65	≤0.035	≤0.040	210	340	31	55	—	137	—
15F	0.12～0.19	≤0.07	0.25～0.50	≤0.040	≤0.040	210	360	29	55	—	143	—
15	0.12～0.19	0.17～0.37	0.35～0.65	≤0.040	≤0.040	230	380	27	55	—	143	—
20F	0.17～0.24	≤0.07	0.25～0.50	≤0.040	≤0.040	230	390	27	55	—	156	—
20	0.17～0.24	0.17～0.37	0.35～0.65	≤0.040	≤0.040	250	420	25	55	—	156	—
25	0.22～0.30	0.17～0.37	0.50～0.80	≤0.040	≤0.040	280	460	23	50	90	170	—
30	0.27～0.35	0.17～0.37	0.50～0.80	≤0.040	≤0.040	300	500	21	50	80	179	—
35	0.32～0.40	0.17～0.37	0.50～0.80	≤0.040	≤0.040	320	540	20	45	70	187	—
40	0.37～0.45	0.17～0.37	0.50～0.80	≤0.040	≤0.040	340	580	19	45	60	217	187
45	0.42～0.50	0.17～0.37	0.50～0.80	≤0.040	≤0.040	360	610	16	40	50	241	197
50	0.47～0.55	0.17～0.37	0.50～0.80	≤0.040	≤0.040	380	640	14	40	40	241	207
55	0.52～0.60	0.17～0.37	0.50～0.80	≤0.040	≤0.040	390	660	13	35	—	255	217

续表 4-2

牌号	化学成分 ω_{Me}(%)					力学性能						
	C	Si	Mn	P	S	屈服点 σ_s(MPa)	抗拉强度 σ_b(MPa)	伸长率(%)	断面收缩率 ψ(%)	冲击韧度 a_k(J/cm^2)	硬度≤(HBS)	
						不小于					热轧钢	退火钢
60	0.57~0.65	0.17~0.37	0.50~0.80	≤0.040	≤0.040	410	690	12	35	—	255	229
65	0.62~0.70	0.17~0.37	0.50~0.80	≤0.040	≤0.040	420	710	10	30	—	255	229
70	0.67~0.75	0.17~0.37	0.50~0.80	≤0.040	≤0.040	430	730	9	30	—	269	229
75	0.72~0.80	0.17~0.37	0.50~0.80	≤0.040	≤0.040	900	1 100	7	20	—	285	241
80	0.77~0.85	0.17~0.37	0.50~0.80	≤0.040	≤0.040	950	1 100	6	30	—	285	241
85	0.82~0.90	0.17~0.37	0.50~0.80	≤0.040	≤0.040	1 000	1 150	6	30	—	302	255
15Mn	0.12~0.19	0.17~0.37	0.70~1.00	≤0.040	≤0.040	250	420	26	55	—	163	—
20Mn	0.17~0.24	0.17~0.37	0.70~1.00	≤0.040	≤0.040	280	460	24	50	—	197	—
25Mn	0.22~0.30	0.17~0.37	0.70~1.00	≤0.040	≤0.040	300	500	22	50	90	207	—
30Mn	0.27~0.35	0.17~0.37	0.70~1.00	≤0.040	≤0.040	320	550	20	45	80	217	187
35Mn	0.32~0.40	0.17~0.37	0.70~1.00	≤0.040	≤0.040	340	570	18	45	70	229	197
40Mn	0.37~0.45	0.17~0.37	0.70~1.00	≤0.040	≤0.040	360	600	17	45	60	229	207
45Mn	0.42~0.50	0.17~0.37	0.70~1.00	≤0.040	≤0.040	380	630	15	40	50	241	217
50Mn	0.48~0.56	0.17~0.37	0.70~1.00	≤0.040	≤0.040	400	660	13	40	40	255	217
60Mn	0.57~0.65	0.17~0.37	0.70~1.00	≤0.040	≤0.040	420	710	11	35	—	269	229
65Mn	0.62~0.70	0.17~0.37	0.90~1.20	≤0.040	≤0.040	440	750	9	30	—	285	229
70Mn	0.67~0.75	0.17~0.37	0.90~1.20	≤0.040	≤0.040	460	800	8	30	—	285	229

0.05% ~0.10% ,ω_S =0.23% ~0.33% ,ω_{Pb} =0.15% ~0.35%。Y12、Y15 是硫磷复合低碳易切钢,用来制造螺栓、螺母、管接头等不重要的标准件;Y20 切削加工后可渗碳处理,用来制造表面耐磨的仪器仪表零件;Y45Ca 适合于高速切削加工,比 45 钢提高生产效率一倍以上,用来制造重要的零件,如机床的齿轮轴、花键轴等热处理零件。

表 4-3　碳素工具钢的牌号、成分、硬度和用途

牌号	化学成分 ω_{Me}(%)			退水状态	试样淬火		用途举例
	C	Mn	Si	硬度不大于(HBS)	淬火温度(℃)和淬火介质	硬度≥(HRC)	
T7	0.65~0.74	≤0.40	≤0.35	187	800~820 水	62	用于承受振动、冲击,硬度适中,有较好韧性的工具,如凿子、冲头、木工工具、大锤等
T8	0.75~0.84	≤0.40	≤0.35	187	780~800 水	62	用来制作有较高硬度和耐磨性的工具,如冲头、木工工具、剪切金属用剪刀等
T8Mn	0.80~0.90	0.40~0.60	≤0.35	187	780~800 水	62	与 T8 钢相似,但淬透性高,可制造截面较大的工具
T9	0.85~0.94	≤0.40	≤0.35	192	760~780 水	62	用来制作一定硬度和韧性的工具,如冲头、冲模、凿子等
T10	0.95~1.04	≤0.40	≤0.35	197	760~780 水	62	用来制作耐磨性要求较高,不受剧烈振动,具有一定韧性及锋利刃口的各种工具,如刨刀、车刀、钻头、丝锥、手用锯条、拉丝模、冷冲模等
T11	1.05~1.14	≤0.40	≤0.35	207	760~780 水	62	
T12	1.15~1.24	≤0.40	≤0.35	207	760~780 水	62	用来制作不受冲击、高硬度的各种工具,如丝锥、锉刀、刮刀、绞刀、板牙、量具等
T13	1.25~1.35	≤0.40	≤0.35	217	760~780 水	62	用来制作不受振动、要求极高硬度的各种工具,如剃刀、刮刀、刻字刀具等

GB 8731—88 中的 Y40Mn 属优质低合金钢，其余均属于优质非合金钢。随着汽车工业的发展，用合金易切削钢制造承受载荷大的齿轮和轴类零件日益增多。

（五）工程用铸造碳钢

在机械制造中，许多形状复杂、用锻造方法难以生产、力学性能要求比铸铁高的零件，可用铸造碳钢生产。铸造碳钢广泛用于制造重型机械、矿山机械、冶金机械、机车车辆的某些零件、构件。铸造碳钢的铸造性能比铸铁差，主要体现在流动性差、凝固时收缩率大、易产生偏析等。

工程用铸造碳钢的牌号由“ZG”（“铸钢”二字的汉语拼音字首）后面加两组数字组成，第一组数字代表屈服强度值，第二组数字代表抗拉强度值。若钢号末尾标字母 H（焊），表示该钢是焊接结构用碳素铸钢。例如 ZG200－400 表示屈服点为 200 MPa、抗拉强度为 400 MPa 的工程用铸钢。《铸钢牌号表示方法》（GB/T 5613—1995）还规定，以化学成分表示的铸钢牌号中，“ZG”后面一组数字表示铸钢平均含碳量的万分之几，合金元素符号后面的数字表示该合金元素名义含量的百分之几。如 ZG15Cr1Mo1V 表示平均 $\omega_{C}=0.15\%$，$\omega_{Cr}=0.9\%\sim1.4\%$，$\omega_{Mo}=0.9\%\sim1.4\%$，$\omega_{V}=0.9\%$ 的铸钢。

工程用铸造碳钢的牌号、成分、力学性能和用途见表 4-4。

表 4-4　工程用铸造碳钢的牌号、成分、力学性能和用途

牌号	主要化学成分 ω_{Me}（%）				室温力学性能（不小于）					用途举例
	C ≤	Si ≤	Mn ≤	P、S ≤	σ_s（$\sigma_{0.2}$）（MPa）	σ_b（MPa）	δ（%）	ψ（%）	A_{KU}（J）	
ZG200－400	0.20	0.50	0.80	0.04	200	400	25	40	30	良好的塑性、韧性和焊接性，用于受力不大的机械零件，如机座、变速箱壳等
ZG230－450	0.30	0.50	0.90	0.04	230	450	22	32	25	一定的强度和好的塑性、韧性，铸造性良好。用于受力不大、韧性好的机械零件，如外壳、轴承盖、阀体、犁柱等
ZG270－500	0.40	0.50	0.90	0.04	270	500	18	25	22	较高的强度和较好的塑性，铸造性良好，焊接性尚好，用于轧钢机机架、轴承座、连杆、箱体、曲轴、缸体等
ZG310－570	0.50	0.60	0.90	0.04	310	570	15	21	15	强度和切削性良好，塑性、韧性较低。用于载荷较大的大齿轮、缸体、制动轮、辊子等
ZG340－640	0.60	0.60	0.90	0.04	340	640	10	18	10	有高的强度和耐磨性，切削性好，焊接性较差，流动性好，裂纹敏感性较大。用于齿轮、棘轮等

第二节 合金钢

一、概述

(一)非合金钢的不足

非合金钢(碳素钢)价格低廉,便于获得,容易加工,能满足很多生产上的要求,但是也存在一些不足。主要体现在以下三个方面:

(1)淬透性低。非合金钢比合金钢的淬透性低得多,例如40钢水淬临界直径为10～15 mm;40Cr水淬临界直径为30～38 mm。因此,对于要求表层和心部的力学性能都较高的大型零件,用非合金钢制造不能满足使用要求。

(2)回火稳定性差。淬火钢在回火时,抵抗软化的能力称为回火稳定性。不同淬火钢在相同温度回火后,强度、硬度下降少的其回火稳定性高。非合金钢比合金钢的回火稳定性差得多。例如,碳钢制成的刀具刃部受热超过200 ℃就软化(回火),丧失工作能力;高速钢刀具在500～600 ℃条件下,仍可保持高硬度(63 HRC以上)。因此,碳钢制成的刀具不能进行高速切削,碳钢制成的模具不能在高温下工作。

(3)基本相软弱。合金元素溶入铁素体形成合金铁素体,与碳结合形成合金碳化物;合金铁素体比碳钢中的铁素体有更高的强度和硬度,合金渗碳体比渗碳体有更高的硬度。例如,Fe_3C硬度相当于800 HBS,而Cr_7C_3的硬度相当于2 100 HBS。渗碳体和铁素体相对软弱,造成碳素钢的强度和硬度较合金钢低,不能满足高强度、高硬度、高韧性的要求。

(二)合金元素的作用

合金钢是在碳钢(非合金钢)的基础上为改善钢的性能,有意加入某些合金元素而得到的多元合金。常用的合金元素有锰、硅、铬、镍、钼、钨、钒、钛、钴、铝、硼、稀土(RE)等。合金元素在钢中的作用是非常复杂的,现简要说明如下:

(1)提高钢的淬透性。合金元素(除钴外)溶入奥氏体后,使奥氏体稳定性增加,C曲线右移,从而提高钢的淬透性。

(2)提高钢的强度和硬度。合金元素可溶入铁素体形成合金铁素体,也可与碳化合形成合金碳化物,使钢的强度和硬度提高,但塑性和韧性有下降的趋势。

(3)提高回火稳定性。合金元素在回火过程中能阻碍马氏体的分解及碳化物的析出,在达到相同硬度的情况下,合金钢的回火温度比碳钢高,回火时间比碳钢长。这样可进一步消除残余应力,同时也提高了塑性和韧性。而在同一温度回火时,合金钢的强度、硬度均比碳钢高。

(4)产生二次硬化现象。淬火钢在回火时出现硬度回升现象,称为二次硬化。产生二次硬化的原因有两个:一是含有较多合金元素(钨、钼、钒、钛、铬等)的合金钢在回火过程中,当温度升高到500～600 ℃时,会从马氏体中析出高硬度的弥散特殊碳化物;二是合金钢中的残余奥氏体在回火过程中不断转变成马氏体。

(5)形成某种特殊的性能,如不锈、耐热、耐蚀耐磨等。

由于合金元素与钢中的铁、碳两个基本元素的作用,以及它们彼此间的作用,促使钢中的晶体结构和显微组织发生有利的变化。因此,通过合金化可提高和改善钢的性能。

二、合金钢的分类和编号

(一)合金钢的分类

1. 按主要用途分类

合金钢按主要用途分为合金结构钢、合金工具钢和特殊性能钢。合金结构钢主要用于制造重要的机械零件和工程结构件;合金工具钢主要用于制造各种重要工具(刃具、量具、模具);特殊性能钢是具有某种特殊物理、化学性能的钢,如不锈钢、耐热钢、耐磨钢等。

2. 按合金元素含量分类

按合金元素含量的不同,合金钢分为低合金钢 $\omega_{Me} < 5\%$、中合金钢 $\omega_{Me} = 5\% \sim 10\%$ 和高合金钢 $\omega_{Me} > 10\%$。

(二)合金钢的编号

1. 合金结构钢

合金结构钢牌号用两位数字+元素符号+数字表示,两位数字表示平均含碳量的万分之几,元素符号表明钢中含有的主要合金元素,其后面的数字则标明该元素的含量。凡合金元素含量小于1.5%时不标数字,如果平均含量为1.5%~2.5%、2.5%~3.5%、…时,则相应地标以2、3、…。如60Si2Mn,表示平均含碳量0.6%,含硅量1.5%~2.5%,含锰量小于1.5%的合金结构钢。滚动轴承钢的编号是G("滚"的汉语拼音字首)+Cr+数字(平均Cr含量的千分之几)+合金元素符号+数字(合金元素平均含量的百分之几),如GCr15SiMn,表示平均含铬量1.5%,硅、锰平均含量均小于1.5%的滚动轴承钢。

2. 合金工具钢

合金工具钢的牌号与结构钢的区别仅在于含碳量的表示方法,一般用一位数字表示平均含碳量的千分之几,当含碳量大于1%时,则不予标出。如9Mn2V,表示平均含碳量为0.9%,锰含量为1.5%~2.5%,钒含量小于1.5%的合金工具钢;Cr12MoV,表示平均含碳量大于1%,含铬量为11.5%~12.5%,钼、钒含量均小于1.5%的合金工具钢。高速钢牌号中不标含碳量,如W18Cr4V。

3. 特殊性能钢

特殊性能钢的牌号编制与碳含量小于1%的合金工具钢基本相同,只是当 $\omega_C \leqslant 0.08\%$ 和 $\omega_C \leqslant 0.03\%$ 时,在牌号前面分别冠以"0"及"00"。如2Cr13,表示平均含碳量0.2%,含铬12.5%~13.5%的不锈钢;0Cr19Ni9,表示平均含碳量小于0.08%,含铬18.5%~19.5%,含镍8.5%~9.5%的不锈钢。

三、常用合金钢

常用合金钢分为低合金钢、机械结构用合金钢、合金工具钢、高速工具钢和特殊性能钢。

(一)低合金钢

低合金钢是指低碳低合金量工程用钢。低合金钢的特点是:较高的强度和屈强比(材料的屈服点与抗拉强度之比);较好的塑性和韧性;良好的焊接性;较低的缺口敏感性和冷弯后低的时效敏感性。主要用于房屋、桥梁、船舶、车辆、铁道、高压容器及大型军事工程等工程结构件。

低合金钢可分为低合金高强度钢、低合金耐候钢和低合金专业用钢三大类。

低合金高强度结构钢牌号和化学成分见表4-5；低合金高强度结构钢的力学性能、新旧牌号对照和用途举例见表4-6。

表4-5　低合金高强度结构钢牌号和化学成分

牌号	质量等级	化学成分 ω_{Me}（%）										
		C ≤	Mn	Si ≤	P ≤	S ≤	V	Nb	Ti	Al ≥	Cr ≤	Ni ≤
Q295	A	0.16	0.80~1.50	0.55	0.045	0.045	0.02~0.15	0.015~0.060	0.02~0.20	—		
	B	0.16	0.80~1.50	0.55	0.040	0.040	0.02~0.15	0.015~0.060	0.02~0.20	—		
Q345	A	0.20	1.00~1.60	0.55	0.045	0.045	0.02~0.15	0.015~0.060	0.02~0.20	—		
	B	0.20	1.00~1.60	0.55	0.040	0.040	0.02~0.15	0.015~0.060	0.02~0.20	—		
	C	0.20	1.00~1.60	0.55	0.035	0.035	0.02~0.15	0.015~0.060	0.02~0.20	0.015		
	D	0.18	1.00~1.60	0.55	0.030	0.030	0.02~0.15	0.015~0.060	0.02~0.20	0.015		
	E	0.18	1.00~1.60	0.55	0.025	0.025	0.02~0.15	0.015~0.060	0.02~0.20	0.015		
Q390	A	0.20	1.00~1.60	0.55	0.045	0.045	0.02~0.20	0.015~0.060	0.02~0.20	—	0.30	0.70
	B	0.20	1.00~1.60	0.55	0.040	0.040	0.02~0.20	0.015~0.060	0.02~0.20	—	0.30	0.70
	C	0.20	1.00~1.60	0.55	0.035	0.035	0.02~0.20	0.015~0.060	0.02~0.20	0.015	0.30	0.70
	D	0.20	1.00~1.60	0.55	0.030	0.030	0.02~0.20	0.015~0.060	0.02~0.20	0.015	0.30	0.70
	E	0.20	1.00~1.60	0.55	0.025	0.025	0.02~0.20	0.015~0.060	0.02~0.20	0.015	0.30	0.70
Q420	A	0.20	1.00~1.70	0.55	0.045	0.045	0.02~0.20	0.015~0.060	0.02~0.20	—	0.40	0.70
	B	0.20	1.00~1.70	0.55	0.040	0.040	0.02~0.20	0.015~0.060	0.02~0.20	—	0.40	0.70
	C	0.20	1.00~1.70	0.55	0.035	0.035	0.02~0.20	0.015~0.060	0.02~0.20	0.015	0.40	0.70
	D	0.20	1.00~1.70	0.55	0.030	0.030	0.02~0.20	0.015~0.060	0.02~0.20	0.015	0.40	0.70
	E	0.20	1.00~1.70	0.55	0.025	0.025	0.02~0.20	0.015~0.060	0.02~0.20	0.015	0.40	0.70
Q460	C	0.20	1.00~1.70	0.55	0.035	0.035	0.02~0.15	0.015~0.060	0.02~0.20	0.015	0.70	0.70
	D	0.20	1.00~1.70	0.55	0.030	0.030	0.02~0.15	0.015~0.060	0.02~0.20	0.015	0.70	0.70
	E	0.20	1.00~1.70	0.55	0.025	0.025	0.02~0.15	0.015~0.060	0.02~0.20	0.015	0.70	0.70

表4-6　低合金高强度结构钢的力学性能、新旧牌号对照和用途举例

牌号	质量等级	厚度（直径）（mm）				σ_b（MPa）	δ_5（%）	旧国标	用途举例
		<16	16~35	35~50	50~100				
		σ_s≥（MPa）							
Q295	A B	295	275	255	235	390~570	23	09MnV，9MnNb，09Mn2，12Mn	用来制作车辆的冲压件、低压锅炉汽包、中低压化工容器、输油管道、油船等

续表 4-6

牌号	质量等级	厚度(直径)(mm) <16	16~35	35~50	50~100	σ_b (MPa)	δ_5 (%)	旧国标	用途举例
		$\sigma_s \geq$ (MPa)							
Q345	A B C D E	345	325	295	275	470~630	21 21 22 22 22	12MnV,14MnNb,16Mn,18Nb,16MnRE	用来制作船舶、铁路车辆、桥梁、管道、锅炉、压力容器、石油储罐、起重及矿山机械、电站设备厂方钢架等
Q390	A B C D E	390	370	350	330	490~650	19 19 20 20 20	15MnTi,16MnNb,10MnPNbRE,15MnV	用来制作中高压锅炉汽包、中高压石油容器、大型船舶、桥梁、车辆、起重机及其他较高载荷的焊接结构件等
Q420	A B C D E	420	400	380	360	520~680	18 18 19 19 19	15MnVN,14MnVTiRE	用来制作大型船舶、桥梁、电站设备、起重机械、中高压锅炉及容器、机车车辆、大型焊接结构件等
Q460	C D E	460	440	420	400	550~720	17		可淬火、回火,用于大型挖掘机、起重运输机械、钻井平台等

(二)机械结构用合金钢

机械结构用合金钢主要用于制造各种机械零件,其质量等级都属于特殊质量等级,大多需经热处理后才能使用,按用途、热处理特点可分为渗碳钢、调质钢、弹簧钢、滚动轴承钢、超高强度钢等。

1. 合金渗碳钢

合金渗碳钢通常是指经渗碳淬火、低温回火后使用的合金钢。主要用于制造承受强烈冲击载荷和摩擦磨损的机械零件,如汽车、拖拉机中的变速齿轮,内燃机上的凸轮轴、活塞销等。

渗碳件工作表面需具有高硬度、高耐磨性,心部需具有良好的塑性和韧性。

合金渗碳钢的碳含量为 0.10% ~0.25%,低碳保证了淬火后零件心部具有足够的塑性和韧性。

合金渗碳钢主要合金元素是 Cr,还可加入 Ni、Mn、B、W、Mo、V、Ti 等元素,可提高淬透性,使大尺寸零件的心部淬火、回火后有较高的强度和韧性;少量的 W、Mo、V、Ti 能形成细小、难溶的碳化物，以阻止渗碳过程中高温、长时间保温条件下晶粒长大。在零件表层形成的合金碳化物还可提高渗碳层的耐磨性。

热处理一般是渗碳后直接淬火或渗碳后二次淬火加低温回火。热处理后的表层组织是：高碳回火马氏体＋未溶渗碳体＋少量奥氏体，硬度58～64 HRC；心部组织视钢的淬透性高低及零件尺寸的大小而定，可以得到低碳回火马氏体或珠光体加铁素体组织。

合金渗碳钢的牌号、热处理、力学性能和用途见表4-7。

表4-7　常用合金渗碳钢的牌号、热处理、力学性能和用途（摘自GB 3077—88）

牌号	热处理工艺			力学性能（不小于）				用途举例
	第一次淬火（℃）	第二次淬火（℃）	回火（℃）	σ_b（MPa）	σ_s（MPa）	δ（%）	A_{KU}（J）	
20Cr	880 水、油	800 水、油	200 水、空	835	540	10	47	用来制作截面在30 mm以下载荷不大的零件，如机床及小汽车齿轮、活塞销等
20CrMnTi	880 油	870 油	200 水、空	1 080	835	10	55	用来制作汽车、拖拉机截面在30 mm以下，承受高速、中或重载荷及受冲击、摩擦的重要渗碳件，如齿轮、轴、爪形离合器、蜗杆等
20MnVB	860 油		200 水、空	1 080	885	10	55	用来制作模数较大、载荷较重的中小渗碳件，如重型机床齿轮，轴，汽车后桥主动、被动齿轮等淬透性件
12Cr2Ni4	860 油	780 油	200 水、空	1 080	835	10	71	用来制作大截面、载荷较高、缺口敏感性低的重要零件，如重型载重车、坦克的齿轮等
18Cr2Ni4WA	950 空	850 空	200 水、空	1 175	835	10	78	用来制作截面更大、性能要求更高的零件，如大截面的齿轮、传动轴、精密机床上控制进刀的蜗轮等

2. 合金调质钢

合金调质钢指经调质后使用的合金钢，主要用于制造在重载下同时又受冲击载荷作用的一些重要零件，如汽车、拖拉机、机床等上的齿轮、轴类件、连杆、高强度螺栓等。它是机械结构用钢的主体。

合金调质钢的综合力学性能良好。

合金调质钢的含碳量为0.3%～0.5%，含碳量过低，回火后强度、硬度不足；含碳量过高，则塑性、韧性不够。

合金调质钢中加入的主要合金元素是Cr、Ni、Mn、Si、Mo、B等，主要是提高淬透性，加入W、Mo、V、Ti等元素可形成稳定的合金碳化物，阻止奥氏体晶粒长大，细化晶粒及防止回火脆性。

合金调质钢的最终热处理为淬火后高温回火，即调质处理。回火温度一般是500～650 ℃。热处理后的组织是回火索氏体。要求表面有良好耐磨性的，可在调质后进行表面淬火或氮化处理。

合金调质钢的常用钢种的牌号、热处理、力学性能和用途见表4-8。

表4-8 常用合金调质钢的牌号、热处理、力学性能和用途（摘自GB 3077—88）

牌号	热处理		力学性能(不小于)					用途举例
	淬火(℃)	回火(℃)	σ_b (MPa)	σ_s (MPa)	δ (%)	ψ (%)	A_{KU} (J)	
40Cr	850 油	520 水、油	980	785	9	45	47	用来制作汽车后桥半轴、机床齿轮、轴、花键轴、顶尖套等
40MnB	850 油	500 水、油	980	785	10	45	47	代替40Cr钢制造中、小截面重要调质件等
35CrMo	850 油	550 水、油	980	835	12	45	63	制造受冲击、振动、弯曲、扭转载荷的机件，如主轴、大电机轴、曲轴、锤杆等
38CrMoAl	940 油	640 水、油	980	835	14	50	71	是高级渗氮钢，用来制作磨床主轴、精密丝杆、精密齿轮、高压阀门、压缩机活塞杆等
40CrNiMoA	850 油	600 水、油	980	835	12	55	78	用来制作韧性好、强度高及大尺寸重要调质件，如重型机械中高载荷轴类、直径大于250 mm汽轮机轴、叶片、曲轴等

3. 合金弹簧钢

合金弹簧钢是专用结构钢，主要用于制造弹簧等弹性元件。

合金弹簧钢应具有高的弹性极限和屈强比，还应具有足够的疲劳强度和韧性。屈强比是材料的屈服点与抗拉强度之比，屈强比高表示材料的强度发挥比较充分。

合金弹簧钢的碳含量为0.45%～0.7%，属中、高碳钢。

合金弹簧钢中加入的主要合金元素有Si、Mn、Cr等，其主要作用是提高弹簧钢的淬透性。

热处理一般是淬火后中温回火，得回火托氏体组织。截面尺寸≥8 mm 的大型弹簧常在热态下成型，即把钢加热到比淬火温度高 50～80 ℃热卷成型，利用成型后的余热立即淬火与回火。截面尺寸≤8 mm 的弹簧常采用冷拉钢丝冷卷成型，通常也进行淬火与中温回火或去应力退火处理。

常用合金弹簧钢的牌号、热处理、力学性能和用途见表 4-9。

表 4-9 常用合金弹簧钢的牌号、热处理、力学性能和用途（摘自 GB 1222—84）

牌号	热处理		力学性能（不小于）			用途举例
	淬火（℃）	回火（℃）	σ_b（MPa）	σ_s（MPa）	ψ（%）	
55Si2Mn	870 油	480	1 274	1 176	30	用途广，用来制作汽车、拖拉机、机车上的减振板簧和螺旋弹簧，气缸安全阀簧等
60Si2CrA	870 油	420	1 764	1 568	20	用做承受高应力及 300～500 ℃以下的弹簧，如汽轮机汽封弹簧、破碎机用弹簧等
50CrVA	850 油	500	1 274	1 127	40	用做高载荷重要弹簧及工作温度＜300 ℃的阀门弹簧、活塞弹簧、安全阀弹簧等
30W4Cr2VA	1 050～1 100 油	600	1 470	1 323	40	用做工作温度≤500 ℃的耐热弹簧，如锅炉主安全阀弹簧、汽轮机汽封弹簧等

4. *滚动轴承钢*

滚动轴承钢主要用于制造轴承的内、外套圈以及滚动体，另外还可用于制造某些工具，例如量具、模具等。

滚动轴承钢必须具有高而均匀的硬度和耐磨性、高的接触疲劳强度、足够的韧性和对大气的耐蚀能力。

滚动轴承钢的碳含量一般为 0.95%～1.15%，属于高碳钢。

其主要合金元素是 Cr，其作用是提高淬透性以及形成合金渗碳体，提高硬度和耐磨性。加入 Si、Mn、V 等元素可进一步提高淬透性，便于制造大型轴承。

滚动轴承钢的最终热处理是淬火后低温回火，得到极细的回火马氏体、均匀分布的细粒状碳化物及微量的残余奥氏体，硬度为 61～65 HRC。精密轴承为保证尺寸的稳定性，可在淬火后进行冷处理（－60～－80 ℃）然后再进行低温回火。磨削加工后，再进行时效处理，进一步消除应力、稳定尺寸。

常用滚动轴承钢的牌号、化学成分、热处理和用途见表 4-10。

5. *超高强度钢*

超高强度钢一般指抗拉强度超过 1 500 MPa 或屈服强度超过 1 380 MPa 的合金结构钢。这类钢主要用于航空航天工业，其主要特点是，具有很高的强度和足够的韧性，且比

表 4-10 常用滚动轴承钢的牌号、化学成分、热处理和用途

牌号	化学成分 ω_{Me}(%)					热处理			用途举例
	C	Si	Mn	Cr	P S	淬火(℃)	回火(℃)	硬度(HRC)	
GCr9	1.00 ~ 1.10	0.15 ~ 0.35	0.25 ~ 0.45	0.90 ~ 1.20	≤0.025	810 ~ 830	150 ~ 170	62 ~ 66	用于制作一般工作条件下小尺寸的滚动体和内、外套圈
GCr15	0.95 ~ 1.05	0.15 ~ 0.35	0.25 ~ 0.45	1.40 ~ 1.65	≤0.025	825 ~ 845	150 ~ 170	62 ~ 66	广泛用于汽车、拖拉机、内燃机、机床及其他工业设备上的轴承
GCr15SiMn	0.95 ~ 1.05	0.45 ~ 0.75	0.95 ~ 1.25	1.40 ~ 1.65	≤0.025	825 ~ 845	150 ~ 180	>62	用于制作大型轴承或特大轴承(外径 > 440 mm)的滚动体和内外圈

强度和疲劳强度极限值高,在静载荷和动载荷条件下,能承受很高的工作应力,从而可减轻结构重量。超高强度钢通常按化学成分和韧性化机制分为低合金超高强度钢、二次硬化型超高强度钢、马氏体时效钢和超高强度不锈钢等四类。

低合金超高强度钢是在合金调质钢的基础上加入一定量的合金元素而成的。含碳量 ω_C≤0.45%,以保证足够的塑性和韧性。合金元素总量在5%左右,其主要作用是提高淬透性、回火稳定性及韧性。热处理工艺是淬火和回火,例如35Si2Mn2MoVA 热处理后抗拉强度可达1 700 MPa,用于制造飞机起落架、框架等。

二次硬化型超高强度钢大多含有强碳化物形成元素,其合金元素总量为5% ~10%。二次硬化型超高强度钢的典型钢种是 Cr - Mo - V 型中合金超高强度钢,如4Cr5MoSiV。这类钢经高温淬火和三次回火(580 ~600 ℃)后,获得高强度、抗氧化性和抗热疲劳性。

(三)合金工具钢和高速工具钢

工具钢按化学成分可分为合金工具钢、高速工具钢和非合金工具钢三大类。合金工具钢与非合金工具钢相比,主要是加入的合金元素提高了淬透性、回火稳定性和强韧性。

1. 合金工具钢

按用途分类,现行标准(GB 1299—85)将合金工具钢分成六组,即量具刃具钢、耐冲击工具钢、冷作模具钢、热作模具钢、无磁工具钢和塑料模具钢。

1)量具刃具钢

按用途不同,量具刃具钢还可分为刃具钢和量具钢。主要用于制造形状复杂、截面尺寸较大的低速切削刃具,如车刀、铣刀、钻头等。也用于制造如卡尺、千分尺、量块、样板等测量工具。

刃具钢要具有高强度、高硬度、高耐磨性、高的热硬性和足够的塑性与韧性。量具钢

应具有较高的硬度和耐磨性、高的尺寸稳定性以及一定的韧性。

量具刃具钢的含碳量较高，一般为 $\omega_C = 0.8\% \sim 1.5\%$，以保证钢的高硬度、高耐磨性。加入合金元素 Cr、W、Mn、V 等提高钢的淬透性和回火稳定性，在淬火时使用较缓和的冷却介质，以减少热应力及变形，以保证高的尺寸精度。

量具与刃具在成型前进行球化退火，其最终热处理是淬火后低温回火。对量具在淬火后还应立即进行 -70 ~ -80 ℃的冷处理，使残余奥氏体尽可能地转变为马氏体，以保证量具尺寸的稳定性。

常用量具刃具钢的牌号、化学成分、热处理和用途见表 4-11。

表 4-11　常用量具刃具钢的牌号、化学成分、热处理和用途

牌号	化学成分 ω_{Me}(%)						热处理		用途举例
	C	Si	Mn	Cr	P	S	淬火(℃)	淬火后硬度(HRC)	
9SiCr	0.85 ~ 0.95	1.20 ~ 1.60	0.30 ~ 0.60	0.95 ~ 1.25	≤0.03		820 ~ 860 油	≥62	用于制作板牙、丝锥、钻头、铰刀、齿轮铣刀、拉刀等，还可做冷冲模、冷轧滚等
Cr06	1.30 ~ 1.45	≤0.40	≤0.40	0.50 ~ 0.70	≤0.03		780 ~ 810 油	≥64	做剃刀、刀片、手术刀具以及刮刀、刻刀等
Cr2	0.95 ~ 1.10	≤0.40	≤0.40	1.30 ~ 1.65	≤0.03		830 ~ 860 油	≥62	用做加工材料不很硬的低速切削刀具，可做样板、量规、冷轧辊等
9Cr2	0.80 ~0.95	≤0.40	≤0.40	1.30 ~ 1.70	≤0.03		820 ~ 850 油	≥62	主要用做冷轧辊、钢印、冲孔凿、冷冲模、冲头、量具及木工工具等

2）耐冲击工具钢

这类钢是在 CrSi 钢的基础上，添加 2.0% ~2.5% 的 W，以细化晶粒，提高回火后的韧性，例如 5CrW2Si 钢等，主要用做风动工具、冲模、冷作模具等。

3）合金模具钢

根据用途，模具用钢可分为冷作模具钢、热作模具钢和塑料模具钢。

（1）冷作模具钢用于制作使金属冷塑性变形的模具，如冷冲模、冷墩模、冷挤压模等。工作温度不超过 200 ~300 ℃，具有高硬度、高耐磨性和足够的强度、韧性。冷作模具钢含碳量在 1% 以上，加入 Cr、Mo、W、V 等合金元素强化基体，形成碳化物，提高硬度和耐磨性。冷作模具钢的预备热处理是球化退火，最终热处理一般是淬火后低温回火，硬度可达到 62 ~64 HRC。

常用冷作模具钢的牌号、化学成分、热处理和用途见表 4-12。

（2）热作模具钢用于制作使金属在高温下塑变成型的模具，如热锻模、热挤压模、压铸模等，工作时型腔表面温度可达 600 ℃以上。热作模具钢在高温下应具有足够的强度、硬度、耐磨性和韧性，以及良好的耐热疲劳性，即在反复的受热、冷却循环中，表面不易热疲劳（龟裂），还应具有良好的导热性及高的淬透性。

表 4-12 常用冷作模具钢的牌号、化学成分、热处理和用途

牌号	化学成分 ω_{Me}（%）					热处理		用途举例
	C	Cr	W	Mo	V	淬火（℃）	淬火后硬度（HRC）	
Cr12	2.00 ~ 2.30	11.50 ~ 13.00				950 ~ 1 000 油	≥60	用于制作冷冲模、冲头、钻套、量规、螺纹滚丝模、拉丝模等
Cr12MoV	1.45 ~ 1.70	11.00 ~ 12.50		0.40 ~ 0.60	0.15 ~ 0.30	950 ~ 1 000 油	≥58	用于制作截面较大、形状复杂、工作条件较差的各种冷做模具等
9Mn2V	0.85 ~ 0.95				0.10 ~ 0.25	780 ~ 810 油	≥62	用于制作要求变形小、耐磨性高的量规、块规、磨床主轴等
CrWMn	0.90 ~ 1.05	0.90 ~ 1.20	1.20 ~ 1.60			800 ~ 830 油	≥62	用于制作淬火变形很小、长而形状复杂的切削刀具及形状复杂、高精度的冷冲模等

热作模具钢的碳含量为 0.3% ~0.6%，加入的合金元素有 Cr、Mn、Ni、Mo、W 等，Cr、Mn、Ni 的主要作用是提高淬透性，Mo、W 提高回火稳定性并防止回火脆性，Cr、Mo、W、Si 还可提高钢的耐热疲劳性。热作模具钢的最终热处理为淬火后高温（或中温）回火，组织为回火托氏体或回火索氏体，硬度在 40 HRC 左右。

常用热作模具钢的牌号、化学成分、热处理和用途见表 4-13。

（3）塑料模具钢。目前我国尚未形成独立的塑料模具钢系列，在生产中用来制造塑料模具的钢材还广泛应用传统的常用钢种，这些钢难以满足塑料模具越来越高的性能要求。为此，近年来我国也研制了一些新型塑料模具钢，并引进了一些在国外已通用的钢种。现按照钢材特性和使用时的热处理状态分类，如表 4-14 所示。

渗碳型塑料模具钢主要用于冷挤压成型的塑料模具。为了便于挤压成型，要求在退火状态有高的塑性和低的塑变抗力。成型复杂型腔时，其退火硬度≤100 HBS，成型浅型腔时，其退火硬度≤160 HBS。这类钢在冷挤压成型后一般都进行渗碳和淬火低温回火处理，表面硬度可达 58 ~62 HRC。

淬硬型塑料模具钢主要用于热固性塑料模和注射模，除型腔表面要求高耐磨性之外，还要求模具基体具有较高的强度、硬度和韧性，以避免和减少模具在使用中产生的塌陷、变形和开裂现象。这类钢最终热处理一般是淬火和低温回火，少数采用中温回火或高温回火，热处理硬度通常在 45 ~50 HRC 以上。

预硬型钢是供应时已预先进行了热处理，且已经达到模具使用状态硬度。预硬型钢

的硬度变化范围较大，较低硬度为25~35 HRC，较高硬度为40~50 HRC。在这种硬度条件下把模具加工成型后，不再进行热处理而直接使用，从而保证了模具的使用精度。

表4-13 常用热作模具钢的牌号、化学成分、热处理和用途

牌号	化学成分 ω_{Me}(%)					交货状态（退火）(HBS)	热处理	用途举例
	C	Cr	W	Mo	V		淬火(℃)	
5CrMnMo	0.50~0.60	0.60~0.90		0.15~0.30		197~241	820~850 油	用于制作中、小型锤锻模（边长≤300~400 mm）及小压铸模
5CrNiMo	0.50~0.60	0.50~0.80		0.15~0.30		197~241	830~860 油	用于制作形状复杂、冲击载荷大的各种大、中型锤锻模
3Cr2W8V	0.30~0.40	2.20~2.70	7.50~9.00		0.20~0.50	207~255	1 075~1 125 油	用于制作压铸模、平锻机凸模和凹模、镶块、热挤压模等
4Cr5W2VSi	0.32~0.42	4.50~5.50	1.60~2.40		0.60~1.00	≤229	1 030~1 050 油或空冷	用于制作高速锤用模具与冲头、热挤压用模具、有色金属压铸模等

表4-14 塑料模具用钢分类

类别	牌号	类别	牌号
渗碳型	20,20Cr, 20Mn, 12CrNi3A, 20CrNiMo, 0Cr4NiMoV	预硬型	3CrMo(P20), 3Cr2NiMo(P4410), Y55CrNiMnMoV(SM1), 4Cr5MoSiV, 8Cr2MnWMoVS(8Cr2S)
调质型	45, 50, 55, 40Cr, 40Mn, 50Mn, S48C, 4Cr5MoSiV, 38CrMoAlA	耐蚀型	3Cr13, 2Cr13, Cr16Ni4Cu3Nb(PCR), 1Cr18Ni9, 3Cr17Mo, 0Cr17Ni4Cu4Nb(17-4PH)
淬硬型	T7A, T8A, T10A, 5CrNiMo, 9SiCr, 9CrWMn, GCr15, 3Cr2W8V, Cr12MoV, 45Cr2NiMoVSi, 6CrNiSiMnMoV(GD)	时效硬化型	18Ni140, 18Ni170, 17Ni210, 10Ni3MnCuAl(PMS), 18Ni9Co, 06Ni16MoVTiAl, 25CrNi3MoAl

时效硬化型塑料模具钢的共同特点是含碳量低、合金元素含量高，经高温淬火（固溶处理）后，钢处于软化状态，组织为单一的过饱和固溶体。但是将此固溶体进行时效处理，即加热到某一较低温度，并保温一段时间后，固溶体中就会析出细小弥散的金属化合物，从而造成钢的强化和硬化。这一强化过程引起的尺寸、形状变化极小。因此，采用此类钢制造塑料模具时，可在固溶处理后进行模具的机械加工，然后通过时效处理，使模具

获得要求的强度和硬度，从而有效保证了模具最终尺寸和形状精度。

2. 高速工具钢

1) 用途

高速工具钢简称高速钢，主要用于制造高速切削刀具。

2) 性能特点

高速工具钢具有高强度、高硬度、高耐磨性以及足够的塑性和韧性。高速切削时温度可高达 600 ℃，其硬度仍无明显下降，具有良好的热硬性。因用此类钢制造的刀具可进行高速切削，故称之为高速钢；因具有高的硬度和耐磨性，又称为锋钢；因具有很高的淬透性，即使在风冷的条件下也可获得高硬度，也称为风钢。

3) 成分特点

含碳量高（$\omega_C = 0.7\% \sim 1.2\%$），以形成足够的碳化物。钢中加入大量的 W、V、Mo 及较多的 Cr，其中 W、V、Mo 主要提高热硬性和耐磨性，Cr 主要提高淬透性。

4) 热处理

淬火加热温度高（1 200 ℃以上），回火温度高（560 ℃左右）、次数多（三次）。高速钢加热温度远高于珠光体向奥氏体转变的温度，但由于难溶碳化物较多，所以奥氏体晶粒并无明显长大。高速钢的导热性较差，形成的热应力较大，因此淬火加热到 800 ~ 850 ℃时要预热。淬火温度高是为了使难溶碳化物能最大限度地溶入奥氏体，淬火后所得马氏体中的 W、V、Mo 含量足够高，以保证其热硬性；回火温度高是因为马氏体中的碳化物形成元素含量高，所以回火稳定性好；多次回火是因为高速钢淬火后残余奥氏体量大（可超过 30%），多次回火才能消除残余奥氏体。正是因为如此，高速钢回火时的二次硬化效应很显著，三次回火后硬度可达 63 ~ 64 HRC。高速钢淬火后的组织为：隐针 M + 粒状碳化物 + 较多残余奥氏体。高速钢回火后的组织为：$M_{回}$ + 粒状碳化物 + 少量残余奥氏体。

普通高速钢的典型代表是 W18Cr4V 和 W6Mo5Cr4V2。W18Cr4V 的优点是淬火过热敏感性小，磨削性能好，并具有良好的热硬性；但由于其碳化物较粗大，因此只适用于制造一般的刀具，不适用于制造薄刃的切削刀具。W6Mo5Cr4V2 高速钢具有均匀的碳化物分布，热塑性比 W18Cr4V 钢好，但脱碳敏感性比 W18Cr4V 钢大，易于过热，使晶粒粗大、性能降低，适用于制造各种刀具，尤其薄刃的刀具，如钻头、滚刀、拉刀、插齿刀、铰刀等。在普通高速钢的基础上改变钢的基本成分或添加 Co、Al、RE 等，派生出许多新钢种。普通高速工具钢的牌号、化学成分、热处理和硬度见表 4-15。

表 4-15　普通高速工具钢的牌号、化学成分、热处理和硬度（摘自 GB 9943—88）

牌号	化学成分 ω_{Me}（%）						热处理				硬度≥（HRC）
	C	Mn	Cr	V	W	Mo	预热（℃）	淬火（℃） 盐浴炉	淬火（℃） 箱式炉	回火（℃）	
W18Cr4V	0.70 ~ 0.80	0.10 ~ 0.40	3.80 ~ 4.40	1.00 ~ 1.40	17.5 ~ 19.0	≤0.30	820 ~ 870	1 270 ~ 1 285 油	1 270 ~ 1 285 油	550 ~ 570	63
W6Mo5Cr4V2	0.80 ~ 0.90	0.15 ~ 0.40	3.80 ~ 4.40	1.75 ~ 2.20	5.50 ~ 6.75	4.50 ~ 5.50	730 ~ 840	1 210 ~ 1 230 油	1 210 ~ 1 230 油	540 ~ 560	63（箱式炉） 64（盐浴炉）

（四）特殊性能钢

特殊性能钢是指具有某些特殊的物理、化学、力学性能的钢。这些钢能在特殊的环境条件下使用，工程中最常用的特殊性能钢有不锈钢、耐热钢、耐磨钢等。

1. 不锈钢

不锈钢是不锈钢和耐酸钢的统称。能够抵抗空气、蒸气和水等弱腐蚀性介质腐蚀的钢为不锈钢；在酸、碱、盐等强腐蚀性介质中能够抵抗腐蚀的钢为耐酸钢。不锈钢主要用来制造在各种腐蚀介质中工作的零件或构件。例如化工装置中的各种管道、阀门和泵，医疗手术器械，防锈刃具和量具等。

1）铬不锈钢

铬不锈钢包括马氏体不锈钢和铁素体不锈钢两种类型。

马氏体不锈钢的成分特点：$\omega_C = 0.1\% \sim 0.4\%$，$\omega_{Cr} \geqslant 13\%$，加入 Cr 能提高耐蚀性。典型钢号：1Cr13、2Cr13、3Cr13、4Cr13。随含碳量增加强度和硬度增加，塑性、韧性降低，耐蚀性下降。马氏体不锈钢可耐大气、海水、蒸气介质的腐蚀，有磁性，可淬火得到马氏体从而对钢进行强化。含碳量较低的马氏体不锈钢，如 1Cr13 和 2Cr13 常用来制造汽轮机叶片、水压机阀等，使用状态为淬火 + 高温回火；含碳量较高的马氏体不锈钢，如 3Cr13、4Cr13 常用来制造弹簧、轴承、医疗器械等，使用状态为淬火 + 低温回火。

当含铬量较高（$\omega_{Cr} \geqslant 15\%$）时，铬不锈钢的组织为单相铁素体，称为铁素体不锈钢。如 1Cr17、1Cr28 等。铁素体不锈钢在加热时不发生 $\alpha \to \gamma$ 相变，因而不能进行淬火强化，但其耐蚀性和塑性均优于马氏体不锈钢。

2）铬镍不锈钢

铬镍不锈钢的成分特点：$\omega_C = 0.08\% \sim 0.14\%$，$\omega_{Cr} = 18\% \sim 20\%$，$\omega_{Ni} = 8\% \sim 12\%$，Cr 含量达到 18% 以上是为了进一步提高耐蚀性能，镍含量一般达 9% 以上是为了扩大 γ 相区。典型钢号：0Cr18Ni9、1Cr18Ni9。这类钢经 1 100 ℃水淬固溶处理，在常温下呈单相奥氏体组织，故又称为奥氏体型不锈钢。奥氏体型不锈钢无磁性，耐蚀性优良，塑性、韧性、焊接性均优于其他不锈钢，因此应用最为广泛。

由于奥氏体型不锈钢固态下无相变，所以不能通过热处理强化，冷变形强化是其最有效的强化方法。固溶处理是让铬的碳化物溶入固溶体，使固溶体含铬量提高，提高耐蚀性。奥氏体型不锈钢主要用于制造化工容器、管道、餐具、食品工业用具、低温容器等。

常用不锈钢牌号、热处理、性能和主要用途如表 4-16 所示。

2. 耐热钢

在高温下具有高的抗氧化性能和较高强度的钢称为耐热钢。耐热钢可分为抗氧化钢与热强钢两类。

1）抗氧化钢

抗氧化钢是在高温下有较好的抗氧化性能，并具有一定强度的钢。这类钢主要用于长期在高温下工作，但强度要求不高的零件。常用的抗氧化钢分为铁素体抗氧化钢和奥氏体抗氧化钢。

铁素体抗氧化钢抗氧化性及耐含硫气体腐蚀性能好。因为含铬量高，能在表面形成一层微密的、能有效地阻止继续氧化的氧化膜，但是有晶粒长大变脆的倾向，不宜承受冲

表 4-16　不锈钢常用钢种、热处理、性能和主要用途

组织类别	钢号	热处理		力学性能(不小于)				用途举例
		淬火(℃)	回火(℃)	σ_s(℃)	σ_b(℃)	δ(%)	硬度	
M 钢	1Cr13	1 000 ~ 1 050 水、油	700 ~ 790	420	600	20	187 HBS	用于制造汽轮机叶片、水压机阀、螺旋、螺母等抗弱腐蚀介质并承受冲击的零件
	2Cr13	1 000 ~ 1 050 油	660 ~ 770	450	600	16	197 HBS	
	3Cr13	1 000 ~ 1 050 油	200 ~ 300	—	—	—	48 HRC	制耐磨件,如加油泵轴、阀门件、轴承、弹簧及医疗器械
	4Cr13	1 050 ~ 1 100 水、油	200 ~ 300	—	—	—	50 HRC	
F 钢	0Cr13	1 000 ~ 1 050 水、油	700 ~ 790	350	500	24	—	用于制造抗水蒸气及热含硫石油腐蚀的设备
	1Cr17	—	750 ~ 800	250	400	20	—	用于制造硝酸工厂、食品工厂设备
	1Cr28	—	700 ~ 800	300	450	20	—	制浓硝酸设备
	1Cr17Ti9	—	700 ~ 800	300	450	20	—	同 1Cr17,但晶间腐蚀抗力较高
A 钢	0Cr19Ni9	固溶 1 050 ~ 1 100 水		180	490	40	—	用于制造深冲零件、焊 NiCr 钢的焊芯
	1Cr19Ni9	固溶 1 100 ~ 1 150 水		200	550	45	—	用于制造耐硝酸、有机酸、盐、碱溶液腐蚀的设备
	1Cr18Ni9Ti	固溶 1 000 ~ 1 100 水		200	550	40	—	做焊芯、抗磁仪表、医疗器械、耐酸容器、输送管道

击载荷,可做受力不大的炉用构件。常用的钢号有 1Cr13Si3、1Cr13SiAl、1Cr25Ti 等。

奥氏体抗氧化钢有较高的热强性、好的韧性和抗渗碳性,可在 1 100 ~ 1 200 ℃的温度下使用。常用的钢号有 Cr18Ni25Si2、1Cr25Ni20Si2 等,可用于制造在炉膛内使用、高温下受力的构件。

2) 热强钢

热强钢是在高温下具有足够强度并有一定抗氧化性的钢。常用的热强钢有珠光体热强钢、马氏体热强钢和奥氏体热强钢等。

珠光体热强钢含合金元素少,其总含量一般不超过 3% ~ 5%。最常用钢为含铬、钼、钒的钢,如 15CrMo、12Cr1MoV 等。它们的使用温度在 600 ℃以下,价格便宜,工艺性好,广泛用于动力、石油等工业部门作为锅炉用钢及高温管道材料。

马氏体热强钢含合金元素较多,应用最广的是含铬 13% 的 Cr13 钢。为了提高热强

性，一般还加入强化元素钨、钼、钒等，如1Cr12MoV、1Cr12WMoV等，它们的抗氧化性和消振性能优于珠光体热强钢，广泛用于制造600 ℃以下的汽轮机叶片、增压器叶片、阀门、主轴、螺栓等。另一类是含铬、硅的马氏体热强钢，如4Cr9Si2、4Cr10Si2Mo等，主要用来制造发动机排气阀门，也可制造800 ℃以下受力较小的加热炉构件等。

奥氏体热强钢含有较多的合金元素，应用最广的是含铬18%、含镍8%的18－8型钢。在铬、镍基础上加入钨、钼、铌、钛等以提高其热强性。这类钢热强性高，塑性和韧性好，抗氧化性强。常用的1Cr18Ni9Ti钢在700～900 ℃下还有一定的抗氧化性，在650 ℃以下有足够的热强性，可用来制作过热器管道、热交换器等。又如4Cr14Ni14W2Mo钢，热强性、抗氧化性均比上述的4Cr9Si2、4Cr10Si2Mo等马氏体热强钢为高，可在650 ℃下长期使用，可制造航空和船舶的内燃机排气阀等。

珠光体热强钢通常经正火或调质后使用；马氏体热强钢常用调质处理，以稳定组织，得到良好的综合力学性能和高温强度。铁素体抗氧化钢不能通过热处理强化。为消除因冷塑性变形加工和焊接所导致的内应力，可在650～830 ℃时进行退火处理。

奥氏体抗氧化钢大多采用高温固溶热处理，以获得良好的冷变形性。奥氏体热强钢则先用高温固溶处理，然后在高于使用温度60～100 ℃的条件下进行时效处理，使组织稳定，同时析出第二相，以强化基体。

3. 耐磨钢

耐磨钢主要用于在运转过程中承受严重磨损和强烈冲击的零件，如铁路道岔、坦克履带、破碎机颚板、挖掘机铲齿等。因此，要求耐磨钢具有良好的韧性和耐磨性。

高锰钢是目前最重要的耐磨钢，其含碳量为0.9%～1.4%、含锰量为11%～14%。ZGMn13是最常用的高锰钢。为使高锰钢具有良好的耐磨性通常进行水韧处理，将钢加热至1 000～1 100 ℃，保温一定时间使钢中碳化物全部溶解，然后迅速水淬，在室温下获得均匀单一的奥氏体组织。此时钢的硬度不高(180～220 HBS)，韧性良好。当在工作中受到高冲击载荷的强烈凿削磨料磨损而变形时，表面产生强烈的硬化，使硬度显著提高(50 HRC以上)，从而获得高的耐磨性，而心部仍保持高的塑性和韧性。显然，这种钢只有在受到强大冲击和压力的条件下，才具有高的耐磨性，否则它并不耐磨。由于高锰钢极易加工硬化，所以切削加工非常困难，故大多采用铸造成型。

第三节　铸　铁

一、铸铁的石墨化

铸铁中的碳除极少量固溶于铁素体以外，大部分碳以两种形式存在：一是碳化物状态，如渗碳体及合金铸铁中的合金碳化物；二是游离状态，即石墨。石墨的晶格类型为简单六方晶格，如图4-1所示，其基面中的原子间距为0.142 nm，结合力较强；而两基面之间的面间距为0.340 nm，结合力弱，故石墨的基面很容易滑动，其强度、硬度、塑性和韧性极低，常呈片状形态存在。

铸铁组织中石墨的形成过程称之为石墨化过程。铸铁的石墨化可以有两种方式：一种是石墨直接从液态合金和奥氏体中析出；另一种是渗碳体在一定条件下分解出石墨。铸铁的石墨化到底按哪种方式进行，主要取决于铸铁的成分与保温冷却条件。

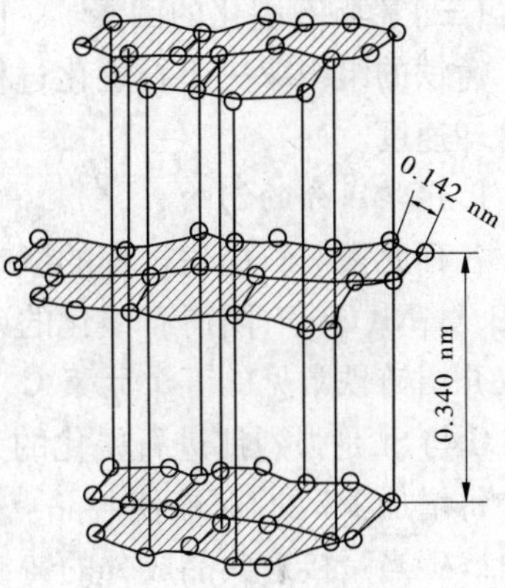

图 4-1　石墨的晶体结构

(一)铁碳合金双重相图

实践证明，成分相同的铁水在冷却时，冷却速度愈慢，析出石墨的可能性愈大；冷却速度愈快，则析出渗碳体的可能性越大。此外形成的渗碳体若加热到高温，长时间保温，又可分解为铁素体和石墨。由此可见，石墨是稳定相，而渗碳体仅是亚稳定相。前述的Fe – Fe_3C 相图说明了亚稳定相 Fe_3C 的析出规律，而要说明稳定相石墨的析出规律，必须应用 Fe – G 相图。为了便于比较和应用，习惯上把两个相图合画在一起，称为铁碳合金双重相图，如图 4-2 所示。其中实线表示 Fe – Fe_3C 相图，虚线表示 Fe – G 相图，凡虚线与实线重合的线条都用实线表示。

(二)石墨化过程

按照 Fe – G 相图，可将铸铁的石墨化过程分为三个阶段。

第一阶段石墨化。从铸铁的液相中析出一次石墨 $G_{Ⅰ}$ 以及通过共晶转变形成共晶石墨，或者通过一次渗碳体在高温分解形成石墨。

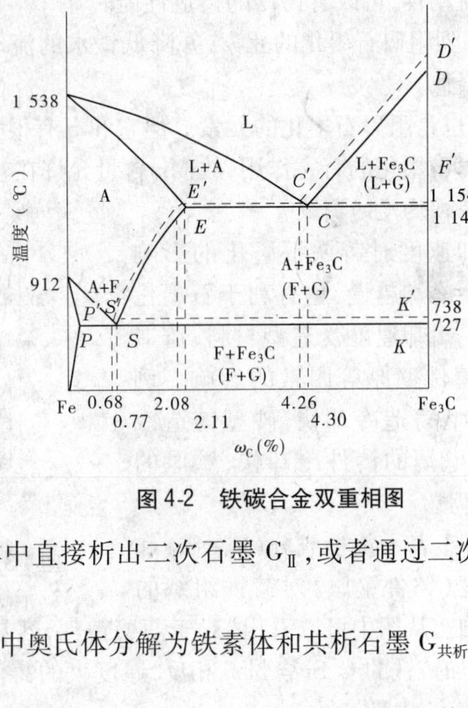

图 4-2　铁碳合金双重相图

中间阶段石墨化。从过饱和奥氏体中直接析出二次石墨 $G_{Ⅱ}$，或者通过二次渗碳体分解而析出石墨。

第二阶段石墨化。在共析转变过程中奥氏体分解为铁素体和共析石墨 $G_{共析}$，或者由共析渗碳体分解形成石墨。

石墨化过程需要碳原子和铁原子的扩散，进行石墨化的温度越低，原子扩散越困难，因而石墨化进程越慢。因此，铸铁中第二阶段石墨化常常不能充分进行。铸铁的组织受到各阶段石墨化程度的影响。如果第一、中间和第二阶段石墨化都得以充分进行，就会得到铁素体基体的铸铁；如果第一和中间阶段石墨化充分进行，但第二阶段石墨化未能充分进行或完全没有进行，则得到珠光体 + 铁铸体为基体的铸铁或全部为珠光体基体的铸铁；如果不仅第二阶段石墨化没有进行，而且中间阶段甚至第一阶段石墨化也仅部分进行，则得到含有二次渗碳体甚至莱氏体的麻口铸铁；如果完全没有进行各阶段石墨化，那就会得到白口铸铁。

(三)影响石墨化的因素

铸铁的组织取决于石墨化过程的程度,而影响石墨化的主要因素是铸铁的化学成分和冷却速度。

1. 化学成分的影响

各种元素对石墨化过程的影响互有差别,促进石墨化的元素按作用由强到弱排列为Al、C、Si、Ni、Cu、P;阻碍石墨化的元素按作用由弱到强排列为W、Mn、Mo、S、Cr、V、Mg。这里仅介绍铸铁常见的五个元素C、Si、Mn、P、S对铸铁的影响。

C与Si是强烈促进石墨化的元素。铸铁的C、Si含量越高,石墨化进行得越充分。铸铁中每增加1%的Si,能使共晶点碳含量相应降低0.33%。一般将($\omega_C + 1/3\omega_{Si}$)称为碳当量。碳当量接近共晶成分的铸铁具有最佳的铸造性能。

P也是促进石墨化的元素,但其作用较弱。P在铸铁中还易生成Fe_3P,常与Fe_3C形成共晶组织分布在晶界上,增加铸铁的硬度和脆性,故一般应限制其含量。但P能提高铁水的流动性,可改善铸铁的铸造性能。

S强烈阻碍石墨化的元素,并降低铁水的流动性,使铸铁的铸造性能恶化,其含量应尽可能降低。

Mn也是阻碍石墨化的元素。但它和S有很大的亲和力,在铸铁中能与S形成MnS,减弱S对石墨化的有害作用,故Mn含量允许在较高的范围。

2. 冷却速度的影响

冷却速度对铸铁石墨化的影响也很大。冷却越慢,越有利于石墨化的进行。冷却速度受造型材料、铸造方法和铸件壁厚等因素的影响。例如,金属型铸造冷却快,砂型铸造冷却较慢;壁薄的铸件冷却快,壁厚的铸件冷却慢。

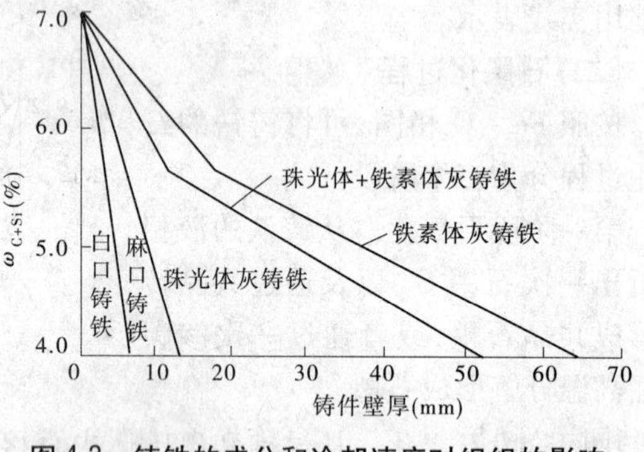

图4-3 铸铁的成分和冷却速度对组织的影响

图4-3表示化学成分(C+Si)和冷却速度(铸件壁厚)对铸铁组织的综合影响。从图中可以看出,对于薄壁铸件,容易形成白口铸铁组织。要得到灰铸铁组织,应增加铸铁的C、Si含量。相反,厚度大的铸件,为避免得到过多的石墨,应适当减少铸铁的C、Si含量。

二、常用铸铁

常用的铸铁有灰铸铁、球墨铸铁、可锻铸铁和蠕墨铸铁。它们的组织形态都是由某种基体组织加上不同形态的石墨构成的。

(一)灰铸铁

1. 灰铸铁的化学成分、组织和性能

灰铸铁中$\omega_C = 2.5\% \sim 3.6\%$,$\omega_{Si} = 1.0\% \sim 2.5\%$,$\omega_P \leq 0.3\%$,$\omega_{Mn} = 0.5\% \sim 1.3\%$,$\omega_S \leq 0.15\%$,灰铸铁的性能取决于基体组织和石墨的数量、形态、大小和分布状态。一般

灰铸铁的化学成分和显微组织不作为验收条件,但为了达到规定的牌号和相应的力学性能,必须以相应的化学成分和显微组织来保证。

灰铸铁的第一、中间阶段石墨化已充分进行,其基体组织取决于第二阶段的石墨化程度。由于石墨化程度不同,可以获得三种不同基体组织的灰铸铁:铁素体灰铸铁、铁素体—珠光体灰铸铁、珠光体灰铸铁,其基体组织分别为 F、F + P 和 P,如图 4-4 所示。铁素体基体强度、硬度低,珠光体基体强度、硬度较高。当石墨状态相同时,珠光体的量越多,铸铁的强度和硬度就越高。因石墨强度、硬度、塑性、韧性几乎为零,所以灰铸铁组织相当于钢的基体上分布许多小裂纹,破坏了基体的连续性,在外力作用下容易产生应力集中而破坏。因此,灰铸铁的抗拉强度、疲劳强度都很差,塑性、冲击韧度几乎为零。当基体组织相同时,其石墨越多,片越粗大、分布越不均匀,铸铁的抗拉强度和塑性越低。

(a)铁素体灰铸铁　　(b)铁素体—珠光体灰铸铁　　(c)珠光体灰铸铁

图 4-4　灰铸铁的显微组织

石墨虽然降低了铸铁的力学性能,但使铸铁获得了许多钢所得不到的优良性能。如铸铁有良好的减摩性及减震性、缺口敏感性低、良好的切削加工性、熔点低、流动性好、铸造工艺性好,能够铸造形状复杂的零件。

2. 灰铸铁的牌号和用途

灰铸铁的牌号以"HT"和其后的一组数字表示。其中"HT"表示"灰铁"二字的汉语拼音字首,其后一组数字表示直径 30 mm 试棒的最小抗拉强度值。灰铸铁的牌号、力学性能和用途见表 4-17。

3. 灰铸铁的孕育处理

为了改善灰铸铁的组织和力学性能,生产中常采用孕育处理,即在浇注前向铁水中加入少量孕育剂(如硅铁、硅钙合金等),改变铁水的结晶条件,从而得到细小均匀分布的片状石墨和细小的珠光体组织。经孕育处理后的灰铸铁称为孕育铸铁。孕育铸铁的强度有较大的提高,塑性和韧性也有所改善,并且由于孕育剂的加入,使冷却速度对结晶过程的影响减小,铸件的结晶几乎是在整个体积内同时进行的,铸件在各个部位获得均匀一致的组织。因而孕育铸铁用于制造力学性能要求较高、截面尺寸变化较大的大型铸件。

4. 灰铸铁的热处理

由于热处理只能改变灰铸铁的基体组织,不能改变石墨的形状、大小和分布,故灰铸铁的处理一般只用于消除铸件内应力和白口组织、稳定尺寸、提高工件表面的硬度和耐磨性等。

(1)消除应力退火。将铸铁缓慢加热到 500 ~ 600 ℃,保温一段时间,随炉冷却至 200 ℃后出炉空冷。

表 4-17　灰铸铁的牌号、力学性能和用途

铸铁类型	牌号	铸件壁厚(mm)	力学性能		用途举例
			σ_b(MPa)	硬度(HBS)	
F 灰铸铁	HT100	2.5～10 10～20 20～30 30～50	130 100 90 80	110～160 93～140 87～131 82～122	适用于载荷小、对摩擦和磨损无特殊要求的不重要零件，如防护罩、盖、油盘、手轮、支架、底板、重锤、小手柄、镶导轨的机床底座等
F+P 灰铸铁	HT150	2.5～10 10～20 20～30 30～50	175 145 130 120	137～205 119～179 110～166 105～157	适用于承受中载荷的零件，如机座、支架、箱体、刀架、床身、轴承座、工作台、带轮、法兰、泵体、阀体、管路附件、飞轮、电动机座等
P 灰铸铁	HT200	2.5～10 10～20 20～30 30～50	220 195 170 160	157～236 148～222 134～200 129～192	适用于承受较大载荷和要求一定的气密封性或耐蚀性等较重要零件，如汽缸、齿轮、机座、飞轮、床身、汽缸体、活塞、齿轮箱、刹车轮、联轴器盘、中等压力(80 MPa 以下)阀体、泵体、液压缸、阀门等
	HT250	4～10 10～20 20～30 30～50	270 240 220 200	175～262 164～247 157～236 150～225	
孕育铸铁	HT300	10～20 20～30 30～50	290 250 230	182～272 168～251 161～241	适用于承受高载荷、耐磨和高气密性的重要零件，如重型机床、剪床、压力机、自动机床的床身、机座、机架、高压液压件、活塞环、齿轮、凸轮、车床卡盘、衬套，大型发动机的汽缸体、缸套、汽缸盖等
	HT350	10～20 20～30 30～50	340 290 260	199～298 182～272 171～257	

(2)消除白口组织的退火。将铸件加热到 850～950 ℃，保温 2～5 h，然后随炉冷却到 400～500 ℃，出炉空冷，使渗碳体在高温和缓慢冷却中分解，用以消除白口，降低硬度，改善切削加工性。

(3)表面淬火。为了提高某些铸件的表面耐磨性，常采用高(中)频表面淬火或接触电阻加热表面淬火等方法，使工作面(如机床导轨)获得细马氏体基体＋石墨的组织。

(二)球墨铸铁

球墨铸铁的基体组织上分布着球状石墨，由于球状石墨对基体组织的割裂作用和应力集中作用很小，所以球墨铸铁力学性能远高于灰铸铁，而且石墨球越圆整、细小、均匀，则力学性能越高，在某些性能方面甚至可与碳钢相媲美。球墨铸铁同时还具有灰铸铁的减震性、耐磨性和低的缺口敏感性等一系列优点。

球墨铸铁是将铁水经过球化处理而得到的。球化处理是在铁水浇注前加入少量的球化剂，使石墨呈球状析出。常用的球化剂有镁、稀土合金和稀土镁合金三种，我国广泛采用稀土镁合金。由于镁和稀土元素都是强烈阻止石墨化的元素，只加球化剂，易使铸铁生成白口，所以还应加入适量的孕育剂硅铁，以促进石墨化。

球墨铸铁的化学成分范围是：$\omega_C = 3.8\% \sim 4.0\%$，$\omega_{Si} = 2.0\% \sim 2.8\%$，$\omega_{Mn} = 0.6\% \sim 0.8\%$，$\omega_S \leqslant 0.04\%$，$\omega_P < 0.1\%$，$\omega_{Mg} = 0.03\% \sim 0.05\%$，$\omega_{RE} < 0.03\% \sim 0.05\%$。随着球墨铸铁的化学成分和冷却速度的不同，球墨铸铁可以得到不同的基体。按铸态组织不同，球墨铸铁可分为铁素体球墨铸铁、铁素体—珠光体球墨铸铁和珠光体球墨铸铁三种，其显微组织如图 4-5 所示。

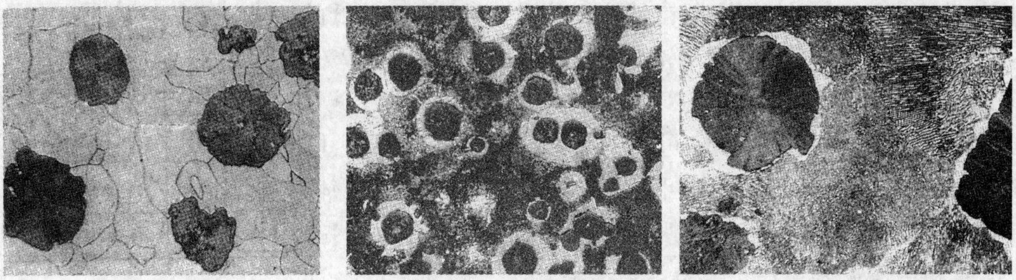

(a)铁素体球墨铸铁　(b)铁素体—珠光体球墨铸铁　(c)珠光体球墨铸铁

图 4-5　球墨铸铁的显微组织

由于石墨球对基体的割裂作用小，球墨铸铁有较好的热处理工艺性，可以通过不同的热处理方法改善其基体组织和性能。球墨铸铁常用的热处理方法有退火、正火、调质处理及等温淬火等。

球墨铸铁的牌号用“QT”和其后的两组数字表示。其中“QT”表示“球铁”二字的拼音字首，后面的两组数字分别表示最低抗拉强度和最低断后伸长率。各种球墨铸铁的牌号、力学性能和用途见表 4-18。

表 4-18　球墨铸铁的牌号、力学性能和用途

牌号	力学性能				基体组织类型	用途举例
	σ_b(MPa)	$\sigma_{0.2}$(MPa)	δ(%)	硬度(HBS)		
	不大于					
QT400－18	400	250	18	130～180	F	用于制造承受冲击、振动的零件，如汽车及拖拉机轮毂、差速器壳、拨叉、农机具零件、中低压阀门、上下水及输气管道、压缩机高低压汽缸、电机机壳、齿轮箱、飞轮壳等
QT400－15	400	250	15	130～180	F	
QT450－10	450	310	10	160～210	F	
QT500－7	500	320	7	170～230	F＋P	用于制造机器座架、传动轴飞轮、电动机架、内燃机的机油泵齿轮、铁路机车车轴瓦等
QT600－3	600	370	3	190～270	F＋P	用于制造载荷大、受力复杂的零件，如汽车及拖拉机、曲轴、连杆、凸轮轴、磨床、铣床、车床的主轴、机床蜗杆、轧钢机轧滚、大齿轮、汽缸体等
QT700－2	700	420	2	225～305	P	
QT800－2	800	480	2	245～335	P 或回火组织	
QT900－2	900	600	2	280～360	B 或 $M_{回}$	用于制造高强度齿轮，如汽车后桥锥齿轮、大减速器齿轮、内燃机曲轴、凸轮轴等

(三)可锻铸铁

可锻铸铁是由一定化学成分的白口铸铁通过可锻化退火而获得的具有团絮状石墨的铸铁。可锻铸铁的生产过程可分为两步:第一步铸成白口铸铁件;第二步经高温长时间的可锻化退火,使渗碳体分解出团絮状石墨。如果铸件不是完全的白口组织,一旦有片状石墨生成,则在随后的退火过程中,由渗碳体分解的石墨将会沿已有的石墨片析出,最终得到粗大的片状石墨组织,为此必须控制铸件化学成分,使之具有较低的 C、Si 含量。通常化学成分为:$\omega_C = 2.2\% \sim 2.8\%$,$\omega_{Si} = 1.0\% \sim 1.8\%$,$\omega_{Mn} = 0.5\% \sim 0.7\%$,$\omega_S < 0.1\%$,$\omega_P \leqslant 0.2\%$。

可锻铸铁的牌号分别用"KTH"(黑心可锻铸铁)、"KTZ"(珠光体可锻铸铁)和其后的两组数字表示。其中"KT"是"可铁"两字的汉语拼音字首,两组数字分别表示最低抗拉强度和最低断后伸长率。黑心可锻铸铁的显微组织是铁素体和团絮状石墨,珠光体可锻铸铁的显微组织是珠光体和团絮状石墨,其显微组织如图 4-6 所示。常用可锻铸铁的牌号、性能和用途见表 4-19。

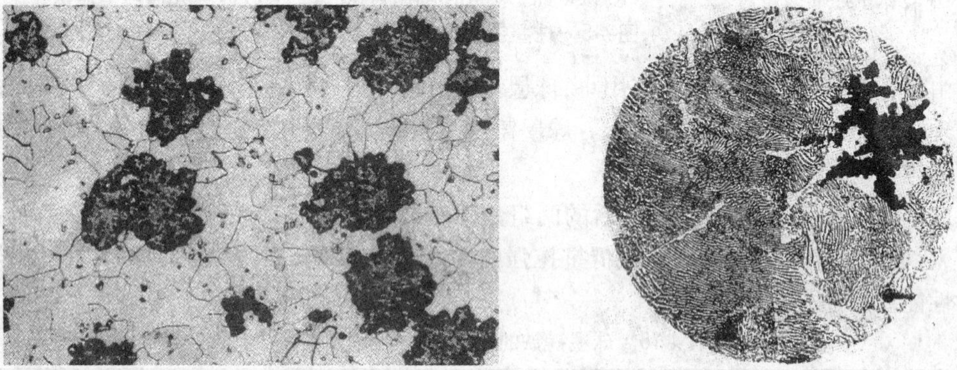

(a)黑心可锻铸铁　　(b)珠光体可锻铸铁

图 4-6　可锻铸铁的显微组织

表 4-19　常用可锻铸铁的牌号、性能和用途

种类	牌号	试样直径(mm)	力学性能				用途举例
			σ_b(MPa)	$\sigma_{0.2}$(MPa)	δ(%)	硬度(HBS)	
			不大于				
黑心可锻铸铁	KTH300－06	12或15	300		6	≤150	用于制造弯头、三通管件、中低压阀门等
	KTH330－08		330		8		用于制造机床扳手、犁刀、犁柱、车轮壳等
	KTH350－10		350	200	10		用于制造汽车及拖拉机前后轮壳、后桥壳、减速器壳、转向节壳、制动器,铁道零件等
	KTH370－12		370		12		
珠光体可锻铸铁	KTZ450－06		450	270	6	150～200	用于制造载荷较高和耐磨的零件,如曲轴、凸轮轴、连杆、齿轮、活塞环、摇臂、轴套、耙片、万向节头、棘轮、扳手、传动链条、犁刀、矿车轮等
	KTZ550－04		550	340	4	180～250	
	KTZ650－02		650	430	2	210～260	
	KTZ700－02		700	530	2	240～290	

可锻铸铁生产过程较为复杂，退火时间长，因此生产率低、能耗大、成本较高。近年来，不少可锻铸铁件已被球墨铸铁件所代替。但可锻铸铁韧性和耐蚀性好，适宜制造形状复杂、承受冲击的薄壁铸件及在潮湿环境中工作的零件，与球墨铸铁相比，具有质量稳定、铁水处理简易、易于组织流水线生产等优点。

（四）蠕墨铸铁

蠕墨铸铁是近几十年发展起来的新型铸铁。它是在一定成分的铁水中加适量的蠕化剂，获得的石墨形态介于片状与球状之间，形似蠕虫状的铸铁，如图 4-7 所示。

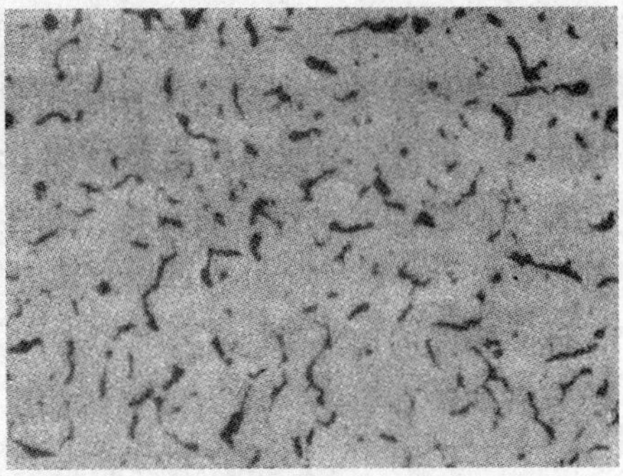

图 4-7　蠕墨铸铁的石墨形态

蠕墨铸铁的化学成分要求与球墨铸铁相近，生产方法与球墨铸铁也相似。蠕化剂有镁钛合金、稀土镁钛合金、稀土镁钙合金等。蠕墨铸铁的牌号用"RuT"和其后的一组数字表示（JB 4403—87），"RuT"为"蠕铁"的汉语拼音字首，数字表示最小抗拉强度。例如 RuT340，表示最小抗拉强度为 340 MPa 的蠕墨铸铁。蠕墨铸铁的基体组织也分为铁素体、珠光体、珠光体 + 铁素体三种，各牌号蠕墨铸铁的主要区别在于基体组织。

蠕墨铸铁的力学性能介于相同基体组织的灰铸铁和球墨铸铁之间，其铸造性能和热传导性、耐疲劳性及减震性与灰铸铁相近。蠕墨铸铁已在加工业中广泛应用，主要用来制造大马力柴油机汽缸盖、汽缸套、电动机外壳、机座、机床床身、阀体、玻璃模具、起重机卷筒、纺织机零件、钢锭模等铸件。

三、合金铸铁

在灰铸铁、白口铸铁或球墨铸铁中加入一定量的合金元素，可使铸铁具有某些特殊性能（如耐热、耐酸、耐磨等），这类铸铁称为合金铸铁（特殊性能铸铁）。合金铸铁与在相似条件下使用的合金钢相比有熔炼简便、成本较低、使用性能良好的优点，但力学性能比合金钢低，脆性较大。合金铸铁按其性能分为耐磨铸铁、耐热铸铁、耐蚀铸铁等。

（一）耐磨铸铁

一般耐磨铸铁按其工作条件大致可分为两大类：一类是在无润滑、干摩擦条件下工作的抗磨铸铁，常用于制造犁铧、轧辊、破碎机和球磨机等零件；另一类是在润滑条件下工作的减磨铸铁，常用于制造机床导轨、气缸套和活塞环等。

（二）耐热铸铁

耐热铸铁（GB 9437—88）具有抗高温和抗生长性能，能够在高温下承受一定载荷。在铸铁中加入 Al、Si、Cr 等合金元素可以在铸铁表面形成致密的保护性氧化膜（如 Al_2O_3、SiO_2、Cr_2O_3），使铸铁在高温下具有抗氧化的能力，同时能够使铸铁的基体变为单相铁素体，在高温下不发生相变；加入 Ni、Mo 能增加在高温下的强度和韧性，从而提高铸铁的耐热性。

常用的耐热铸铁有中硅铸铁、高铬铸铁、镍铬硅铸铁、镍铬球墨铸铁、中硅球墨铸铁等，主要用于制造加热炉附件，如炉底板、加热炉传送链构件、换热器、渗碳坩埚等。

（三）耐蚀铸铁

耐蚀铸铁主要有高硅、高铝、高铬、高镍等系列。铸铁中加入一定量的 Si、Al、Cr、Ni、Cu 等元素，可使铸件表面生成致密的氧化膜，从而提高耐蚀性。高硅（$\omega_{Si}=10\%\sim18\%$）铸铁是最常用的耐蚀铸铁，为了提高对盐酸腐蚀的抵抗力可加入 Cr 和 Mo 等合金元素。高硅铸铁广泛用于化工、石油、化纤、冶金等工业设备，如泵、管道、阀门、储罐的出口等。高铬（$\omega_{Cr}=20\%\sim35\%$）铸铁在各种氧化性酸和多种盐的条件下工作十分可靠。对强力的热苛性碱溶液则一般用高镍铸铁。

第四节　非铁金属材料

一、铝及其合金

（一）纯铝

纯铝为面心立方晶格，塑性好，强度、硬度低，一般不宜做结构材料使用。纯铝密度低，仅为铜的 1/3，熔点 660 ℃，基本无磁性，导电导热性优良，仅次于银和铜。铝在大气中表面会生成致密的 Al_2O_3 薄膜而阻止其进一步氧化，所以抗大气腐蚀能力强。

纯铝主要用于制作电线、电缆、电气元件及换热器件。纯铝的导电导热性随其纯度降低而变低，故纯度是纯铝材料的重要指标。纯铝的牌号中数字表示纯度高低。例如工业纯铝旧牌号有 L1、L2、L3、…符号 L 表示铝，后面的数字越大纯度越低。对应新牌号为 1070、1060、1050、…

（二）铝合金的分类

Al 中加入 Si、Cu、Mg、Zn、Mn 等元素制成合金，强度提高，同时还可以通过变形、热处理等方法进一步强化，所以铝合金可用于制造某些结构零件。

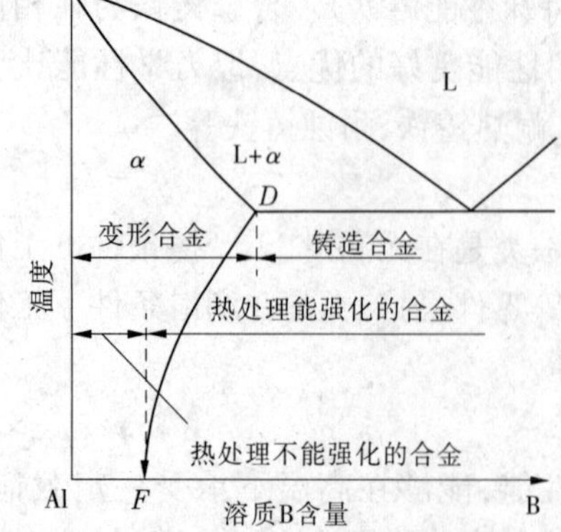

图 4-8　铝合金相图的一般类型

铝合金一般都具有图 4-8 所示的相图，依据其成分和工艺性能，可将其分为变形铝合金和铸造铝合金两大类。凡溶质 B 含量低于最大溶解度点 *D* 的铝合金，在加热时均可形成单相 α 固溶体，这类铝合金的塑性好，适于压力加工，故称为变形铝合金。变形铝合金以轧制的型材供应，其中成分点 *F* 以左的合金，冷却时其组织不随温度变化，故不能用热处理的方法使之强化，称为热处理不能强化的铝合金；成分在 *F* 点和 *D* 点之间的铝合金，其 α 固溶体中溶质的含量将随温度而变化，故可通过热处理方法使之强化，称为热处理强化的铝合金。成分位于 *D* 点右边的铝合金，由于结晶时有共晶组织存在，这类合金的凝固温度低、塑性差，但液态合金流动性好，适于铸造，故称为铸造铝合金。铸造铝合金用于铸造成型零件毛坯。

(三)铝合金的强化途径

铝合金的种类不同,其强化原理、途径也不同。

1. 不可热处理的变形铝合金

这类铝合金在固态范围内加热、冷却无相变,因而不能热处理强化,其常用的强化方法是冷变形,如冷轧、压延等方法。

2. 可热处理强化变形铝合金

这类铝合金不但可变形强化,还能够通过热处理进一步强化,其工艺是先固溶处理(俗称淬火),然后时效处理。

铝合金的淬火在机理上与钢的淬火是不同的,淬火后其强度、硬度并没立即显著提高,若将其在常温下放置一段时间(约 2 h),强度、硬度上升,塑性、韧性下降的效果才逐步产生,这种合金的性能随时间而变化的现象称为时效。铝合金工件经固溶处理(淬火)后,在室温下进行的时效处理称为自然时效处理。若要缩短时效时间,可以在加热条件下处理,即人工时效处理。

3. 铸造铝合金

铸造铝合金组织中有一定比例的共晶体,熔点低,故流动性好,可制造形状复杂的零件,但由于共晶体往往较粗大,从而造成强度低,塑性、韧性差。若采用变质处理就能使共晶体细化,并在一定程度上使铸造铝合金强化、韧化。

(四)变形铝合金

GB 3190—82 将变形铝合金分为防锈铝合金(LF)、硬铝合金(LY)、超硬铝合金(LC)、锻铝合金(LD)四类。

(1)防锈铝合金属于铝锰系和铝镁系合金。具有适中的强度和优良的塑性、良好的耐蚀性。不能热处理强化,可通过冷变形提高强度。主要用于制造耐蚀性好的容器,防锈蒙皮及受力小的结构件。常用代号:LF2、LF5、LF21 等。2、5、21 为顺序号。

(2)硬铝合金属于铝铜镁系合金。通过淬火、时效处理可显著提高强度,强度高且密度小,抗拉强度可达 400 MPa。硬铝耐蚀性比纯铝差,板材表面常包有一层纯铝,以增加耐蚀性,常用来制造飞机大梁、隔框、空气螺旋桨等。常用代号:LY8、LY11 等。

(3)超硬铝合金属于铝铜镁锌系合金。通过淬火、时效处理,抗拉强度可达 600 MPa,比硬铝还高。超硬铝耐蚀性比较差,板材表面要包一层纯铝,以增加耐蚀性。主要用于飞机上受力较大的结构件,如飞机大梁、起落架等。常用代号:LC4、LC9 等。

(4)锻铝合金多是铝铜镁硅系或铝铜镁镍铁系合金。力学性能与硬铝相近,有良好的热塑性和耐蚀性,适用于锻造。通过淬火、时效处理,可获得最佳强化效果。主要用于航空及仪表工业,制造形状复杂、质量轻且强度要求高的锻件和冲压件,如飞机操纵系统的摇臂等。常用代号:LD2、LD5 等。

GB/T 16474—1996《变形铝及铝合金牌号表示方法》规定:我国变形铝及铝合金采用国际四位数字体系牌号和四位字符体系牌号的命名方法。按化学成分已在国际牌号注册组织注册命名的铝及铝合金,直接采用四位数字体系牌号;国际牌号注册组织未命名的,则按四位字符体系牌号命名。两种牌号命名方法的区别仅在第二位。

牌号第一位数字表示铝及铝合金组别,1×××、2×××、3×××、…、9×××,分别按顺序代表纯铝($\omega_{Al} > 99.00\%$)、以铜为主要合金元素的铝合金、以锰为主要合金元素的铝合金、以硅为主要合金元素的铝合金、以镁为主要合金元素的铝合金……以其他合金元素为主要合金元素的铝合金及备用合金组。

牌号第二位数字(国际四位数字体系)或字母(四位字符体系)表示原始纯铝或铝合金的改型情况,数字 0 或字母 A 表示原始纯铝和原始合金,如果是 1 ~ 9 或 B ~ Y 表示改型情况。

牌号最后两位数字用以标识同一组中不同的铝合金,纯铝则表示最低铝百分含量中小数点后面的两位。

在新旧牌号命名的过渡期间,国内原 GB 3190—82 中使用的牌号仍可继续使用。

常用变形铝合金的牌号、性能及用途见表 4-20。

表 4-20　常用变形铝合金的牌号、性能和用途

类别	原牌号	新牌号	半成品种类	状态	力学性能		用途举例
					σ_b(MPa)	δ(%)	
防锈铝合金	LF2	5A02	冷轧板材	0	167 ~ 226	16 ~ 18	用于制造在液体下工作的中等强度焊接件、冷冲压件和容器、骨架零件等
			热轧板材	H112	117 ~ 157	7 ~ 6	
			挤压板材	0	≤226	10	
	LF21	5A21	冷轧板材	0	98 ~ 147	18 ~ 20	用于制造要求高塑性和良好焊接性、在液体或气体介质中工作的低载荷零件,如油箱、油管、液体容器、饮料罐等
			热轧板材	H112	108 ~ 118	15 ~ 12	
			挤制厚壁管材	H112	≤167	—	
硬铝合金	LY11	2A11	冷轧板材(包铝)	0	226 ~ 235	12	用做各种要求中等强度的零件和构件、冲压的连接部件、空气螺旋桨叶片、局部墩粗的零件(如螺栓、铆钉)
			挤压棒材	T4	353 ~ 373	10 ~ 12	
			拉挤制管材	0	≤245	10	
	LY12	2A12	冷轧板材(包铝)	T4	407 ~ 427	10 ~ 13	用量最大,用做各种要求高载荷的零件和构件(不包括冲压件和锻件),如飞机上的骨架零件、蒙皮、翼梁、铆钉等
			挤压棒材	T4	255 ~ 275	8 ~ 12	
			拉挤压管材	0	≤245	10	
	LY8	2B11	铆钉线材	T4	225	—	用做铆钉材料
超硬铝合金	LC3	7A03	铆钉线材	T6	284	—	制作受力结构的铆钉
	LC4 LC9	7A04 7A09	挤压棒材	T6	490 ~ 510	5 ~ 7	用做承力构件和高载荷零件,如飞机上的大梁、檩条、加强框、蒙皮、翼肋、起落架等,通常多用于取代 2A12
			冷轧板材	0	≤245	10	
			热轧板材	T6	490	3 ~ 6	
锻铝合金	LD5	2A50	挤压棒材	T6	353	12	用于制作形状复杂和中等强度的锻件和冲压件,内燃机活塞,气压机叶片、叶轮、圆盘以及其他在高温下工作的复杂锻件。2A70 耐热性好
	LD7	2A70	挤压棒材	T6	353	8	
	LD8	2A80	挤压棒材	T6	441 ~ 432	8 ~ 10	
	LD10	2A14	热轧板材	T6	432	5	用于制作高负荷和形状简单的锻件和模锻件

注:状态中 0 为退火,T4 为固溶 + 自然时效,T6 为固溶 + 人工时效,H112 为热加工(取自 GB/T 16475—1996)。

(五)铸造铝合金

铸造铝合金可分为 Al - Si 系、Al - Cu 系、Al - Mg 系和 Al - Zn 系四类。

铸造铝合金的牌号用ZAl+元素符号+数字表示，数字表示合金元素含量的百分之几。铸造铝合金的代号用ZL及其后的三位数字表示。第一位数字表示合金的类别(1为Al-Si系，2为Al-Cu系，3为Al-Mg系，4为Al-Zn系)；第二、三位数字为合金序号，序号不同者，化学成分也不同。例如ZL102表示2号铝-硅系铸造铝合金。优质铝合金在其代号或牌号后加“A”，压铸铝合金在合金牌号前标字母“YZ”。

铝-硅系合金是最常用的铸造铝合金，俗称硅铝明，$\omega_{Si}=4.5\%\sim13\%$，有优良的铸造性能，广泛用于制造各种复杂零件。如发动机气缸体、气缸盖、活塞等。常用铸造铝合金牌号、代号、性能和用途见表4-21。

表4-21　典型铸造铝合金牌号、代号、性能和用途

类别	牌号	主要性能特点	用途举例
铝硅合金	ZAlSi12(ZL102) YZAlSi2 (YL102)	铸造性好，有集中缩孔，吸气性大，需变质处理，耐蚀性、焊接性好，切削性差，不能热处理，强度不高，耐热性较低	铸造形状复杂、耐蚀性和气密性高、承受较低载荷、工作温度≤200 ℃的薄壁零件，如仪表壳罩、盖、船舶零件等
	ZAlSi5Cu1Mg (ZL105)	铸造工艺性和气密性良好，无热裂倾向，熔炼工艺简单，不需变质处理，可热处理，强度高，塑性、韧性低，焊接性和切削性良好，耐热性和耐蚀性一般	在航空工业中用途广，用于铸造形状复杂，承受较高静载荷，工作温度<225 ℃的薄壁零件，如汽缸体、盖、发动机曲轴箱等
	ZAlSi12Cu2Mg1 (ZL108) YZAlSi12Cu2(YL108)	密度小，热胀系数小，热导率高，耐热性好，铸造性优良，气密性高，线收缩小，可得尺寸精确铸件，无热裂倾向，强度高，耐磨性好，需变质处理	常用活塞铝合金，用于铸造汽车、拖拉机活塞和其他工作温度低于250 ℃的零件
铝铜合金	ZAlCu5Mn (ZL201)	铸造性差，热裂、缩孔倾向大，气密性低，可热处理，室温强度高，韧性好，耐热性高，焊接性好，切削性好，耐蚀性差	用于铸造工作温度在300 ℃以下、承受中等负荷、中等复杂程度的飞机受力铸件，也可用于低温承力件，用途广
	ZAlCu4 (ZL203)	铸造性差，热裂倾向大，不需变质处理，可热处理，有较高的强度和塑性，切削性好，耐热性一般，人工时效状态耐蚀性差	形状简单，用于铸造承受中等静载荷或冲击载荷，工作温度低于200 ℃的小零件，如支架、曲轴等
	ZAlRE5Cu3Si2 (ZL207)	含4.4%~5.0%混合稀土，耐热性高，在300~400 ℃能长期工作，是耐热性最好的铸造铝合金，结晶范围小，充填能力好，热裂倾向小，气密性高，不能热处理，室温力学性能低，焊接性好，耐蚀性低于Al-Si、Al-Mg系，而优于Al-Cu系合金	用于铸造形状复杂，在300~400 ℃长期工作，承受液压和气压的零件
铝镁合金	ZAlMg10 (ZL301)	铸造性差，气密性低，熔炼工艺复杂，可热处理，耐热性不高，有应力腐蚀倾向，焊接性差，切削性好，其最大优点是耐大气和海水腐蚀	用于铸造承受高静载荷或冲击载荷，工作温度低于200 ℃、长期在大气或海水中工作的零件，如水上飞机、船舶件
	ZAlMg5Si1 (ZL303)	铸造性比ZL301好，耐蚀性良好，切削性是铸造铝合金中最佳者，焊接性好，热处理不能明显强化，室温力学性能较低，耐热性一般	用于铸造工作温度低于200 ℃、承受中等载荷的耐蚀零件，如海轮配件、航空或内燃机车零件

续表 4-21

类别	牌号	主要性能特点	用途举例
铝锌合金	ZAlZn11Si7 （ZL401）	铸造性优良，需进行变质处理，铸态下具有自然时效能力，不需热处理即可达到高的强度，耐热性、焊接性和切削性优良，耐蚀性低，可用阳极化处理，以提高耐蚀性	适于大型、形状复杂、承受高静载荷、工作温度不超过200℃的铸件，如汽车零件、仪表零件、医疗器械、日用品等
	ZAlZn6Mn （ZL402）	铸造性良好，铸造后有自然时效能力，具有较高的力学性能，耐蚀性良好，耐热性低，焊接性一般，可加工性良好	用于铸造承受高静载荷或冲击载荷、不能进行热处理的铸件，如空气压缩机活塞、精密仪表零件等

二、铜及铜合金

铜是应用最广的非铁金属材料，主要用做具有导电、导热、耐磨、抗磁、防爆等性能并兼有耐蚀性的器件。

（一）纯铜（紫铜）

纯铜的晶体结构是面心立方晶格，密度为 8.96×10^3 kg/m^3，熔点为 1 083 ℃，导电、导热性优良，塑性好，易于进行冷、热加工，但强度、硬度低，经冷变形加工后强度可提高，但塑性显著下降。

工业纯铜按杂质含量可分为 T1、T2、T3、T4 四个牌号，序号越大纯度越低，如 T1 含铜量为 99.95%，而 T4 为 99.50%，余量为杂质。纯铜一般不做结构材料使用，主要用于制造电线、电缆、电子元件及导热器件等。

（二）黄铜

普通黄铜是铜和锌的合金。常用的普通黄铜有两类，当 $\omega_{Zn}<39\%$ 时，Zn 能完全溶解在黄铜内，形成面心立方晶格的 α 固溶体，称为单相黄铜。单相黄铜塑性好，随含 Zn 量增加其强度和塑性都上升。当 $\omega_{Zn}>39\%$ 以后，黄铜的组织由 α 固溶体和体心立方晶格的 β' 相组成，称为双相黄铜。β' 相在 470 ℃以下塑性极差，但少量的 β' 相对强度无影响，因此强度仍较高但塑性下降。但 $\omega_{Zn}>45\%$ 以后，铜合金组织全部是 β' 相和别的脆性相，致使强度和塑性均急剧下降，在生产中已无实用价值。单相黄铜塑性良好，适于冷、热变形加工；双相黄铜强度高，热状态下塑性好，适于热变形加工。

为改善黄铜的性能加入少量的 Al、Mn、Sn、Si、Pb、Ni 等元素就得到特殊黄铜，如铅黄铜、锡黄铜、铝黄铜、锰黄铜、铁黄铜、硅黄铜等。其中 Al、Mn、Si 能改善力学性能；Al、Mn、Sn 能提高抗蚀性；Si 和 Pb 共存时能提高耐磨性；Pb 能提高切削加工性；Ni 能降低应力腐蚀的倾向。锡黄铜在海水中有良好的抗蚀性，故称为海军黄铜。

《加工黄铜——化学成分和产品形状》（GB 5232—85）规定压力加工普通黄铜的牌号用“黄”的汉语拼音字首“H”加数字表示，数字表示平均铜的质量分数。特殊黄铜由 H + 合金元素符号 + 数字（铜含量）—合金元素含量组成。如 HPb59 – 1 表示含铜 59%、铅 1% 的铅黄铜。铸造黄铜的牌号表示为“ZCu + 主加元素符号 + 主加元素含量 + 其他加入元素符号和含量”，例如 ZCuZn38 等。

常用黄铜的牌号、性能和用途见表 4-22。

表 4-22　常用黄铜的牌号、性能和用途

类别	牌号	制品种类	力学性能		主要特征	用途举例
			σ_b (MPa)	δ (%)		
普通加工黄铜	H80	板、带、管、棒	640	5	在大气、淡水及海水中有较高的耐蚀性，加工性优良	用于铸造造纸网、薄壁管、皱纹管、建筑装饰用品、镀层等
	H68	板、带、管、棒、线、箔	660	3	有较高强度，塑性为黄铜中最佳者，应用最广，有应力腐蚀开裂倾向	用于铸造复杂冷冲件和深冲件，如子弹壳、导管、雷管等
	H62		600	3	有较高强度，热加工性好，可加工性好，易焊接。有应力腐蚀开裂倾向，价格较便宜，应用较广	用于铸造一般机器零件、铆钉、垫圈、螺钉、螺帽、导管、散热器、筛网等
铅黄铜	HPb59－1	板、管、棒、线	550	5	可加工性好，可冷、热加工，易焊接，耐蚀性一般。有应力腐蚀开裂倾向，用途广	用于铸造热冲压和切削加工制作的零件，如螺钉、垫片、衬套、喷嘴等
锰黄铜	HMn58－2	板、带、棒、线	700	10	在海水、过热蒸汽、氯化物中有高的耐蚀性。有应力腐蚀开裂倾向，导热导电性能差	应用较广的黄铜品种，主要用于船舶制造和精密电器制造工业
铸造黄铜	ZCuZn38	砂型、金属型	295 295	30 30	良好的铸造性和可加工性；力学性能较好，可焊接，有应力腐蚀开裂倾向	用于铸造一般结构件，如螺杆、螺母、法兰、阀座、日用五金等
铸铝黄铜	ZCuZn31Al2 YZCuZn30Al3	砂型、金属型	295 390	12 15	良好的铸造性，在空气、淡水、海水中耐蚀性较好，易切削，可焊接	适于压力铸造，如用于电机、仪表压铸件及造船和机械制造业的耐蚀件
铸锰黄铜	ZCuZn40Mn2	砂型、金属型	345 390	20 25	有较高的强度和耐蚀性，铸造性能好，受热时组织稳定	用于铸造在水、蒸汽、液体燃料中的耐蚀件，需镀锡或浇注巴氏合金的零件
铸硅黄铜	ZCuZn16Si4	砂型、金属型	345 390	15 20	有较高的强度和耐蚀性，铸造性能好，流动性好，铸件组织致密，气密性好	用于铸造接触海水的管配件、水泵、叶轮，在空气、淡水、油、燃料及压力 4.5 MPa 和 ＜250 ℃蒸汽中工作的铸件

（三）青铜

除黄铜和白铜（铜和镍的合金）外，所有铜合金都称为青铜。按主加元素种类分为锡青铜、铝青铜、硅青铜、铍青铜、钛青铜等。和黄铜一样，青铜也分为压力加工青铜和铸造青铜。

青铜代号的表示方法是：Q（青字的汉语拼音字首）+主加元素符号和含量+其他加入元素含量。如 QSn4-3 表示含锡 4%、含锌 3%、其余为铜的锡青铜。铸造青铜的牌号表示方法和铸造黄铜的牌号表示方法相同。

（1）锡青铜。$\omega_{Sn}<8\%$ 时具有较好的塑性和适当的强度适用于压力加工；$\omega_{Sn}>10\%$ 时塑性较差，只适用于铸造。锡青铜致密性差，不适合要求密封性好的铸件，可耐大气、海水腐蚀，耐磨性好，常用来制造减磨性零件：滑动轴承套、蜗轮、丝杠螺母等。

（2）铝青铜。常用铝青铜 $\omega_{Al}=5\%\sim12\%$。铝青铜比黄铜和锡青铜有更好的耐蚀性，更高的力学性能和耐热性，且可淬火进一步强化其性能。常用于制造承受重载荷、耐腐蚀和耐磨的零件。

（3）铍青铜。常用铍青铜 $\omega_{Be}=1.7\%\sim2.5\%$，主要用于制造弹性元件、耐磨的零件。

（4）硅青铜。常用来制造耐蚀、耐磨零件。

铝青铜、铍青铜、硅青铜主加元素是 Al、Be、Si，不含 Sn。不含锡的青铜称为特殊青铜。特殊青铜大多比锡青铜有更高的力学性能和耐蚀性。

常用青铜的牌号、主要性能和用途见表 4-23。

表 4-23　常用青铜的牌号、主要性能和用途

类别	牌号	制品种类	力学性能		主要特征	用途举例
			σ_b（MPa）	δ（%）		
压力加工锡青铜	QSn4-3	板、带、棒、线	350	40	有高的弹性和耐磨性，抗磁性良好，能很好地承受冷、热压力加工；在硬态下，切削性好，易焊接，在大气、淡水和海水中耐蚀性好	制作弹簧及其他弹性元件，化工设备上的耐蚀零件以及耐磨零件、抗磁零件、造纸工业用的刮刀
	QSn6.5-0.4	板、带、棒、线	750	9	抗疲劳强度较高，弹性和耐磨性较好，但在热加工时有热脆性	除用做弹簧和耐磨零件外，主要用于造纸工业制作耐磨的铜网和载荷<980 MPa、圆周速度<3 m/s 的零件
	QSn4-4-2.5	板、带	650	3	高的减磨性和良好的切削性，易焊接，在大气、淡水中耐蚀性良好	用于制作轴承、卷边轴套、衬套、圆盘以及衬套的内垫等

续表 4-23

类别	牌号	制品种类	力学性能 σ_b (MPa)	力学性能 δ (%)	主要特征	用途举例
铸造锡青铜	ZCuSn10Zn2	砂型	240	12	耐蚀性、耐磨性和切削性好，铸造性好，铸件致密性较高，气密性较好	用于制作在中等及较高载荷和小滑动速度下工作的重要管配件及阀、旋塞、泵体、齿轮、叶轮和涡轮
		金属型	245	6		
	ZCuSn10Pb1	砂型	200	3	硬度高，耐磨性极好，不易产生咬死现象，有较好的铸造性和切削性，在大气、淡水中耐蚀性良好	可用于高载荷和高滑动速度下工作的耐磨零件，如连杆衬套、轴瓦、齿轮、涡轮等
		金属型	310	2		
		离心	330	4		
特殊青铜	QBe2	板、带、棒、线	500	3	是力学、物理、化学综合性能良好的一种合金。经淬火时效后，具有高的强度、硬度、弹性、耐磨性、疲劳极限和耐热性，同时还具有高的导电性、导热性和耐寒性，无磁性，碰击时无火花，易焊接，在大气、淡水和海水中耐蚀性极好	用于制作各种精密仪表、仪器中的弹簧和弹性元件，各种耐磨零件以及在高速、高压下工作的轴承、衬套，矿山和炼油厂用的冲击不产生火花的工具以及各种深冲零件
	ZCuPb30	金属型	—	—	有良好的自润滑性，易切削，铸造性差，易产生比重偏析	用于制作要求高滑动速度的双金属轴瓦、减磨零件等
	ZCuAl10Fe3	砂型	490	13	具有高的强度，耐磨性和耐蚀性好，可焊接，但不易钎焊，大型铸件自 700 ℃空冷可防止变脆	用于制作强度高、耐磨、耐蚀的重型铸件，如轴套、螺母、蜗轮及 250 ℃以下工作的管配件
		金属型	540	15		

三、滑动轴承合金

（一）滑动轴承合金的性能

制造滑动轴承的轴瓦及其内衬的合金叫滑动轴承合金。滑动轴承合金应具备以下性能：具有足够的抗压强度与疲劳强度，以承受轴颈所施加的载荷；有足够的塑性和韧性，以保证与轴颈配合良好，并承受冲击与振动；摩擦系数小，能保持住润滑油，以减少对轴颈的摩擦；具有小的膨胀系数和良好的导热性、耐蚀性，以防止轴瓦与轴颈因强烈摩擦升温而发生咬合，并能抵抗润滑油的侵蚀；具有良好的磨合能力，使载荷均匀分布；加工工艺性良好，价格低。

轴承合金的组织通常是由软基体上均匀分布一定数量和大小的硬质点组成，或者由硬基体加软质点组成,如图4-9所示。当轴运转时,轴瓦的软基体易磨损而凹陷,能容纳润滑油,硬质点则相对突起支撑着轴颈。这就减少了轴颈和轴瓦之间的接触面积,降低了摩擦系数。另外,软基体可承受冲击和振动,并使轴颈和轴瓦之间能很好地磨合,并且偶然进入的外来硬质点能嵌入基体中。

(二)常用的轴承合金

滑动轴承合金按基体组织可分为锡基轴承合金、铅基轴承合金、铜基轴承合金和铝基轴承合金四种。

1. 锡基轴承合金(锡基巴氏合金)

锡基轴承合金是以锡为基,加入锑(Sb)、铜等元素组成的合金。其显微组织是:锑溶入锡中形成的暗黑色α固溶体(软基体)上,分布着白色方块SnSb化合物(硬质点)和白色针状或星状Cu_6Sn_5化合物(硬质点),如图4-10所示。

锡基轴承合金硬度适中、摩擦系数低,具有较好的塑性、韧性、导热性、耐蚀性,常用于重要的轴承。但由于锡价格较贵,影响了它的广泛使用。

锡基轴承合金的代号为ZSn+元素符号+数字,其中"Z"是"铸"字的汉语拼音字首。如ZSnSb11Cu6表示含锑11%、铜6%的锡基轴承合金。

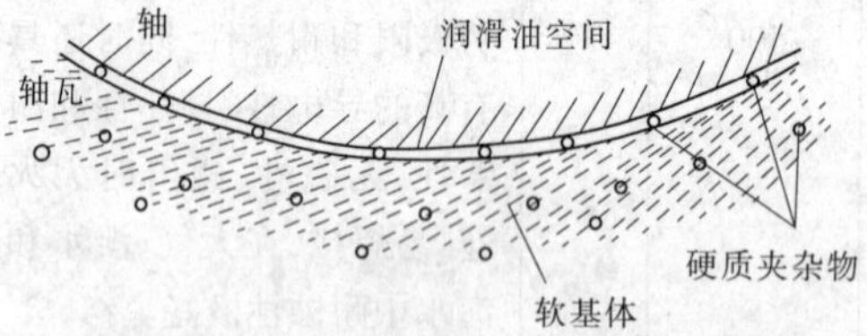

图4-9 轴承合金的理想组织示意图

图4-10 锡基轴承合金的显微组织

2. 铅基轴承合金(铅基巴氏合金)

铅基轴承合金是以铅、锑为基,加入锡、铜组成的轴承合金。软基体为$\alpha+\beta$共晶体,α相是锑溶于铅中形成的固溶体,β相是以SnSb化合物为基的含铅固溶体。硬质点是白色块状的SnSb化合物及白色针状的Cu_2Sn化合物。铅基轴承合金的强度、硬度、韧性均低于锡基轴承合金,且摩擦系数较大,故用于中等负荷轴承。由于价格较低,铅基轴承全金应尽量代替锡基轴承合金。铅基轴承合金的代号表示方法与锡基轴承合金相同,例如ZPbSb16Sn16Cu2表示含锑16%、锡16%、铜2%,其余为铅的铅基轴承合金。

常见的锡基、铅基轴承合金牌号、性能特点和用途见表4-24。

表 4-24　常见的锡基、铅基轴承合金牌号、性能特点和用途

牌号	熔化温度（℃）	力学性能（不小于）			主要特征	用途举例
		σ_b（MPa）	δ（%）	硬度（HBS）		
ZSnSb12Pb10Cu4	185			29	软而韧，耐压，硬度较高，热强度较低，浇注性差	用于制作一般中速、中压发动机的主轴承，不适于高温
ZSnSb11Cu6	241	90	6.0	27	硬度适中，减摩性和抗磨性较好，膨胀系数比其他巴氏合金都小，具有优良的导热性和耐蚀性，疲劳强度低，不易浇注很薄且振动载荷大的轴承	用于制作重载、高速、工作温度 < 100 ℃，如750 kW以上电机、890 kW以上快速行程柴油机、高速机床主轴的轴承和轴瓦
ZSnSb4Cu4	225	80	7.0	20	韧性为巴氏合金中最高者，与ZSnSb11Cu6相比，强度、硬度较低	用于制作韧性高、浇注层较薄的重载荷高速轴承，如蜗轮内燃机轴承
ZPbSb16Sn16Cu2	240	78	0.2	30	与ZSnSb11Cu6相比，摩擦系数较大，耐磨性和使用寿命长，但冲击韧度低，不能承受冲击载荷，价格便宜	用于制作工作温度 <120 ℃、无显著冲击载荷、重载高速轴承及轴衬
ZPbSb15Sn10	240	60	1.8	24	冲击韧性比ZPbSb16Sn16Cu2高，摩擦系数大，但磨合性好，经退火处理，其塑性、韧性、强度和减摩性均大大提高，硬度有所下降	用于制作承受中等冲击载荷、中速机械的轴承，如汽车、拖拉机的曲轴和连杆轴承
ZPbSb15Sn5	248		0.2	20	与ZSnSb11Cu6比，耐压强度相当，塑性和导热性较差，在工作温度≤100 ℃、冲击载荷较低的条件下，其使用寿命相近，属性能较好的铅基低锡轴承合金	用于制作低速、轻压力条件下的机械轴承，如矿山水泵轴承、汽轮机、中等功率电机、空压机的轴承和轴衬

四、粉末冶金材料

将金属粉末与金属或非金属(或纤维)混合,经过成型、烧结等过程制成的零件或材料,叫做粉末冶金材料。

(一)粉末冶金工艺简介

现以铁基粉末冶金为例简述其工艺过程,其工艺流程如下:

粉料制取→粉料混合→成型→烧结→后处理→成品

为获得必要的性能,在铁粉中加入石墨和合金元素,再加入压制成型的润滑剂(少量硬质酸锌和机油),并按一定比例配制成混合料;在巨大压力下混合料粉状颗粒间产生机械咬合作用,相互结合为具有一定强度的制品;但此时强度并不高,还必须进行高温下的烧结;烧结是在保护气氛下加热的,材料中至少有一种组元仍处于固相,在高温下吸附在粉末表面的气体被清除,增加了颗粒间的接触表面,所以使粉末颗粒结合得更紧密;再通过原子的扩散、变形,粉末再结晶以及晶粒长大等过程,就得到了金相组织与钢铁类似的铁基粉末冶金制品。

经烧结后的制品即可使用,但对精度要求高、表面光洁的制品可再进行精压加工,对要改善力学性能的制品,可进行淬火或表面淬火等热处理。对轴承等制品为达到润滑或耐蚀的目的,可进行浸油或浸渍其他液态润滑剂等处理。

(二)粉末冶金的应用

粉末冶金用来制造各种衬套和轴套、齿轮、凸轮、含油轴承、摩擦片等。与一般零件生产方法相比,粉末冶金法具有少切削或无切削、材料利用率高、生产率高、减少机械加工设备、降低成本等特点。

用粉末冶金还可制造一些具有特殊成分或性能的制品,如硬质合金、难溶金属及其合金、金属陶瓷、无偏析高速钢、磁性材料、耐热材料等。

硬质合金是将一些难溶金属化合物粉末混合加压成型,再经烧结而成的一种粉末冶金产品。由于机械加工的切削速度不断提高,大量高硬度或高韧性材料的切削加工,使切削刀具的韧部工作温度已超过了 700 ℃,一般高速钢很难胜任,而需要材料热硬性更高的硬质合金。硬质合金种类很多,目前常用的有金属陶瓷硬质合金和钢结硬质合金。

第五节　非金属材料

非金属材料指除金属材料以外的其他一切材料。这类材料发展快、种类多、用途广。在机械制造中使用的非金属材料主要包括有机高分子材料和陶瓷材料,其中工程塑料和工程陶瓷在工程结构中占有重要的地位。

一、高分子材料

高分子物质分为天然和人工合成两大类。天然高分子物质有羊毛、蚕丝、淀粉、纤维素及橡胶等。工程上应用的高分子物质主要是人工合成的物质,如聚苯乙烯、聚氯乙烯及聚丙烯腈等。

高分子材料是以高分子化合物为主要组成物的材料。而高分子化合物是指分子量很大的化合物,它们的分子量都在几千、几万、几十万或几百万以上,甚至于无穷。但多数在5 000 ~1 000 000之间。高分子量物质和低分子量物质之间并没有严格的界限。通常把分子量小于500的称为低分子化合物,大于5 000的称为高分子化合物。

高分子化合物一般都是由一种或几种简单的低分子化合物(也称为单体)重复连接而成的。例如聚乙烯由低分子乙烯(单体)组成,聚氯乙烯由低分子氯乙烯(单体)组成。低分子化合物聚合起来形成高分子化合物的过程称为聚合反应,所以高分子化合物亦称为高聚物或聚合物。

(一)高聚物的人工合成

高聚物是通过聚合反应以低分子化合物结合而成的。聚合反应有加聚反应和缩聚反应两种。

1. 加聚反应

加聚反应是由一种或多种单体相互加成而连接成聚合物的反应。这种反应没有低分子副产品生成。其中,单体为一种的为均加聚,如乙烯加聚成聚乙烯;单体为两种或两种以上的则称为共加聚,如ABS工程塑料是由丙烯腈、丁二烯和苯乙烯三种单体共聚合成的。在生产人造橡胶时广泛采用共聚反应。

均聚反应的产量很大,用途广。但由于其结构的限制,性能存在一些不足。而共聚物则可以通过改变单体,进而改进聚合物的性能。组成共聚物的单体不同,单体的排列方式不同及各种单体所占比例的不同都将使共聚物的性能发生很大的变化,这是对均聚物实行改性,制造新品种高聚物的重要途径。

2. 缩聚反应

缩聚反应是由一种或多种单体相互作用而连接成高聚物,同时析出新的低分子副产物的反应。其单体是含有两种或两种以上活泼官能团的低分子化合物。按照参加反应的单体不同,缩聚反应分为均缩聚和共缩聚两种,酚醛树脂(电木)、聚酰胺(尼龙)、环氧树脂等都是缩聚反应的产物。

人工合成的高分子化合物按工艺性质不同分为塑料、橡胶、胶黏剂和纤维素。

(二)塑料

1. 塑料的组成

塑料一般以合成树脂(高聚物)为基础,再加入各种添加剂(如增塑剂、稳定剂、填充剂、固化剂、着色剂等)而制成。

1)树脂

树脂是塑料的主要成分,它粘连着塑料中的其他成分,并使其具有成型性能。树脂的种类、性质及加入量对塑料的性能起着决定性的作用。因此,很多塑料就是以所用树脂的名称来命名的,如聚氯乙烯塑料就是以聚氯乙烯树脂为主要成分。

目前采用的树脂主要是合成树脂。酚醛树脂、氨基树脂、环氧树脂、有机硅树脂等都是经缩聚反应而得到的树脂。这类树脂又称缩聚树脂。聚乙烯、聚氯乙烯、聚苯乙烯等是通过加聚反应而得到的树脂,故也称加聚树脂。

2）添加剂

添加剂是塑料的辅助组分，对材料起改善性能、补助性能的作用。如加入增塑剂可以提高塑料的可塑性和柔软性，改善塑料的成型能力。加入填充剂主要起增强作用：加入云母、石棉粉等填充剂可以改善塑料的电绝缘性、耐热性；加入 Al_2O_3、TiO_2、SiO_2 等填充剂可以提高塑料的硬度和耐磨性。加入稳定剂可以提高塑料在光和热的作用下的稳定性：加入铝可以提高塑料对光的反射能力及防老化。

2. 塑料的分类

1）按塑料的热性能分类

按热性能的不同，塑料可分为以下两类：

（1）热塑性塑料。热塑性塑料加热时软化，可塑造成型，冷却后变硬。再次加热又软化，冷却又硬化，可多次重复。它的变化只是一种物理变化（塑化），化学结构基本不变。常用的热塑性塑料有聚乙烯、聚氯乙烯、聚丙烯、ABS、聚甲醛、聚碳酸酯、聚苯乙烯、聚四氟乙烯、聚砜等。这类塑料具有加工成型简便、力学性能较高的优点，缺点是耐热性、刚性差。

（2）热固性塑料。热固性塑料加热时软化，可塑造成型。但固化后的塑料既不溶于溶剂，也不再受热软化，只能塑制一次。常用的热固性塑料有酚醛塑料、氨基塑料、环氧塑料等。这类塑料具有耐热性能高、受压不易变形等优点，缺点是力学性能不好。

2）按使用范围分类

按使用范围的差异，塑料可分为以下三类：

（1）通用塑料。通用塑料是指产量大、用途广、价格低而受力不大的塑料品种。主要有聚乙烯、聚氯乙烯、聚苯乙烯、聚丙烯、酚醛塑料和氨基塑料等。它是一般工农业生产和日常生活不可缺少的塑料。

（2）工程塑料。工程塑料是指力学性能较高，耐热、耐寒、耐蚀和电绝缘性能良好的塑料。它可取代金属材料来制造机械零件和工程结构。这类塑料主要有聚碳酸酯、聚酰胺（即尼龙）、聚甲醛、聚砜和 ABS 等。

（3）耐热塑料。耐热塑料是指能在较高温度下工作的各种塑料，如聚四氟乙烯、环氧塑料和有机硅塑料等都能在 100 ~ 200 ℃以上的温度下工作。

常用热塑性塑料的性能特点和用途见表 4-25，常用热固性塑料的性能特点和用途见表 4-26。

（三）合成橡胶

1. 橡胶的组成

橡胶是一种高分子材料。它的弹性模量很低，只有 1 ~ 10 MPa；伸长率很高，可达 100% ~1 000%，具有优良的伸缩性和积贮能量的能力；还有良好的耐磨性、隔音性、阻尼性和绝缘性等。

橡胶是以生胶为基础加入适量的配合剂制成的。

1）生胶

生胶（生橡胶）按原料来源可分为天然橡胶和合成橡胶两类：天然橡胶是以热带的橡树中流出的胶乳，经过凝固、干燥、加压等工序制成的片状固体。其单体为异戊二烯。合成橡胶是用化学合成的方法制成的与天然橡胶性质相似的高分子材料。合成橡胶的品种很多,如丁苯橡胶、氯丁橡胶等。

表 4-25　常用热塑性塑料的性能特点和用途

名称(代号)	主要性能特点	用途举例
聚乙烯(PE)	低压聚乙烯质硬,耐磨性、耐蚀性和绝缘性良好,但耐热性差,沸水中变软;高压聚乙烯质轻,化学稳定性好,绝缘性、柔软性良好,耐冲击和透明;超高分子聚乙烯冲击强度高,耐疲劳,耐磨,需冷压浇注成型	低压聚乙烯用来制造塑料板、塑料绳,小载荷齿轮和轴承等;高压聚乙烯用来制薄膜、软管、塑料瓶等食品和药品包装制品;超高分子聚乙烯用来制减摩、耐磨件及传动件,还可制作电线和电缆包皮等
聚酰胺(尼龙)(PA)	无毒无味,强度、韧性较高,有一定耐热性,在 100 ~ 200 ℃可长期使用;耐磨性和自润滑性优良,摩擦系数小,消声性和耐油性良好,能耐水、油和一般溶剂;耐蚀性较好,抗霉菌,成型性好。但蠕变值较大,导热性较差,吸水性高,成型收缩率较大	常用的有尼龙 6、尼龙 66、尼龙 610、尼龙 1010 等。用于制作耐磨、耐蚀的某些承载及传动零件,如滑轮、轴承、螺钉、螺母、齿轮及一些小零件;还可做高压耐油密封圈,喷涂金属表面做防腐耐磨涂层
聚甲基丙烯酸甲酯(有机玻璃)(PMMA)	透光性好,可透过 99% 以上的太阳光;有一定强度,着色性好,耐蚀,耐紫外线及大气老化,绝缘性能优良,在 -60 ~ 100 ℃使用。但质脆,表面硬度不高,易溶于有机溶剂,易擦伤	用于制作航空、仪器、汽车和无线电工业中的透明件与装饰件,如灯罩、飞机座窗、电视和雷达屏幕、油标、油杯、设备标牌、仪表零件
苯乙烯 - 丁二烯 - 丙烯腈共聚体(ABS)	可通过改变三种单体的含量来调整性能。韧性高,强度较高,耐油性、耐水性和化学稳定性优良,绝缘性和耐寒性好,尺寸稳定性高,具有一定的耐磨性。表面可以镀饰金属,易加工成型,但长期使用易起层	用于制作电视机、仪表、扩音机、电机和电话机壳体,泵叶轮,把手,贮槽内衬,轿车车身,齿轮,轴承,管道,仪表盘等
聚甲醛(POM)	综合力学性能优良,吸水性小,耐磨性好,着色性好,尺寸稳定性好,减摩性和抗老化性良好,绝缘性和化学稳定性优良,在 -40 ~ 100 ℃可长期使用。但加热易分解,成型收缩率大	用于制减摩、耐磨传动件,如滚轮、绝缘件、化工容器、轴承、齿轮、耐蚀件等
聚砜(PSF)	双酚 A 型:耐热、耐寒、耐候性优良,在 -100 ~ 150 ℃可长期使用,抗蠕变及尺寸稳定性好,强度高,绝缘性优良,化学稳定性高。但耐紫外线较差,成型温度高 非双酚 A 型:耐热、耐寒性好,在 -240 ~ 260℃长期使用,硬度高,能自熄,耐老化,耐辐射,力学性能和绝缘性好,化学稳定性高。但不耐极性溶剂	用于制高强度、耐热件、绝缘件、减摩耐磨件、传动件,如精密齿轮、凸轮、真空泵叶片、仪表壳体和罩、耐热和绝缘的仪表零件、汽车护板、仪表盘、衬垫和垫圈、计算机零件,电镀金属制成集成电子印刷电路板

表 4-26　常用热固性塑料的性能特点和用途

名称(代号)	主要性能特点	用途举例
聚氨酯塑料（PUR）	耐磨性好，韧性好，承载大，低温硬而不脆，耐氧，耐臭氧，耐候，耐化学药品和油，抗辐射，易燃；软质泡沫塑料吸音、减震好，吸水性好；硬质泡沫塑料高低温隔热好	用于制作隔热、隔音及防震材料，绝缘件，电线电缆护套，传送带，齿轮，实心轮胎，汽车零件，密封件
酚醛塑料（电木）（PF）	高强度、高硬度、耐热性好，工作温度一般在 100 ℃以上，水润滑摩擦系数小，绝缘性特好，耐腐蚀性好，耐霉菌，尺寸稳定性好；但质脆，加工性差，只能模压，耐光性能差，色泽深暗	用于制作一般机械零件、绝缘件、水润滑轴承、耐化学腐蚀的结构材料和衬里材料等，如绝缘板、整流罩、刹车片、仪表壳、绝缘齿轮、耐酸泵
环氧塑料（EP）	强度和韧性较好、绝缘性好，防水、防潮、防霉、耐寒，-80～200 ℃可长期使用，化学稳定性较好、收缩率小、黏结力强，成型工艺简单、成本较低	用于制作精密量具、机器仪表、塑料模具、电气和电子元件、涂覆和包封以及修复机件等
有机硅塑料	耐热性好，在 180～200 ℃可长期使用，绝缘性好、防潮，有一定的耐蚀性，耐辐射、耐臭氧、耐低温，但价高	用于制作电气和电子元件、湿热带地区电机、耐热件、高频绝缘件

2）配合剂

配合剂是为了提高和改善橡胶制品的性能而加入的物质，如硫化剂、防老剂、软化剂和填充剂等。硫化剂的作用类似热固性塑料中的固化剂，天然橡胶常以硫磺做硫化剂，并加入氧化锌和硫化促进剂加速硫化，缩短硫化的时间；加入硬脂酸、精制石蜡以及一些油类等以增加橡胶的塑性，改善黏附力；加入炭黑、氧化硅、陶土、硫酸钡及滑石粉等填充剂，可以增加橡胶制品的强度，降低成本。

2. 橡胶的种类及应用

橡胶按用途分为通用橡胶和特种橡胶。天然橡胶属通用橡胶，广泛用于制造轮胎、胶带、胶管等；合成橡胶产量最大的是丁苯橡胶，占橡胶产量的 60%～70%，发展最快的是顺丁橡胶；特种橡胶价格较贵，主要用于要求耐热、耐寒、耐蚀的特殊环境。常用橡胶的种类、性能和用途见表 4-27。

二、陶瓷材料

陶瓷传统上指陶器和瓷器，也包括玻璃、水泥、石灰、石膏和搪瓷等。它们是无机非金属材料，由于这些材料都是用天然的硅酸盐矿物（即含 SiO_2 的化合物），如黏土、石灰石、长石、硅砂等原料生产的，所以陶瓷材料也称硅酸盐材料。

由于近代科学技术的发展，陶瓷材料获得了飞速的发展，许多新型陶瓷材料的成分远远超出硅酸盐的范畴。陶瓷材料的性能有了很大发展。陶瓷材料除应用于传统的陶瓷制

表 4-27 橡胶的种类、性能和用途

性能	通用橡胶				特种橡胶	
	天然橡胶 NR	丁苯橡胶 SBR	顺丁橡胶 BR	氯丁橡胶 CR	氟橡胶 FPM	硅橡胶 SI
抗拉强度（MPa）	25～30	15～21	18～25	25～27	20～22	4～10
伸长率（%）	650～900	500～800	450～800	800～1 000	100～500	50～500
抗撕性	好	中	中	好	中	差
使用温度上限（℃）	<100	80～120	120	120～150	300	100～300
耐磨性	中	好	好	中	中	差
回弹性	好	中	好	中	中	差
耐油性	—	—	—	好	好	—
耐碱性	—	—	—	好	好	—
耐老化	—	—	—	—	好	—
成本		高		高	高	高
使用性能	高强、绝缘、防振	耐磨	耐磨、耐寒	耐酸碱、耐燃	耐油、耐酸碱、耐热	绝缘、耐热
工业应用举例	通用制品、轮胎	通用制品、轮胎、胶布、胶板、胶管	轮胎、耐寒运输带、V带、减振器	油罐衬、管道、胶带、电缆皮、门窗嵌条	化工衬里、高真空胶件、高级密封件	绝缘件、耐高温低温零件、管道接头

品外，还广泛应用在国防、宇航和电气等工业部门。现代的陶瓷材料已和高分子材料、金属材料一起称为三大固体工程材料。

（一）陶瓷的分类和性能特点

1. 陶瓷的分类

按原料不同，陶瓷可分为普通陶瓷（传统陶瓷）和特种陶瓷（近代陶瓷）；按用途不同，陶瓷分为工业陶瓷和日用陶瓷；按化学成分不同，陶瓷分为氮化物陶瓷、氧化物陶瓷、碳化物陶瓷等。

2. 陶瓷的性能特点

和金属材料相比，大多数陶瓷的硬度高、弹性模量大、脆性大、几乎没有塑性、抗拉强度低、抗压强度高。

陶瓷熔点高、抗蠕变能力强、热硬性可达 1 000 ℃，但热膨胀系数和导热系数小、承受温度快速变化的能力差、在温度剧变时会开裂。

陶瓷的化学稳定性很高，有良好的抗氧化能力，在强腐蚀介质、高温共同作用下有良好的抗蚀性能。

大多数陶瓷是电绝缘体，功能陶瓷具有光、电、磁、声等特殊性能。

（二）常用陶瓷的性能和用途

1. 普通陶瓷

普通陶瓷按用途可分为日用陶瓷、建筑陶瓷、电瓷、卫生瓷、化学瓷与化工瓷等。这类陶瓷质地坚硬、不氧化、耐腐蚀、不导电、成本低，但强度低，使用温度不能过高。普通陶瓷产量大、种类多，广泛用于电气、化工、建筑等行业。

2. 特种陶瓷

氧化铝陶瓷又叫高铝陶瓷。其主要性能特点是耐高温性能好，可在 1 600 ℃高温下长期使用，耐蚀性很强，硬度很高，耐磨性好。可制造熔化金属的坩埚、高温热电偶套管、刀具与模具等。

氮化硅陶瓷的原料丰富，加工性能优良。它能耐各种酸和碱的腐蚀，也能抵抗熔融非铁金属的侵蚀；其硬度很高，耐磨性好，热膨胀系数小，有极好的抗温度急变性。氮化硅陶瓷的使用温度不如氧化铝陶瓷高，但它的硬度在 1 200 ℃时仍不降低。氮化硅陶瓷主要用来制造刀具、高温轴承、机械密封环、热电偶套管、燃气轮机叶片等。

碳化硅陶瓷的最大特点是高温强度高，在 1 400 ℃时抗弯强度仍保持在 500 ~ 600 MPa 的较高水平。碳化硅陶瓷有很好的耐磨性、耐腐蚀、抗蠕变性能，热传导能力很强。可用于制作火箭尾喷管的喷嘴、炉管、高温轴承与高温热交换器等。

氮化硼陶瓷有良好的耐热性、热稳定性、导热性和高温介电强度，是理想的散热材料和高温绝缘材料，如制作冶金用高温容器、半导体散热绝缘材料、高温轴承、热电偶套管等。其硬度不高，是目前唯一易于机械加工的陶瓷。立方氮化硼陶瓷结构牢固，硬度接近金刚石，是极好的耐磨材料，作为超硬工、模具材料，现已用于高速切削刀具和拉丝模具等。

常用工程陶瓷的种类、性能和应用见表 4-28。

表 4-28　常用工程陶瓷的种类、性能和应用

名称		密度（g/cm^3）	抗弯强度（MPa）	抗拉强度（MPa）	抗压强度（MPa）	线胀系数（$10^{-6}K^{-1}$）	应用举例
普通陶瓷	普通工业陶瓷	2.3 ~ 2.4	65 ~ 85	26 ~ 36	460 ~ 680	3 ~ 6	用于制作绝缘子，绝缘的机械支撑件，静电纺织导纱器
	化工陶瓷	2.1 ~ 2.3	30 ~ 60	7 ~ 12	80 ~ 140	4.5 ~ 6	用于制作受力不大、工作温度低的酸碱容器、反应塔、管道

续表 4-28

名称			密度 (g/cm³)	抗弯强度 (MPa)	抗拉强度 (MPa)	抗压强度 (MPa)	线胀系数 ($10^{-6}K^{-1}$)	应用举例
特种陶瓷	氧化铝瓷		3.2 ~ 3.9	250 ~ 450	140 ~ 250	120 ~ 2 500	5 ~ 6.7	用于制作内燃机火花塞、轴承、化工泵的密封环、导弹导流罩、坩埚热电偶套管、刀具、拉丝模等
	氮化硅瓷	反应烧结	2.4 ~ 2.6	166 ~ 206	141	1 200	2.99	用于制作耐磨、耐腐蚀、耐高温零件，如化工泵的密封环，电磁泵的管道、阀门，热电偶套管，转子发动机刮片，高温轴承，刀具等
		热压烧结	3.1 ~ 3.13	490 ~ 590	150 ~ 275	—	3.28	
	氮化硼瓷		2.15 ~ 2.2	53 ~ 109	25 (1 000 ℃)	233 ~ 315	1.5 ~ 3	用于制作坩埚、绝缘零件、高温轴承、玻璃制品成型模

第六节　典型零件选材

下面收集了汽车主要零件和机床主轴的用材资料，用表格方式列出来（见表 4-29 ~ 表 4-31），以供大家在以后的工作学习中参考。

表 4-29　汽车底盘主要零件用材

主要零件	材料牌号	使用性能要求	零件失效方式	热处理及其他
纵、横梁，传动轴，钢圈等	25、Q345 钢板	强度、刚度、韧性	弯曲、扭斜、铆钉松动、断裂	用冲压工艺性能好的优质钢板
前桥转向节臂、半轴等	45、40Cr、40MnB	强度、韧性、疲劳强度	弯曲变形、扭转变形、断裂	模锻成型、调质处理、圆角滚压
变速箱齿轮、后桥齿轮等	20CrMnTi、30CrMnTi、20MnTiB、12Cr2Ni4	强度、耐磨、接触疲劳强度及断裂抗力	麻点、剥落、齿面过量磨损、变形、断齿	渗碳、淬火、低温回火，58 ~ 62 HRC
变速器壳	HT200	刚度、尺寸稳定、一定强度	产生裂纹、轴承孔磨损	去应力

续表 4-29

主要零件	材料牌号	使用性能要求	零件失效方式	热处理及其他
后桥壳等	KTH350－10、QT450－10	刚度、尺寸稳定、一定强度	弯曲、断裂	后桥还可用优质钢板冲压后焊成或用铸钢
钢板弹簧等	65Mn、60Si2Mn、50CrMn、55SiMnVB	耐疲劳、冲击和腐蚀	折断、弹性减退、弯度减小	淬火、中温回火
驾驶室、车箱罩等	08、20 钢板	刚度、尺寸稳定	变形、开裂	冲压成型
分泵活塞、油管等	有色金属、铝合金、紫铜	耐磨、强度	磨损、开裂	

表 4-30 汽车发动机零件用材

主要零件	材料牌号	使用性能要求	零件失效方式	热处理及其他
缸体、缸盖、飞轮	HT200	刚度、强度、尺寸稳定	产生裂纹、孔臂磨损、翘曲变形	不处理或去应力退火
缸套、排气门座等	合金铸铁	耐磨、耐热	过量磨损	铸造状态
曲轴等	QT600－3、QT700－2	刚度、强度、耐磨、疲劳抗力	过量磨损、断裂	表面淬火、圆角滚压、氮化
活塞销等	20、18CrMnTi、20Cr、12Cr2Ni4	刚度、耐磨、冲击	磨损、变形、断裂	渗碳、淬火、回火
连杆、连杆螺栓等	45、40Cr、40MnB	刚度、疲劳抗力、冲击韧性	过量变形、断裂	调质、探伤
各种轴承、轴瓦	轴承钢、巴氏合金	耐磨、疲劳抗力	磨损、剥落、烧蚀破裂	不热处理(一般都是外购)
气门弹簧	65Mn、60Si2Mn、50CrVA	疲劳抗力	变形、断裂	淬火、中温回火
支架、盖、罩、挡板、油底壳等	Q195、08、20、Q345	刚度、强度	变形	不处理

表 4-31　机床主轴工作条件、用材及热处理

序号	工作条件	材料	热处理	硬度	原因	实例
1	1. 与滚动轴承配合； 2. 轻、中载，转速低； 3. 精度要求不高； 4. 稍有冲击，疲劳可忽略	45	正火或调质	220 ~ 250 HBS	热处理后具有一定的强度；刚度要求不高	一般简式机床
2	1. 与滚动轴承配合； 2. 轻、中载荷，转速略高； 3. 精度要求不太高； 4. 冲击和疲劳可忽略	45	整体淬火或局部淬火	40 ~ 45 HRC	有足够的强度；轴颈及配件装拆处有一定硬度；不能承受冲击载荷	龙门铣床、摇臂钻床、组合机床等
3	1. 与滑动轴承配合； 2. 有冲击载荷	45	轴颈表面淬火	52 ~ 58 HRC	毛坯经正火具有一定强度，轴颈具有高硬度	C620 车床主轴
4	1. 与滚动轴承配合； 2. 中载，转速较高； 3. 精度要求较高； 4. 冲击和疲劳较小	40Cr	调质、局部淬火	42 ~ 52 HRC	有足够的强度；轴颈及配件装拆处有一定硬度；冲击小，硬度取高值	摇臂钻床、组合机床等
5	1. 与滑动轴承配合； 2. 中载，转速较高； 3. 有较高冲击和疲劳载荷； 4. 精度要求较高	40Cr	轴颈及配件装拆处表面淬火	≥52 HRC	毛坯经预备热处理有一定强度；轴颈具有高耐磨性；配件装拆处有一定硬度	车床主轴、磨床砂轮主轴
6	1. 与滑动轴承配合； 2. 中载，转速很高； 3. 精度要求很高	38CrMoAl	调质、氮化	250 ~ 280 HBS	有很高的心部强度；表面具有高硬度；有很高的疲劳强度；氮化处理变形小	高精度磨床及精密镗床主轴
7	1. 与滑动轴承配合； 2. 中载，心部强度不高，转速高； 3. 精度要求不高； 4. 有冲击和疲劳	20Cr	渗碳、淬火	56 ~ 62 HRC	心部强度不高，但有较高韧性；表面硬度高	齿轮铣床主轴
8	1. 与滑动轴承配合； 2. 重载，转速高； 3. 较大冲击和疲劳载荷	20CrMnTi	渗碳、淬火	56 ~ 62 HRC	有较高的心部强度和冲击韧性；表面硬度高	载荷较大的组合机床

技能训练五　常用金属材料的显微组织观察

一、训练目的

(1)观察常用合金钢和铸铁的显微组织。
(2)分析这些金属材料的组织和性能的关系及应用。

二、训练内容

(1)观察表4-32所列试样的显微组织

表4-32　各试样的显微组织

样品	材料名称	热处理工艺	金相显微镜序号
1	GCr15	840 ℃油淬、200 ℃回火	1
2	W18Cr4V	铸态	2
3	W18Cr4V	锻造退火	
4	W18Cr4V	淬火	
5	W18Cr4V	淬火后560 ℃三次回火	
6	灰铸铁(F基体)	退火	3
7	灰铸铁(P+F基体)	铸态	4
8	灰铸铁(P基体)	正火	5
9	蠕墨铸铁(F基体)	退火	6
10	球墨铸铁(F基体)	退火	7
11	球墨铸铁(P+F基体)	铸态	8
12	球墨铸铁(P基体)	正火	9
13	可锻铸铁(F基体)	退火	10
14	可锻铸铁(F基体)	正火	

(2)绘出各种合金的组织示意图,并标明各种组织的名称。

三、设备及工具

(1)金相显微镜。
(2)各种金相试样。

四、训练步骤

(1)观察各个金相试样的组织,把所观察的金相组织与标准金相图谱相对照。

(2)用铅笔把观察到的金相组织示意图画出来(至少画出10个金相试样的组织示意图)。

五、提交成果

完成技能训练报告。

(1)写出训练目的。

(2)画出各金相试样的组织示意图(至少画出10个金相试样的组织示意图)。

(3)用符号标出各金相试样的组织。

思考与练习

4-1 碳素结构钢、优质碳素结构钢、碳素工具钢各有何性能特点?非合金钢的性能不足之处是什么?

4-2 指出下列每个牌号钢的类别、含碳量、热处理工艺和主要用途:T10、Q215、40Cr、20CrMnTi、GCr15、60Si2Mn、9SiCr、CrWMn。

4-3 为什么汽车变速齿轮常采用20CrMnTi制造,而机床上同样是变速齿轮却采用45钢或40Cr制造?

4-4 试为下列机械零件或用品选择适用的钢种及牌号:

汽车钢板弹簧　汽车发动机曲轴　地脚螺栓　汽车变速齿轮　机床主轴

汽车发动机连杆　拖拉机轴承　手术刀　板牙　高精度塞规　大型冷冲模

仪表箱壳　机器底座　木工斧子　麻花钻头

4-5 为什么一般机器的支架、机床床身常用灰铸铁制造?

4-6 铝合金分为哪几类?

4-7 铜合金分为哪几类?

4-8 轴承合金必须具有哪些特性?其组织有何特点?常用轴承合金有哪些?

4-9 高聚物的加聚反应和缩聚反应区别何在?

4-10 塑料、橡胶的主要组成物各是什么?

4-11 简述陶瓷材料的性能特点。

第五章　光滑圆柱体的公差与配合

学习指导

本章主要介绍公差与配合的基本术语和定义，公差与配合标准及其选用。应理解互换性的意义，标准化的概念及尺寸、公差、偏差、配合等术语和定义。掌握标准中28个基本偏差代号以及它们的分布规律，掌握公差带的概念和公差带图的画法，熟练查阅尺寸公差标准，正确进行有关计算。初步学会公差与配合的正确选用和标注。

本章重点：公差带的概念及其表示方法，配合的概念及其表示方法，配合种类的判断。难点是正确合理选用公差与配合标准。

第一节　公差与配合的基本术语和定义

一、互换性的概念

在日常生活生产中，我们经常看到这样一种情况，机器、汽车、拖拉机、自行车、缝纫机上的零件坏了，只要换上相同型号的零件就能正常运转，这是因为这些零（部）件具有互换性。

所谓互换性是指相同规格的零（部）件装配或更换时，不经挑选、调整或辅助加工，就能进行装配，并且满足规定的使用功能要求的一种特性。

（一）互换性的作用

互换性给产品的设计、制造、使用维修提供了很大的方便。

1. 在设计方面

按互换性进行设计，能最大限度地采用标准件、通用件，大大简化了绘图和计算工作，缩短了设计周期，并有利于CAD（计算机辅助设计）技术的应用和产品的多样化。

2. 在制造方面

互换性有利于组织专业化协调生产，便于采用先进工艺和高效率的专用设备和CAM（计算机辅助制造）技术，便于实现加工过程和装配过程机械化、自动化，从而提高产品质量和生产效率。

3. 在使用维修方面

使用具有互换性的零（部）件，可以减少机器的维修时间和费用，提高机器的使用价值，缩短了装配时间，提高了效率。

（二）互换性的分类

按互换的范围可分为功能互换性和几何参数互换性。功能互换性包括几何参数、物理性能、化学性能及力学性能等方面的互换，又称为广义互换性。所谓几何参数的互换性是指零(部)件的尺寸、形状、位置及表面粗糙度等参数具有互换性,又称狭义互换性。本章仅讨论零(部)件几何参数的互换性。

按互换的程度可分为完全互换性与不完全互换性。同一规格工件装配前不做任何挑选,装配时不需辅助加工,装配后能满足其使用要求,称为完全互换性;在零(部)件装配时,允许挑选、调整和修配以满足其使用要求的互换称为不完全互换性。采用不完全互换性的作用在于解决加工困难,降低生产成本。

一般来说,使用要求和制造水平、经济效益没有矛盾时,可采用完全互换,反之采用不完全互换。零(部)件厂际协作应采用完全互换,部件或构件在同一厂制造和装配时,可采用不完全互换。

二、尺寸的术语和定义

术语及其定义是公差与配合标准的基础,也是从事机械设计和制造的人员在公差配合方面的语言。

(一)孔和轴的定义

1. 孔

孔通常指工件的圆柱形内表面,也包括其他内表面中由单一尺寸确定的部分。孔的尺寸用 D 表示。图 5-1 中由 D_1、D_2、D_3、和 D_4 各尺寸确定的包容面均称为孔。

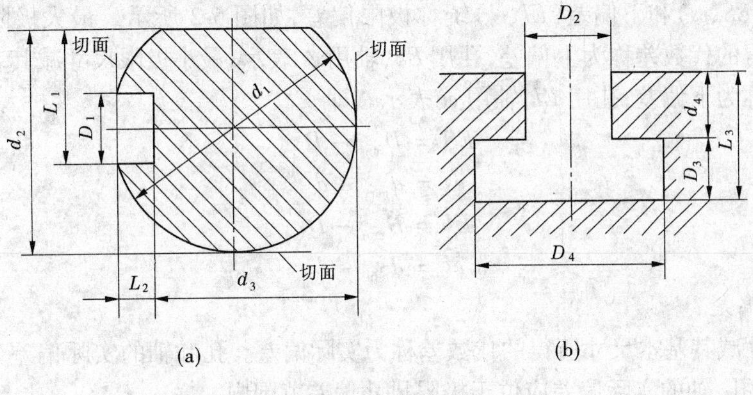

图 5-1　孔和轴

2. 轴

轴通常指工件的圆柱形的外表面,也包括其他外表面中由单一尺寸确定的部分。轴的尺寸用 d 表示。图 5-1 中由 d_1、d_2、d_3 和 d_4 各尺寸确定的被包容面均称为轴。

若两表面既不能形成包容面又不能形成被包容面,则既非孔又非轴,如图 5-1 中由 L_1、L_2、L_3 等尺寸所确定的表面。

(二)尺寸的定义

1. 尺寸

用特定单位表示长度值的数字称为尺寸。尺寸是指长度的大小,包括直径、半径、深度、高度和中心距等。在零件图上,尺寸通常以毫米为单位,但标注尺寸时,一般只写数字不写单位。

2. 基本尺寸

设计给定的尺寸称为基本尺寸。它是根据使用要求，通过强度、刚度等方面的计算或结构的需要而确定的。一般要求符合标准的尺寸系列。通常孔的基本尺寸用 D 表示，轴的基本尺寸用 d 表示。

3. 实际尺寸

通过测量所得的尺寸称为实际尺寸。它包含测量误差，且同一表面不同部位的实际尺寸往往也不相同。孔、轴的实际尺寸分别用 D_a、d_a 表示。

4. 极限尺寸

允许尺寸变化的两个界限值称为极限尺寸。两者中大的称为最大极限尺寸，小的称为最小极限尺寸。

孔和轴的最大、最小极限尺寸分别为用 D_{max} 和 d_{max}、D_{min} 和 d_{min} 表示。

三、有关公差与偏差的术语和定义

（一）尺寸偏差（简称偏差）

某一尺寸减去基本尺寸所得的代数差称为尺寸偏差。尺寸偏差可以为正、负值或零，包括极限偏差和实际偏差。

1. 极限偏差

上偏差（ES、es）和下偏差（EI、ei）统称极限偏差，如图 5-2 所示。最大极限尺寸减其基本尺寸所得的代数差称为上偏差，孔用 ES，轴用 es 表示；最小极限尺寸减其基本尺寸所得的代数差称为下偏差，孔用 EI，轴用 ei 表示。即

$$ES = D_{max} - D \tag{5-1}$$

$$es = d_{max} - d \tag{5-2}$$

$$EI = D_{min} - D \tag{5-3}$$

$$ei = d_{min} - d \tag{5-4}$$

2. 实际偏差

实际尺寸减其基本尺寸所得的代数差称为实际偏差。孔和轴的实际偏差分别用 Ea、ea 表示，合格孔、轴的实际偏差应位于极限尺寸偏差范围内。

（二）尺寸公差（简称公差）

1. 尺寸公差

允许尺寸的变动量称为公差。公差的数值等于最大极限尺寸与最小极限尺寸之代数差的绝对值，也等于上偏差与下偏差代数差的绝对值。

孔、轴的公差分别用 T_h 和 T_s 表示，如图 5-2 所示。

$$T_h = |D_{max} - D_{min}| = |ES - EI| \tag{5-5}$$

$$T_s = |d_{max} - d_{min}| = |es - ei| \tag{5-6}$$

公差与极限偏差有区别又有联系。两者的区别如下：

（1）从数值上看：极限偏差是代数值，可为正、负或零；而公差是允许尺寸的变动范围，所以没有正负的含义，即在公差值前面不应出现“+”或“-”号，也不能为零（零值意味着不允许出现加工误差）。

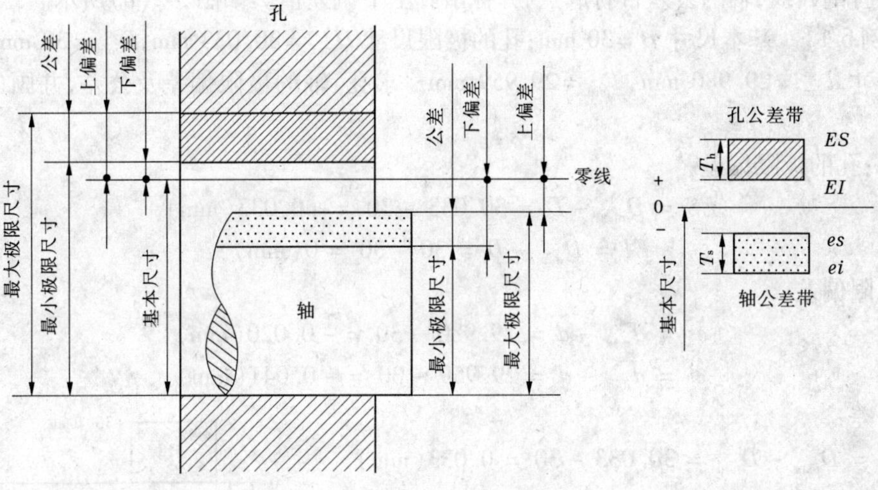

(a) (b)

图 5-2 尺寸、偏差与公差

(2)从作用上看:极限偏差用于控制实际偏差,是判断完工零件是否合格的根据,而公差则控制一批零件实际尺寸的差异程度。

(3)从工艺上看:对某一具体零件,公差大小反映加工的难易程度,即加工精度的高低,它是制定加工工艺的主要依据,而极限偏差则是调整机床决定切削工具与工件相对位置的依据。

两者的联系:公差是上、下偏差之代数差的绝对值,所以确定了两极限偏差也就确定了公差。

2. 公差带图

表示两个相互结合的孔、轴的基本尺寸、极限尺寸、极限偏差与公差的相互关系的图称为公差带图(见图 5-2(a))。在实际应用中,常以简化形式绘出(见图 5-2(b))。

1)零线

确定极限偏差的一条基准线称为零线,即零偏差线。零线表示基本尺寸,正偏差在零线上方,负偏差在零线下方。

2)尺寸公差带

公差带图中,由代表上偏差和下偏差的两条直线所限定的区域,称为尺寸公差带,简称公差带。公差带包括了公差带大小与公差带位置两要素,前者由标准公差确定,后者由基本偏差确定。对于某一零件的具体尺寸,其公差带的大小(即公差值)反映了尺寸的精确程度,也反映了零件加工的难易程度;公差带相对零线的位置,反映了零件装配时配合的松紧程度(详见配合部分),也决定了零件在加工时刀具相对工件的调整位置。

绘制公差带图时,首先画一条水平的零线,在其左端标上“0、+、-”号,在零线的左下方画出带箭头的基本尺寸线,并标出基本尺寸。正偏差位于零线的上方,负偏差位于零线的下方,偏差为零时与零线重合。根据上偏差和下偏差的大小,按适当的比例画出平行于零线的两条直线,公差带沿零线方向的长度可适当选取。为了区分孔、轴公差带,孔的公差带打剖面线，轴的公差带打麻点，并标出其上下偏差值。如图 5-2(b)所示。

【例 5-1】 基本尺寸 $D=30$ mm；孔的极限尺寸 $D_{max}=30.033$ mm，$D_{min}=30$ mm，轴的极限尺寸 $d_{max}=29.980$ mm，$d_{min}=29.959$ mm。求孔、轴的极限偏差及公差，并画出公差带图。

解：孔的极限偏差：

$$ES = D_{max} - D = 30.033 - 30 = +0.033(\text{mm})$$

$$EI = D_{min} - D = 30 - 30 = 0(\text{mm})$$

轴的极限偏差：

$$es = d_{max} - d = 29.980 - 30 = -0.020(\text{mm})$$

$$ei = d_{min} - d = 29.959 - 30 = -0.041(\text{mm})$$

孔的公差：

$$T_h = D_{max} - D_{min} = 30.033 - 30 = 0.033(\text{mm})$$

轴的公差：

$$T_s = d_{max} - d_{min} = 29.980 - 29.959 = 0.021(\text{mm})$$

公差带图如图 5-3 所示。

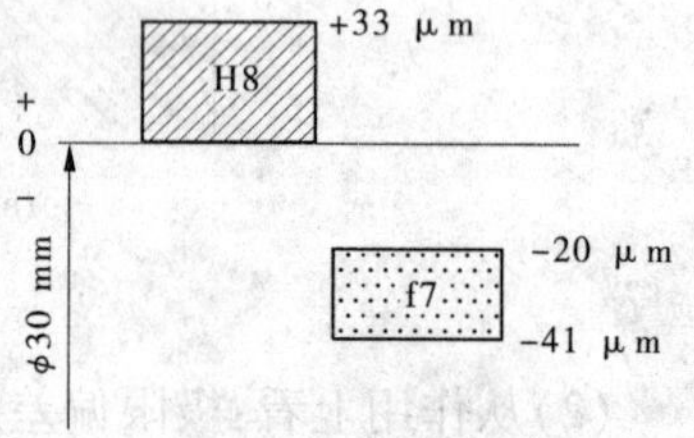

图 5-3 公差带图

四、配合的术语和定义

(一)配合、间隙和过盈

1. 配合

基本尺寸相同、相互结合的孔、轴公差带之间的关系，称为配合。根据孔和轴公差带之间的关系不同，配合分为三种类型：间隙配合、过盈配合和过渡配合。

2. 间隙

孔的尺寸减去相配合的轴的尺寸所得的代数差为正时，称为间隙，间隙用 X 表示。间隙数值前面应标“+”号，如 +0.03 mm。

3. 过盈

孔的尺寸减去相配合的轴的尺寸所得的代数差为负时，称为过盈，过盈用 Y 表示。过盈数值前面应标“-”号，如 -0.03 mm。

(二)配合的种类

1. 间隙配合

具有间隙(包括最小间隙为零)的配合称为间隙配合。此时，孔的公差带在轴的公差带之上，如图 5-4 所示。

对于间隙配合，孔的最大极限尺寸减去轴的最小极限尺寸所得的代数差，称为最大间隙(式(5-7))；孔的最小极限尺寸减去轴的最大极限尺寸所得的代数差，称为最小间隙(式(5-8))。最大间隙和最小间隙统称极限间隙，它们表示间隙配合中允许间隙变动的两个界限值。在正常生产中两者出现的机会很少。

$$X_{max} = D_{max} - d_{min} = ES - ei \tag{5-7}$$

$$X_{min} = D_{min} - d_{max} = EI - es \tag{5-8}$$

2. 过盈配合

具有过盈(包括最小过盈等于零)的配合称为过盈配合。此时,孔的公差带在轴的公差带之下,如图 5-5 所示。

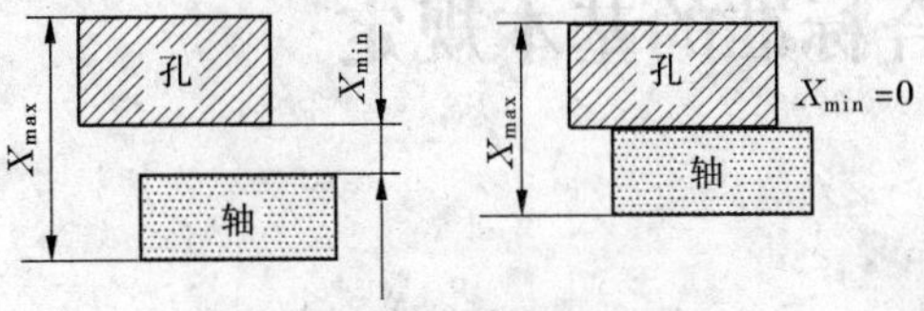

图 5-4　间隙配合

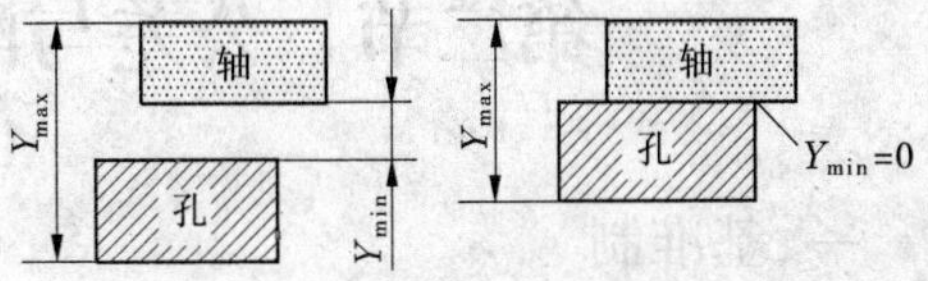

图 5-5　过盈配合

对于过盈配合,孔的最小极限尺寸减去轴的最大极限尺寸所得的代数差,称为最大过盈(式(5-9));孔的最大极限尺寸减去轴的最小极限尺寸称为最小过盈(式(5-10))。最大过盈和最小过盈统称极限过盈,它们表示过盈配合中允许过盈变动的两个界限值。在正常生产中,两者出现的机会很少。

$$Y_{max} = D_{min} - d_{max} = EI - es \tag{5-9}$$

$$Y_{min} = D_{max} - d_{min} = ES - ei \tag{5-10}$$

3. 过渡配合

可能具有间隙也可能具有过盈的配合称为过渡配合。此时,孔的公差带与轴的公差带相互重叠,如图 5-6 所示。在孔与轴的公差带范围内,当孔的尺寸大于轴的尺寸时,具有间隙;小于轴的尺寸时,具有过盈。图 5-6 列出了可能发生的三种不同的孔和轴公差带交叠的形式。

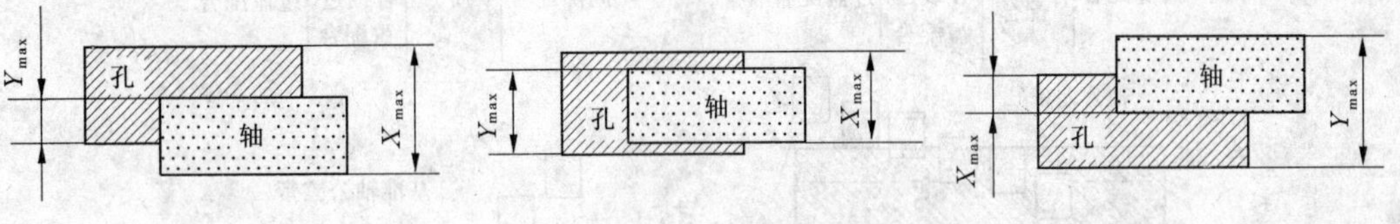

图 5-6　过渡配合

对于过渡配合,最大间隙表示过渡配合中最松状态,其数值按式(5-11)计算;最大过盈表示过渡配合中最紧状态,其数值按式(5-12)计算。

$$X_{max} = D_{max} - d_{min} = ES - ei \tag{5-11}$$

$$Y_{max} = D_{min} - d_{max} = EI - es \tag{5-12}$$

(三)配合公差

配合公差是指允许间隙或过盈的变动量,用 T_f 表示。它是设计人员根据机器配合部位使用性能的要求对配合松紧变动的程度给定的允许值。它反映配合的松紧变化程度,表示配合精度,是评定配合质量的一个重要的综合指标。

对于间隙配合　$$T_f = X_{max} - X_{min} \tag{5-13}$$

对于过盈配合　$$T_f = Y_{min} - Y_{max} \tag{5-14}$$

对于过渡配合　$$T_f = X_{max} - Y_{max} \tag{5-15}$$

经数学变换,配合公差与孔、轴的公差关系为:

$$T_f = T_h + T_s \tag{5-16}$$

从式(5-16)可以看出,若要提高装配精度,使配合后的间隙或过盈的变化范围减小,应减小零件的公差,即需提高零件的加工精度。

第二节　公差与配合标准的基本规定

一、基准制

从理论上讲,任何一种孔的公差带和任何一种轴的公差带都可以形成一种配合。但为了简化起见,GB/T 1800. 1—1997 对孔与轴公差带之间的相互关系,规定了两种制度,即基孔制和基轴制。

(一) 基孔制

基本偏差为一定的孔的公差带,与不同基本偏差的轴的公差带形成各种配合的一种制度,称为基孔制。基孔制中的孔为基准孔,它的基本偏差为下偏差,其数值为零。基准孔代号为 H,如图 5-7(a)所示。

(二) 基轴制

基本偏差为一定的轴的公差带,与不同基本偏差的孔的公差带形成各种配合的一种制度,称为基轴制。基轴制中的轴为基准轴,它的基本偏差为上偏差,其数值为零。其代号为 h,如图 5-7(b)所示。

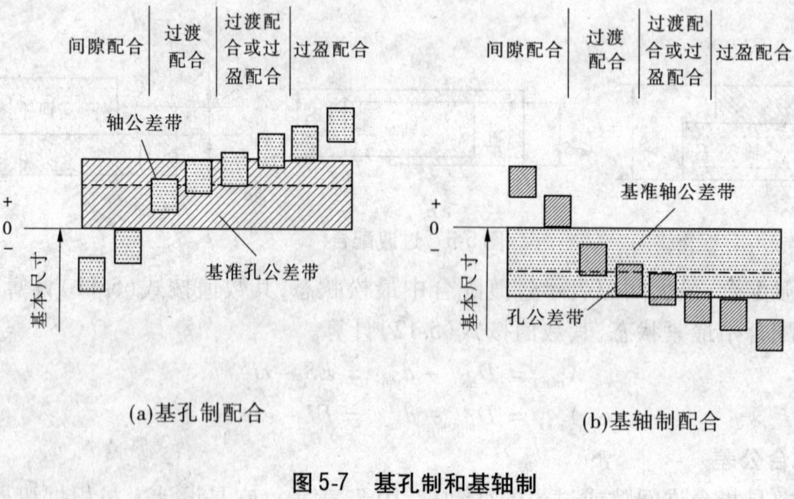

图 5-7　基孔制和基轴制

二、标准公差

标准公差是国家标准规定的、用以确定公差带大小的任一公差。设置标准公差的目的,在于把公差带的大小加以标准化,而公差带的大小反映了尺寸的精确程度,所以设置标准公差也可以说是将尺寸精度加以标准化。

(一) 标准公差因子

标准公差因子是计算标准公差的基本单位,也是制定标准公差数值系列的基础。基

本尺寸≤500 mm 的尺寸段，标准公差因子

$$i = 0.45\sqrt[3]{D} + 0.001D \tag{5-17}$$

基本尺寸为 500 ~ 3 150 mm 的尺寸段，标准公差因子

$$I = 0.004D + 2.1 \tag{5-18}$$

式中 D——孔或轴的基本尺寸，mm；

$i(I)$——公差因子，μm。

(二)标准公差等级及其代号

GB/T 1800.2—1998 规定，按照标准公差数值增大的顺序，在基本尺寸至 500 mm 内规定了 20 个标准公差等级，分别为 IT01、IT0、IT1、IT2、…、IT18。在基本尺寸大于 500 mm 至 3 150 mm 内规定了 18 个标准公差等级，分别为 IT1、IT2、…、IT18。其中，IT01 精度最高，然后依次降低，IT18 精度最低。而相应的标准公差值依次增大，即 IT01 公差值最小，IT18 公差值最大。IT 表示标准公差(国际公差 ISOTolerance 的缩写)，阿拉伯数字表示公差等级。标准公差值按表 5-1 计算。

表 5-1 标准公差数值的计算公式

公差等级	公 式	公差等级	公 式	公差等级	公 式
IT01	$0.3 + 0.008D$	IT6	$10i$	IT13	$250i$
IT0	$0.5 + 0.012D$	IT7	$16i$	IT14	$400i$
IT1	$0.8 + 0.020D$	IT8	$25i$	IT15	$640i$
IT2	$(IT1)(IT5/IT1)^{1/4}$	IT9	$40i$	IT16	$1\,000i$
IT3	$(IT1)(IT5/IT1)^{2/4}$	IT10	$64i$	IT17	$1\,600i$
IT4	$(IT1)(IT5/IT1)^{3/4}$	IT11	$100i$	IT18	$2\,500i$
IT5	$7i$	IT12	$160i$		

(三)基本尺寸分段

根据标准公差的计算公式，同一公差等级的不同的基本尺寸就有不同的公差，这会使公差表格非常庞大。为了简化公差和配合的表格，便于生产应用，国家标准对基本尺寸进行了分段，同一尺寸段内的所有尺寸均用该尺寸段首尾两尺寸的几何平均值去代替。(在≤3 mm 的尺寸段中用 $D = \sqrt{1 \times 3}$ 代替)。但计算后，必须按国家标准规定的尾数圆整规则进行圆整，现举例如下。

【例 5-2】 基本尺寸 ϕ25 mm，求 IT7、IT8。

解:25 mm 属于 18 ~ 30 mm 尺寸分段。

几何平均值：$D = \sqrt{18 \times 30} = 23.24$(mm)

公差因子：

$$i = 0.45 \times \sqrt[3]{D} + 0.001D = 0.45 \times \sqrt[3]{23.24} + 0.001 \times 23.24 \approx 1.31(\mu m)$$

$$IT7 = 16i = 16 \times 1.31 = 20.96 \approx 21(\mu m)$$

$$IT8 = 25i = 25 \times 1.31 = 32.75 \approx 33(\mu m)$$

实际应用中，常用尺寸的标准公差数值可查表 5-2，表中公差值为圆整后的标准值。

表 5-2　标准公差数值(摘自 GB/T 1800.3—1998)

基本尺寸(mm)		公差等级(IT)																			
		(μm)													(mm)						
大于	至	01	0	1	2	3	4	5	6	7	8	9	10	11	12	13	14	15	16	17	18
—	3	0.3	0.5	0.8	1.2	2	3	4	6	10	14	25	40	60	0.10	0.14	0.25	0.40	0.60	1.0	1.4
3	6	0.4	0.6	1	1.5	2.5	4	5	8	12	18	30	48	75	0.12	0.18	0.30	0.48	0.75	1.2	1.8
6	10	0.4	0.6	1	1.5	2.5	4	6	9	15	22	36	58	90	0.15	0.22	0.36	0.58	0.90	1.5	2.2
10	18	0.5	0.8	1.2	2	3	5	8	11	18	27	43	70	110	0.18	0.27	0.43	0.70	1.10	1.8	2.7
18	30	0.6	1	1.5	2.5	4	6	9	13	21	33	52	84	130	0.21	0.33	0.52	0.84	1.30	2.1	3.3
30	50	0.6	1	1.5	2.5	4	7	11	16	25	39	62	100	160	0.25	0.39	0.62	1.00	1.60	2.5	3.9
50	80	0.8	1.2	2	3	5	8	13	19	30	46	74	120	190	0.30	0.46	0.74	1.20	1.90	3.0	4.6
80	120	1	1.5	2.5	4	6	10	15	22	35	54	87	140	220	0.35	0.54	0.87	1.40	2.20	3.5	5.4
120	180	1.2	2	3.5	5	8	12	18	25	40	63	100	160	250	0.40	0.63	1.00	1.60	2.50	4.0	6.3
180	250	2	3	4.5	7	10	14	20	29	46	72	115	185	290	0.46	0.72	1.15	1.85	2.90	4.6	7.2
250	315	2.5	4	6	8	12	16	23	32	52	81	130	210	320	0.52	0.81	1.30	2.10	3.20	5.2	8.1
315	400	3	5	7	9	13	18	25	36	57	89	140	230	360	0.57	0.89	1.40	2.30	3.60	5.7	8.9
400	500	4	6	8	10	15	20	27	40	63	97	155	250	400	0.63	0.97	1.55	2.50	4.00	6.3	9.7

三、基本偏差

上偏差或者下偏差中离零线最近的即绝对值较小的那个偏差，称为基本偏差。设置基本偏差的目的是将公差带相对零线的位置标准化，以满足不同配合性质的要求。

(一)基本偏差代号

国家标准对孔和轴各规定了 28 种基本偏差，即规定了轴和孔的公差带各有 28 个位置，如图 5-8 所示。

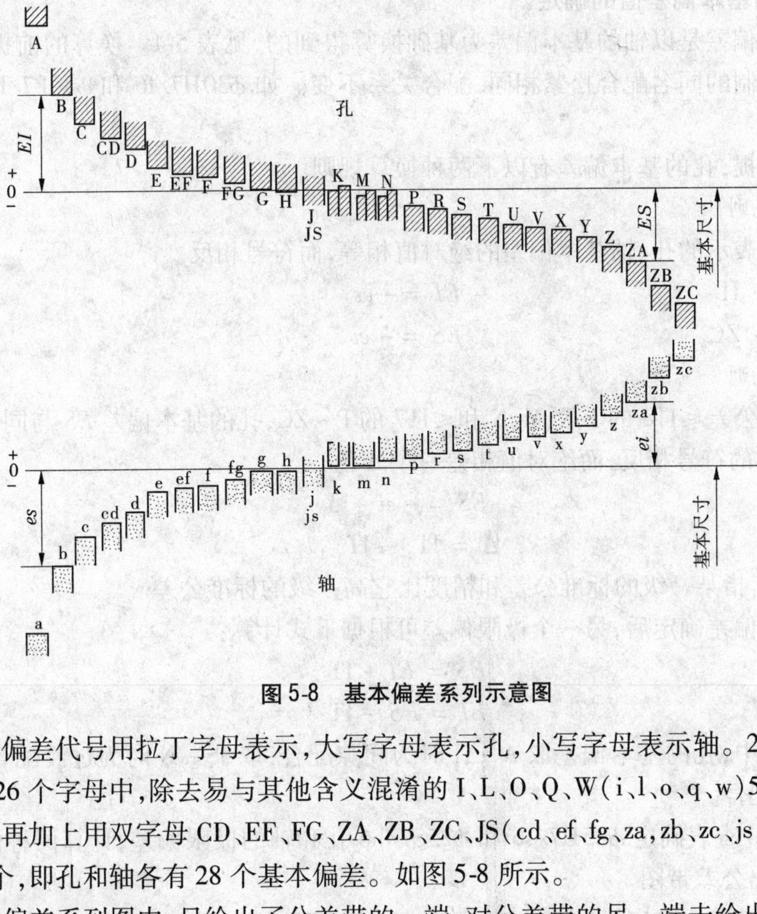

图 5-8 基本偏差系列示意图

基本偏差代号用拉丁字母表示，大写字母表示孔，小写字母表示轴。28 种基本偏差代号，由 26 个字母中，除去易与其他含义混淆的 I、L、O、Q、W(i、l、o、q、w)5 个字母外，采用 21 个，再加上用双字母 CD、EF、FG、ZA、ZB、ZC、JS(cd、ef、fg、za，zb、zc、js)表示的 7 个，共有 28 个，即孔和轴各有 28 个基本偏差。如图 5-8 所示。

基本偏差系列图中，只绘出了公差带的一端，对公差带的另一端未绘出，因为它取决于公差等级的大小和这个基本偏差的组合。

孔的基本偏差从 A 到 H 为下偏差 *EI*，H 的基本偏差为零，其余为正值，绝对值依次减小；J ~ ZC 为上偏差 *ES*，除 J 和 K 外，一般为负值，绝对值依次增大，JS 的公差带相对零线对称布置，其基本偏差可为上偏差 $ES = +IT/2$ 或下偏差 $EI = -IT/2$。轴的基本偏差从 a 到 h 为上偏差 *es*，h 的基本偏差为零，其余为负值；j ~ zc 基本偏差为下偏差 *ei*，除 j 外，一般为正值，js 的基本偏差可为上偏差 $es = +IT/2$ 或下偏差 $ei = -IT/2$。

(二)轴的基本偏差值的确定

轴的基本偏差数值是以基孔制为基础，根据各种配合要求，在生产实践和大量试验的基础上，依据统计分析结果整理出一系列经验公式，再把用公式计算的结果按一定规则将尾数圆整后得到的。在实际工作中轴的基本偏差数值已列成表，使用时可直接查表5-3。

轴的基本偏差确定后，另一个极限偏差可根据轴的基本偏差和标准公差，按下式计算：

$$ei = es - IT \tag{5-19}$$

$$es = ei + IT \tag{5-20}$$

在基孔制中，轴的基本偏差取 a ~ h 时为间隙配合；取 js ~ n 时，为过渡配合；取 p ~ zc 时为过盈配合。

（三）孔的基本偏差值的确定

孔的基本偏差是以轴的基本偏差为基础换算得到的，见表5-4。换算的前提是，使轴和孔两种基准制的同名配合松紧相同，配合关系不变。如 ϕ30H7/f6 和 ϕ30F7/h6 配合性质相同。

根据此前提，孔的基本偏差有以下两种换算规则。

1. 通用规则

同一字母表示的孔、轴基本偏差的绝对值相等，而符号相反。

对于 A ~ H $$EI = -es \tag{5-21}$$

对于 K ~ ZC $$ES = -ei \tag{5-22}$$

2. 特殊规则

对于标准公差≤IT8 的 J、K、M、N 和≤IT7 的 P ~ ZC，孔的基本偏差 ES 与同字母的轴的基本偏差 ei 的符号相反，而绝对值相差一个 Δ 值。

$$ES = -ei + \Delta \tag{5-23}$$

$$\Delta = IT_n - IT_{n-1} \tag{5-24}$$

式中：IT_n、IT_{n-1} 指某一级的标准公差和精度比它高一级的标准公差。

孔的基本偏差确定后，另一个极限偏差可根据下式计算：

$$ES = EI + IT \tag{5-25}$$

$$EI = ES - IT \tag{5-26}$$

在基轴制中，孔的基本偏差取 A ~ H 时为间隙配合；取 JS ~ N 时为过渡配合；取 P ~ ZC 时为过盈配合。

【例5-3】 查表确定 ϕ25H7/s6 和 ϕ25S7/h6 孔和轴的极限偏差，计算两种配合的极限过盈，并画出公差带图。

解：(1) 查表5-2确定标准公差值：IT6 = 13 μm，IT7 = 21 μm。

(2) 查表确定孔和轴的基本偏差。孔：查表5-4，H 的基本偏差 $EI = 0$，S 的基本偏差 $ES = -35 + \Delta = -35 + 8 = -27$(μm)。轴：查表5-3，h 的基本偏差 $es = 0$，s 的基本偏差 $ei = +35$ μm。

(3) 计算孔和轴的另一极限偏差。

孔：H7 的另一极限偏差 $ES = EI + IT7 = 0 + 21 = +21$(μm)

S7 的另一极限偏差 $EI = ES - IT7 = -27 - 21 = -48$(μm)

轴：h6 的另一极限偏差 $ei = es - IT6 = 0 - 13 = -13$(μm)

s6 的另一极限偏差 $es = ei + IT6 = 35 + 13 = +48$(μm)

(4) 计算极限过盈。

表 5-4　尺寸≤500 mm 孔的基本偏差数值（摘自 GB/T 1800.3—1998）

基本尺寸（mm）	基本偏差数值（μm）																																		Δ值(μm)					
	下偏差 *EI*												上偏差 *ES*																											
	A	B	C	CD	D	E	EF	F	FG	G	H	JS	J			K		M		N		P~ZC	P	R	S	T	U	V	X	Y	Z	ZA	ZB	ZC	标准公差等级					
	所有标准公差等级												IT6	IT7	IT8	≤IT8	>IT8	≤IT8	>IT8	≤IT8	>IT8	≤IT7	>IT7 的标准公差等级												IT3	IT4	IT5	IT6	IT7	IT8
≤3	+270	+140	+60	+34	+20	+14	+10	+6	+4	+2	0	偏差等于 $\pm\frac{IT_n}{2}$	+2	+4	+6	0	—	-2	-2	-4	-4	在大于IT7的数值基础上增加一个Δ值	-6	-10	-14	—	-18	—	-20	—	-26	-32	-40	-60	0	0	0	0	0	0
3~6	+270	+140	+70	+46	+30	+20	+14	+10	+6	+4	0		+5	+6	+10	-1+Δ	—	-4+Δ	-4	-8+Δ	0		-12	-15	-19	—	-23	—	-28	—	-35	-42	-50	-80	1	1.5	1	3	4	6
6~10	+280	+150	+80	+56	+40	+25	+18	+13	+8	+5	0		+5	+8	+12	-1+Δ	—	-6+Δ	-6	-10+Δ	0		-15	-19	-23	—	-28	—	-34	—	-42	-52	-67	-97	1	1.5	2	3	6	7
10~14 14~18	+290	+150	+95	—	+50	+32	—	+16	—	+6	0		+6	+10	+15	-1+Δ	—	-7+Δ	-7	-12+Δ	0		-18	-23	-28	—	-33	-39	-40 -45	— —	-50 -60	-64 -77	-90 -108	-130 -150	1	2	3	3	7	9
18~24 24~30	+300	+160	+110	—	+65	+40	—	+20	—	+7	0		+8	+12	+20	-2+Δ	—	-8+Δ	-8	-15+Δ	0		-22	-28	-35	-41	-41 -48	-47 -55	-54 -64	-63 -75	-73 -88	-98 -118	-136 -160	-188 -218	1.5	2	3	4	8	12
30~40 40~50	+310 +320	+170 +180	+120 +130	—	+80	+50	—	+25	—	+9	0		+10	+14	+24	-2+Δ	—	-9+Δ	-9	-17+Δ	0		-26	-34	-43	-48 -54	-60 -70	-68 -81	-80 -97	-94 -114	-112 -136	-148 -180	-200 -242	-274 -325	1.5	3	4	5	9	14
50~65 65~80	+340 +360	+190 +200	+140 +150	—	+100	+60	—	+30	—	+10	0		+13	+18	+28	-2+Δ	—	-11+Δ	-11	-20+Δ	0		-32	-41 -43	-53 -59	-66 -75	-87 -102	-102 -120	-122 -146	-144 -174	-172 -210	-226 -274	-300 -360	-405 -480	2	3	5	6	11	16
80~100 100~120	+380 +410	+220 +240	+170 +180	—	+120	+72	—	+36	—	+12	0		+16	+22	+34	-3+Δ	—	-13+Δ	-13	-23+Δ	0		-37	-51 -54	-71 -79	-91 -104	-124 -144	-146 -172	-178 -210	-214 -254	-258 -310	-335 -400	-445 -525	-585 -690	2	4	5	7	13	19
120~140 140~160 160~180	+460 +520 +580	+260 +280 +310	+200 +210 +230	—	+145	+85	—	+43	—	+14	0		+18	+26	+41	-3+Δ	—	-15+Δ	-15	-27+Δ	0		-43	-63 -65 -68	-92 -100 -108	-122 -134 -146	-170 -190 -210	-202 -228 -252	-248 -280 -310	-300 -340 -380	-365 -415 -465	-470 -535 -600	-620 -700 -780	-800 -900 -1 000	3	4	6	7	15	23
180~200 200~225 225~250	+660 +740 +820	+340 +380 +420	+240 +260 +280	—	+170	+100	—	+50	—	+15	0		+22	+30	+47	-4+Δ	—	-17+Δ	-17	-31+Δ	0		-50	-77 -80 -84	-122 -130 -140	-166 -180 -196	-236 -258 -284	-284 -310 -340	-350 -385 -425	-425 -470 -520	-520 -575 -640	-670 -740 -820	-880 -960 -1 050	-1 150 -1 250 -1 350	3	4	6	9	17	26
250~280 280~315	+920 +1 050	+480 +540	+300 +330	—	+190	+110	—	+56	—	+17	0		+25	+36	+55	-4+Δ	—	-20+Δ	-20	-34+Δ	0		-56	-94 -98	-158 -170	-218 -240	-315 -350	-385 -425	-475 -525	-580 -650	-710 -790	-920 -1 000	-1 200 -1 300	-1 550 -1 700	4	4	7	9	20	29
315~355 355~400	+1 200 +1 350	+600 +680	+360 +400	—	+210	+125	—	+62	—	+18	0		+29	+39	+60	-4+Δ	—	-21+Δ	-21	-37+Δ	0		-62	-108 -114	-190 -208	-268 -294	-390 -435	-475 -530	-590 -660	-730 -820	-900 -1 000	-1 150 -1 300	-1 500 -1 650	-1 900 -2 100	4	5	7	11	21	32
400~450 450~500	+1 500 +1 650	+760 +840	+440 +480	—	+230	+135	—	+68	—	+20	0		+33	+43	+66	-5+Δ	—	-23+Δ	-23	-40+Δ	0		-68	-126 -132	-232 -252	-330 -360	-490 -540	-595 -660	-740 -820	-920 -1 000	-1 100 -1 250	-1 450 -1 600	-1 850 -2 100	-2 400 -2 600	5	5	7	13	23	34

注： 1. 基本尺寸≤1 mm 时，基本偏差 A 和 B 及 >IT8 的 N 均不采用。

2. 公差带 IT7 ~ IT11，若 IT_n 值是奇数，则取偏差 $JS = \pm(IT_n - 1)/2$。

3. 对于≤IT8 的 K、M、N 和≤IT7 的 P ~ ZC，均应增加一个 Δ 值，Δ 值从表的右侧选取。

4. 特殊情况：250 ~ 315 mm 尺寸的 M6，取 *ES* = 9 μm（代替 -11 μm）。

表 5-3 尺寸≤500 mm 的轴的基本偏差数值(摘自 GB/T 1800.3—1998)

基本尺寸(mm)	基本偏差数值(μm)																													
	上偏差 *es*												下偏差 *ei*																	
	a	b	c	cd	d	e	ef	f	fg	g	h	js	j			k		m	n	p	r	s	t	u	v	x	y	z	za	zb	zc
	所有标准公差等级												IT5~IT6	IT7	IT8	IT4~IT7	≤IT3 >IT7	所有标准公差等级													
≤3	−270	−140	−60	−34	−20	−14	−10	−6	−4	−2	0		−2	−4	−6	0	0	+2	+4	+6	+10	+14	—	+18	—	+20	—	+26	+32	+40	+60
3~6	−270	−140	−70	−46	−30	−20	−14	−10	−6	−4	0		−2	−4	—	+1	0	+4	+8	+12	+15	+19	—	+23	—	+28	—	+35	+42	+50	+80
6~10	−280	−150	−80	−56	−40	−25	−18	−13	−8	−5	0		−2	−5	—	+1	0	+6	+10	+15	+19	+23	—	+28	—	+34	—	+42	+52	+67	+97
10~14 14~18	−290	−150	−95	—	−50	−32	—	−16	—	−6	0		−3	−6	—	+1	0	+7	+12	+18	+23	+28	—	+33	— +39	+40 +45	— —	+50 +60	+64 +77	+90 +108	+130 +150
18~24 24~30	−300	−160	−110	—	−65	−40	—	−20	—	−7	0		−4	−8	—	+2	0	+8	+15	+22	+28	+35	— +41	+41 +48	+47 +55	+54 +64	+63 +75	+73 +88	+98 +118	+136 +160	+188 +218
30~40 40~50	−310 −320	−170 −180	−120 −130	—	−80	−50	—	−25	—	−9	0		−5	−10	—	+2	0	+9	+17	+26	+34	+43	+48 +54	+60 +70	+68 +81	+80 +97	+94 +114	+112 +136	+148 +180	+200 +242	+274 +325
50~65 65~80	−340 −360	−190 −200	−140 −150	—	−100	−60	—	−30	—	−10	0	偏差等于 $\pm\frac{IT_n}{2}$	−7	−12	—	+2	0	+11	+20	+32	+41 +43	+53 +59	+66 +75	+87 +102	+102 +120	+122 +146	+144 +174	+172 +210	+226 +274	+300 +360	+405 +480
80~100 100~120	−380 −410	−220 −240	−170 −180	—	−120	−72	—	−36	—	−12	0		−9	−15	—	+3	0	+13	+23	+37	+51 +54	+71 +79	+91 +104	+124 +144	+146 +172	+178 +210	+214 +254	+258 +310	+335 +400	+445 +525	+585 +690
120~140 140~160 160~180	−460 −520 −580	−260 −280 −310	−200 −210 −230	—	−145	−85	—	−43	—	−14	0		−11	−18	—	+3	0	+15	+27	+43	+63 +65 +68	+92 +100 +108	+122 +134 +146	+170 +190 +210	+202 +228 +252	+248 +280 +310	+300 +340 +380	+365 +415 +465	+470 +535 +600	+620 +700 +780	+800 +900 +1 000
180~200 200~225 225~250	−660 −740 −820	−340 −380 −420	−240 −260 −280	—	−170	−100	—	−50	—	−15	0		−13	−21	—	+4	0	+17	+31	+50	+77 +80 +84	+122 +130 +140	+166 +180 +196	+236 +258 +284	+284 +310 +340	+350 +385 +425	+425 +470 +520	+520 +575 +640	+670 +740 +820	+880 +960 +1 050	+1 150 +1 250 +1 350
250~280 280~315	−920 −1 050	−480 −540	−300 −330	—	−190	−110	—	−56	—	−17	0		−16	−26	—	+4	0	+20	+34	+56	+94 +98	+158 +170	+218 +240	+315 +350	+385 +425	+475 +525	+580 +650	+710 +790	+920 +1 000	+1 200 +1 300	+1 550 +1 700
315~355 355~400	−1 200 −1 350	−600 −680	−360 −400	—	−210	−125	—	−62	—	−18	0		−18	−28	—	+4	0	+21	+37	+62	+108 +114	+190 +208	+268 +294	+390 +435	+475 +530	+590 +660	+730 +820	+900 +1 000	+1 150 +1 300	+1 500 +1 650	+1 900 +2 100
400~450 450~500	−1 500 −1 650	−760 −840	−440 −480	—	−230	−135	—	−68	—	−20	0		−20	−32	—	+5	0	+23	+40	+68	+126 +132	+232 +252	+330 +360	+490 +540	+595 +660	+740 +820	+920 1 000	+1 100 +1 250	+1 450 +1 600	+1 850 +2 100	+2 400 +2 600

注:1. 基本尺寸≤1 mm 时,基本偏差 a 和 b 均不采用。

2. 公差带 IT7 ~ IT11,若 IT_n 数值是奇数,则取偏差 js = ±(IT_n −1)/2。

$\phi25H7/s6$：最大过盈：$Y_{max} = EI - es = 0 - 48 = -48(\mu m)$

最小过盈：$Y_{min} = ES - ei = 21 - 35 = -14(\mu m)$

$\phi25S7/h6$：最大过盈：$Y_{max} = EI - es = -48 - 0 = -48(\mu m)$

最小过盈：$Y_{min} = ES - ei = -27 - (-13) = -14(\mu m)$

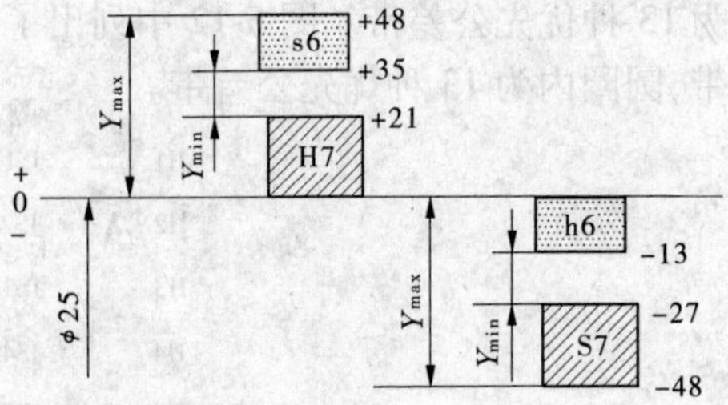

图 5-9　例 5-3 公差带图

由计算可知：两种配合的极限过盈相同，所以 $\phi25H7/s6$ 和 $\phi25S7/h6$ 配合性质相同。

(5) 画出公差带图，如图 5-9 所示。

四、国家标准规定的公差带和配合

(一) 公差带代号

孔、轴公差带代号由基本偏差代号与公差等级代号组成，如图 5-10 所示。

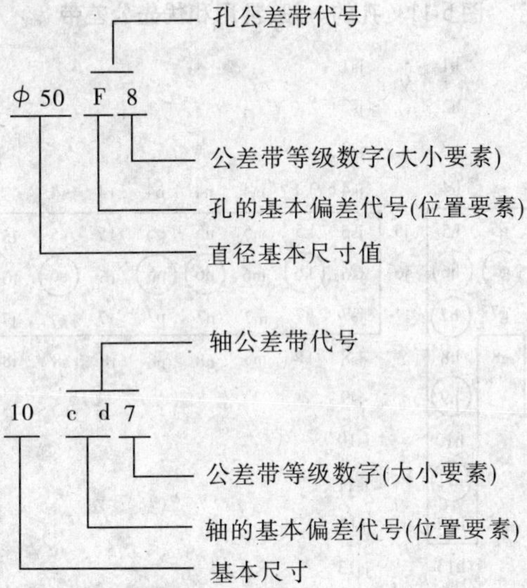

图 5-10　公差带代号示例

在工程图上公差带可按上述的公差带代号形式标注，也可标注极限偏差或同时标注公差带代号和极限偏差值。如 $\phi50F8$ 可表示为 $\phi50^{+0.064}_{+0.025}$ 或 $\phi50F8(^{+0.064}_{+0.025})$；10cd7 可表示为 $10^{-0.056}_{-0.071}$ 或 $10cd7(^{-0.056}_{-0.071})$。

(二) 公差带系列

国家标准规定有 20 个公差等级和 28 个基本偏差代号，可组成 543 个孔公差带和 544 个轴公差带，可满足广泛的需要。但同时应用这些公差带显然是不利于生产的，因为这会导致定值刀具、量具规格的繁杂，所以对公差带的选用应加以限制。

对基本尺寸≤500 mm 的孔和轴国标规定了一般、常用和优先公差带，如图 5-11 和图 5-12所示。图 5-11 中列出了 105 种孔的一般公差带，方框内为 44 种常用公差带，圆圈内为 13 种优先公差带。图 5-12 中列出了 119 种轴的一般公差带，方框内为 59 种常用公差带，圆圈内为 13 种优先公差带。

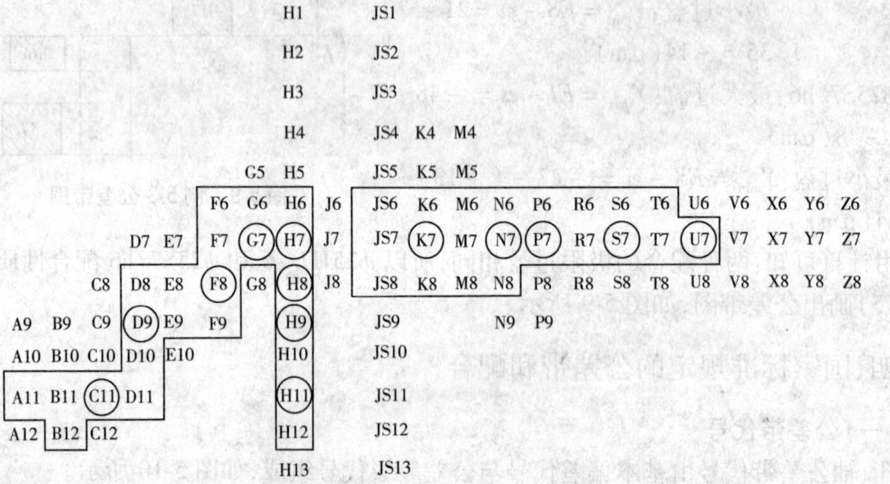

图 5-11　孔的一般、常用和优先公差带

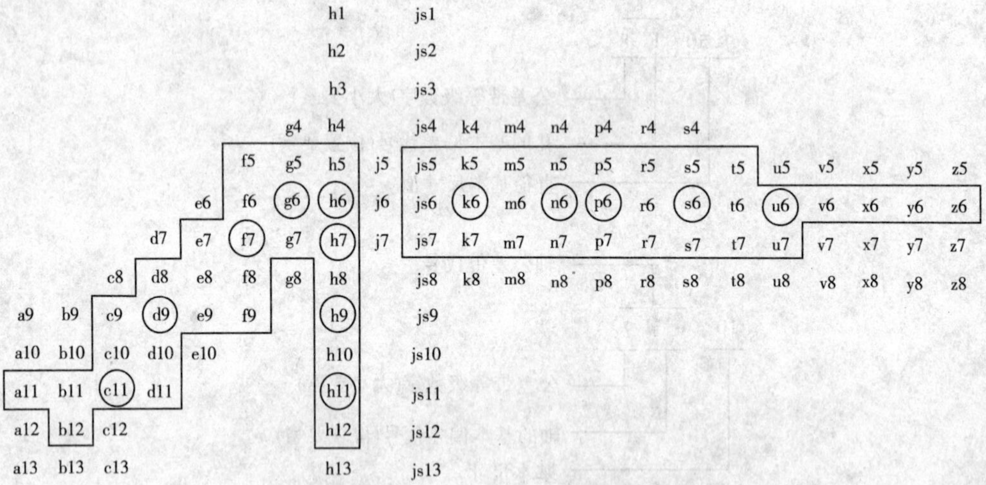

图 5-12　轴的一般、常用和优先公差带

（三）配合代号

国标规定：用孔、轴公差带代号组合表示配合，写成分数形式，分子为孔的公差带代号，分母为轴的公差带代号。

例如：ϕ50H8/f7 或 $\phi 50\ \dfrac{\mathrm{H8}}{\mathrm{f7}}$，表示基本尺寸为 50 mm，公差带为 H8 的孔与公差带为 f7 的轴的配合（基孔制间隙配合）。

（四）常用和优先配合系列

在上述推荐的轴、孔公差带的基础上，国标又推荐了孔、轴公差带的组合。规定了基孔制常用配合 59 种，优先配合 13 种，见表 5-5。基轴制常用配合 47 种，优先配合 13 种，见表 5-6。

表 5-5　基孔制优先、常用配合

基准孔	a	b	c	d	e	f	g	h	js	k	m	n	p	r	s	t	u	v	x	y	z
	间隙配合								过渡配合				过盈配合								
H6						H6/f5	H6/g5	H6/h5	H6/js5	H6/k5	H6/m5	H6/n5	H6/p5	H6/r5	H6/s5	H6/t5					
H7						H7/f6	◤H7/g6	◤H7/h6	H7/js6	◤H7/k6	H7/m6	◤H7/n6	◤H7/p6	H7/r6	◤H7/s6	H7/t6	◤H7/u6	H7/v6	H7/x6	H7/y6	H7/z6
H8					H8/e7	◤H8/f7	H8/g7	◤H8/h7	H8/js6	H8/k7	H8/m7	H8/n6	H8/p7	H8/r7	H8/s7	H8/t7	H8/u7				
				H8/d8	H8/e8	H8/f8		H8/h8													
H9			H9/c9	◤H9/d9	H9/e9	H9/f9		◤H9/h9													
H10			H10/c10	H10/d10				H10/h10													
H11	H11/a11	H11/b11	◤H11/c11	H11/d11				◤H11/h11													
H12		H12/b12						H12/h12													

注：1. $\frac{H6}{n5}$、$\frac{H7}{p6}$在基本尺寸小于或等于 3 mm 和$\frac{H8}{r7}$在基本尺寸小于或等于 100 mm 时，为过渡配合。

2. 标注◤的为优先配合。

表 5-6　基轴制优先、常用配合

基准轴	A	B	C	D	E	F	G	H	JS	K	M	N	P	R	S	T	U	V	X	Y	Z
	间隙配合								过渡配合				过盈配合								
h5						F6/h5	G6/h5	H6/h5	JS6/h5	K6/h5	M6/h5	N6/h5	P6/h5	R6/h5	S6/h5	T6/h5					
h6						F7/h6	◤G7/h6	◤H7/h6	JS7/h6	◤K7/h6	M7/h6	◤N7/h6	◤P7/h6	R7/h6	◤S7/h6	T7/h6	◤U7/h6				
h7					E8/h7	◤F8/h7		◤H8/h7	JS8/h7	K8/h7	M8/h7	N8/h7									
h8				D8/h8	E8/h8	F8/h8		H8/h8													
h9				◤D9/h9	E9/h9	F9/h9		◤H9/h9													
h10				D10/h10				H10/h10													
h11	A11/h11	B11/h11	◤C11/h11	D11/h11				◤H11/h11													
h12		B12/h12						H12/h12													

注：标注◤的为优先配合。

五、未注公差尺寸的极限偏差

图样上所有的尺寸原则上都应受到一定公差的约束，为了简化制图，节约设计时间，简化产品的检验要求，对不重要的尺寸、非配合的尺寸以及一般工艺方法可以保证的尺寸，就未注公差。为了保证使用要求，避免在生产中引起不必要的纠纷，国家标准 GB/T 1804—2002 对线性尺寸和角度尺寸的未注公差规定了四个公差等级，即 f 级（精密级）、m 级（中等级）、c 级（粗糙级）、v 级（最粗级），这 4 个公差等级相当于 IT12、IT14、IT16 和 IT17。线性尺寸未注极限偏差数值如表 5-7 所示，倒圆半径与倒角尺寸的极限偏差值如表 5-8 所示。采用线性尺寸的未注公差时，在图样上不标出（未注），而在加工时控制，线性尺寸的未注公差要求应写在零件图上或技术文件中。如选用 m 级（中等级）时，则表示为：GB/T 1804—m。这表明图样上凡未注公差的线性尺寸（包含倒圆半径与倒角高度）均按 m 级（中等级）加工和检验。

表 5-7　线性尺寸的未注极限偏差数值　（单位：mm）

公差等级	尺寸分段							
	0.5 ~ 3	3 ~ 6	6 ~ 30	30 ~ 120	120 ~ 400	400 ~ 1 000	1 000 ~ 2 000	2 000 ~ 4 000
f（精密级）	±0.05	±0.05	±0.1	±0.15	±0.2	±0.3	±0.5	—
m（中等级）	±0.1	±0.1	±0.2	±0.3	±0.5	±0.8	±1.2	±2
c（粗糙级）	±0.2	±0.3	±0.5	±0.8	±1.2	±2	±3	±4
v（最粗级）	—	±0.5	±1	±1.5	±2.5	±4	±0.6	±8

表 5-8　倒圆半径与倒角尺寸的极限偏差值　（单位：mm）

公差等级	尺寸分段			
	0.5 ~ 3	3 ~ 6	6 ~ 30	>30
f（精密级） m（中等级）	±0.2	±0.5	±1	±2
c（粗糙级） v（最粗级）	±0.4	±1	±2	±2

第三节　公差与配合标准的选用

正确合理地应用公差配合标准，对提高产品质量和降低制造成本具有重要意义。公差与配合的选用主要包括基准制、公差等级和配合种类三个方面的选择。选择原则是在满足使用要求的前提下，尽可能便于制造和降低成本，能获得最佳的经济效益。

一、基准制的选用

(一)优先选用基孔制

通常加工孔比加工轴要困难些,从工艺上看,对较高精度的中小尺寸孔,广泛采用定值刀、量具(如钻头、铰刀、塞规等),采用基孔制可减少孔的定值尺寸和定值刀、量具的规格和数量,故经济性好。

(二)基轴制的选用

基轴制一般用于以下情况:

(1)冷拉钢与相配件的配合。如:农业机械、纺织机械和仪器仪表中,有时采用 IT9 ~ IT11 的冷拉成型钢材直接做轴(轴的外表面不需切削加工即可满足使用要求),此时应采用基轴制,在技术上、经济上都合理。

(2)轴型标准件与相配件的配合,如滚动轴承外圈与外壳孔的配合、标准圆柱销与带孔零件的配合必须选用基轴制。

(3)同一根轴上(基本尺寸相同)有多个零件孔与之配合,且有不同的配合性质。如图 5-13(a)所示的发动机的活塞连杆组件中,工作时要求活塞销和连杆相对摆动,所以活塞销与连杆小头衬套采用间隙配合。而活塞销和活塞销座孔的联接要求准确定位,并且要便于装拆,故它们采用过渡配合。若采用基孔制,则活塞销应设计成中间小两头大的阶梯轴,如图 5-13(b)所示,这不仅给加工造成困难,而且装配也有困难,阶梯轴大头易刮伤连杆衬套内表面。若采用基轴制,活塞销设计成光轴,如图 5-13(c)所示,这样容易保证加工精度和装配质量。而不同基本偏差的孔,分别位于连杆和活塞两个零件上,加工并不困难。所以,应采用基轴制。

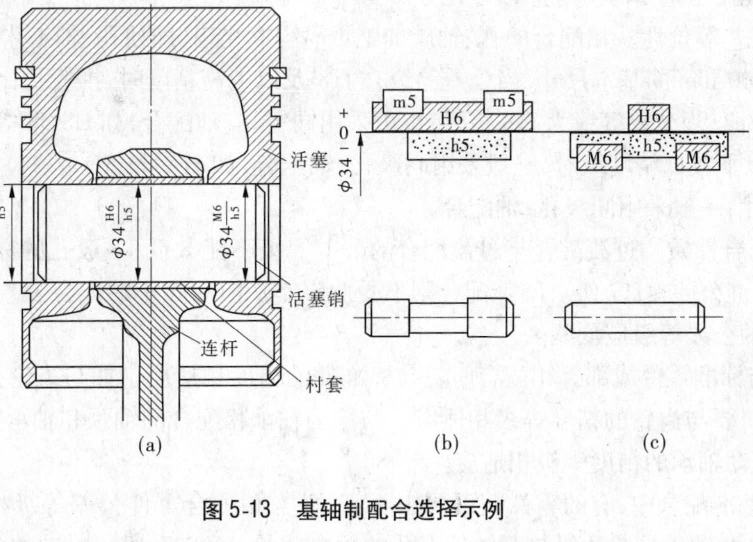

图 5-13　基轴制配合选择示例

为了满足配合的特殊需要,有时允许孔与轴都不用基准件(H 或 h)而采用非基准孔、轴公差带组成的配合,即非基准制配合。如图 5-14 所示,轴上用于轴向定位的套筒松套在轴上即可,但轴颈的公差带已确定为 k6,因此套筒与轴颈的间隙配合就不能采用基孔制配合,而采用非基准制配合 $\phi55D9/k6$ 来满足使用要求;同理,滚动轴承端盖凸缘与箱体外壳孔的配合也采用非基准制,这样可以先确定重要的配合,再确定精度不高的配合。

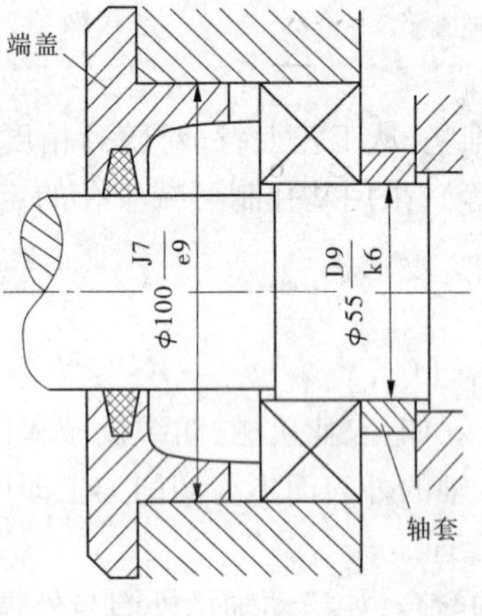

图5-14　端盖与外壳孔、轴套与轴的配合

二、公差等级的选用

公差等级的高低直接影响产品的使用性能和经济性能。公差等级过低,产品质量得不到保证;公差等级过高,将使制造成本增加。因此,必须合理选用标准公差等级。选用的基本原则是:在满足使用要求的前提下,尽量选用较低的公差等级。

公差等级一般采用类比法来进行选择。所谓类比法,就是找一些生产中验证过的同类产品的图样,将所设计的机械(机构)的工作要求、使用条件、加工工艺装备等情况进行比较,从而定出合理的标准公差。

采用类比法选择时应考虑以下几方面:

(1)工艺等价性。相配合的孔、轴应加工难易程度相当,即使孔、轴工艺等价。

对≤500 mm 的基本尺寸,当公差等级在 IT8 及以上高精度时,推荐孔比轴低一级,如 H7/f6,H8/g7;当公差等级为 IT8 级时,也可采用同级孔、轴配合,如 H8/f8 等;当公差等级在 IT9 及以下较低精度级时,一般采用同级孔、轴配合,如 H9/d9,H11/c11。对 >500 mm 的基本尺寸,一般采用同级孔、轴配合。

(2)配合性质。过渡配合与过盈配合的公差等级不能太低,一般孔的标准公差≤IT8 级,轴的标准公差≤IT7 级。间隙配合则不受此限制。但间隙小的配合公差等级应较高,而间隙大的公差等级应低些。

(3)与标准零件或部件相配合时应与标准件的精度相适应。如与齿轮孔相配合的轴的公差等级要与齿轮的精度等级相适应。与滚动轴承相配合的轴颈和轴承座孔的公差等级,应与滚动轴承的精度等级相适应。

在非基准配合中,有的零件精度要求不高,可与相配合零件公差等级相差 2 ~3 级。如图 5-14 中,轴承端盖凸缘与箱体外壳孔的配合代号 ϕ100J7/e9,孔、轴的公差等级相差 2 级;轴上定位用的隔套与轴的配合代号 ϕ55D9/k6,孔、轴的公差等级相差 3 级。

下列表格供用类比法选择公差时参考。表 5-9 为标准公差等级的应用范围,表 5-10 为常用公差等级的应用示例。表 5-11 为各种加工方法可能达到的标准公差等级。要慎重选择使用高精度公差等级，否则会提高加工成本。

表 5-9 标准公差等级的应用范围

应用	公差等级(IT)																			
	01	0	1	2	3	4	5	6	7	8	9	10	11	12	13	14	15	16	17	18
量块	—	—	—																	
量规			—	—	—	—	—	—	—											
特精件配合				—	—	—	—													
一般配合							—	—	—	—	—	—	—	—						
原材料公差										—	—	—	—	—	—	—				
未注公差尺寸														—	—	—	—	—	—	—

表 5-10 常用公差等级应用示例

公差等级	应 用
IT5	主要用在配合精度、形位精度要求较高的地方，它的配合性质稳定。一般在机床、发动机、仪表等重要部位应用。如：与 5 级滚动轴承配合的箱体孔；与 5 级滚动轴承配合的机床主轴，机床尾架与套筒，精密机械及高速机械中的轴颈，精密丝杆轴颈等
IT6	用于配合性质均匀性要求较高的地方。如：与 6 级滚动轴承配合的孔、轴颈；与齿轮、蜗轮、联轴器、带轮、凸轮等连接的轴颈，机床丝杠轴颈；摇臂钻立柱；机床夹具中导向件外径尺寸；6 级精度齿轮的基准孔，7、8 级精度齿轮的基准轴颈
IT7	在一般机械制造中应用较为普遍。如：联轴器、带轮、凸轮等孔径；机床夹盘座孔；夹具中固定钻套、可换钻套；7、8 级齿轮基准孔，9、10 级齿轮基准轴
IT8	在机器制造中属于中等精度。如：轴承座衬套沿宽度方向尺寸，低精度齿轮基准孔与基准轴；通用机械中与滑动轴承配合的轴颈；也用于重型机械或农业机械中某些较重要的零件
IT9、IT10	精度要求一般。如机械制造中轴套外径与孔、操作件与轴、键与键槽等零件
IT11、IT12	精度较低，适用于基本上没有什么配合要求的场合。如：机床上法兰盘与止口，滑块与滑移齿轮，加工中工序间尺寸，冲压加工的配合件等

三、配合种类的选用

(一)配合类别的选择

标准规定有间隙、过盈、过渡三种配合。在精度设计中选用哪种配合，取决于使用要求。装配后有相对运动要求的，应选用间隙配合；装配后无相对运动要求的，应根据具体工作条件选择：若要求传递足够大的扭矩，且不要求拆卸的，一般应选过盈配合；若需要传

表 5-11　各种加工方法可能达到的标准公差等级

加工方法	公差等级(IT)																			
	01	0	1	2	3	4	5	6	7	8	9	10	11	12	13	14	15	16	17	18
研磨	—	—	—	—	—	—	—													
珩磨						—	—	—	—											
圆磨							—	—	—	—										
平磨							—	—	—	—										
金钢石车							—	—	—											
金钢石镗							—	—	—											
拉削							—	—	—	—										
铰孔								—	—	—	—	—								
精车精镗									—	—	—									
粗车												—	—	—						
粗镗												—	—							
铣										—	—	—	—							
刨、插												—	—							
钻、削												—	—	—	—					
冲压												—	—	—	—	—				
滚压、挤压												—	—							

递一定的扭矩,但要求能够拆卸的,应选过渡配合;对同轴度要求不高,只是为了装配方便的,则应选择间隙配合。确定配合类别后,应根据使用要求,尽可能地选用优先配合,其次考虑常用配合,然后是一般配合等。

(二)非基准件的基本偏差代号的选用

选用的方法有计算法、试验法和类比法三种。

1. 计算法

计算法是根据一定的理论和公式,计算出所需的间隙或过盈,选用合适的配合。如根据液体润滑理论,计算保证液体摩擦所需要的最小间隙。对依靠过盈来传递运动和负载的过盈配合,可根据弹性变形理论公式,计算出能保证传递一定负载所需要的最小过盈和不使工件损坏的最大过盈。由于影响间隙和过盈的因素很多,理论计算也是近似的,所以实际应用中还需经过试验来确定。一般情况下,很少使用计算法。

2. 试验法

对产品性能影响很大的一些配合,采用试验法来确定其工作的最佳间隙或过盈。这种方法较为可靠,但成本较高,一般用于大量生产的产品的关键配合,应用较少。

3. 类比法

就是按同类型机器或构件中,经生产实践验证的已用配合的实际情况,再考虑所设计机器的使用要求，参照确定需要的配合。

在生产实际中，广泛应用的选择配合的方法是类比法。采用类比法，首先必须分析机器或构件的功用、工作条件及技术要求，进而研究结合件的工作条件和使用要求；其次要了解各种配合的特性和应用。表5-12为尺寸至500 mm的基孔制常用和优先配合的特征与应用说明，可供类比选择时参考。

表5-12　尺寸至500 mm基孔制常用和优先配合的特征与应用

配合类别	配合特征	配合代号	应用举例
间隙配合	特大间隙	$\frac{H11}{a11}$ $\frac{H11}{b11}$ $\frac{H12}{a12}$	用于高温或工作时要求大间隙的配合
	很大间隙	$(\frac{H11}{c11})$ $\frac{H11}{d11}$	用于工作条件较差，受力变形或为了便于装配而需要大间隙的配合和高温工作的配合
	较大间隙	$\frac{H9}{c9}$ $\frac{H10}{c10}$ $\frac{H8}{d8}$ $(\frac{H9}{d9})$ $\frac{H10}{d10}$ $\frac{H8}{e7}$ $\frac{H8}{e8}$ $\frac{H9}{e9}$	用于高速重载的滑动轴承或大直径的滑动轴承，也可用于大跨距或多支点支承的配合
	一般间隙	$\frac{H6}{f5}$ $\frac{H7}{f6}$ $(\frac{H8}{f7})$ $\frac{H8}{f8}$ $\frac{H9}{f9}$	用于一般转速的动配合，当温度影响不大时，广泛应用于普通润滑油润滑的支承处
	较小间隙	$(\frac{H7}{g6})$ $\frac{H8}{g7}$	用于精密滑动零件或缓慢间歇回转的零件的配合部件
	很小间隙或零间隙	$\frac{H6}{g5}$ $\frac{H6}{h5}$ $(\frac{H7}{f6})$ $\frac{H8}{h7}$ $\frac{H8}{h8}$ $(\frac{H9}{f9})$ $\frac{H10}{h10}$ $(\frac{H11}{h11})$ $\frac{H12}{h12})$	用于不同精度要求的一般定位件的配合和缓慢移动及摆动零件的配合
过渡配合	绝大部分有微小间隙	$\frac{H6}{js5}$ $\frac{H7}{js6}$ $\frac{H8}{js7}$	用于易于装拆的定位配合或加紧固件后可传递一定静载荷的配合
	大部分有微小间隙	$\frac{H6}{k5}$ $(\frac{H7}{k6})$ $\frac{H8}{k7}$	用于稍有振动的定位配合，加紧固件可传递一定载荷，装配方便，可用木锤敲入
	大部分有微小过盈	$\frac{H6}{m5}$ $\frac{H7}{m6}$ $\frac{H8}{m7}$	用于定位精度较高且能抗振的定位配合，加键可传递较大载荷，可用铜锤敲入或小压力压入
	绝大部分有微小过盈	$(\frac{H7}{n6})$ $\frac{H8}{n7}$	用于精确定位或紧密组合件的配合，加键能传递大力矩或冲击性载荷，只在大修时拆卸
	绝大部分有较小过盈	$\frac{H8}{p7}$	加键后能传递很大力矩，且承受振动和冲击的配合，装配后不再拆卸

续表 5-12

配合类别	配合特征	配合代号	应用举例
过盈配合	轻型	$\frac{H6}{n5}$ $\frac{H6}{p5}$ $(\frac{H7}{p6})$ $\frac{H6}{r5}$ $\frac{H7}{r6}$ $\frac{H8}{r7}$	用于精确的定位配合，一般不能靠过盈传递力矩。要传递力矩需加紧固件
	中型	$\frac{H6}{s5}$ $(\frac{H7}{s6})$ $\frac{H8}{s7}$ $\frac{H6}{t5}$ $\frac{H7}{t6}$ $\frac{H8}{t7}$	不需加紧固件就可传递较小力矩和轴向力，加紧固件后承受较大载荷或动载荷的配合
	重型	$(\frac{H7}{u6})$ $\frac{H8}{u7}$ $\frac{H7}{v6}$	不需加紧固件就可传递和承受大的力矩和动载荷的配合，要求零件材料有高强度
	特重型	$\frac{H7}{x6}$ $\frac{H7}{y6}$ $\frac{H7}{z6}$	能传递和承受很大力矩和动载荷的配合，须经试验后方可应用

注：1. 括号内的配合为优先配合；

2. 国家标准规定的 44 种基轴制配合的应用与本表中的同名配合相同。

【例 5-4】 基本尺寸为 $\phi40$ mm 的某孔、轴配合，要求配合的间隙应在 +0.022 ~ +0.066 mm之间，试选用合适的孔、轴公差等级和配合种类。

解：(1)确定基准制。由题意可知，无特殊要求，采用基孔制，即孔的基本偏差字母为H，基本偏差为 $EI=0$。

(2)选择公差等级。

由 $T_f=|X_{max}-X_{min}|=T_h+T_s$ 得：$T_h+T_s=|66-22|=44(\mu m)$

查表 5-2 知：IT7 = 25 μm，IT6 = 16 μm，按工艺等价原则，取孔为 IT7 级，轴为 IT6 级，则：$T_h+T_s=25+16=41(\mu m)$，接近 44 μm，符合设计要求。

确定孔的公差带代号为：$\phi40H7(^{+0.025}_{0})$

(3)选择配合种类，即选择轴的基本偏差代号。

因为是间隙配合，故轴的基本偏差应在 a ~ h 之间，且其基本偏差为上偏 *es*。

由 $X_{min}=EI-es$ 得：$es=EI-X_{min}=0-22=-22(\mu m)$

查表 5-3，选取轴的基本偏差代号为 f($es=-25$ μm)能保证 X_{min} 的要求。

由公式 $ei=es-T_s=-25-16=-41(\mu m)$

故轴的公差带代号为 $\phi40f6(^{-0.025}_{-0.041})$。

(4)验算：所选配合为 $\phi40H7/f6$

$$X_{max}=ES-ei=25-(-41)=+66(\mu m)$$

$$X_{min}=EI-es=0-(-25)=+25(\mu m)$$

均在 +0.022 ~ +0.066 mm 之间，故所选符合要求。

思考与练习

5-1 什么是极限尺寸？什么是实际尺寸？二者关系如何？

5-2 什么是标准公差？什么是基本偏差？二者各自的作用是什么？

5-3　尺寸公差与尺寸偏差有何区别与联系？

5-4　间隙配合、过渡配合、过盈配合各适用何种场合？

5-5　什么是配合制度？国标中规定了几种配合制度？如何正确选择配合制度及进行基准制转换？

5-6　国标对孔和轴各规定了多少种基本偏差？孔和轴的基本偏差是如何确定的？

5-7　选用标准公差等级的原则是什么？公差等级是否越高越好？

5-8　查表确定 ϕ20H8/p7 和 ϕ20P8/h7 两配合的孔和轴的极限偏差，画出其尺寸公差带图，并比较之。

5-9　已知配合的基本尺寸为 $D=\phi30$ mm，要求最小间隙 $X_{min}=+0.020$ mm，最大间隙 $X_{max}=+0.055$ mm，试选择合适的配合代号。

5-10　已知配合的基本尺寸为 $D=\phi40$ mm，要求最大过盈 $Y_{max}=-0.019$ mm，最大间隙 $X_{max}=+0.025$ mm，试按基轴制选择合适的配合代号。

第六章　技术测量基础

学习指导

本章主要介绍技术测量的基本概念、量块及其使用方法、测量器具和测量方法分类、测量器具的主要度量指标、测量误差与数据处理、测量器具的选择。重点是测量器具的主要度量指标与测量器具的选择、测量误差与数据处理；难点是测量误差与数据处理。

第一节　技术测量的基本知识

一、测量的概念和测量要素

在工业生产中，测量技术是进行质量管理的手段，是贯彻质量标准的技术保证。零件几何量合格与否，需要通过测量或检验方能确定。

所谓测量就是以确定被测对象量值为目的的全部操作。若被测量值为 L，计量单位的标准量为 E，那么测量就是确定 L 是 E 的多少倍，即确定比值 $q = L/E$。此式表明，在被测量值 L 一定的情况下，比值 q 的大小决定于所采用的计量单位 E，而且是成反比关系。同时也说明计量单位的选择取决于被测量值所要求的精确程度。因此，测量就是确定比值 $q = L/E$，最后确定被测量值 $L = qE$ 的过程。

几何量的测量是指测量结果为被测量对象的具体数值，如用游标卡尺测量孔的直径。

测量过程应包括被测对象、计量单位、测量方法及测量精度等四个要素。

(1)被测对象：测量对象主要指几何量，即长度(包括角度)、表面粗糙度、形状和位置误差及螺纹、齿轮的各个几何参数等。

(2)计量单位：在几何量计量中，长度单位是米(m)，其他常用的单位有毫米(mm)和微米(μm)。在超高精度测量中，采用纳米(nm)为单位。在角度测量中，单位为弧度(rad)及度、分、秒。

(3)测量方法：是指在进行测量时所采用的测量原理、计量器具和测量条件的综合。根据被测对象的特点，如精度、大小、轻重、材质、数量等来确定所用的计量器具，确定最合适的测量方法以及测量的主客观条件(如环境、温度)等。

(4)测量精度：测量精度是指测量结果与真值的一致程度。与之相对应的概念即测量误差。由于各种因素的影响，任何测量过程总不可避免地会出现测量误差。测量误差大，说明测量结果与真值的一致程度低，则测量精度低；测量误差小，则测量精度高。

几何量的检验是指确定零件的实际几何参数是否在规定的极限范围内，从而做出合格与否的判断。例如用塞规检验孔的尺寸：通端过，止端不过为合格。检验的特点是不能测得被测量对象的实际数值，只能确定被测量值是否在允许的极限范围之内。

二、长度基准和长度基准传递

对机械零件的测量可以归结为长度和角度的测量，而角度又可用长度的比值表示。因此，对零件几何量的测量，本质上都是对长度的测量。

为了保证测量的准确度，首先需要建立统一、可靠的测量单位基准。在几何量计量中长度单位是米(m)，米是光在真空中1/299 792 458 s时间内所经路径的长度。显然，这个长度基准无法直接用于生产。为了使生产中使用的计量器具和工件的量值统一，就需要有一个统一的量值传递系统，即将米的定义长度一级一级地传递到工作计量器具上，再用其测量工件尺寸，这样不仅可以保证测量单位稳定、可靠和统一，而且使用方便，从本质上提高了测量精度。

为了保证长度测量的量值统一，长度量值由长度基准通过两个平行的系统向下传递。一个是线纹量具(线纹尺)系统，一个是端面量具(量块)系统。我国长度量值传递系统如图6-1所示。

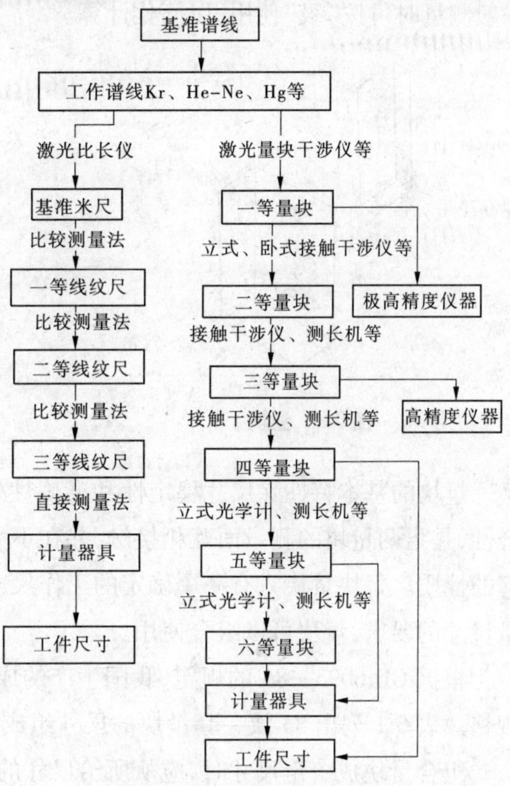

图6-1 长度量值传递系统

三、量块及其使用

量块又名块规，如图6-2所示。它除作为量值传递的媒介以外，还可用于计量器具、机床、夹具的调整以及工件的测量和检验。量块的形状为长方形六面体，它有两个平行的测量面和四个非测量面。

为了满足各种不同的应用场合，GB 6093—1985对量块的制造精度规定了六个精度等级：00、0、1、2、3和K级。级主要是根据量块中心长度(图6-3中$O—O'$长度)极限偏差、量块长度变动量、量块测量面的平面度、量块测量面的粗糙度以及量块测量面的研合性等指标来划分的。其中00级精度最高，往后精度依次降低，3级最低，K级为校准级。

在各级计量部门中，量块常按检定后的尺寸使用。根据国家计量局标准《量块检定规程》(JIG 100—1981)的规定，按检定的技术要求，量块分为6等，即1、2、3、4、5、6等。量块的“等”主要是根据量块长度的测量不确定度划分的。

量块按“级”使用时，以标称长度为工作尺寸，按“等”使用时，以检定的实际尺寸作为工作尺寸,即工作尺寸 = 标称尺寸 + 修正值。该尺寸排除了制造误差的影响,仅包含检定时的较小测量误差,因此,按“等”使用的测量精度比按“级”使用高。量块精度分“等”又分“级”,目的在于可借助于高精度的测量方法来确定量块实测值,在使用时加以修正,从而提高量块的使用精度;另外,按“等”使用还能克服由于量块经常使用导致测量面质量下降而引起精度降低的缺陷。因此按“等”使用量块不仅精度高,而且具有一定的经济意义。为此,对于作为基准进行长度尺寸传递,以及高精度的测量,应当按“等”使用,而在一般测量时可按“级”使用,以简化计算。

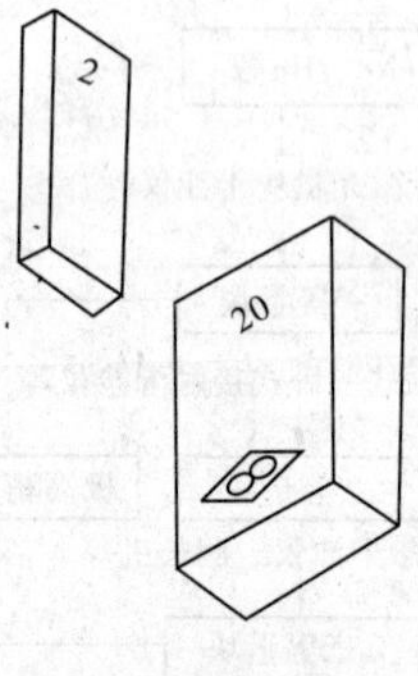

图 6-2　量块

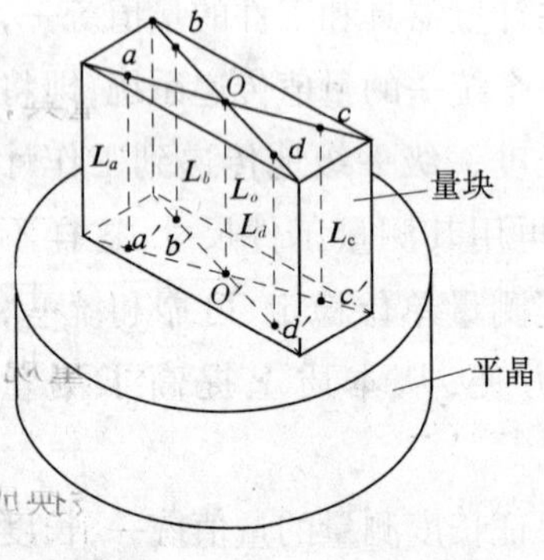

图 6-3　量块中心长度与平面平行度偏差

量块的基本特性除尺寸稳定性和准确性外,还有一个重要特性——黏合性。所谓黏合性,是指两量块的测量面互相接触,并在不大的压力下作切向相对滑动,就能黏附在一起的性质。每块量块只有一个确定的工作尺寸,因此为了满足一定尺寸范围内的不同测量尺寸的要求,量块可以组合使用。

根据 GB 6093—85 的规定,我国生产的成套量块有 91 块、83 块、46 块、38 块等 17 种规格。表 6-1 列出 83 块一套量块的尺寸组成。

组合量块成一定尺寸时,应从所给尺寸的最后一位数字开始考虑,每选一块应使尺寸的位数减少一位,并使量块数目尽可能最少,以减小误差(一般不应超过 4 ~ 5 块)。例如,要组成 59. 375 mm 的工作尺寸,可以表 6-2 所示的方法选取。

表 6-1　83 块一套量块的尺寸组成

公称尺寸系列(mm)	尺寸间隔(mm)	块数
0. 5	—	1
1	—	1
1. 005	—	1
1. 01,1. 02,…,1. 49	0. 01	49
1. 5,1. 6,…,1. 9	0. 1	5
2. 0,2. 5,…,9. 5	0. 5	16
10,20,…,100	10	10

表 6-2　选择步骤　　(单位:mm)

工作尺寸	56. 375
选第一块	1. 005
剩下尺寸	55. 37
选第二块	1. 37
剩下尺寸	54
选第三块	4
剩下尺寸	50
选第四块	50

第二节 测量器具和测量方法的分类

一、测量器具的分类

测量器具按器具结构特点和用途进行分类，可分为标准量具、极限量规、计量仪器和计量装置等四类。

（一）标准量具

标准量具是按基准复制出来的代表一个固定尺寸的量具，包括单值量具和多值量具两种。单值量具是复现单一量值的量具，如量块、90°角尺等。多值量具是指复现一定范围内的一系列不同量值的量具，如线纹尺等。

（二）极限量规

极限量规是一种没有刻度的专用量具。它不能测量被检验工件的具体尺寸，但能确定被检验工件是否合格，如光滑极限量规、螺纹量规等。

（三）计量仪器（量仪）

计量仪器是指能将被测的量值转换成可直接观察的指示值或等效信息的计量器具。计量仪器按结构的特点可分为以下几种：游标式量仪如游标卡尺、微动螺旋副式量仪如外径千分尺、机械式量仪如百分表、光学式量仪如光学比较仪、光电式量仪如激光干涉量仪、电动式量仪如电感比较仪等。

（四）计量装置

计量装置是指为确定被测几何量量值必需的计量器具和辅助设备（如定位元件等）的总体，一般在大量生产中应用。

二、测量方法的分类

测量方法可以按不同特征分类，如直接测量与间接测量、单项测量与综合测量、接触测量与非接触测量、主动测量与被动测量、静态测量与动态测量等。

按实测量是否被测量，分为直接测量方法与间接测量方法。直接由测量器具上得到被测尺寸的数值或偏差，称为直接测量方法。例如用游标卡尺、千分尺测量零件的直径。测量与被测尺寸有关的其他尺寸，通过计算得到被测量值，称为间接测量方法。例如测量大型圆柱的直径时，可先测出圆周长度，再计算出直径。

按工件上同时被测参数的多少，分为综合测量方法与单项测量方法。综合测量方法测量被测零件上与几个参数有关联的综合参数，从而综合判断零件的合格性，例如用花键塞规检查花键孔等。单项测量方法分别测量零件上彼此没有联系的各个参数，例如分别测量螺纹的螺距和半角等。

第三节 测量器具的基本度量指标

测量仪器的技术性能指标主要有以下几项。

(1)刻度间距 a:刻度尺或刻度盘上两相邻刻线中心的距离。为便于目力估计,一般刻度间隔为 1 ~2.5 mm。它与被测量单位和标在尺上的单位无关。

(2)分度值 i:刻度尺上两相邻刻线间的距离所代表的被测量量值。长度量仪中常见的分度值有 0.1 mm、0.05 mm、0.02 mm、0.01 mm、0.002 mm 和 0.001 mm 等。一般说来,计量仪器的分度值越小,精度越高。

(3)示值范围 b:测量器具所能显示或指示的最低值(起始值)到最高值(终止值)的范围。比较式量仪的示值范围常以 $\pm b$ 来表示,如机械比较仪的示值范围 $b = \pm 0.1$ mm。

(4)测量范围 B:在允许的误差限内,测量器具所能测量的下限值(最低值)到上限值(最高值)的范围。测量范围的上限值与下限值之差称为量程。

(5)灵敏度 K:测量器具的指针对被测量变化的反应能力。对一般长度量仪,灵敏度又称放大比(放大倍数),它等于刻度间距 a 与分度值 i 之比,$K = a/i$。一般地说,分度值越小,灵敏度越高。

(6)示值误差:测量器具上示值与被测几何量真值的代数差。各种器具的示值误差可从使用说明书中或检定中得到。一般计量器具的示值误差越小,精度就越高。

(7)测量力:测量力为在接触测量过程中,测头与被测物体之间接触的压力。

(8)测量不确定度:由于测量误差的存在而对被测几何量值不能肯定的程度。

第四节　测量误差的基本知识

测量误差是反映测量方法和测试装置或量仪精度的定量指标。误差愈小,则精度愈高。因为测量方法和测量条件本身的误差是不可避免的,为了能得到相应精度的测量结果,就必须客观而科学地分析和估算出测量误差。

一、测量误差的基本概念

测量误差可用绝对误差或相对误差表示。

绝对误差是指测量结果与被测量的真值之差,即

$$\delta = l - L \tag{6-1}$$

式中 δ——绝对误差;

L——被测量的真值;

l——测量结果。

由于 l 可能大于或小于 L,因此 δ 可能是正值或负值,即

$$L = l \pm |\delta| \tag{6-2}$$

式(6-2)说明:测量误差绝对值的大小决定了测量精度的高低。误差的绝对值愈大,精度愈低,反之则愈高。

若对大小不同的同类量进行测量,要比较其精度的高低,就需采用相对误差来表示。测量的绝对误差与被测量的真值之比为相对误差,即

$$f = \frac{\delta}{L} \approx \frac{\delta}{l} \tag{6-3}$$

式中　f——相对误差。

相对误差是无量纲的数值，通常用百分比表示。

二、测量误差的分类及其处理方法

根据测量误差的性质和特点，测量误差可分为系统误差、随机误差、粗大误差。

（一）系统误差

系统误差是在相同条件下，多次测量同一量值时，误差的绝对值和符号保持不变，或在条件改变时，按某一个确定的规律变化的误差。系统误差又分为定值系统误差和变值系统误差两种。例如，用千分尺测量零件某一尺寸时，千分尺零位调整不正确对各次测量结果的影响是相同的，因此引起的测量误差为定值系统误差。又如指示表的刻度盘与指针回转轴偏心所引起的按正弦规律周期变化的测量误差，属于变值系统误差。

根据系统误差性质和变化规律，系统误差可用计算或试验对比的方法确定。因而对系统误差可用修正值从测量结果中予以消除或部分消除。有时系统误差的规律难以准确判定，所以完全消除系统误差是难以做到的。

（二）随机误差

1. 随机误差的概念和特点

随机误差是指在相同条件下，多次测量同一量值时，绝对值和符号以不可预定的方式变化着的误差。随机误差在单次测量中，误差出现是无规律的，但若进行多次重复测量，误差服从统计规律，因此常用概率论和统计原理对它进行处理。随机误差主要是由一些随机因素，如环境变化，仪器中油膜的变化以及对线、读数不一致等所引起。大量的试验表明，随机误差通常符合正态分布规律。由概率论原理可知，其概率的密度函数为

$$y = \frac{1}{\sigma\sqrt{2\pi}} e^{\frac{-\delta^2}{2\sigma^2}} \tag{6-4}$$

式中　y——随机误差的概率密度；

δ——随机误差（$\delta = l - L$）；

e——自然对数的底（e = 2.718 28）；

σ——标准偏差。

2. 随机误差的评定指标

1）算术平均值

算术平均值为测量列中 n 个测量值的代数和除以测量次数。

$$\bar{l} = \frac{1}{n}(l_1 + l_2 + \cdots + l_n) = \frac{1}{n}\sum_{i=1}^{n} l_i \tag{6-5}$$

2）残余误差

残余误差为测量中的一个测量值和该测量列的算术平均值之差。

$$v_i = l_i - \bar{l} \tag{6-6}$$

3）标准偏差

标准偏差为各误差平方和的平均数的平方根。标准偏差可直观地表示随机误差的极限值。

$$\sigma = \sqrt{\frac{1}{n-1}\sum_{i=1}^{n} v_i^2} = \sqrt{\frac{1}{n-1}\sum_{i=1}^{n}(l_i - \bar{l})^2} \tag{6-7}$$

4）算术平均值的标准偏差

$$\sigma_{\bar{l}} = \frac{\sigma}{\sqrt{n}} = \sqrt{\frac{1}{n(n-1)}\sum_{i=1}^{n} v_i^2} \tag{6-8}$$

对于有限次测量，随机误差超出 $\pm 3\sigma$ 范围的可能性几乎是零。因此测量极限误差为

$$\delta_{\lim} = \pm 3\sigma \tag{6-9}$$

需要指出的是，在确定误差界限的做法上各国是不尽相同的，有的采用 $\pm 2\sigma$，也有的采用 $\pm\sigma$。σ 取得越小，说明估计的测量误差也就越小，换言之，即估计的测量精度也越高，但这种估计的可信程度也就越低。从这一意义上说，测量精度的高低，并不取决于对测量误差的估计，而是取决于测量方法和测量条件的优劣。要提高测量精度，必须采用科学的测量方法和良好的测量条件。

3. 随机误差的处理方法

随机误差的处理方法是利用测量列计算有关的评定指标，确定出随机误差的极限范围，得出测量结果。

单次测量表示测量结果为：

$$l = l_i \pm 3\sigma = l_i \pm \delta_{\lim} \tag{6-10}$$

多次测量表示测量结果为：

$$l = \bar{l} \pm 3\sigma_{\bar{l}} \tag{6-11}$$

（三）粗大误差

粗大误差是指超出在规定条件下预计的测量误差，它明显地歪曲了测量结果。粗大误差是由主观和客观原因造成的，主观原因如测量人员疏忽造成读数误差和记录误差，客观原因如外界突然振动引起的误差等。粗大误差会显著地影响测量结果，应将它从测量数据中加以剔除。

判断粗大误差的基本原则有许多。如拉依达准则又称 3σ 准则，主要适用于符合正态分布的误差，重复测量次数又比较多的情况。先计算出标准偏差 σ，将测量数据中残余误差 $v_i > 3\sigma$ 的测量值视为粗大误差给予剔除，然后再重新计算标准偏差和残余误差再进行判断，直到剔除完为止。

第五节　测量器具的选择

一、工件尺寸验收极限的确定

为了防止误收（把废品作为合格品验收），保证产品质量，国家标准《光滑工件尺寸的检验》（GB/T 3177—1997）规定：工件尺寸的验收极限应分别从它们的最大与最小极限尺寸向尺寸公差带内移动一个安全裕度 A，如图 6-4 所示。图中 K_s 和 K_i 分别表示上、下验收极限。$L_{\max}$ 和 $L_{\min}$ 分别表示最大和最小极限尺寸，其关系式为 $K_s = L_{\max} - A$；$K_i = L_{\min} + A$。

按上述验收极限来验收工件，会出现误废。但从统计规律来看，与总产量相比误废是极少数。生产中，对于尺寸精度要求较高的工件，允许按最大与最小极限尺寸验收。

安全裕度 A 按被测工件尺寸公差的大小确定，占工件尺寸公差的5% ~10%，如表6-3所示。

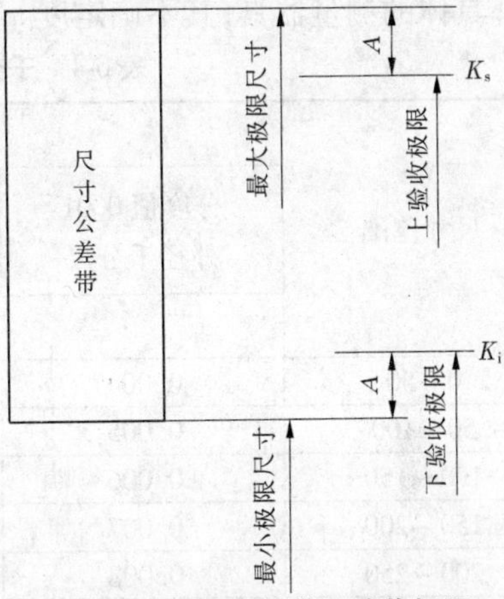

图6-4　尺寸公差带及验收极限

二、测量器具的选择

(一)不确定度与安全裕度的关系

在测量中，由于测量误差的存在而使被测量值不能肯定的程度，用不确定度 u_i 来表示。测得的实际尺寸分散范围越大，测量误差越大，即不确定度越大。

按测量误差的来源，测量的不确定度 u 由测量器具的不确定度 u_1 和测量条件引起的不确定度 u_2 组成。u_1 由测量器具的内在误差引起，u_2 由测量中温度、工件形状误差、压陷效应及测量方法误差等因素引起，两者都是随机变量，因此其综合结果也是随机变量，并且应不超出安全裕度 A。按独立随机变量合成规则，有 $u = \sqrt{u_1^2 + u_2^2}$。u_1 与 u_2 对 u 的影响不同，一般按2∶1的关系处理，取 $u_1 = 0.9A$，$u_2 = 0.45A$，则有

$$u = \sqrt{u_1^2 + u_2^2} = \sqrt{(0.9A)^2 + (0.45A)^2} \approx 1.00A$$

表6-3　安全裕度及计量器具不确定度的允许值　　(单位：mm)

工件公差		安全裕度	计量器具不确定度	工件公差		安全裕度	计量器具不确定度
大于	至	A	允许值 u_1	大于	至	A	允许值 u_1
0.009	0.018	0.001	0.000 9	0.180	0.320	0.018	0.016 0
0.018	0.032	0.002	0.001 8	0.320	0.580	0.032	0.029 0
0.032	0.058	0.003	0.002 7	0.580	1.000	0.060	0.054 0
0.058	0.100	0.006	0.005 4	1.000	1.800	0.100	0.090 0
0.100	0.180	0.010	0.009 0	1.800	3.200	0.180	0.160 0

(二)测量器具的选择

要测量零件上某一尺寸，可以选择不同的测量器具。测量器具的选择主要取决于测量器具的参数、特性和经济指标。在综合考虑这些指标时，应满足以下要求：

(1)选择测量器具时，应考虑被测工件的外形和被测尺寸的大小。所选择的测量器具的测量范围应能满足工件的要求。

(2)选择的计量器具应与被测工件的尺寸公差相适应。所选计量器具的极限误差既要保证测量的准确度，又要符合经济性要求。

选用测量器具时，主要应根据工件尺寸公差的大小，按表 6-3 查得对应的安全裕度 A 和测量器具不确定度允许值 u_1，再按表 6-4、表 6-5 所列的普通测量器具的不确定度数值选择具体的测量器具，其不确定度 u'_1 应小于或等于允许值 u_1。

表 6-4　千分尺和游标卡尺的不确定度 u_1'

（单位：mm）

<table>
<tr><th rowspan="3">尺寸范围</th><th colspan="4">计量器具类型</th></tr>
<tr><th>分度值 0.01
外径千分尺</th><th>分度值 0.01
内径千分尺</th><th>分度值 0.02
游标卡尺</th><th>分度值 0.05
游标卡尺</th></tr>
<tr><th colspan="4">不确定度</th></tr>
<tr><td>0 ~ 50</td><td>0.004</td><td rowspan="3">0.008</td><td rowspan="13">0.020</td><td rowspan="4">0.050</td></tr>
<tr><td>50 ~ 100</td><td>0.005</td></tr>
<tr><td>100 ~ 150</td><td>0.006</td></tr>
<tr><td>150 ~ 200</td><td>0.007</td><td rowspan="3">0.013</td></tr>
<tr><td>200 ~ 250</td><td>0.008</td><td rowspan="8">0.100</td></tr>
<tr><td>250 ~ 300</td><td>0.009</td></tr>
<tr><td>300 ~ 350</td><td>0.010</td><td rowspan="3">0.020</td></tr>
<tr><td>350 ~ 400</td><td>0.011</td></tr>
<tr><td>400 ~ 450</td><td>0.012</td></tr>
<tr><td>450 ~ 500</td><td>0.013</td><td>0.025</td></tr>
<tr><td>500 ~ 600</td><td rowspan="3"></td><td rowspan="3">0.030</td></tr>
<tr><td>600 ~ 700</td></tr>
<tr><td>700 ~ 800</td><td>0.150</td></tr>
</table>

表 6-5　比较仪的不确定度 u_1'

（单位：mm）

<table>
<tr><th colspan="2" rowspan="2">尺寸范围</th><th colspan="4">计量器具类型</th></tr>
<tr><th>分度值为 0.000 5（相当于放大倍数 2 000 倍）的比较仪</th><th>分度值为 0.001（相当于放大倍数 1 000 倍）的比较仪</th><th>分度值为 0.002（相当于放大倍数 400 倍）的比较仪</th><th>分度值为 0.005（相当于放大倍数 250 倍）的比较仪</th></tr>
<tr><th>大于</th><th>至</th><th colspan="4">不确定度</th></tr>
<tr><td></td><td>25</td><td>0.000 6</td><td rowspan="2">0.001 0</td><td>0.001 7</td><td rowspan="6">0.003 0</td></tr>
<tr><td>25</td><td>40</td><td>0.000 7</td><td rowspan="3">0.001 8</td></tr>
<tr><td>40</td><td>65</td><td>0.000 8</td><td rowspan="2">0.001 1</td></tr>
<tr><td>65</td><td>90</td><td>0.000 8</td></tr>
<tr><td>90</td><td>115</td><td>0.000 9</td><td>0.001 2</td><td rowspan="2">0.001 9</td></tr>
<tr><td>115</td><td>165</td><td>0.001 0</td><td>0.001 3</td></tr>
<tr><td>165</td><td>215</td><td>0.001 2</td><td>0.001 4</td><td>0.002 0</td><td rowspan="3">0.003 5</td></tr>
<tr><td>215</td><td>265</td><td>0.001 4</td><td>0.001 6</td><td>0.002 1</td></tr>
<tr><td>265</td><td>315</td><td>0.001 6</td><td>0.001 7</td><td>0.002 2</td></tr>
</table>

【例 6-1】　用普通计量器具测量工件 ϕ50h10，试确定验收极限并选择适当的计量器具。

解：(1) 查表 6-3 得安全裕度 $A = 6\ \mu m$；不确定度 $u_1 = 5.4\ \mu m$。

(2)确定验收极限:上验收极限 $= d_{max} - A = 50 - 0.006 = 49.994$(mm)

下验收极限 $= d_{min} + A = 49.9 + 0.006 = 49.906$(mm)

(3)选择计量器具查表6-4 找出分度值为0.01 的外径千分尺可以满足要求。其不确定度为 $u_1' = 0.004$ mm,小于 $u_1 = 0.0054$ mm。

【例6-2】 用立式光学计对某轴直径进行等精度测量10 次,按测量顺序将各测量值列入表6-6 中,假设系统误差已消除,粗大误差已剔除,试确定测量结果。

表6-6 数据表

序号	测量值 l(mm)	残差 $v_i = l_i - \bar{l}$(μm)	残差的平方 v_i^2
1	24.994	−3	9
2	24.999	+2	4
3	24.999	+2	4
4	24.994	−3	9
5	24.998	+1	1
6	24.999	+2	4
7	24.996	−1	1
8	24.998	+1	1
9	24.998	+1	1
10	24.995	−2	4
	算术平均值 $\bar{l} = 24.997$ mm	$\sum_{i=1}^{10} v_i = 0$	$\sum_{i=1}^{10} v_i^2 = 38$

解:(1)计算列的算术平均值

$$\bar{l} = \frac{1}{n}\sum_{i=1}^{n} l_i = \frac{1}{10}\sum_{i=1}^{10} l_i = 24.997(\text{mm})$$

(2)列表计算残余误差,见表6-6。

(3)计算测量列单次测量值的标准偏差 σ。

$$\sigma = \sqrt{\frac{1}{n-1}\sum_{i=1}^{10} v_i^2} = \sqrt{\frac{38}{10-1}} = 2.1(\mu\text{m})$$

(4)计算测量列算术平均值的标准偏差

$$\sigma_{\bar{l}} = \frac{\sigma}{\sqrt{n}} = \frac{2.1}{\sqrt{10}} = 0.664(\mu\text{m})$$

(5)计算单个测量值中随机误差极限值

$$\delta_{lim} = \pm 3\sigma = \pm 3 \times 2.1 = \pm 6.3(\mu\text{m})$$

(6)计算平均值的极限误差

$$\delta_{lim\bar{l}} = \pm 3\sigma_{\bar{l}} = \pm 3 \times 0.664 = \pm 1.992(\mu\text{m})$$

(7)测量结果:平均值测量结果

$$d = \bar{l} \pm 3\sigma_{\bar{l}} = 24.997\ \text{mm} \pm 0.001\ 99\ \text{mm}$$

单次测量值的结果，如第 5 次测得值的测量结果

$$d_5 = 24.998\ \text{mm} \pm 0.006\ 3\ \text{mm}$$

技能训练六　量块的使用

一、训练目的

(1)了解量块的结构与用途，熟悉量块的“级”和“等”的概念，如何按“级”和“等”使用。

(2)学会正确使用量块。

二、训练内容

用量块组合下列尺寸 65.365 mm、30.64 mm、78.03 mm、46.65 mm。

三、设备和工具

(1)量块若干套；
(2)无色航空汽油或无水酒精；
(3)清洁绸布和鹿皮；
(4)量块防锈油。

四、训练步骤

(1)根据组合尺寸要求和精度要求，确定量块的“级”(或“等”)和套别；
(2)根据组合尺寸要求选择量块并用汽油或无水酒精清洗；
(3)先用清洁的绸布将清洗的量块擦干，再用鹿皮精擦；
(4)将精擦后的量块按组合尺寸要求组合；
(5)经老师检验组合成功后，拆除组合、清洗量块并涂量块防锈油。

五、提交成果

完成下表。

组合尺寸 第一块尺寸	剩下尺寸 第三块尺寸	(剩下尺寸) (第五块尺寸)
剩下尺寸 第二块尺寸	剩下尺寸 第四块尺寸	

技能训练七　用比较仪测轴直径

一、训练目的

(1)学习比较法测量原理,掌握比较仪的使用;
(2)理解计量器具与测量方法的常用术语;
(3)学习掌握测量结果的处理方法;
(4)理解有关尺寸、偏差和公差的术语及定义。

二、训练内容

(1)用比较仪测量轴的直径;
(2)根据测量结果确定轴的尺寸是否符合要求;
(3)计算轴的测量误差。

三、设备和工具

(1)机械式比较仪(见图6-5);
(2)量块和待测轴。

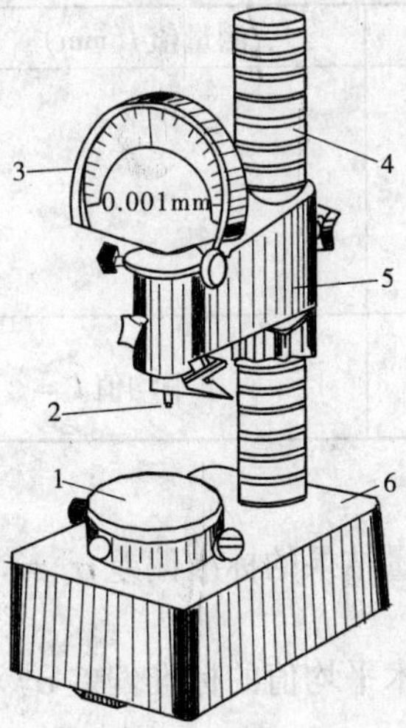

1—工作台;2—测头;3—测微表;
4—立柱;5—支臂;6—底座

图6-5　机械式比较仪

四、训练步骤

(1)测头的选择:测头有球形、平面形和刀口形三种。为使测头与被测表面尽量满足点接触,测量平面或圆柱面时应选用球形测头。测量球面试件时,选用平面形测头。测量小于10 mm的圆柱面时,选用刀口形测头。

(2)按被测零件的基本尺寸或极限尺寸组合量块。

(3)调整仪器零位:用选好的量块组调整仪器零位,调好零位后将测头抬起取下量块。

(4)将被测轴置于工作台上,按规定部位(在三个横截面上两个相互垂直的径向位置上)进行测量,把测量结果填入记录表中。

(5)对一根轴的同一点测量10次,计算测量误差,写出测量结果。

五、提交成果

(1)测量仪器名称和型号____________分度值________测量范围________零件的基本尺寸和极限偏差(要求)________量块组合尺寸________室温________。

(2)测量零件的尺寸偏差、确定零件实际尺寸变动范围,填写下表。

轴向截面	横截面实际偏差(μm)		
	1—1	2—2	3—3
Ⅰ—Ⅰ			
Ⅱ—Ⅱ			
零件实际偏差范围			
适用性结论			

(3)重复10次测量一个零件同一部位的尺寸,计算测量误差,填入下表。

序号	测量值 l(mm)	残差 $v_i = l_i - \bar{l}$(μm)	残差的平方 v_i^2
1 2 ⋮ 10			
	算术平均值 $\bar{l}$ =	$\sum_{i=1}^{10} v_i$ =	$\sum_{i=1}^{10} v_i^2$ =

测量结果的标准偏差 $\sigma = \sqrt{\frac{1}{n-1}\sum_{i=1}^{10} v_i^2} =$

算术平均值的标准偏差 $\sigma_{\bar{l}} = \frac{\sigma}{\sqrt{n}} =$

测量结果 $d = \bar{l} \pm 3\sigma_{\bar{l}} =$

技能训练八　用内径百分表测内径

一、训练目的

(1)学习内径百分表的使用方法;

(2)进一步加深理解尺寸、偏差和公差的概念。

二、训练内容

用内径百分表测量给定零件的内径。

三、设备和工具

(1)内径百分表;

(2)量块和量块夹或外径千分尺;

(3)待测零件。

四、训练步骤

(1)量块组合:按被测孔的基本尺寸组合量块并用量块夹夹紧或按被测孔的基本尺寸调整外径千分尺。

(2)换测头:按被测孔的内径将内径百分表换上相应的可换测头。

(3)百分表调零:手拿内径表的隔热手柄,将其测头放入调整好的量块夹两测块之间(也可放入调整好的外径千分尺两测砧之间),在水平和垂直两个方向摆动百分表找最小值(见图6-6)。旋转表盘,使百分表零刻度正好对准示值变化的最小值。

(4)进行测量:将内径百分表插入被测孔中,沿被测孔的轴线方向测几个截面,每个截面要在垂直的两个部位各测一次。测量时轻轻摆动百分表,记下示值变化的最小值(见图6-7)。根据测量结果和被测孔的公差要求判断被测孔是否合格。

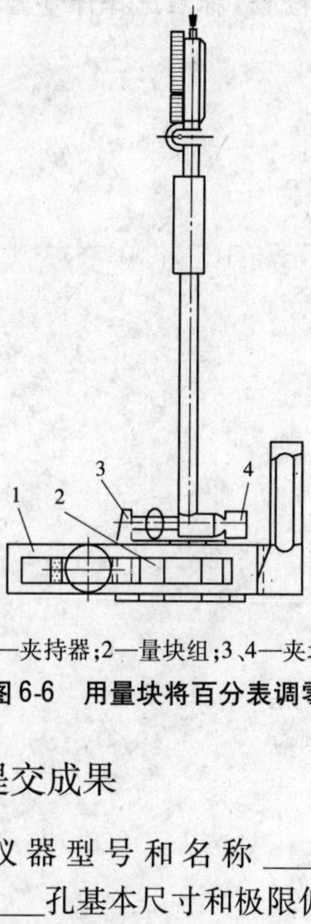

1—夹持器;2—量块组;3、4—夹块

图6-6 用量块将百分表调零

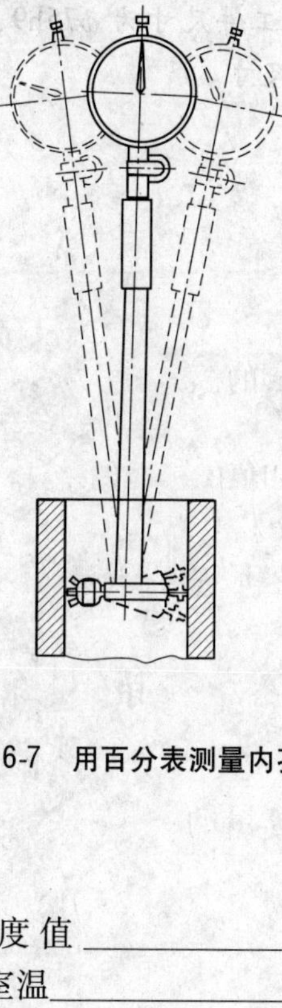

图6-7 用百分表测量内孔

五、提交成果

(1)仪器型号和名称______________分度值__________测量范围__________孔基本尺寸和极限偏差______________室温______________。

(2)测量结果填入下表。

轴向截面	横截面实际偏差(μm)		
	1—1	2—2	3—3
Ⅰ—Ⅰ			
Ⅱ—Ⅱ			
零件实际偏差范围			
适用性结论			

思考与练习

6-1 量块按“等”和“级”使用时有什么不同？

6-2 试从83块一套的量块中，组合下列尺寸39.875 mm、47.87 mm、50.79 mm、20.67 mm。

6-3 试说明下列术语的区别：(1)示值范围与测量范围；(2)绝对误差和相对误差；(3)系统误差和随机误差。

6-4 在等精度的情况下对某一试件测量了四次，其测得值如下：20.001 mm，20.002 mm，20.000 mm，19.999 mm。若已知单次测量的标准偏差为0.6 μm，求测量结果及极限误差。

6-5 设工件尺寸为φ75h9，试按《光滑工件尺寸的检验》标准选择计量器具，并确定检验的极限尺寸。

第七章　形状和位置公差

学习指导

本章主要介绍形状公差和位置公差的概念、项目、符号，形状误差及形状公差带、位置误差及位置公差带，公差原则（独立原则和相关原则）。简单介绍了形位公差的评定原则、形位公差值的选择。重点是形位公差带的大小、方向、形状和位置四要素、形位公差的标注，最大实体原则和包容原则的应用。其中最大实体原则和包容原则既是重点也是难点，要透彻理解相关例题，以便在实际工作中应用。

第一节　形状公差和误差

一、概述

在公差使用初期，受生产发展水平的限制，人们的认识大多停留在用尺寸公差来控制形位公差的阶段，因而对尺寸精度要求较高的零件，只能采取收紧尺寸公差带的方法，这样不仅提高了制造成本，而且在不少情况下也达不到控制形位公差的目的。随着科学技术的发展，人们认识到机器设备能保证加工零件达到一定的形状和相对位置的要求，因而提出了相对放松尺寸公差，并给出形状公差和位置公差的方法来满足零件的功能要求。

生产实践证明，工件的某些形状误差与尺寸公差无关。尺寸精度再高也无法控制工件要素的形状公差。如图 7-1（a）所示，一对孔和轴组成间隙配合。假设完工后的孔处处皆为 ϕ12 mm，且具有理想的形状，小轴加工后的实际尺寸和形状如图 7-1（b）所示。从尺寸角度看，它是合格的；但事实上却形不成间隙配合，原因是轴存在着较大的形状误差。

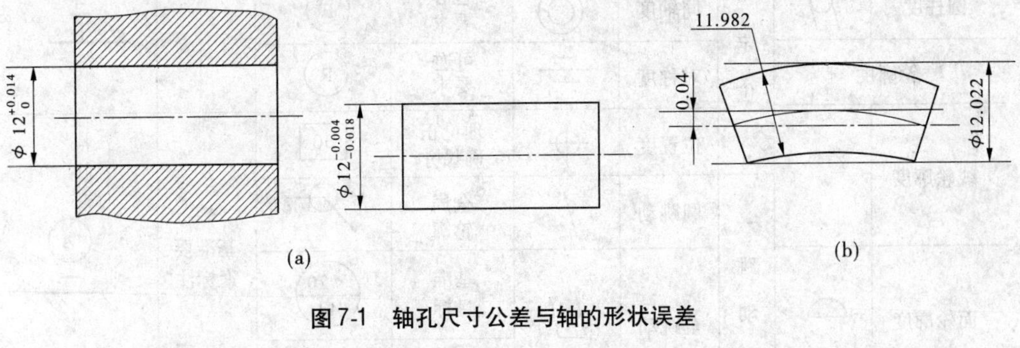

图 7-1　轴孔尺寸公差与轴的形状误差

由于零件的形状误差和位置误差（简称形位误差）的存在，将对机器的精度、结合强度、密封性、工作平稳性、使用寿命等产生不良影响。因此，对一些重要零件有必要给定形状公差和位置公差，以限制其形状和位置误差。

限制形状公差和位置公差的对象是零件的几何要素，即构成零件几何的点、线和面三要素，因此形状公差和位置公差的研究对象就是零件的几何要素。形状公差和位置公差的研究对象有线和面两类要素。

按《形状和位置公差术语及定义》（GB/T 1182—1996）规定，几何要素可以分为：

（1）理想要素。指按设计要求，由图样上给定的点、线、面的理想状态。该要素不存在任何误差。

（2）实际要素。指零件上实际存在的要素。实际要素的状态通常由测量要素代替。

（3）被测要素。指在图样上给出形状公差和位置公差的要求，从而成为检测对象的要素。

（4）单一要素。指仅对其本身给出形状公差要求的要素。

（5）关联要素。指对其他要素有功能关系的要素，即规定位置公差要素。

（6）基准要素。指用来确定被测要素方向或位置的要素。理想基准要素简称基准。

（7）轮廓要素。指零件表面上的线、面。

（8）中心要素。指构成零件轮廓的对称中心的点、线、面。如零件的轴线、球心、圆心、两平行平面的中心平面等。

零件的形位公差项目共 14 项，见表 7-1（有关的符号将在后面各节中介绍）。

表 7-1　形位公差符号（摘自 GB/T 1182—1996）

形位公差特征项目符号					其他有关符号			
形状公差		位置公差			名称	符号	名称	符号
直线度	—	定向	平行度	∥	最大实体要求	Ⓜ	被测要素标注	直接标注
平面度	⏥	定向	垂直度	⊥	最小实体要求	Ⓛ	被测要素标注	直接标注
圆度	○	定向	倾斜度	∠	延伸公差带	Ⓟ	被测要素标注	用字母标注
圆柱度	⌭	定位	同轴度	◎	包容要求	Ⓔ	被测要素标注	用字母标注 A
轮廓度		定位	对称度	⌯	可逆要求	Ⓡ		
线轮廓度	⌒	定位	位置度	⌖	理论正确尺寸	50	基准要素标注	A
线轮廓度	⌒	跳动	圆跳动	↗	全周轮廓		基准要素标注	A
面轮廓度	⌓	跳动	全跳动	⌰	基准目标	φ20 / A1	基准要素标注	A
面轮廓度	⌓	跳动	全跳动	⌰	自由状态条件	Ⓕ	基准要素标注	A

影响形位公差带的有四个因素：形状、大小、方向、位置。

公差带的形状取决于公差项目,有两平行直线组成的区域;两平行平面组成的区域;两同心圆柱面之间的区域等,如图 7-2 所示。

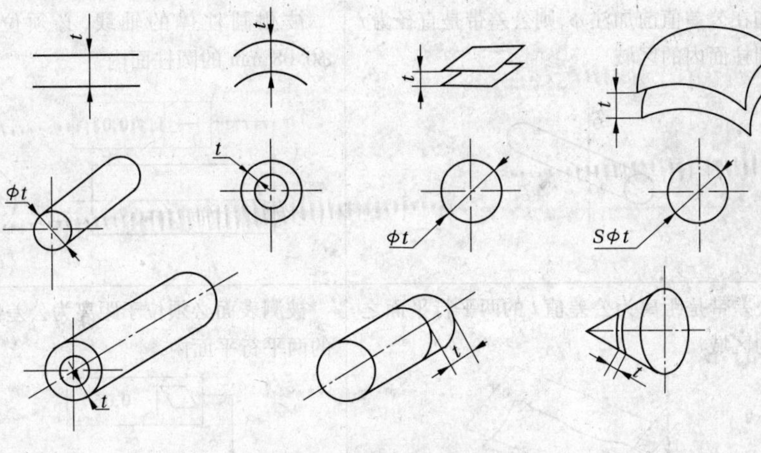

图 7-2　形位公差带的形状

公差带的大小由给定的公差值决定,它确定了公差带形状的区域大小。

公差带的方向:对于形状公差,其放置方向应符合最小条件;对于位置公差,其放置方向由被测要素和基准的几何关系来确定。

公差带的位置:形状公差带与实际尺寸大小无关;位置公差带与基准和尺寸性质有关。

二、形状公差和误差

(一)形状公差项目、符号及分类

国标规定,形状公差共有六个项目,各项目的名称、符号及分类见表 7-2。

表 7-2　形状公差带定义、标注和解释

名称	公差带定义	标注和解释
直线度	在给定平面内,公差带是距离为公差值 t 的两平行直线之间的区域 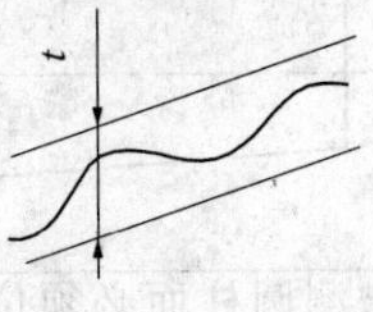 	被测表面的素线,必须位于平行于图样所示投影面,且距离为公差值 0.1 mm 的平行直线内 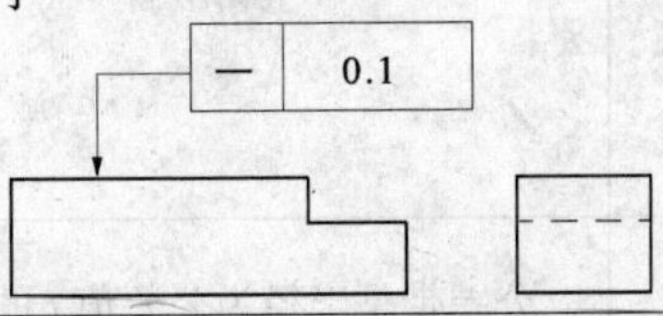
	在给定方向上,公差带是距离为公差值 t 的两平行平面之间的区域 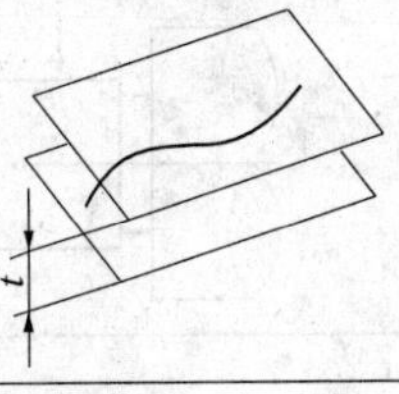 	被测圆柱面的素线,必须位于距离为公差值 0.1 mm 的两平行平面之内 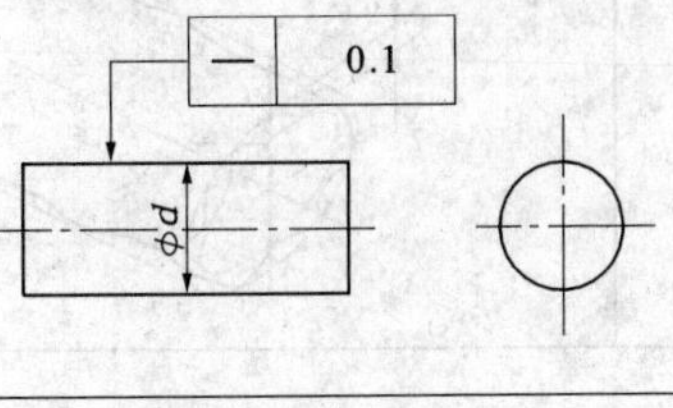

续表 7-2

名称	公差带定义	标注和解释
直线度	如在公差值前加注 ϕ，则公差带是直径为 t 的圆柱面内的区域 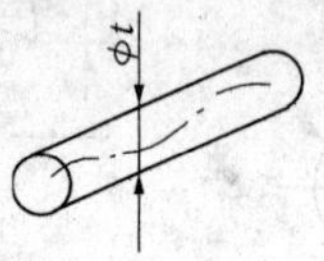	被测圆柱体的轴线，必须位于直径为 ϕ0.08 mm 的圆柱面内 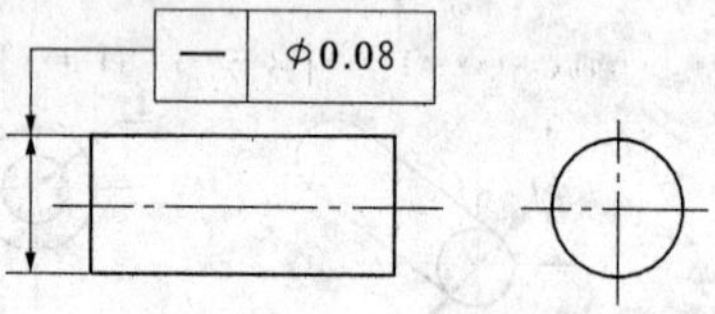
平面度	公差带是距离为公差值 t 的两平行平面之间的区域 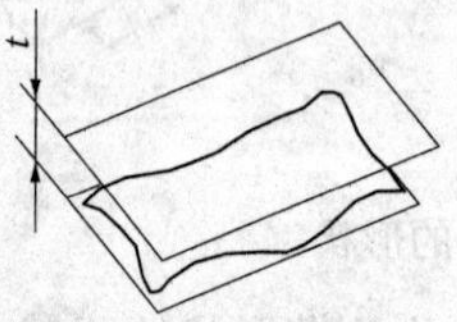	被测表面必须位于距离为公差值 0.06 mm 的两平行平面内 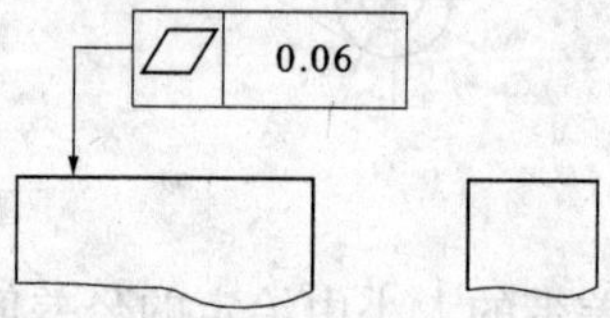
圆度	公差带是在同一正截面上，半径差为公差值 t 的两同心圆之间的区域 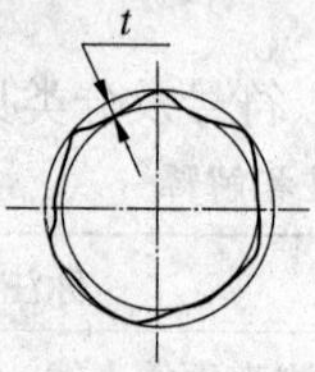	被测圆柱面任一正截面的圆，必须位于半径差为公差值 0.02 mm 的两同心圆之间 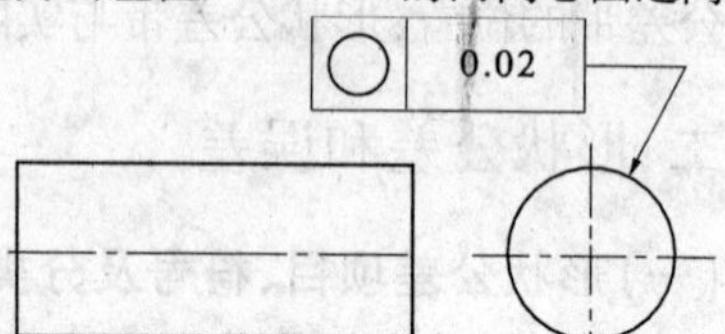
		被测圆锥面任一正截面上的圆，必须位于半径差为 0.01 mm 的两同心圆之间 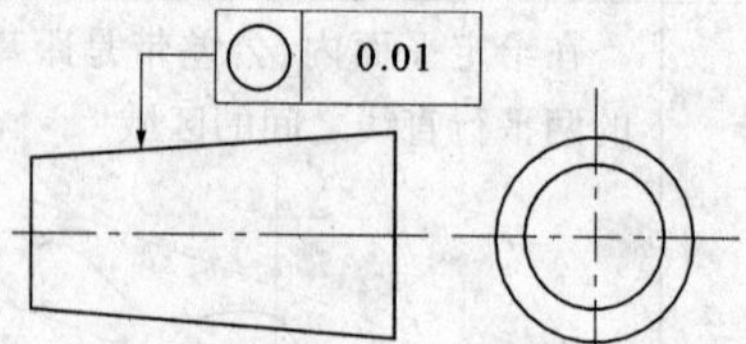
圆柱度	公差带是半径为公差值 t 的两同轴圆柱面之间的区域 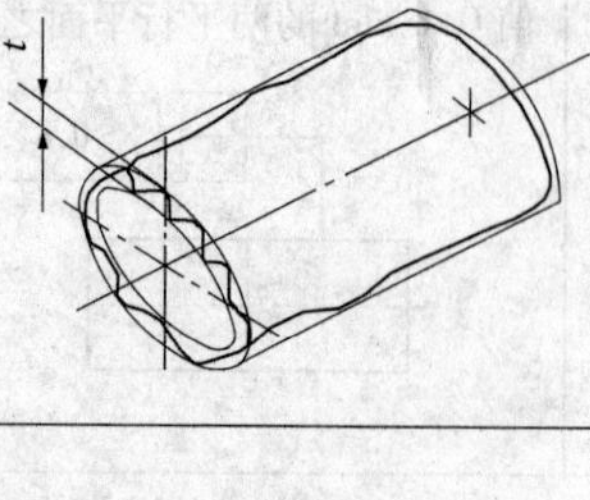	被测圆柱面必须位于半径差为公差值 0.05 mm 的两同轴圆柱面之间 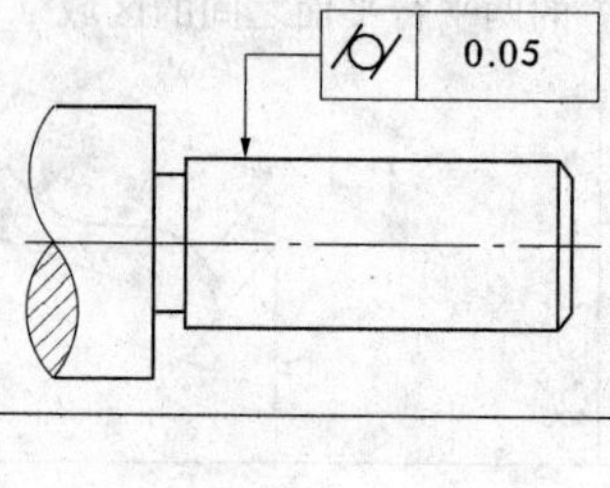

续表 7-2

名称	公差带定义	标注和解释
线轮廓度	公差带是包络一系列直径为公差值 t 的圆的两包络线之间的区域，诸圆的圆心位于具有理论正确几何形状的线上 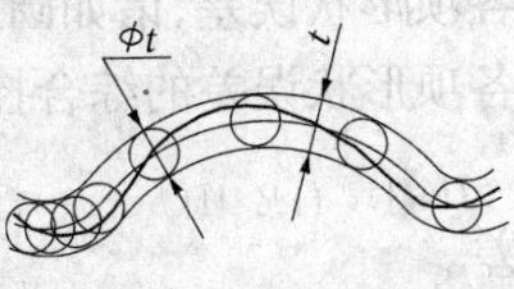	在平行于图样所示投影的任一截面上，被测轮廓线必须位于一系列直径为公差值0.04 mm，且圆心位于具有理论正确几何形状的线上 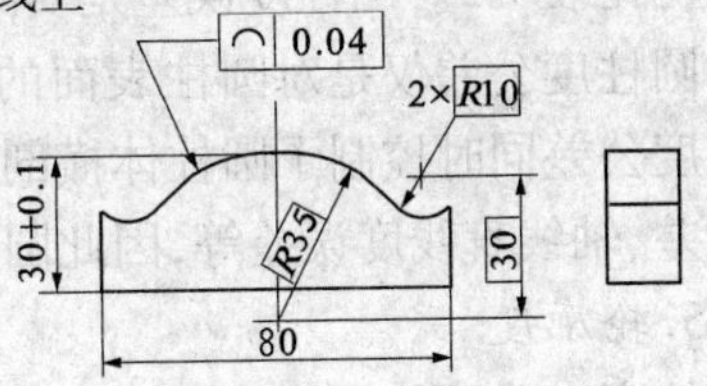 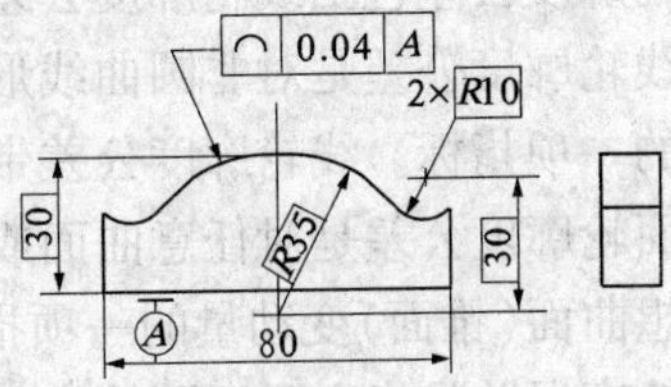
面轮廓度	公差带是包络一系列直径为公差值 t 的球的两包络面之间的区域，诸球的球心位于具有理论正确几何形状的面上 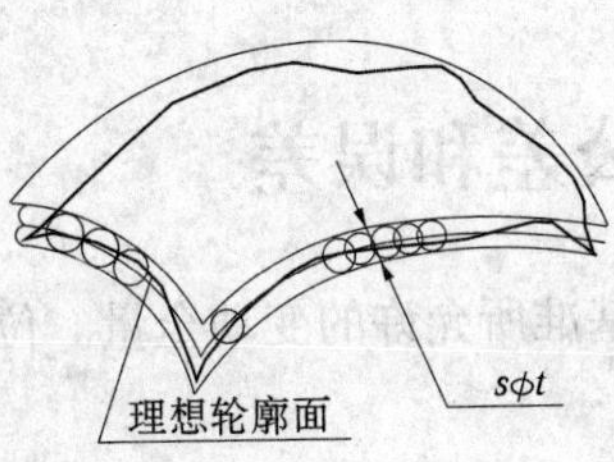	被测轮廓面必须位于包络一系列球的两包络面之间，诸球的直径为公差值0.02 mm，且球心位于具有理论正确几何形状的面上 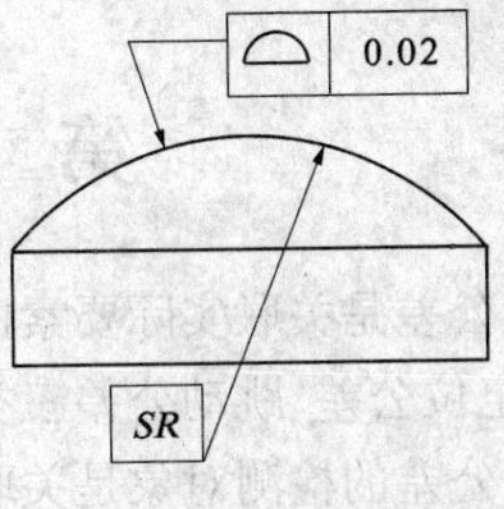

(二) 形状公差各项目的含义

形状公差是单一实际被测要素的形状对其理想要素所允许的变动量。形状公差包括直线度、平面度、圆度、圆柱度、线轮廓度、面轮廓度六个项目。

1. 直线度

直线度公差是限制实际线对理想直线变动量的一项指标。直线度公差带的定义及示例见表 7-2。直线度误差就是指实际直线对理想直线的变动量。

2. 平面度

平面度公差是限制实际面对理想平面变动量的一项指标。平面度公差带的定义及示例见表 7-2。平面度误差就是实际被测平面对理想平面的变动量。

3. 圆度

圆度公差是限制实际圆对理想圆变动量的一项指标。圆度公差带的定义及示例见

表 7-2。圆度误差是实际圆对理想圆的变动量。

圆度公差是对横截面为圆要素的控制要求。被测要素可以是圆柱面,也可以是圆锥面或曲面。被测部分可以是整圆,也可以是部分圆弧。

4. 圆柱度

圆柱度公差是限制实际圆柱面对理想圆柱面变动量的一项指标。圆柱度公差带定义及示例见表 7-2。圆柱度误差是实际圆柱面对理想圆柱面的变动量。

圆柱度公差仅是对圆柱表面的控制要求,它不能用于圆锥表面或其他形状的表面。圆柱度公差同时控制了圆柱体横剖面和轴剖面内各项形状误差,诸如圆度误差、素线直线度误差、轴线直线度误差等,因此圆柱度是圆柱面各项形状误差的综合控制指标。

5. 轮廓度

轮廓度公差包括线轮廓度公差和面轮廓度公差。

线轮廓度公差是对非圆曲线形状误差的控制要求,它是限制实际曲线对理想曲线变动量的一项指标。线轮廓度公差带的定义及示例见表 7-2。

面轮廓度公差是对任意曲面或锥面形状误差的控制要求,它是限制实际曲面(锥面)对理想曲面(锥面)变动量的一项指标。面轮廓度公差带的定义及示例见表 7-2。

轮廓误差是指实际被测轮廓对其理想轮廓的变动量。

线轮廓度公差和面轮廓度公差,如没有对基准的要求,则属形状公差;如有对基准的要求,则属位置公差;其公差带位置应由基准和理论正确尺寸(确定被测要素的理想形状、方向、位置的尺寸,称为理论正确尺寸。该尺寸不附带公差,在图样上用细实线方框围之)确定。

第二节 位置公差和误差

位置公差是关联实际要素的方向或位置对基准所允许的变动全量。位置公差包含定向公差、定位公差、跳动公差三类公差项目。

位置公差的检测对象是关联要素,所以位置公差中都有基准要素。

一、定向公差和误差

定向公差包括平行度公差、垂直度公差、倾斜度公差。它是关联实际被测要素对具有确定方向的理想被测要素的允许变动量。理想被测要素的方向由基准和理论正确角度确定。

(一)平行度

平行度公差是限制实际被测要素对与基准平行(180°)的理想被测要素变动量的一项指标。平行度公差带定义及示例见表 7-3。

(二)垂直度

垂直度公差是限制实际被测要素对与基准垂直(90°)的理想被测要素的变动量的一项指标。垂直度公差带定义及示例见表 7-3。

(三)倾斜度

倾斜度公差是限制实际被测要素对与基准呈任意给定角度(0°,90°,180°除外)的理想被测要素变动量的一项指标。被测要素与基准的倾斜角度,必须用理论正确角度表示。倾斜度公差带定义及示例见表 7-3。

表 7-3　定向公差带定义、标注和解释

名称		公差带定义	标注和解释
平行度	面对面	公差带是距离为公差值 t,且平行于基准面的两平行平面之间的区域 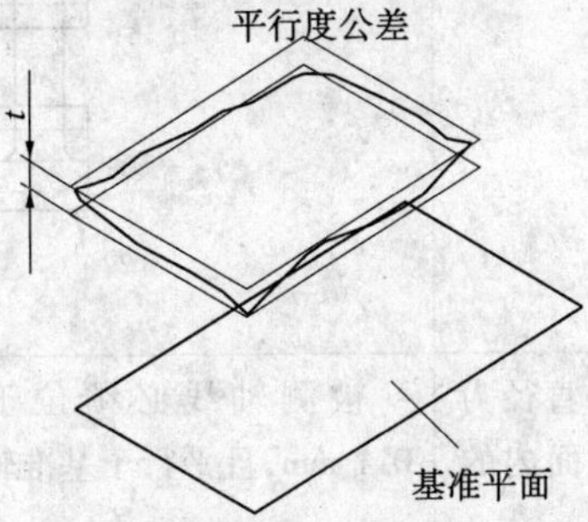	被测表面必须位于距离为公差值 0.05 mm,且平行于基准表面 A(基准平面)的两平行平面之间 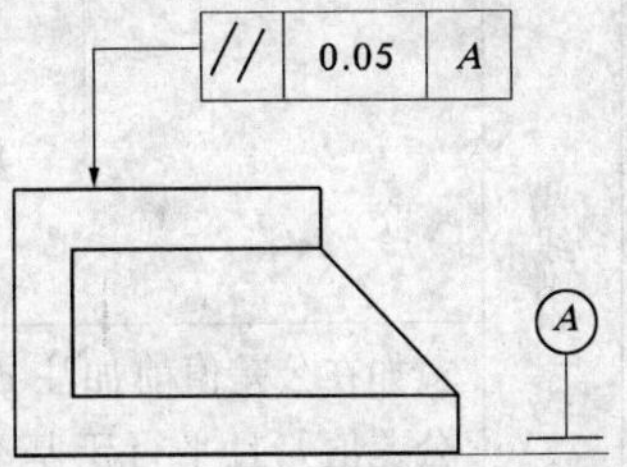
	线对面	公差带是距离为公差值 t,且平行于基准平面的两平行平面之间的区域 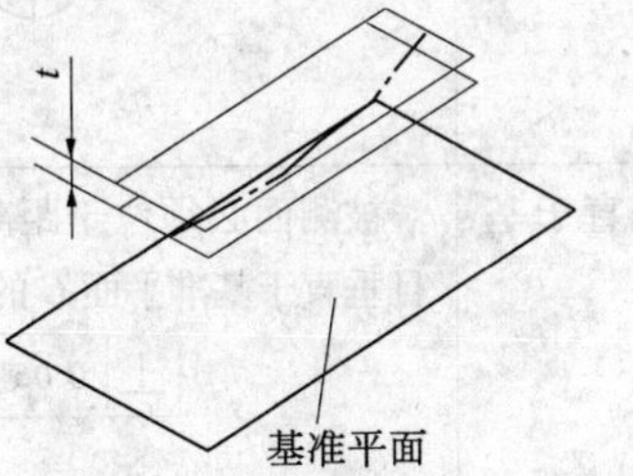	被测轴线必须位于距离为公差值 0.03 mm,且平行于基准表面 A(基准平面)的两平行平面之间 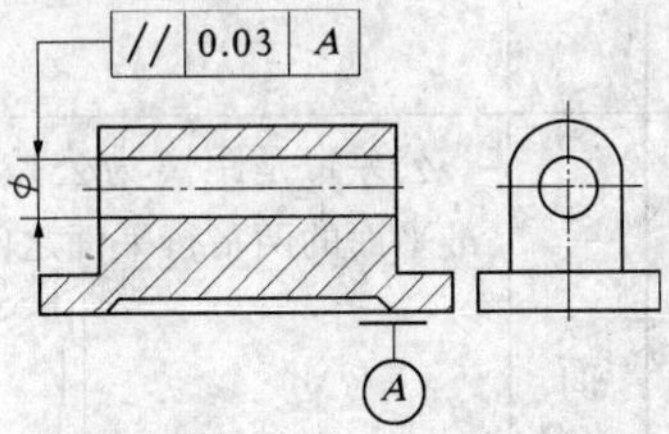
	面对线	公差带是距离为公差值 t,且平行于基准轴线的两平行平面之间的区域 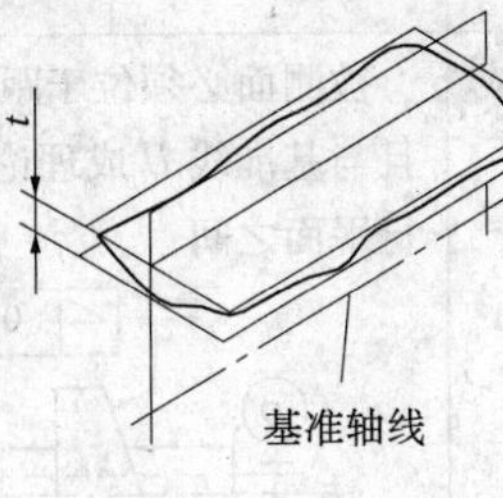	被测表面必须位于距离为公差值 0.05 mm,且平行于基准线 A(基准轴线)的两平行平面之间 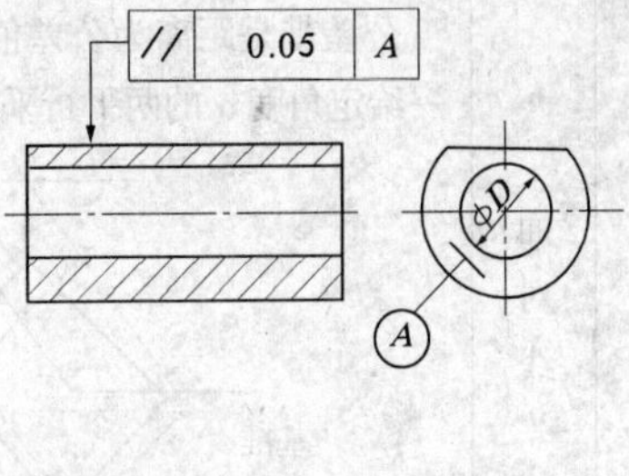

续表 7-3

名称		公差带定义	标注和解释
平行度	线对线	公差带是距离为公差值 t，且平行于基准轴线，并位于给定方向上的两平行平面之间的区域 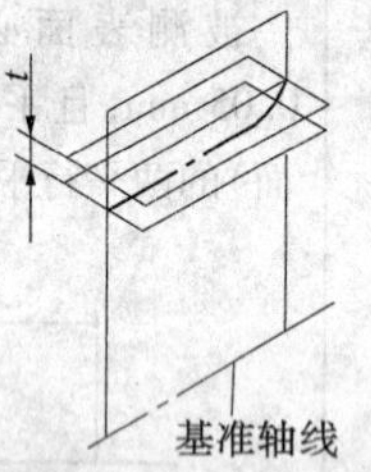	被测轴线必须位于距离为公差值 0.1 mm，在给定方向平行于基准轴线两平行平面之间 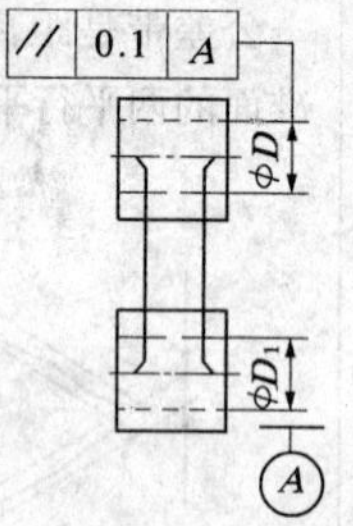
平行度	线对线	如在公差值前加注 ϕ，公差带是直径为公差值 t，且平行于基准线的圆柱面内的区域 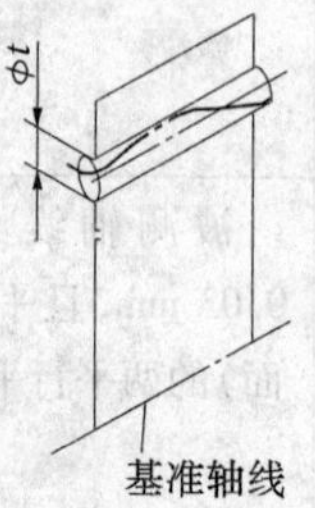	被测轴线必须位于直径为公差值 0.1 mm，且平行于基准轴线的圆柱面内 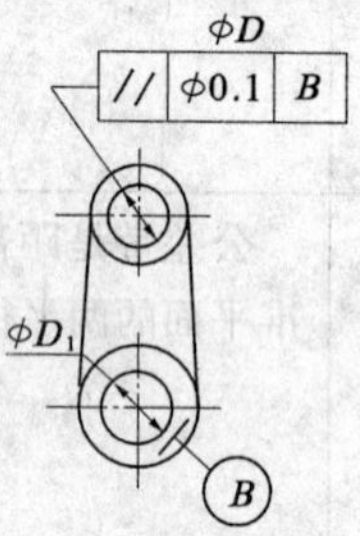
垂直度	面对面	公差带是距离为公差值 t，且垂直于基准平面的两平行平面之间的区域 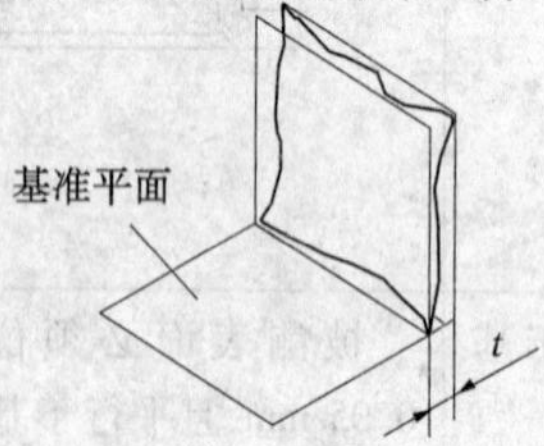	被测面必须位于距离为公差值 0.05 mm，且垂直于基准平面 C 的两平行平面之间 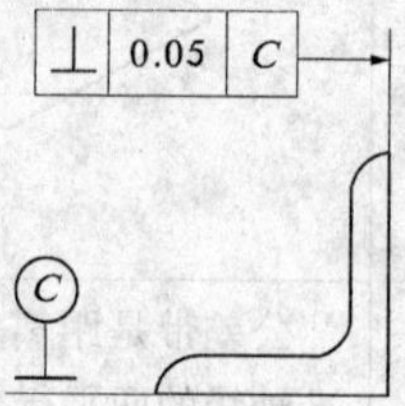
倾斜度	面对线	公差带是距离为公差值 t，且与基准线成一给定角度 α 的两平行平面之间的区域 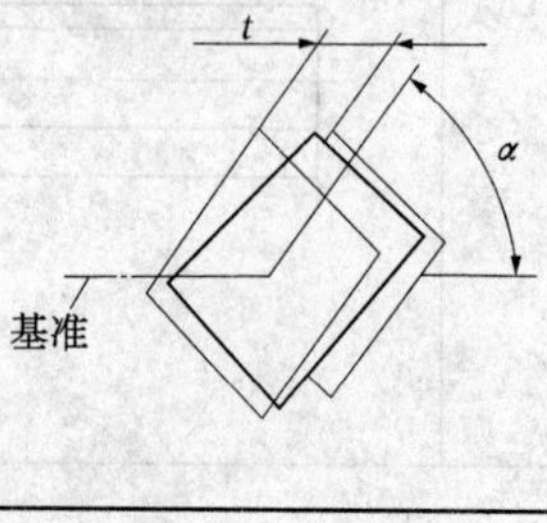	被测面必须位于距离为公差值 0.1 mm，且与基准线 D 成理论正确角度 75°的两平行平面之间 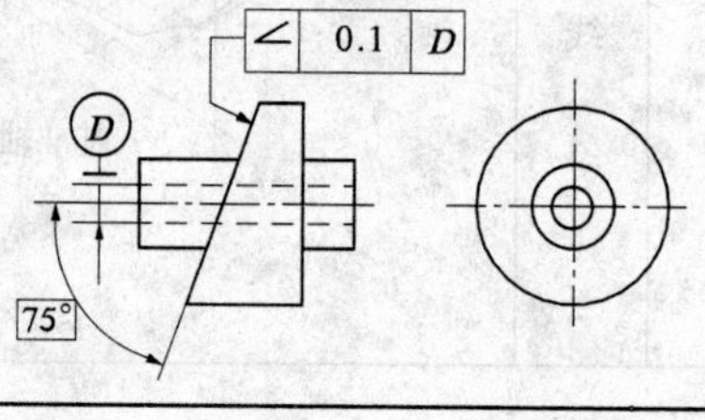

二、定位公差和误差

定位公差是关联实际被测要素对具有确定位置的理想被测要素的允许变动量。理想被测要素的位置由基准和理论正确尺寸确定。定位公差包括位置度公差、同轴度公差、对称度公差。

定位误差是关联实际被测要素对具有确定位置的理想被测要素的变动量。理想被测要素的位置由基准和理论正确尺寸确定。与定位公差相对应的有位置度误差、同轴度误差、对称度误差。定位公差带定义及示例见表 7-4。

表 7-4　定位公差带定义、标注和解释

名称		公差带定义	标注和解释
同轴度	轴线的同轴度	公差带是公差值 ϕt 的圆柱面的区域，该圆柱面的轴线与基准轴线同轴 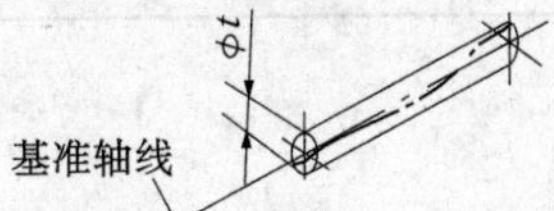 	大圆的轴线必须位于为公差值 $\phi 0.1$ mm，且与公共基准线 $A—B$（公共基准轴线）同轴的圆柱面内 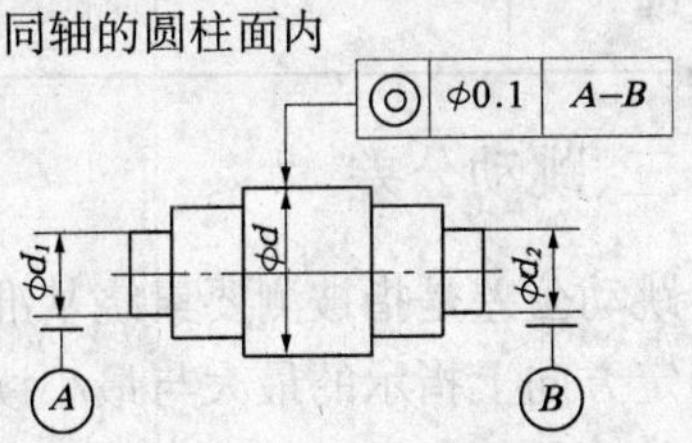
对称度	中心平面对称度	公差带是距离为公差值 t，且相对基准的中心平面对称配置的两平行平面之间的区域 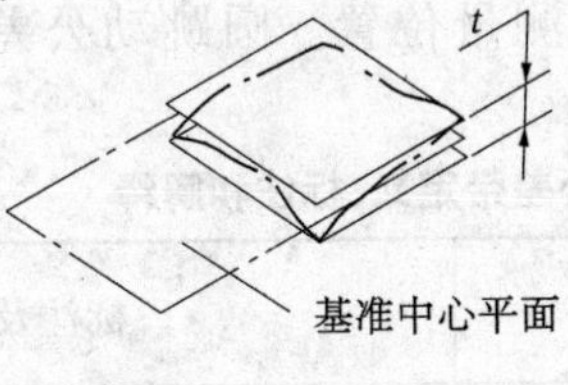 	被测中心平面必须位于距离为公差值 0.08 mm，且相对基准中心平面 A 对称配置的两平行平面之间 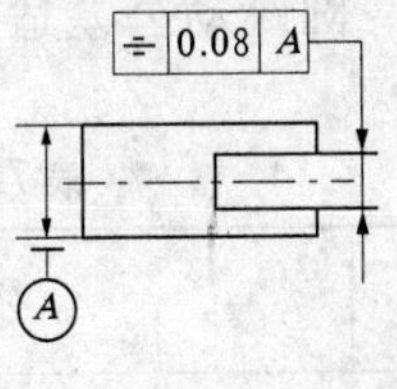
位置度	点的位置度	如公差值前加注 $S\phi$，公差带是直径为公差值 t 的球内的区域，球的公差带的中心点的位置，由相对于基准 A 和 B 的理论正确尺寸确定 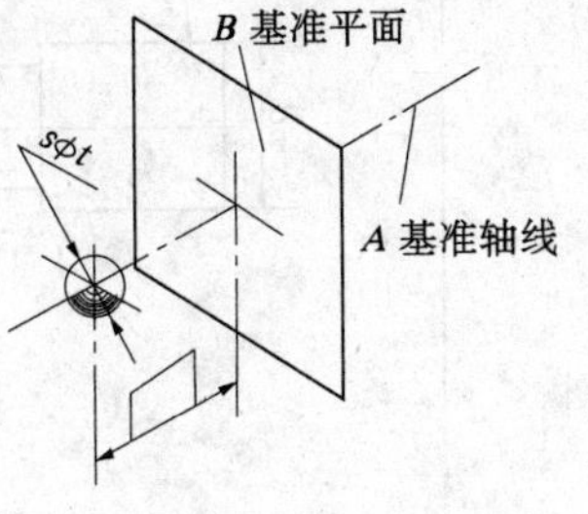 	被测球的球心必须位于直径为公差值 0.08 mm的球内，该球的球心位于相对基准 A 和 B 所确定的理想位置上 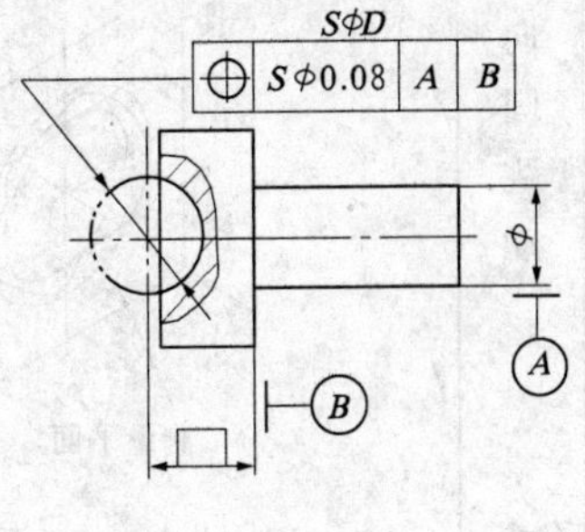

续表 7-4

<table>
<tr><th colspan="2">名称</th><th>公差带定义</th><th>标注和解释</th></tr>
<tr><td>位置度</td><td>线的位置度</td><td>如在公差值前加注 φ，则公差带是直径为 t 的圆柱面内的区域，公差带的轴线的位置由相对于三基面体系的理论正确尺寸确定
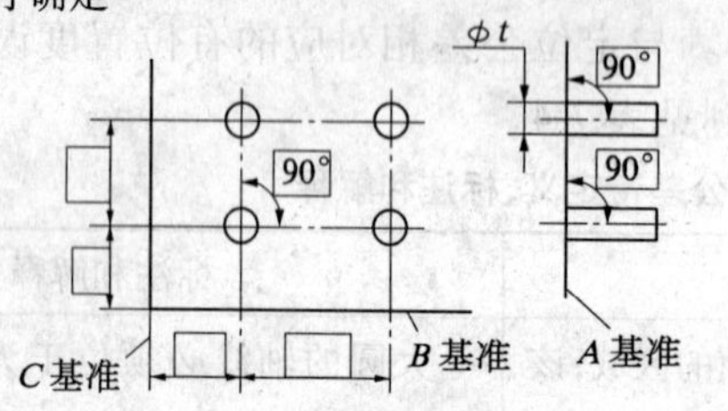
</td><td>每个被测轴线必须位于直径为公差值 0.1 mm，且以相对于 A、B、C 基准表面（基准平面）所确定的理想位置为轴线的圆柱内
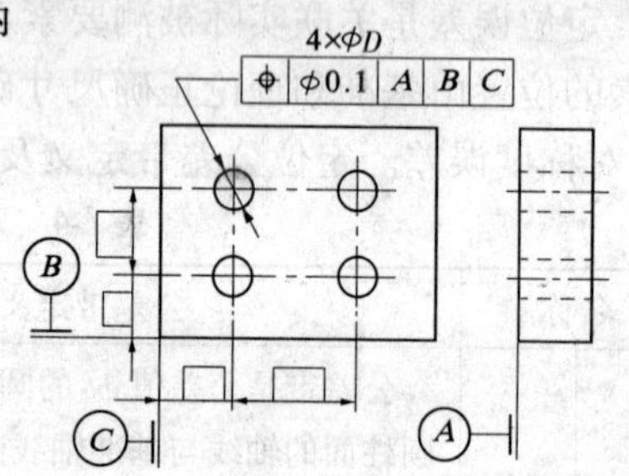
</td></tr>
</table>

三、跳动公差

跳动公差是指被测要素绕基准轴线回转过程中所允许的最大跳动量，也就是指示器在给定方向上指示的最大与最小读数之差的允许值。跳动公差是针对特定的检测方式而定义的公差项目。跳动公差包括圆跳动和全跳动。跳动公差带定义及示例见表 7-5。

（一）圆跳动

圆跳动公差是被测要素的某一个固定参考点围绕基准轴线旋转一周时（零件和测量仪器间无轴向位移）允许的最大变动量。圆跳动公差分为径向圆跳动、端面圆跳动和斜向圆跳动。圆跳动公差适用于各个不同的测量位置。圆跳动公差带定义及示例见表 7-5。

表 7-5 圆跳动、全跳动公差带定义、标注和解释

<table>
<tr><th colspan="2">名称</th><th>公差带定义</th><th>标注及解释</th></tr>
<tr><td>圆跳动</td><td>径向圆跳动</td><td>公差带是在垂直于基准轴线的任一测量平面内半径差为公差值 t，且圆心在基准轴线上的两个同心圆之间的区域
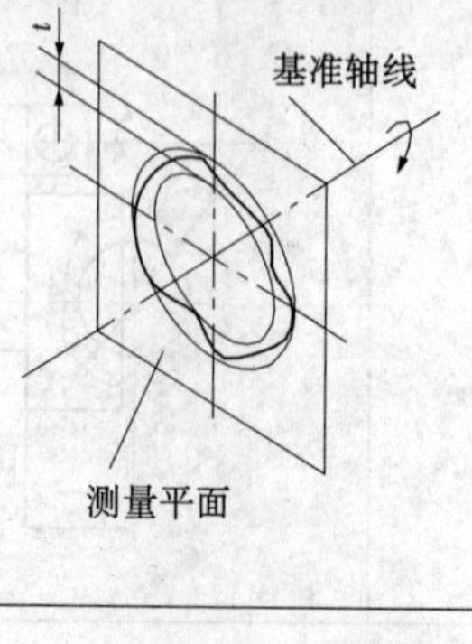
</td><td>当被测要素围绕基准线 A（基准轴线）作无轴向移动旋转一周时，在任一测量平面内的径向圆跳动量均不得大于0.05 mm
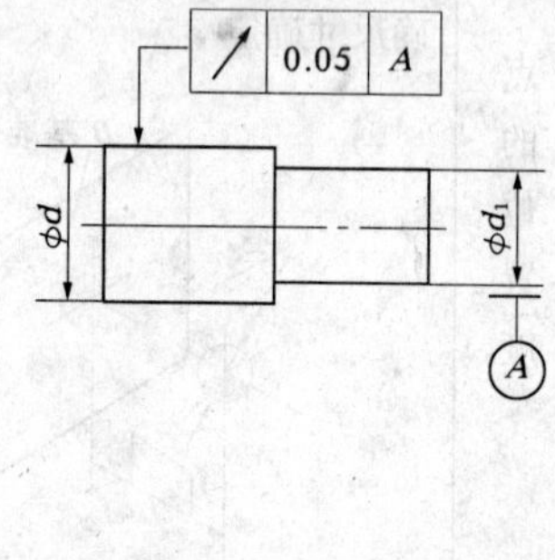
</td></tr>
</table>

续表 7-5

名称		公差带定义	标注及解释
圆跳动	端面圆跳动	公差带是在与基准同轴的任一半径位置的测量圆柱面上距离为 t 的圆柱面区域 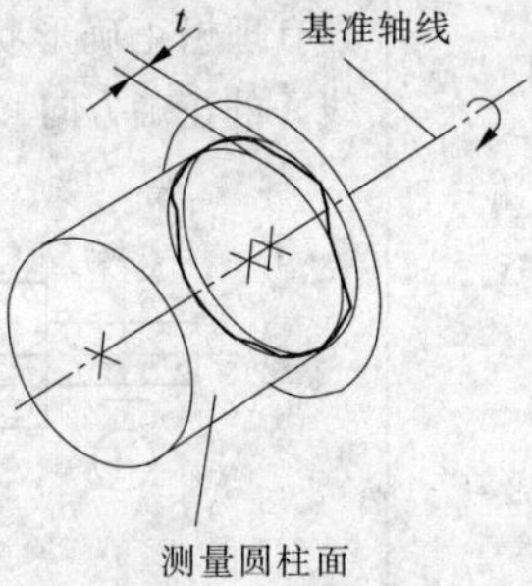	被测面绕基准线 A(基准轴线)作无轴向移动旋转一周时,在任一测量圆柱面内的轴向跳动量均不得大于0.06 mm 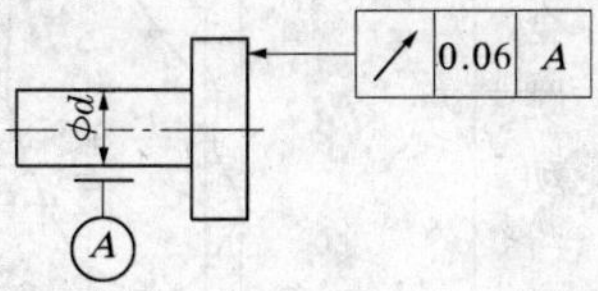
	斜向圆跳动	公差带是在与基准轴线同轴的任一测量圆锥面上距离为 t 的两圆之间的区域。除另有规定,其测量方向应与被测面垂直 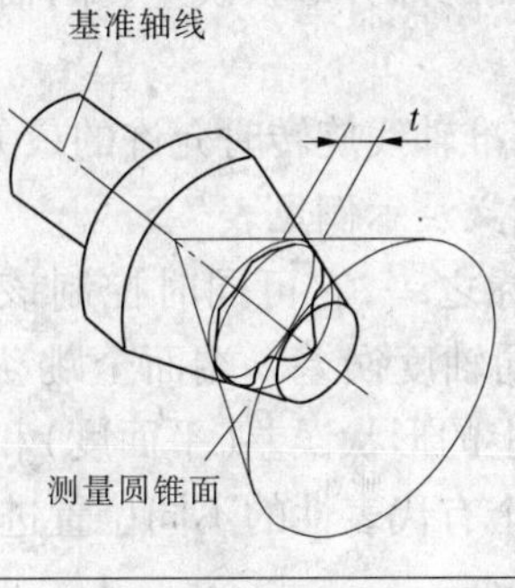	被测面绕基准线 A(基准轴线)作无轴向移动旋转一周时,在任一测量圆锥面上的跳动量均不得大于 0.05 mm 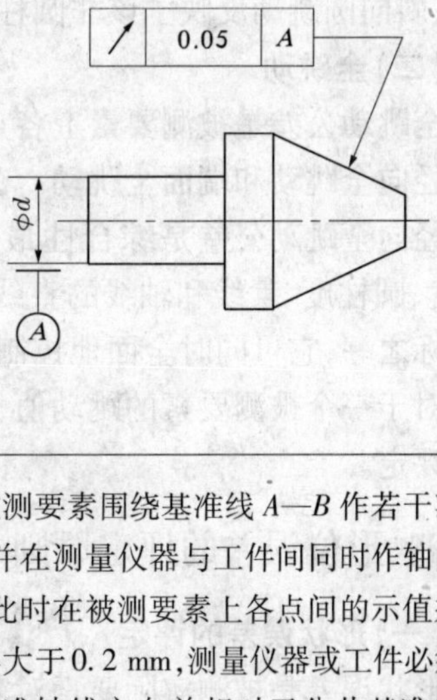
全跳动	径向全跳动	公差带是半径为公差值 t,且与基准同轴的两圆柱面之间的区域 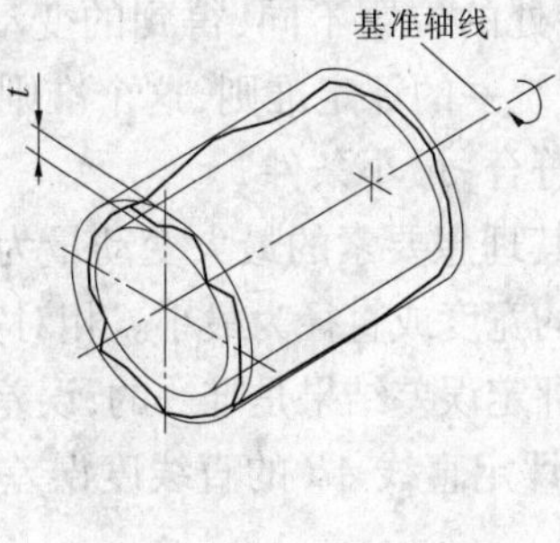	被测要素围绕基准线 A—B 作若干次旋转,并在测量仪器与工件间同时作轴向移动,此时在被测要素上各点间的示值差均不得大于0.2 mm,测量仪器或工件必须沿着基准轴线方向并相对于公共基准轴线 A—B 移动 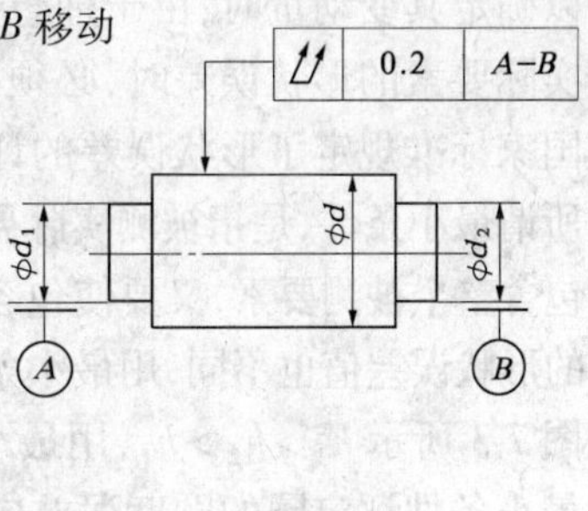

续表 7-5

名称		公差带定义	标注及解释
全跳动	端面全跳动	公差带是距离为公差值 t，且与基准垂直的两平行平面之间的区域 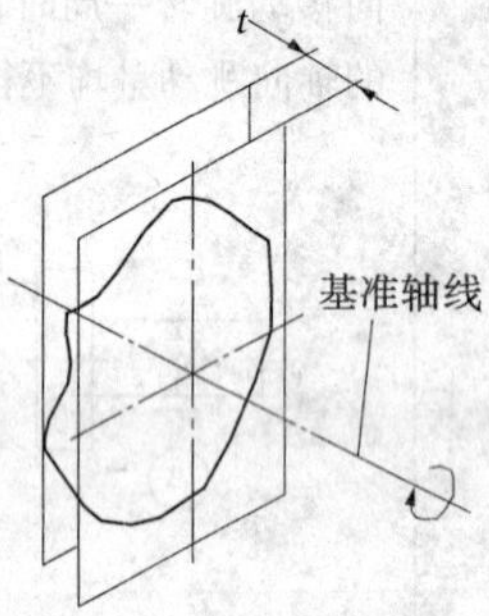 	被测要素绕基准轴线 A 作若干次旋转，并在测量仪器与工件间作径向移动，此时在被测要素上各点间的示值差不得大于 0.05 mm，测量仪器或工件必须沿着轮廓具有理想正确形状的线和相对于基准轴线 A 的正确方向移动 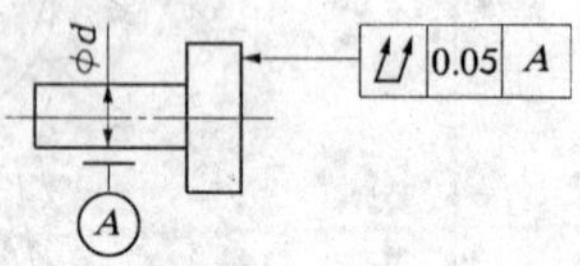

径向圆跳动反映了该圆柱面轴线对基准轴线的同轴度误差和测量部位的圆表面的形状误差，但不能反映轴线直线度误差；端面圆跳动反映了该端面部分平面度误差和垂直度误差；斜向圆跳动反映了该非圆柱回转表面的部分形状误差和同轴度误差。

（二）全跳动

全跳动公差是被测要素上各点围绕基准轴线旋转时允许的最大变动量。全跳动公差分为径向全跳动和端面全跳动。公差带定义及示例见表 7-5。

径向全跳动公差是综合性最强的指标之一，它可同时控制该圆柱面上的形状误差（圆度、圆柱度、素线和轴线的直线度）和同轴度误差。端面全跳动公差也是综合性最强的指标之一，它可同时全面地控制该端面上的形状误差（平面度）和垂直度误差。

对于一个被测要素的跳动值，应在多个有代表性的不同位置进行测量，并取其最大值进行评定。

四、形位误差的评定原则——最小条件

（一）形状误差的评定

形状误差是被测实际要素对其理想要素的变动量。在被测实际要素与其理想要素作比较以确定其变动量时，由于理想要素所处的位置不同，得到的变动量也会不同。因此，评定实际要素的形状误差时，必须有一个统一的评定准则，这个准则就是最小条件。

国家标准规定了形状误差的评定应符合“最小条件”。

所谓最小条件，是指被测实际要素对其理想要素的最大变动量为最小。最小条件要求既要包含整个被测要素，又要使包容区域的宽度或直径为最小。相对实际要素的位置不同，得到的形状误差值也不同，用最小条件来评定误差结果是唯一的，误差值也是最小的。

图 7-3 所示 $h_3 > h_2 > h_1$，用最小条件评定直线 AB 的直线度误差应为 h_1。图 7-4 所示为用最小条件评定圆的圆度误差应为 Δ_{r2}。

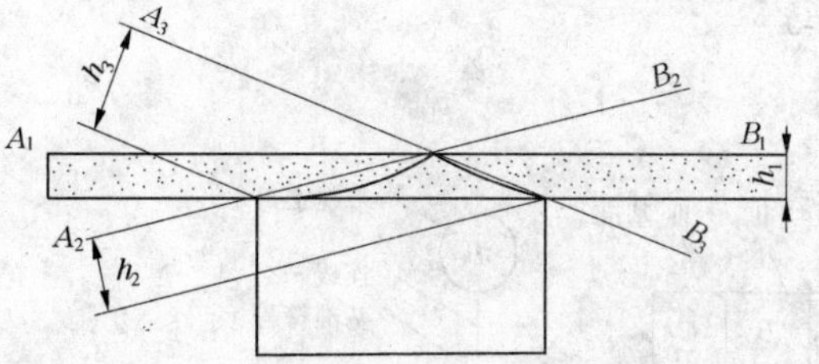

图 7-3　最小条件评定的直线度误差

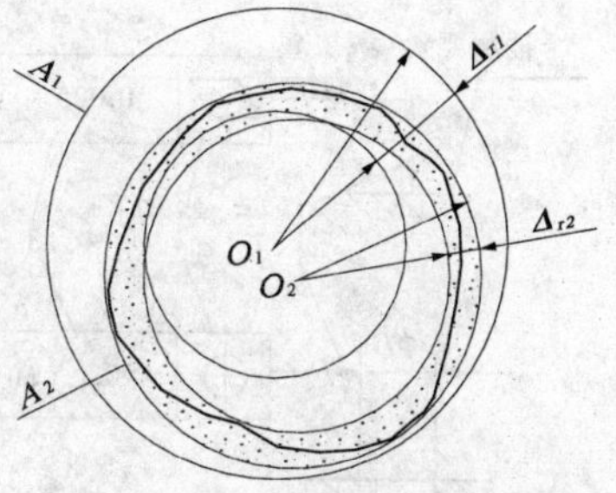

图 7-4　最小条件评定的圆度误差

(二)位置误差的评定

位置误差是关联被测实际要素对已具有确定方向或位置的理想要素的变动量。理想要素的方向或位置,由理想基准或理想基准和理论正确尺寸确定。

位置误差符合最小条件主要有两个方面:

其一,基准应符合最小条件。因为被测要素的误差值都是相对于基准测量出来的,而实际测量中基准的实际要素也是有形状误差的。所以,基准建立和体现应以该基准实际要素的理想要素为基准,而理想要素应以最小条件来建立。通常用平板来模拟基准平面,如图 7-5 所示,图中的最小摆动即是最小条件;还有用心轴的轴线来模拟孔的基准轴线。

其二,按设计要求与基准成一定的几何关系(平行、垂直、同轴、对称等)的理想被测要素应符合最小条件,即形成最小包容区域,如图 7-6 所示。

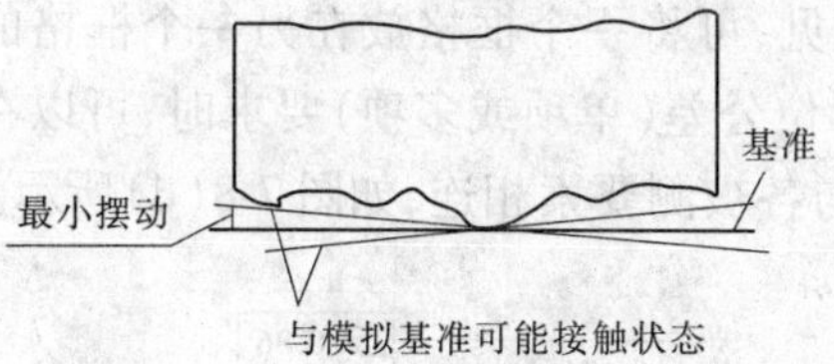

图 7-5　用平板模拟基准平面

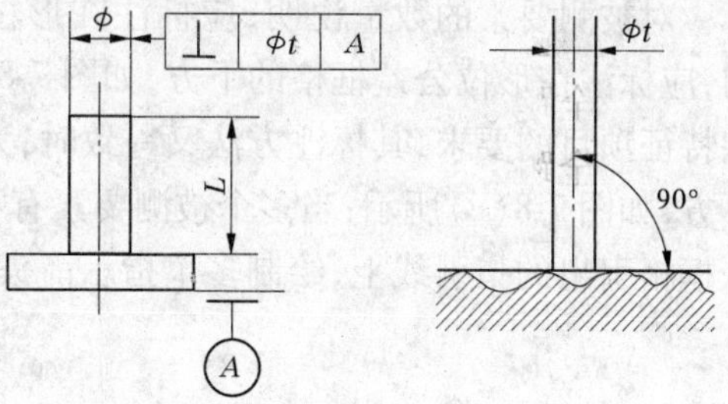

图 7-6　最小包容区域

第三节　形位公差的标注

形位公差在图样上用框格的形式标注,如图 7-7 所示。

形位公差框格由 2 至 5 格组成。形状公差一般为 2 格,位置公差一般为 3 至 5 格,框格中的内容从左到右顺序填写:公差特征符号;形位公差值(以 mm 为单位)和有关符号;基准字母及有关符号。代表基准的字母(包括基准代号圆圈内的字母)用大写英文字母(为不引起误解,其中 *E*、*I*、*J*、*M*、*Q*、*O*、*P*、*L*、*R*、*F* 不用)表示。如果形位公差值的数字前加注有 ϕ 或 $S\phi$,则表示其公差带为圆形、圆柱形或球形;如果要求在形位公差带内进一步限定被测要素的形状,则应在公差值后加注相应的符号,见表 7-6。

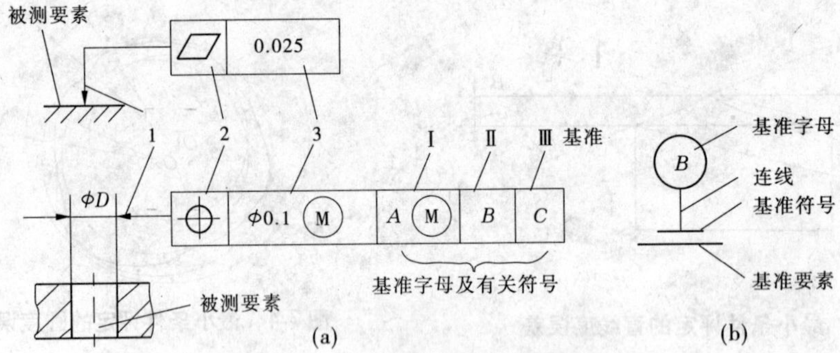

1—指引箭头;2—项目符号;3—形位公差值及有关符号

图 7-7 公差框格及基准代号

表 7-6 对被测要素形状要求的符号

含 义	符号	举 例	含 义	符号	举 例
只许中间向材料内凹下	(-)	— t(-)	只许从左至右减小	(▷)	⌭ t(▷)
只许中间向材料外凸起	(+)	▱ t(+)	只许从右至左减小	(◁)	⌭ t(◁)

对被测要素的数量说明,应标注在形位公差框格的上方,如图 7-8(a)所示;其他说明,应标注在形位公差框格的下方,如图 7-8(b)所示;如对同一要素有一个以上的形位公差特征项目的要求,其标注方法又一致时,为方便起见,可将一个框格放在另一个框格的下方,如图 7-8(c)所示;当多个被测要素有相同的形位公差(单项或多项)要求时,可以在从框格引出的指引线上,绘制多个指示箭头并分别与各被测要素相连,如图 7-8(d)所示。

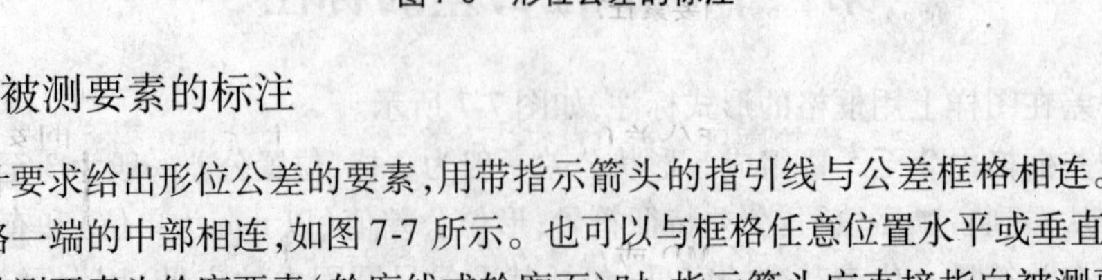

图 7-8 形位公差的标注

一、被测要素的标注

设计要求给出形位公差的要素,用带指示箭头的指引线与公差框格相连。指引线一般与框格一端的中部相连,如图 7-7 所示。也可以与框格任意位置水平或垂直相连。

当被测要素为轮廓要素(轮廓线或轮廓面)时,指示箭头应直接指向被测要素或其延长线上,并与尺寸线明显错开,如图 7-9 所示。

当被测要素为中心要素(中心点、中心线、中心平面等)时,指示箭头应与被测要素相应的轮廓要素的尺寸线对齐,如图 7-10 所示。指示箭头可代替一个尺寸线的箭头。

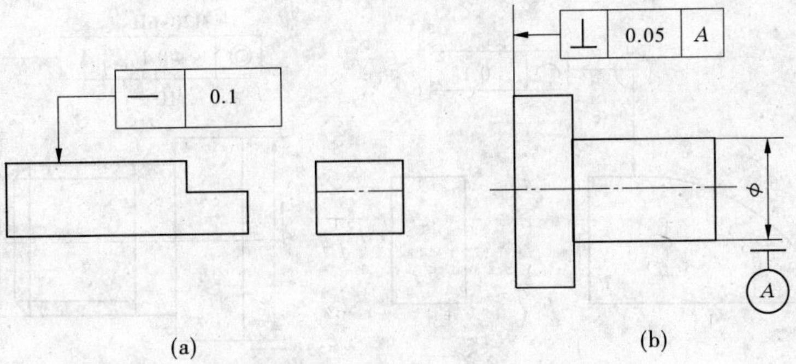

图 7-9　被测要素是轮廓要素时的标注

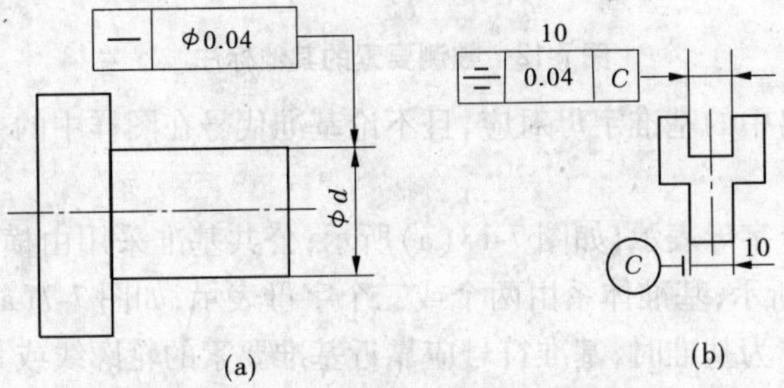

图 7-10　被测要素是中心要素时的标注

对被测要素任意局部范围内的公差要求,应将该局部范围的尺寸标注在形位公差值后面,并用斜线隔开,如图 7-11(a)表示圆柱面素线在任意 100 mm 长度范围内的直线度公差为 0.05 mm;图 7-11(b)表示箭头所指平面在任意边长为 100 mm 的正方形范围内的平面度公差是 0.01 mm;图 7-11(c)表示上平面对下平面的平行度公差在任意 100 mm 长度范围内为 0.08 mm。

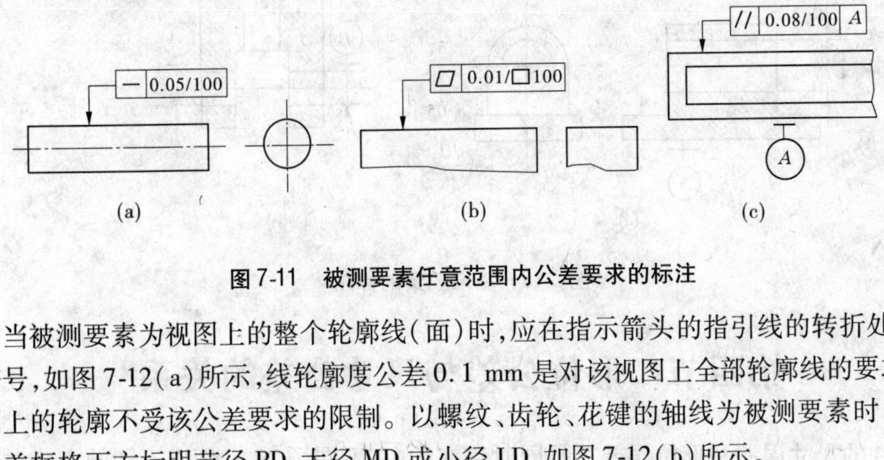

图 7-11　被测要素任意范围内公差要求的标注

当被测要素为视图上的整个轮廓线(面)时,应在指示箭头的指引线的转折处加注全周符号,如图 7-12(a)所示,线轮廓度公差 0.1 mm 是对该视图上全部轮廓线的要求,其他视图上的轮廓不受该公差要求的限制。以螺纹、齿轮、花键的轴线为被测要素时,应在形位公差框格下方标明节径 PD、大径 MD 或小径 LD,如图 7-12(b)所示。

二、基准要素的标注

对关联被测要素的位置公差要求必须注明基准。基准代号如图 7-7(b)所示,圆圈内

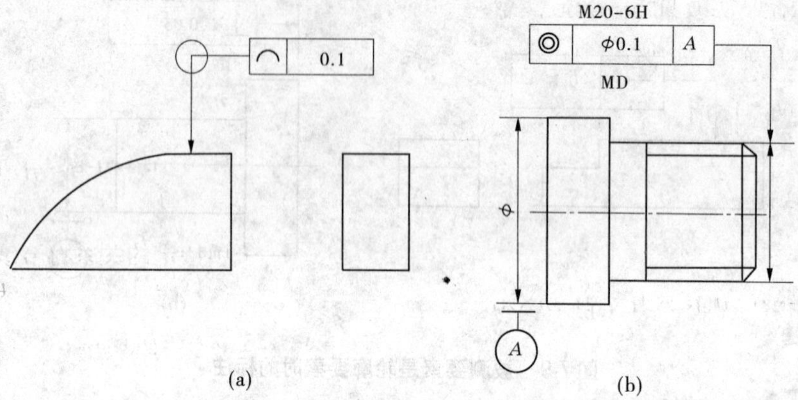

图 7-12 被测要素的其他标注

的字母应与公差框格中的基准字母对应，且不论基准代号在图样中的方向如何，圆圈内的字母均应水平书写。

单一基准由一个字母表示，如图 7-13(a)所示；公共基准采用由横线隔开的两个字母表示，如图 7-13(b)所示；基准体系由两个或三个字母表示，如图 7-7(a)所示。

当以轮廓要素作为基准时，基准符号应靠近基准要素的轮廓线或其延长线，且与轮廓的尺寸线明显错开，如图 7-13(a)所示；当以中心要素为基准时，基准连线应与相应的轮廓要素的尺寸线对齐，如图 7-13(b)所示。

此外，国家标准中还规定了一些其他特殊符号，如Ⓔ、Ⓜ、Ⓛ、Ⓡ(详见《公差原则》，本章第四节有介绍)及Ⓟ(延伸公差带)、Ⓕ(非刚性零件的自由状态)等，需要时可参见国家标准。

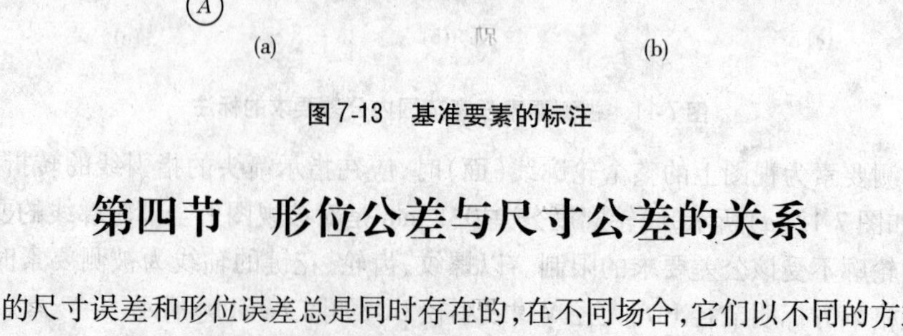

图 7-13 基准要素的标注

第四节 形位公差与尺寸公差的关系

零件的尺寸误差和形位误差总是同时存在的，在不同场合，它们以不同的方式对零件的使用性能产生影响。因此，为了准确地表达设计要求和正确判断零件合格与否，就必须进一步明确尺寸公差和形位公差的内在联系和相互关系，公差原则就是处理尺寸公差与形位公差关系的一个理论依据。公差原则明确规定了尺寸公差和形位公差的职能，对产品设计、保证产品质量、进行正常的生产极为重要。下面按《公差原则》(GB/T 16671—96)分析独立原则与相关原则。

一、独立原则

独立原则是指图样上给出的尺寸公差与形位公差各自独立,彼此无关,分别满足要求的公差原则。

在图样标注中,凡是对给出的尺寸公差和形位公差,未用特定的关系符号或文字说明它们有联系者,就表示遵守独立原则。未注的尺寸公差和形位公差,也应理解为遵守独立原则。由于大多数要素的尺寸公差和形位公差都遵守独立原则,所以该原则是基本的公差原则。

例如印刷机械中,印染机械的滚筒(如图7-14所示),主要控制其圆柱度误差,以保证印刷或印染时接触均匀,使图文或花样清晰,而圆柱体直径 d 的大小对印刷或印染品质并无影响。此时应采用独立原则,使圆柱度公差较严而尺寸公差较宽。如果把尺寸公差规定较小来保证圆柱度要求(即用尺寸公差来控制形状误差),这显然是不经济的。说明零件功能要求只与尺寸或形位公差其中的一项有关,需采用独立原则。

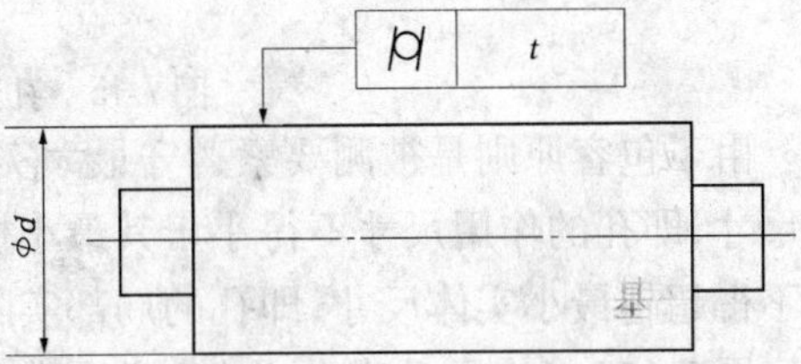

图7-14　印染机械滚筒

二、相关原则

相关原则是图样上给定的尺寸公差和形位公差联系起来,用理想边界控制实际要素作用尺寸的公差原则。按照所给定的理想边界不同,相关原则又分为包容原则、最大实体原则、最小实体原则和可逆原则。

作用尺寸的概念:如图 7-1 所示的例子中,尽管轴的局部实际尺寸处处为 $\phi11.982$ mm,未超出其公差范围,但由于它的轴线有 0.04 mm 的直线度误差,致使它与 $\phi12$ mm 的理想孔不能组成间隙配合,而是组成过盈配合(这相当于轴的尺寸增加;如果孔有轴线直线度误差,则相当于孔的尺寸减小)。事实上,上述轴只有与最小尺寸为 $\phi12.022$ mm 的理想孔配合才能自由装入,$\phi12.022$ mm 就是该小轴的作用尺寸。

作用尺寸是实际尺寸和形位误差综合作用的结果。根据不同功能要求,作用尺寸可分为体外作用尺寸和体内作用尺寸。

(一)包容原则

包容原则是指被测要素的实际轮廓应遵守其最大实体边界,且局部实际尺寸应不超出最大和最小极限尺寸的一种原则。采用包容原则要求时,应在其线性尺寸的极限偏差或公差代号后加注符号Ⓔ。它适用于由圆柱面或两平行平面组成的单一要素。

最大实体边界是最大实体尺寸组成的边界,所谓最大实体尺寸(MMS)是指实际要素在尺寸公差范围内,具有材料量最多状态下的尺寸;对于内表面(孔、槽等),其内尺寸越小具有材料量越多,最大实体尺寸等于最小极限尺寸,即 $D_M = D_{min}$;对于外表面(轴、凸台等)，轮廓尺寸越大具有材料量越多，最大实体尺寸等于最大极限尺寸，即 $d_M = d_{max}$。

与其相反的有最小实体尺寸(LMS)，即是指实际要素在尺寸公差范围内具有材料量最少状态下的尺寸。对于内表面：$D_L = D_{max}$；对于外表面：$d_L = d_{min}$。

如图 7-15 所示为包容原则应用于单一要素。图 7-15(a)为 $\phi 25$ mm 孔采用包容要求，图 7-15(b)表示该孔的最大实体边界，其尺寸为 $\phi 24.979$ mm。

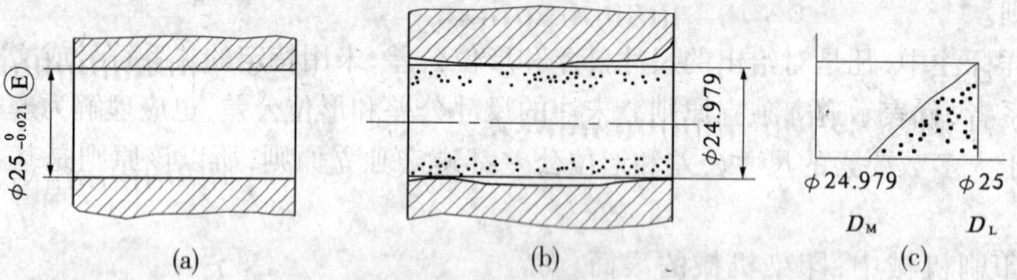

图 7-15　孔遵守包容原则实例

由于包容原则是被测要素遵守最大实体边界，被测要素的作用尺寸不得超越最大实体尺寸，即孔的作用尺寸不得小于其最小极限尺寸 $\phi 24.979$ mm；被测要素的局部实际尺寸不得超越最小实体尺寸，即孔的局部实际尺寸不得大于最大极限尺寸 $\phi 25$ mm。

图 7-15(c)表示动态公差带，说明孔的形状公差随其局部实际尺寸的变化而变化。当孔的局部实际尺寸处处皆为最大实体尺寸 $\phi 24.979$ mm 时，其轴线直线度误差必须为零；当孔的局部实际尺寸大于 $\phi 24.979$ mm 时，允许孔的轴线有一定的弯曲；当孔的局部实际尺寸为其最小实体尺寸 $\phi 25$ mm 时，允许孔的轴线直线度误差达到孔的尺寸公差值 0.021 mm。

按包容原则标注的单一被测要素，用光滑极限量规按泰勒原则检验。所谓泰勒原则，是要求被测要素的作用尺寸不允许超过最大实体尺寸，而局部实际尺寸不允许超过最小实体尺寸。遵守包容要求的关联要素，用通用量具和位置量规分别检验局部实际尺寸是否在极限尺寸范围内，关联作用尺寸是否超过最大实体尺寸。

包容原则主要用于有配合要求的场合。单一要素的包容原则主要用于保证配合性质，特别是要求精密配合的场合，用最大实体边界来控制零件的尺寸和形状误差的综合结果，以保证配合要求的最小间隙 X_{min} 或最大过盈 Y_{max}。

(二)最大实体原则

1. 最大实体实效状态(MMVC)

最大实体实效状态指在给定长度上，实际要素处于最大实体状态，且其中心要素的形状或位置误差等于给出公差值时的综合极限状态。

2. 最大实体实效尺寸(MMVS)

最大实体实效尺寸指最大实体实效状态下的体外作用尺寸，是指由被测要素的最大实体尺寸和给定形位公差形成的极限边界。

对内表面：最大实体实效尺寸 D_{MV} = 最小极限尺寸 − 加注Ⓜ的形状公差值。

对外表面：最大实体实效尺寸 d_{MV} = 最大极限尺寸 + 加注Ⓜ的位置公差值。

最大实体原则是指被测要素的实际轮廓应遵守其最大实体实效边界。图样上形位公差值是在被测要素处于最大实体状态时给出的。当局部实际尺寸从最大实体尺寸向最小实体尺寸方向偏离时，允许被测要素的形位误差值超出在最大实体状态下给出的公差值。被测要素采用最大实体原则时，要在形位公差数值后加注符号Ⓜ。

如图 7-16 所示，最大实体原则应用于关联要素。$\phi15$ mm 轴的轴线采用最大实体原则相应的实效边界，该边界要求 $\phi15$ mm 轴的关联作用尺寸不得大于实效尺寸 $d_{MV}=15.091$ mm。

图 7-16(c)为 $\phi15$ mm 轴的轴线相对于基准 A 的垂直度公差的变化规律。当轴处于最大实体状态即尺寸为 $\phi15.011$ mm 时，允许轴的垂直度为 0.08 mm；当轴处于最小实体状态（尺寸为 $\phi15$ mm）时，允许其轴线的垂直度误差达到 0.091 mm，即尺寸公差全部补偿为形位公差，形位公差是随实际尺寸的变化而变化的。

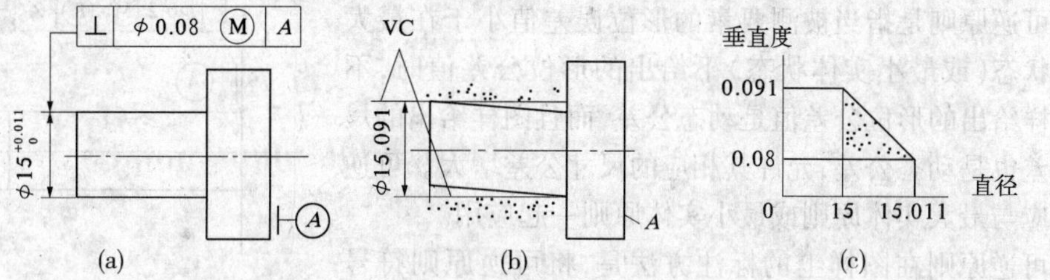

图 7-16　最大实体原则示例

3. 最大实体原则的应用

最大实体原则多应用于位置度公差。对于只要求装配互换或旋转灵活性的要素，一般可采用最大实体原则。必须注意：当被测要素为成组要素时，基准要素偏离最大实体状态，只能允许成组要素的几何图框随基准的浮动而浮动，而不能补偿各被测要素的位置公差。例如图 7-17 所示，部件中的轴承盖的 4 个 ϕ11H12 通孔，只要求螺钉能够自由穿过而拧入箱体的螺孔中，来保证装配互换，可以采用最大实体原则。又如矩形花键联接中，为便于用综合量规检验，也采用最大实体原则来保证配合性质，如图 7-18 所示。

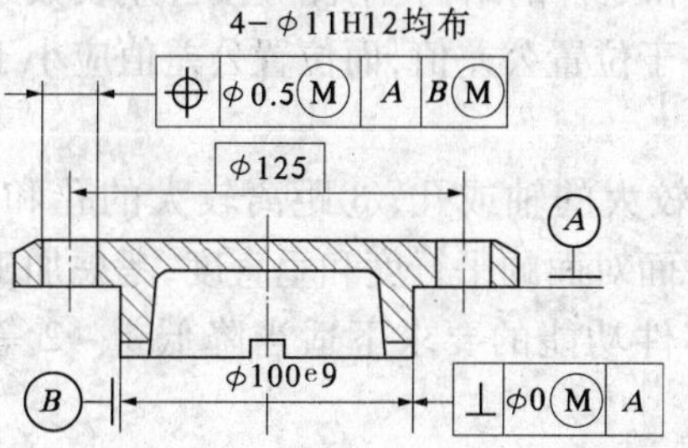

图 7-17　轴承盖

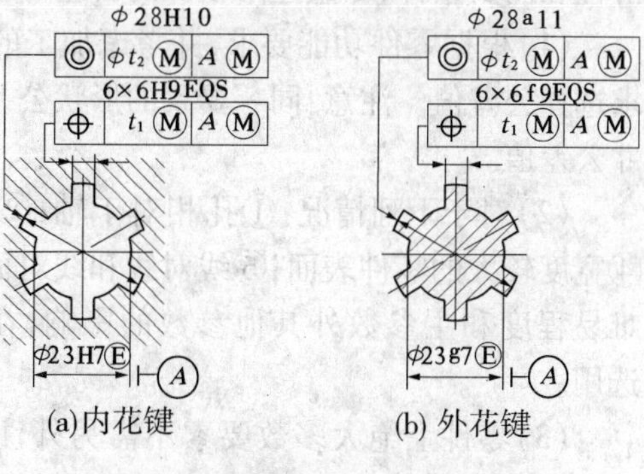

图 7-18　内、外花键遵守最大实体原则示例

（三）最小实体原则

最小实体原则是指被测要素的实际轮廓应遵守其最小实体实效边界。当局部实际尺寸从最小实体尺寸向最大实体尺寸方向偏离时，允许被测要素的形位公差值超出在最小实体状态下给出的公差值。应用最小实体原则应在公差框格内标注符号Ⓛ，如图 7-19 所示。

最小实体实效尺寸(LMVS)指最小实体实效状态下的体内作用尺寸。

对内表面:最小实体实效尺寸 D_{LV} = 最大极限尺寸 + 加注Ⓛ的形状公差值。

对外表面:最小实体实效尺寸 d_{LV} = 最小极限尺寸 - 加注Ⓛ的形状公差值。

最小实体原则主要应用于涉及最小壁厚或限制表面对中心平面的最大距离的功能要求场合。

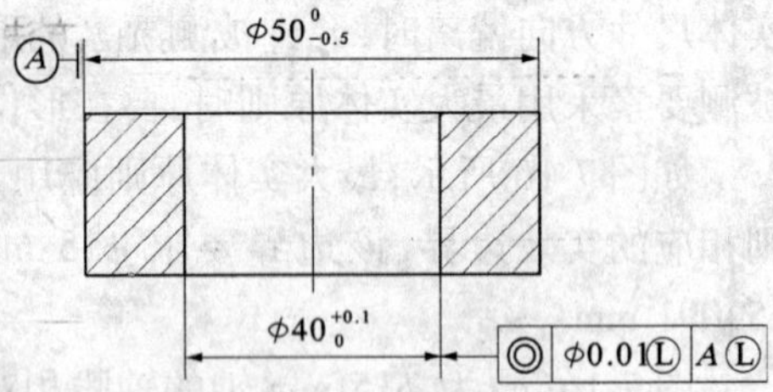

图 7-19 最小实体要求实例

(四)可逆原则

可逆原则是指当被测要素的形位误差值小于在最大实体状态(或最小实体状态)下给出的形位公差值时,不仅图样给出的形位公差值是动态公差,而且图样给出的尺寸公差也是动态公差,允许其相应的尺寸公差增大。可逆原则应与最大实体原则或最小实体原则一起应用。

可逆原则在图样上的标注方法是,将可逆原则符号Ⓡ置于被测要素形位公差框格公差值之后的符号Ⓜ(或Ⓛ)的后面。如公差框格内加注双重符号ⓂⓇ表示可逆原则用于最大实体要求,如图 7-20 所示。

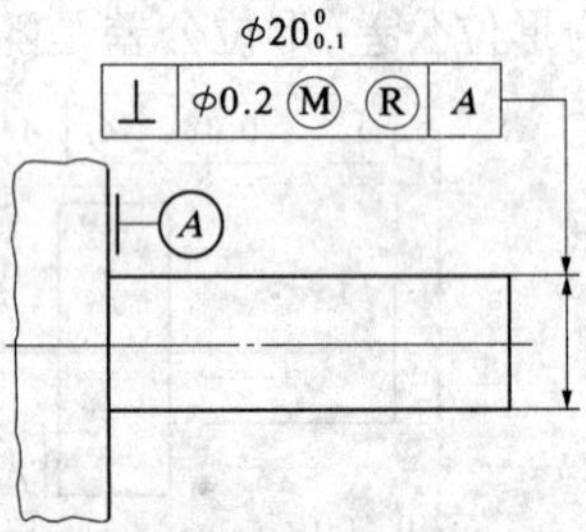

图 7-20 可逆原则示例

三、形位公差值的选择

形位精度的高低用公差等级数字来表示,一般分为 12 级。1 ~ 12 级,数愈大,精度愈低,其中对圆度、圆柱度公差增加了 0 级,以适应精密零件的要求。

选择形位公差的基本原则与选择尺寸公差相似,即在满足零件功能的前提下,兼顾经济性和测试条件,尽量选用较低的公差等级。具体选择时应遵循下列原则:

(1)根据零件功能要求,并考虑加工的经济性和零件的结构、刚性等按公差表数系要求选择公差值。注意:同一要素的形状公差值应小于位置公差值,而位置公差值应小于尺寸公差值。

(2)对于下列情况:①孔相对于轴;②细长比较大的轴或孔;③距离较大的孔和轴;④宽度较大的零件表面;⑤线对线和线对面相对于面对面的平行度和垂直度,考虑加工的难易程度和主参数外其他参数的影响,在满足零件功能的要求下适当降低 1 ~ 2 等级选用。

(3)零件上绝大多数要素不需另外注出形位公差要求。只有在功能对精度要求高时,才需选用框格注出,给予重点突出,保证质量。

(4)考虑零件的结构特征和要素的功能要求:①零件的几何形状是选择形状公差的基本依据。例如:圆柱体就控制圆柱度。②机器的主要功能往往是依靠一个或几个零件的表面或部位来实现的。例如:车床关键是主轴精度,主轴关键是支承轴承的部位及主轴孔的圆度、圆柱度和同轴度精度,还有导轨的导向精度即导轨的直线度等。

常用加工方法可达到的直线度、平面度公差等级见表 7-7。

表 7-7　常用加工方法可达到的直线度、平面度公差等级

加工方法		直线度、平面度公差等级											
		1	2	3	4	5	6	7	8	9	10	11	12
车	粗											○	○
	精					○	○	○	○				
铣							○	○	○	○	○	○	
刨								○精	○	○细	○	○粗	○
磨	粗									○	○	○	
	细							○	○				
	精		○	○	○	○	○						
研磨		○精	○	○细	○粗	○							
刮研		○精	○	○	○细	○	○粗	○					

常用加工方法可达到的圆度、圆柱度公差等级见表 7-8。

表 7-8　常用加工方法可达到的圆度、圆柱度公差等级

加工方法		圆度、圆柱度公差等级											
		1	2	3	4	5	6	7	8	9	10	11	12
精密车削				○	○	○							
普通车削						○	○	○	○	○	○		
外圆磨	粗					○	○	○					
	细			○	○	○							
	精	○	○	○									
无心磨	粗						○	○					
	细		○	○	○	○							
研磨			○	○	○	○							
精磨		○	○										
钻								○	○	○	○		
普通镗	粗							○	○	○	○		
	细					○	○	○	○				
	精				○	○							
金钢镗	细			○	○								
	精	○	○	○									

续表 7-8

加工方法		圆度、圆柱度公差等级											
		1	2	3	4	5	6	7	8	9	10	11	12
铰孔						○	○	○					
扩孔						○	○	○					
内圆磨	细				○	○							
	精			○	○								
珩磨						○	○	○					

常用加工方法可达到的平行度、垂直度公差等级见表 7-9。

表 7-9　常用加工方法可达到的平行度、垂直度公差等级

加工方法		平行度、垂直度公差等级											
		1	2	3	4	5	6	7	8	9	10	11	12
面对面													
研磨		○	○	○	○								
刮		○	○	○	○	○	○						
磨	粗					○	○	○	○				
	细				○	○	○						
	精		○	○	○								
铣							○	○	○	○	○	○	
刨								○	○	○	○	○	
拉									○	○	○		
插								○	○				
轴线对轴线（或平面）													
磨	粗							○	○				
	细				○	○	○	○					
镗	粗								○	○	○		
	细							○	○				
	精						○	○					
金刚镗					○	○	○						
车	粗										○	○	
	细							○	○	○	○		
铣							○	○	○	○	○		
钻										○	○	○	○

常用加工方法可达到的同轴度、圆跳动公差等级见表7-10。

表7-10　常用加工方法可达到的同轴度、圆跳动公差等级

加工方法		同轴度、圆跳动公差等级											
		1	2	3	4	5	6	7	8	9	10	11	12
车镗	加工孔				○	○	○	○	○	○			
	加工轴			○	○	○	○	○	○				
铰						○	○	○					
磨	孔		○	○	○	○	○	○					
	轴	○	○	○		○	○						
珩磨			○	○	○								
研磨		○	○	○									

形位公差等级应用示例见表7-11、表7-12、表7-13。

表7-11　形位公差等级应用示例(1)

公差等级	应用示例	
	圆度、圆柱度	直线度、平面度
2、3	用于高精度的量仪、机床的主轴、喷油嘴针阀体、高精密的滚动轴承	用于精密量具，如量规0级及1级宽平尺、油泵、柱塞套端面等高精度的零件
4、5	用于精密机床的主轴轴孔，高压阀活塞、活塞销，高压油泵柱塞，铣床动力头座孔	用于量具测量仪器和高精度机床的导轨，六角车床床身的导轨
6、7	用于一般车床主轴及箱孔，汽车发动机的凸轮轴、曲轴、连杆轴颈	用于普通机床、龙门刨床、滚齿机导轨，机床床头箱，镗床工作台
8	用于低速大功率的发动机凸轮轴、曲轴、连杆轴颈、活塞、印刷机传动系统	用于机床传动箱体，车床溜板箱，汽缸体缸盖结合面，减速器壳体
9、10	用于印染机面辊、铰车、起重机滑动轴承等	用于3级平板，车床挂轮架，缸盖结合面等

表7-12　形位公差等级应用示例(2)

公差等级	应用示例	
	平面度	垂直度和倾斜度
2、3	用于精密机床、测量仪器量具的基准面和工作面，精密机床重要的箱体主轴孔	用于精密机床的导轨，机床主轴轴向定位面，量具的基准面，精密机床主轴肩端面，滚动轴承座圈端面
4、5	用于普通机床、测量仪器量具的基准面和工作面，机床主轴轴孔对基准面的要求，机床床头箱体重要孔间要求，齿轮泵的轴孔端面，一般减速器壳体孔等	用于普通车床的导轨，精密机床重要零件的支承面，汽缸的支承端面，发动机轴和离合器的凸缘，液压传动轴瓦的端面，量具量仪的重要端面等

续表 7-12

公差等级	应用示例	
	平面度	垂直度和倾斜度
6、7、8	用于一般机床零件的工作面或基准面，变速箱孔，花键对定心直径，汽缸轴线	用于低精度机床主要基准面和工作面，一般的导轨，主轴箱体孔，活塞销孔对活塞中心线等
9、10	用于低精度件，重型机械滚动轴承的端盖	用于花键轴轴肩端面，减速机壳体平面

表 7-13　形位公差等级应用示例(3)

公差等级	应用示例
	同轴度、对称度、圆跳动、全跳动
1、2、3、4	用于同轴度或旋转精度要求很高，一般按尺寸公差 IT5 级或以上制造的零件。3、4 级用于机床主轴轴颈，汽轮机的主轴，高精度滚动轴承内、外圈等
5、6、7	用于精度要求比较高，按尺寸公差 IT6、IT7 级制造的零件，如曲轴、凸轮轴、齿轮轴、水泵轴、汽车后桥输出轴、电机转子等
8、9、10	用于一般精度要求，按尺寸公差 IT8 ~ IT10 级制造的零件，如 8 级用于拖拉机发动机分配轴轴颈；9 级用于齿轮轴的配合面，水泵叶轮，离心泵；10 级用于摩托车活塞、内燃机活塞环底径对活塞中心等
11、12	用于无特殊要求，一般按尺寸公差 IT12 级制造的零件

思考与练习

7-1　形位公差包括几项内容要求？

7-2　若同一要素需同时采用形状公差、定向公差、定位公差时，三者的关系如何处理？

7-3　公差原则中，独立原则和相关原则的主要区别是什么？包容原则和最大实体原则、最小实体原则、可逆原则有何异同？

7-4　圆度公差带与径向圆跳动公差有何共同点和不同点？某一圆柱面给定径向跳动公差值 t，能否说若径向圆跳动未超差，则圆度误差也必不超差，为什么？

7-5　试述独立原则和相关原则的主要应用场合。

7-6　将下列尺寸和形位公差要求标注在图 7-21 上：

(1) 圆锥面对 $\phi20$ 轴线的斜向跳动公差 0.03 mm；

(2) $\phi20$ 轴颈的圆柱度公差 0.01 mm；

(3) $\phi30$ 左端面对 $\phi20$ 轴线端面圆跳动公差 0.02 mm；

(4) $\phi30$ 段轴线相对 $\phi20$ 段轴线同轴度公差 0.015 mm，采用最大实体要求；

(5) $\phi30$ 均采用 h6 公差带并采用包容要求。

7-7　将下列尺寸和形位公差要求标注在图 7-22 上：

(1) $\phi32$ 左右两端面对两 $\phi20$ 公共轴线的端面跳动圆跳动公差 0.02 mm；

(2) 键槽 10 中心平面对 $\phi32$ 轴线的对称度公差 0.015 mm；

(3) 两 $\phi20$ 轴颈的圆度公差 0.01 mm。

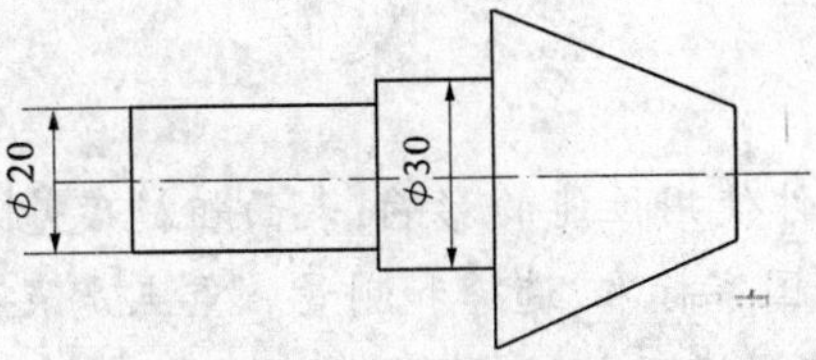

图 7-21　题 7-6 图

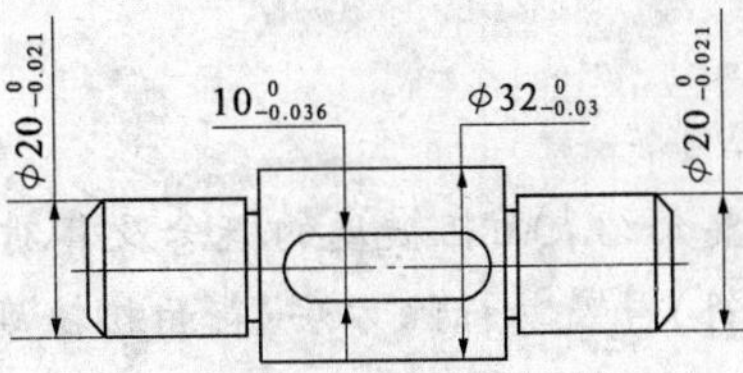

图 7-22　题 7-7 图

7-8　用文字完整说明图 7-23 中各项形位公差标注的含义，描述或画出各项形位公差的公差带。

7-9　在不改变形位公差项目的前提下，改正图 7-24 中的错误标注并用文字完整说明其各项形位公差标注的含义（用 × 指出其错误所在，并在旁边更正）。

7-10　如图 7-25 所示 4 种标注，试分析说明它们所表示的要求有何不同（包括采用何种公差原则、允许的边界尺寸、允许的形位公差等）？

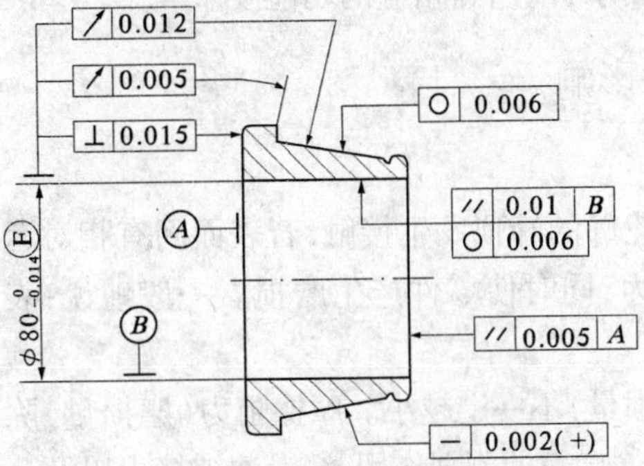

图 7-23　题 7-8 图

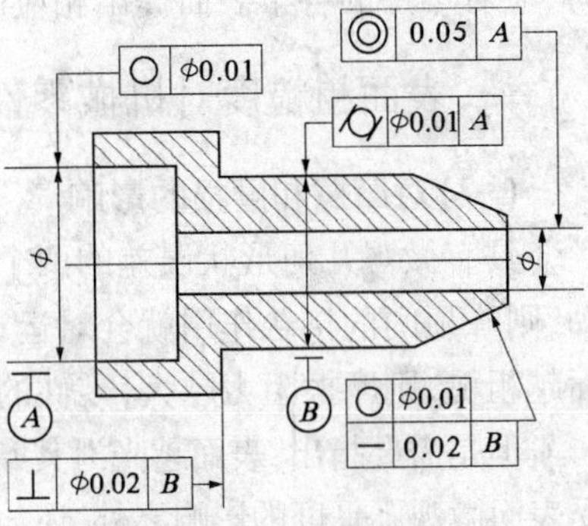

图 7-24　题 7-9 图

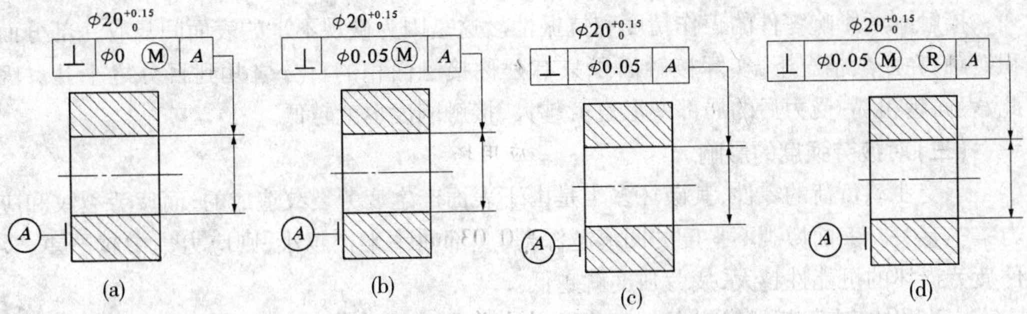

图 7-25　题 7-10 图

第八章　表面粗糙度

学习指导

本章主要介绍表面粗糙度的概念及其对零件使用性能的影响；表面粗糙度基本术语和定义、代（符）号及其标注方法；表面粗糙度的国家标准、选择和测量。重点是表面粗糙度代（符）号含义及其在图样上的标注方法；难点是表面粗糙度的选用。

第一节　表面粗糙度及其评定标准

表面粗糙度是指加工表面上具有的较小间距（一般小于 1 mm）和峰谷所组成的微观几何形状特性，一般由所采用的加工方法和其他因素形成，是反映零件表面微观几何形状误差的一个重要指标。表面粗糙度的大小对工件的使用功能影响很大，主要影响零件的耐磨性、配合性质的稳定性、零件的疲劳强度、表面抗腐蚀性、结合面密封性。在设计零件时，应对零件的各个表面提出相应的表面粗糙度要求，以达到相应的功能要求。

一、表面粗糙度对机械零件使用性能的影响

（一）对摩擦和磨损的影响

具有微观几何形状误差的两个表面，只能在轮廓的峰顶发生接触，若表面间有相对运动，则峰顶间的接触作用就会对运动产生摩擦阻力，同时使零件产生磨损。一般地说：表面越粗糙，则摩擦阻力越大，零件的磨损也就越快。

但是需要指出：表面越光滑其摩擦阻力（或磨损量）不一定越小。摩擦阻力（磨损量）除受表面微观不平度的影响之外，还与磨损下来的金属微粒的刻划作用、润滑油被挤出以及分子间的吸附作用等因素有关。因此，表面过分光滑时，摩擦系数（磨损量）反而会增大。

（二）对接触刚度的影响

接触刚度影响零件的工作精度和抗振性。这是因为微观不平的表面间只有一部分面积接触，在一般情况下，实际接触面积只有公称接触面积的百分之几到百分之十几。因此，表面越粗糙，受力后的局部变形也就越大，接触刚度也就越低。

（三）对疲劳强度的影响

承受变动负荷的零件，其破坏多半是由于表面产生疲劳裂纹造成的，而疲劳裂纹和应力集中有关。表面微观不平度的凹痕越深，其底部曲率半径越小，则应力集中越严重，零件疲劳损坏的可能性越大，疲劳强度就越低。

应当指出：表面粗糙度对零件疲劳强度的影响，不仅与微观不平度的深度、谷底的圆弧半径有关，而且还与零件的材料有关。钢制零件的影响很大，而铸铁零件的影响不很显著，有色金属零件的影响则更小。

（四）对耐腐蚀性的影响

零件表面越粗糙，则聚集在零件表面上的腐蚀性气体、液体也越多，且通过微观的凹谷向零件内层渗透，使耐腐蚀性降低。

（五）对配合性质的影响

表面粗糙度会影响配合性质的稳定性。①对用于滑动轴承的间隙配合，会因表面微观不平度的峰尖在工作过程中很快磨掉而使间隙增大。由于表面微观不平度的峰尖高度和基本尺寸的大小无关，所以配合的尺寸越小，这种影响越严重。②对于过盈配合，装配表面轮廓的峰顶被挤平，将使有效过盈量减小，降低连接强度。③对于过渡配合，表面粗糙度也有使配合变松的影响。因此，无论何种配合，表面粗糙度对配合性质的稳定性的影响都是不容忽视的。

此外，表面粗糙度还影响零件的密封性能、产品的美观和表面涂层的质量等。因此，在设计零件时必须依据国家标准对其表面提出合理的要求。

二、有关表面粗糙度的术语和定义

（一）取样长度 l

用于判别具有表面粗糙度特征的一段基准线长度，称为取样长度。规定和选择取样长度是为了限制和减弱表面波纹度对表面粗糙度测量结果的影响，l 过长，表面粗糙度测得值会把表面波纹度包括进去；l 过短，不能反映表面粗糙度的实际状况。一般在 l 内应包含 5 个以上的峰和谷。

（二）评定长度 l_n

评定长度 l_n 为评定轮廓所必须的一段长度，它可以包括一个或几个取样长度，一般取 $l_n = 5l$。对于均匀性良好的表面，评定长度 $l_n < 5l$；均匀性较差的表面，评定长度 $l_n > 5l$。见表 8-1。

表 8-1　取样长度 l 和评定长度 l_n 的选用值（摘自 GB/T 1031—1995）

参数及数值（μm）		l	l_n
R_a	R_y、R_z	（mm）	$l_n = 5l$（mm）
0.008～0.02	0.025～0.10	0.08	0.4
0.02～0.1	0.10～0.50	0.25	1.25
0.1～0.2	0.50～10.0	0.8	4.0
2.0～10.0	10.0～50.0	2.5	12.5
10.0～80.0	50.0～320	8.0	40.0

（三）轮廓中线

轮廓中线是评定表面粗糙度参数值大小的一条参考线。中线的几何形状与工件表面几何轮廓的走向一致。中线包括轮廓的最小二乘中线和轮廓的算术平均中线。

1. 轮廓的最小二乘中线

最小二乘中线是根据实际轮廓用最小二乘法确定的划分轮廓的基准线。即在取样长度内，使被测轮廓上各点至一条假想线距离的平方和为最小，如图 8-1 所示，这条假想线就是最小二乘中线。

最小二乘中线符合最小二乘原则。从理论上讲，是很理想的基准线；但实际上很难确切地找到它，故很少应用。

2. 轮廓的算术平均中线

在取样长度内，由一条假想线将实际轮廓分成上下两个部分，且使上部分面积之和等于下部分面积之和，如图 8-2 所示，这条假想线就是算术平均中线。算术平均中线与最小二乘中线相差很小，实用中常用它来代替最小二乘中线。通常用目测估计的办法来确定它。

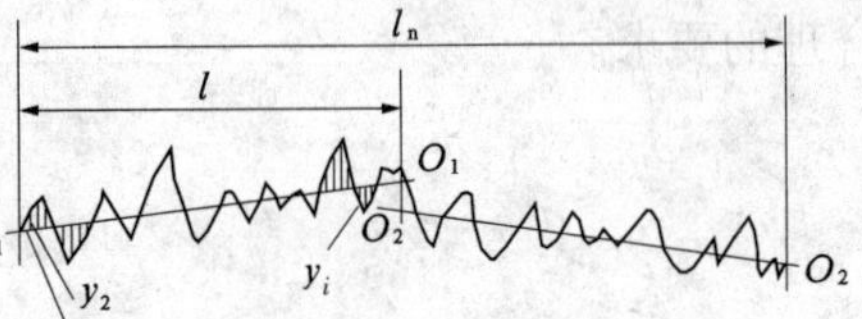

O_1O_1、O_2O_2—最小二乘中线

图 8-1　最小二乘中线

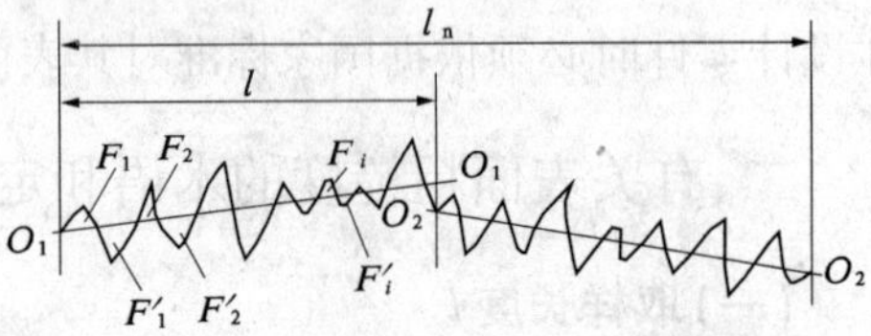

O_1O_1、O_2O_2—算术平均中线

图 8-2　算术平均中线

三、表面粗糙度的评定参数

国家标准 GB/T 1031—1995 规定表面粗糙度的评定参数及其数值，它适用于工业制品。其中三项高度参数为基本评定参数，即轮廓算术平均偏差 R_a、微观不平度十点平均高度 R_z 和轮廓最大高度 R_y；另三项为附加评定参数，即轮廓单峰平均间距 S、轮廓微观不平度的平均间距 S_m 和轮廓支承长度率 t_p。

(一) 高度特征参数

高度特征有三个参数，它们是沿评定基准线的垂直方向计量的。

1. 轮廓算术平均偏差 R_a

在取样长度 l 内，被测轮廓上各点至基准线的偏距 y_i 的绝对值的算术平均值，称为轮廓算术平均偏差。如图 8-3 所示，计算式为：

$$R_a = \frac{1}{l}\int_0^l y\mathrm{d}x \tag{8-1}$$

或近似为

$$R_a = \frac{1}{n}\sum_{i=1}^{n} y_i \tag{8-2}$$

式中　n——在取样长度内所测点的数目。

2. 微观不平度十点平均高度 R_z

在取样长度 l 内，被测轮廓上 5 个最大轮廓峰高的平均值与 5 个最大轮廓谷深的平均值之和，称为微观不平度十点平均高度。如图 8-4 所示，公式表示为：

$$R_z = \frac{(h_2 + h_4 + \cdots + h_{10}) - (h_1 + h_3 + \cdots + h_5)}{5} \tag{8-3}$$

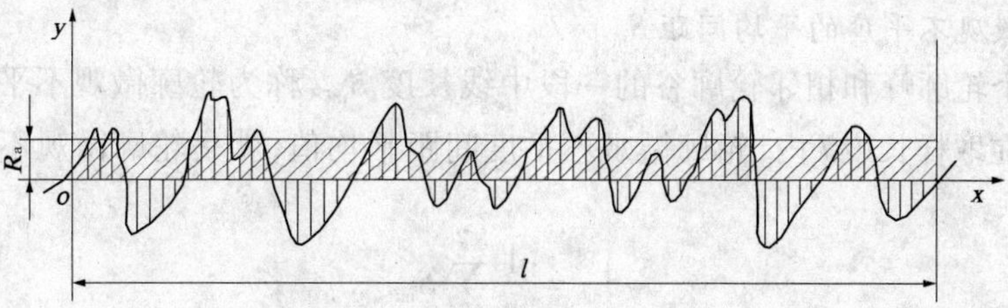

图 8-3　轮廓算术平均偏差 R_a

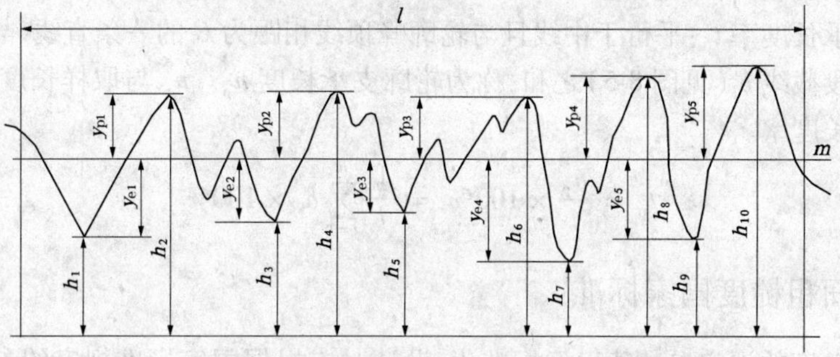

图 8-4　微观不平度十点平均高度 R_z

3. 轮廓最大高度 R_y

在取样长度 l 内，轮廓最高峰顶线和最低谷底线之间的垂直距离称为轮廓最大高度 R_y，见图 8-5。

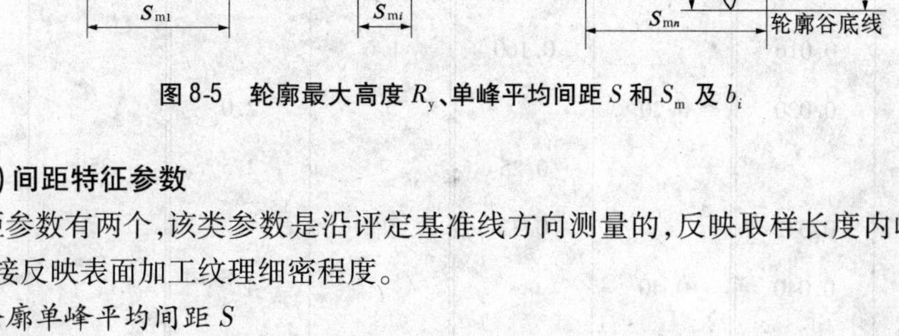

图 8-5　轮廓最大高度 R_y、单峰平均间距 S 和 S_m 及 b_i

(二)间距特征参数

间距参数有两个，该类参数是沿评定基准线方向测量的，反映取样长度内峰谷的数量，能直接反映表面加工纹理细密程度。

1. 轮廓单峰平均间距 S

两相邻轮廓单峰的最高点在中线上的投影长度 S_i(见图 8-5)，称为单峰间距。在取样长度 l 内，轮廓单峰间距的平均值，就是轮廓单峰平均间距。

$$S = \frac{1}{n}\sum_{i=1}^{n} S_i \qquad (8\text{-}4)$$

2. 轮廓微观不平度的平均间距 S_m

含有一个轮廓峰和相邻轮廓谷的一段中线长度 S_{mi}，称为轮廓微观不平度间距。如图 8-5所示，在取样长度 l 内，轮廓微观不平度间距平均值，就是轮廓微观不平度平均间距，即：

$$S_m = \frac{1}{n}\sum_{i=1}^{n} S_{mi} \tag{8-5}$$

（三）综合参数

综合参数与表面粗糙度的形状有关，它影响表面的耐磨程度。

轮廓支承长度率 t_p：平行于中线且与轮廓峰顶线相距为 C 的一条直线，与轮廓峰相截所得到的各段截线 b_i（见图 8-5）之和，称为轮廓支承长度 n_p。n_p 与取样长度 l 之比，就是轮廓的支承长度率。

$$t_p = \frac{n_p}{l} \times 100\% = \frac{1}{l}\sum_{i=1}^{n} b_i \times 100\% \tag{8-6}$$

四、表面粗糙度国家标准

表面粗糙度的评定参数值已经标准化，设计时应根据国家标准规定的参数值系列选取。国家标准 GB/T 1031—1995 对参数系列值的规定有基本系列和补充系列，要求优先选用基本系列。轮廓算术平均偏差 R_a 的系列值如表 8-2 所示；微观不平度十点平均高度 R_z 和轮廓最大高度 R_y 的系列值如表 8-3 所示。

表 8-2　轮廓算术平均偏差 R_a 数值（摘自 GB/T 1031—1995）　（单位：μm）

R_a		R_a		R_a		R_a	
基本系列	补充系列	基本系列	补充系列	基本系列	补充系列	基本系列	补充系列
	0.008						
	0.010						
0.012			0.125		1.25	12.5	
	0.016		0.160	1.6			16
	0.020	0.20			2.0		20
0.025			0.25		2.5	25	
	0.032		0.32	3.2			32
	0.040	0.40			4.0		40
0.05			0.5		5.0	50	
	0.063		0.63	6.3			63
	0.080	0.80			8.0		80
0.10			1.00		10.0	100	

表 8-3 微观不平度十点平均高度 R_z 和轮廓最大高度 R_y 的数值（摘自 GB/T 1031—1995）

（单位：μm）

R_z、R_y		R_z、R_y		R_z、R_y		R_z、R_y		R_z、R_y		R_z、R_y	
基本系列	补充系列	基本系列	补充系列	基本系列	补充系列	基本系列	补充系列	基本系列	补充系列	基本系列	补充系列
			0.125		1.25	12.5			125		1 250
			0.160	1.6			16		160	1 600	
		0.20			2.0		20	200			
0.025			0.25		2.5	25			250		
	0.032		0.32	3.2			32		320		
	0.040	0.40			4.0		40	400			
0.050			0.50		5.0	50			500		
	0.063		0.63	6.3			63		630		
	0.080	0.80			8.0		80	800			
0.100			1.00		10.0	100			1 000		

五、表面粗糙度的标注

国家标准 GB/T 131—1993 规定了零件表面粗糙度符号及其在图样上的标注方法，在图样上给定的表面特征代（符）号，是表示零件加工完成后对表面的要求。表面粗糙度的符号及其意义见表 8-4。

表 8-4 表面粗糙度符号及其意义（摘自 GB/T 131—1993）

代（符）号	意　义
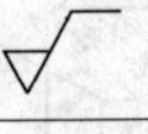	基本符号，表示表面可用任何方法获得。当不加注粗糙度参数值或有关说明（例如表面处理、局部热处理状况等）时，仅适用于简化代号标注
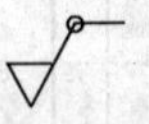	基本符号加一短画，表示表面是用去除材料的方法获得，如车、铣、钻、磨、抛光、电火花加工等
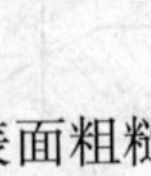	基本符号加一小圈，表示表面是用不去除材料的方法获得，如铸、锻、冲压、轧制、粉末冶金等；或者是用于保持原供应状况的表面（包括保持上道工序的状况）
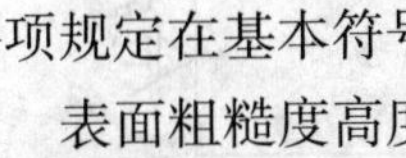	在上述三个符号的长边上均可加一横线，用于标注有关参数和说明
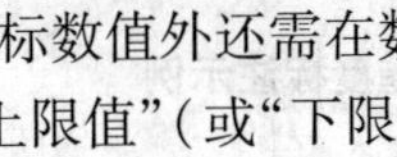	在上述三个符号上均可加一小圈，表示所有表面具有相同的表面粗糙度要求

由表面粗糙度符号及其他表面特征要求的标注，组成了表面粗糙度代号。表面特征各项规定在基本符号中的注写位置如图 8-6 所示。

表面粗糙度高度参数代号示例如表 8-5 所示。R_a 只标数值，本身代号不标。R_z 和 R_y 除标数值外还需在数值前标出相应的代号。在一个符号上可同时标出两个参数值。表中“上限值”（或“下限值”）和“最大值”（或“最小值”）的含义是有区别的。当允许在表面

表 8-5　表面粗糙度高度特征参数代号示例(摘自 GB/T 131—1993)

符号	意义	符号	意义
3.2	用任何方法获得的表面,R_a 的上限值为 3.2 μm	3.2max	用任何方法获得的表面,R_a 的最大值为 3.2 μm
3.2	用去除材料的方法获得的表面,R_a 的上限值为 3.2 μm	3.2max	用去除材料的方法获得的表面,R_a 的最大值为 3.2 μm
3.2	用不去除材料的方法获得的表面,R_a 的上限值为 3.2 μm	3.2max	用不去除材料的方法获得的表面,R_a 的最大值为 3.2 μm
3.2 1.6	用去除材料的方法获得的表面,R_a 的上限值为 3.2 μm,下限值为 1.6 μm	3.2max 1.6min	用去除材料的方法获得的表面,R_a 的最大值为 3.2 μm,最小值为 1.6 μm
R_y3.2	用任何方法获得的表面,R_y 的上限值为 3.2 μm	R_y3.2max	用任何方法获得的表面,R_y 的最大值为 3.2 μm
R_z200	用不去除材料的方法获得的表面,R_z 的上限值为 200 μm	R_z200max	用不去除材料的方法获得的表面,R_z 的最大值为 200 μm
R_z3.2 R_z1.6	用去除材料的方法获得的表面,R_z 的上限值为 3.2 μm,下限值为 1.6 μm	R_z3.2max R_z1.6min	用去除材料的方法获得的表面,R_z 的最大值为 3.2 μm,最小值为 1.6 μm
3.2 R_z1.6	用去除材料的方法获得的表面,R_a 的上限值为 3.2 μm,R_z 的上限值为 1.6 μm	3.2max R_y12.5max	用去除材料的方法获得的表面,R_a 的最大值为 3.2 μm,R_y 的最大值为 12.5 μm

粗糙度参数的所有实测值中超过规定值的个数少于总数的 16% 时,应在图样上标注表面粗糙度参数的上限值或下限值。当要求在表面粗糙度参数的所有实测值中不得超过规定值时,应在图样上标注表面粗糙度参数的最大值或最小值。

表面粗糙度代(符)号应注在可见轮廓线、尺寸界限或其延长线上,符号的尖端必须从材料外指向被注表面。数字及符号的注写方向必须与尺寸数字方向一致。当零件大部分表面具有相同的表面粗糙度时,对其中使用最多的一种代号可以统一注在图样的右上角,并加注"其余"两字。标注示例如图 8-7 所示。

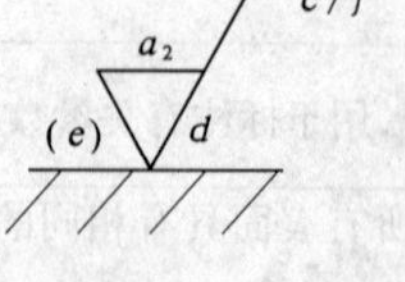

a_1、a_2—粗糙度高度参数代号及其数值,单位为 μm;
b—加工方法、镀覆、涂覆、表面处理或其他说明等;
c—取样长度(单位为 mm)或波纹度(单位为 μm);
d—加工纹理方向符号;
e—加工余量,单位为 mm;
f—粗糙度间距参数值(单位为 mm)或轮廓支承长度率

图 8-6　表面粗糙度代号示例

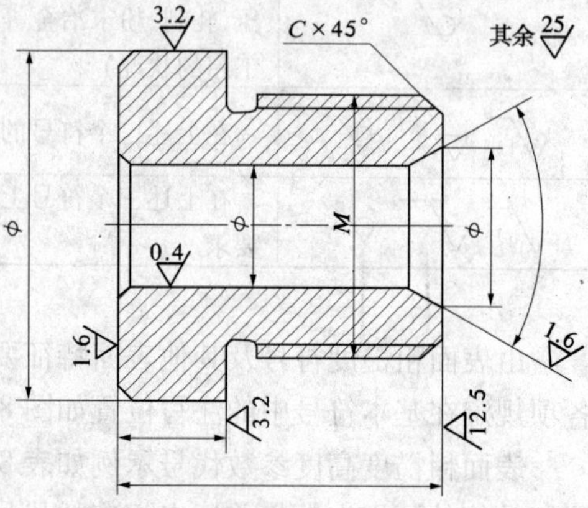

图 8-7　表面粗糙度标注示例

第二节　表面粗糙度的选用及测量

选择表面粗糙度可采用计算法、试验法及类比法，目前多数采用类比法。

一、评定参数选用

（一）轮廓算术平均偏差 R_a

R_a 是国家标准推荐优先选用的高度特性参数，R_a 能反映表面微观几何形状特征及轮廓凸峰高度，且测量较方便。一般情况下，在常用参数范围内（R_a 为 0.025～0.63 μm，R_z 为 0.1～25 μm）优先选用 R_a。

（二）微观不平度十点平均高度 R_z

R_z 适用于光学仪器测量（$R_z > 6.3$ μm，$R_z < 0.02$ μm 范围时，光学测量仪器测 R_z 较方便）。在直接测量 R_a 较困难，或只需评定表面微观轮廓的高度而不需评定其微观几何特征的情况下，方可选用 R_z。

（三）轮廓最大高度 R_y

R_y 应用于被测表面面积很小或表面不允许出现较深的加工痕迹的零件。

（四）轮廓微观不平度的平均间距 S_m 和轮廓的单峰平均间距 S

S_m、S 可控制表面的加工痕迹的疏密，影响涂漆性能、抗腐性和抗震性等。

（五）轮廓支承长度率 t_p

t_p 反映表面的耐磨性很直观，同时也反映了表面的接触刚度及密封性等。

二、表面粗糙度数值的选用

选用表面粗糙度参数有如下的一般原则：

（1）在满足零件使用功能和保证寿命的前提下，应尽可能选用较低的表面粗糙度，从而获得良好的经济效果。

（2）对于同一零件，其工作表面的粗糙度应高于非工作表面的粗糙度。

（3）摩擦表面应比非摩擦表面的表面粗糙度参数值要小；滚动摩擦表面应比滑动摩擦表面的表面粗糙度参数值要小；运动速度高、单位压力大的摩擦表面应比运动速度低、单位压力小的摩擦表面的表面粗糙度参数值要小。受循环负荷及易于引起应力集中部位（如圆角、沟槽）的表面，其表面粗糙度参数值要小。

（4）配合性质要求高的结合面、配合间隙小的间隙配合表面以及要求连接可靠、受重载的过盈配合表面等，都应选用较小的表面粗糙度数值。轴比孔的表面粗糙度参数值要小。

（5）表面粗糙度的选定，在通常情况下，尺寸公差等级和表面形状公差等级要求高时，其表面粗糙度也相应要求高。表面形状公差值（t）、尺寸公差值（T）和表面粗糙度 R_a、R_z 的经验对应关系见表 8-6。

表 8-6　R_a、R_z 与形状公差 t 及尺寸公差 T 的关系

分级	t 和 T 的关系	R_a 和 T 的关系	R_z 和 T 的关系
普通精度	$t \approx 0.6T$	$R_a \leqslant 0.05T$	$R_z \leqslant 0.2T$
较高精度	$t \approx 0.4T$	$R_a \leqslant 0.025T$	$R_z \leqslant 0.1T$
提高精度	$t \approx 0.25T$	$R_a \leqslant 0.012T$	$R_z \leqslant 0.05T$
高精度	$t < 0.25T$	$R_a \leqslant 0.15T$	$R_z \leqslant 0.6T$

三、表面光洁度等级与表面粗糙度 R_a 数值对照

表面光洁度等及与表面粗糙度数值对照见表 8-7。

表 8-7　GB 1031— 68 表面光洁度与 GB/T 1031—1995 表面粗糙度 R_a 数值对照表

光洁度的级别	R_a		R_z、R_y	
	GB 1031—68 最大允许值	GB/T 1031—1995 最大允许值	GB 1031—68 最大允许值	GB/T 1031—1995 最大允许值
▽ 1	80	100	320	400
▽ 2	40	50	160	200
▽ 3	20	25	80	100
▽ 4	10	12.5	40	50
▽ 5	5	6.3	20	25
▽ 6	2.5	3.2	10	12.5
▽ 7	1.25	1.6	6.3	6.3
▽ 8	0.63	0.8	3.2	3.2
▽ 9	0.32	0.4	1.6	1.6
▽ 10	0.16	0.2	0.8	0.8
▽ 11	0.08	0.1	0.4	0.4
▽ 12	0.04	0.05	0.2	0.2
▽ 13	0.02	0.025	0.1	0.1
▽ 14	0.01	0.012	0.05	0.05

四、表面粗糙度的测量

常用表面粗糙度的测量方法有四种:比较法、光切法、干涉法和针描法。

(一)比较法

比较法是车间常用的方法。它是将被测表面对照粗糙度样板,用肉眼判断或借助于放大镜、比较显微镜比较;或用手摸、指甲划动的感觉来判断被加工表面的粗糙度。

(二)光切法

光切法是利用“光切原理”,通过光学仪器——双管显微镜来测量表面粗糙度。

(三)干涉法

干涉法是利用“光波干涉原理”,通过干涉显微镜进行表面粗糙度的测量。

(四)针描法

针描法是利用触针直接在被测表面上轻轻划过,通过传感器传出信号,然后将信号处理分析,从而得出表面粗糙度的方法。如电动轮廓仪等。

思考与练习

8-1　何谓表面粗糙度?表面粗糙度对零件的使用性能有何影响?

8-2　何谓取样长度 l、评定长度 l_n、轮廓的最小二乘中线和轮廓的算术平均中线?

8-3　表面粗糙度的评定参数有哪些?优先选用哪个评定参数?何谓轮廓算术平均偏差 R_a、微观不平度十点平均高度 R_z、轮廓最大高度 R_y?

8-4　表面粗糙度国家标准中规定了哪些评定参数?哪些是基本参数?它们各有何特征?

8-5　选择表面粗糙度时应考虑哪些原则?

第九章 铸 造

学习指导

铸造是液态金属在铸型中冷凝成型的一种方法，它能铸造各种尺寸、形状复杂的毛坯或零件，是机械零件毛坯或零件成品热加工的一种重要工艺方法。本章介绍合金的铸造性能、砂型铸造、铸件结构工艺性、特种铸造等。重点是合金的铸造性能和铸件结构工艺性。砂型铸造一节是在铸工实训的基础上，通过各种造型方法的应用，让学生具有选择各种造型方法的能力，并掌握铸造工艺图制定的基本原则和主要参数的选择。特种铸造为了解内容。

第一节 合金的铸造性能

铸造生产实质上是利用熔融金属的流动性来实现成型。合金的铸造性能是指合金成型获得优良铸件的性能。铸造性能主要有流动性、收缩性、偏析等指标。铸造性能是保证铸件质量的主要因素，合金的铸造性能好，就容易铸成优质的铸件。生产中常根据合金的铸造性能调整铸造工艺措施，以获得优良的铸件。

一、合金的流动性

熔融金属通常是在纯液态情况下充满型腔的，熔融合金充满型腔是获得形状完整、轮廓清晰的合格铸件的保证。

(一) 流动性与充型能力概念

1. 流动性概念

熔融合金的流动性指自身的流动能力。流动性好，熔融合金充填铸型的能力强，易于获得轮廓清晰、尺寸准确、薄而复杂的铸件；流动性不好，则充型能力差，铸件容易产生浇不到、冷隔、气孔和夹杂等铸造缺陷。对于薄壁和形状复杂铸件，合金的流动性往往是影响铸件质量的决定因素。

合金的流动性通常用如图 9-1 所示的螺旋形流动性试样的长度来衡量。显然，在相同的浇注条件下，浇出的试样越长，合金的流动性越好。

合金的流动性是其固有属性，主要与合金本身的化学成分（结晶特性）、杂质含量以及物理性质有关。试验表明，灰铸铁、硅黄铜的流动性最好，铝硅合金次之，铸钢的流动性最差。

2. 充型能力概念

充型能力是指熔融合金充满型腔，获得轮廓清晰、形状完整的优质铸件的能力。它不仅与合金流动性有关，还与浇注条件、铸型条件等因素有关。

(二)影响流动性与充型能力的主要因素

1. 化学成分

不同种类、不同成分的合金,其流动性也不同。不同种类的金属的流动性与金属的熔点、导热系数、金属液的黏度等物理性能有关。铸钢的熔点高,在铸型中散热快,凝固快,流动性差;铝合金导热性能好,流动性也较差。

成分不同时,合金的流动性也不同。化学成分不同的合金具有不同的结晶特性,对合金流动性的影响最为显著。

纯金属和共晶成分合金在恒温下结晶,结晶时从表层逐渐向中心凝固(逐层凝固),凝固层表面比较光滑,对未凝固区的液态金属的流动阻力较小(见图 9-2(a)),故流动性好。特别是共晶合金的凝固温度最低,可获得较大的过热度,故流动性好。

在一定温度范围内结晶的固溶体合金,其结晶过程是在铸件截面上一定宽度区域内进行的,在结晶区域中,既有形状复杂的初生树枝状晶体,又有未结晶的液体,复杂枝晶使合金熔液的流动阻力加大(图 9-2(b)),而且使合金熔液的冷却速度加快,所以流动性差。合金的结晶温度范围越宽,流动性越差。

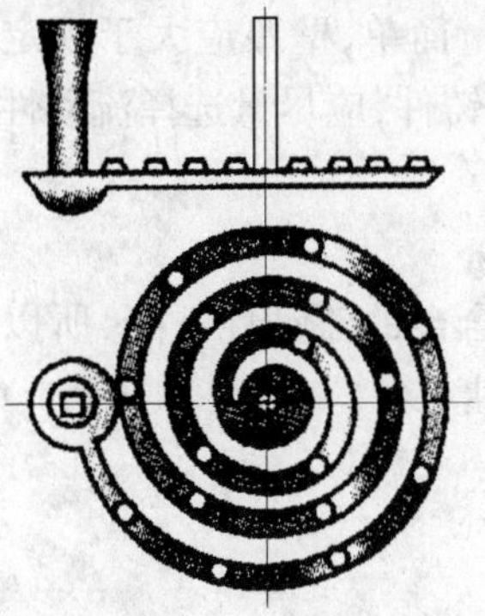

图 9-1　螺旋形试样

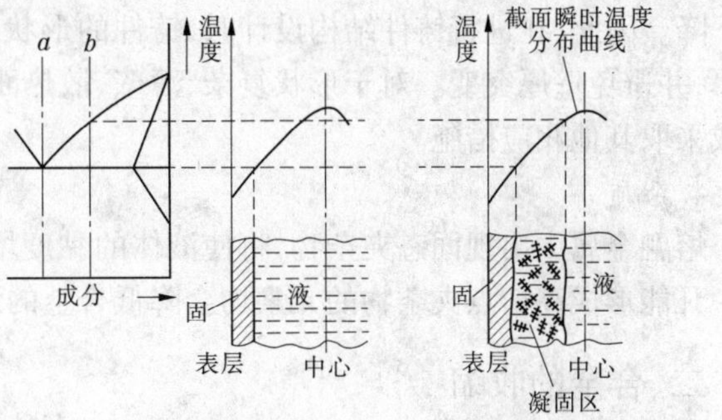

(a)恒温下结晶　(b)在一定温度范围内结晶

图 9-2　结晶特性对流动性的影响

从 Fe－C 合金相图可以看出流动性与碳质量分数之间的关系:亚共晶铸铁随碳质量分数增加,结晶温度区间减小,流动性逐渐提高,愈接近共晶成分,合金的流动性愈好。

2. 浇注条件

浇注条件包括浇注温度、浇注速度、充型压力等条件。浇注温度对合金充型能力的影响非常显著。提高浇注温度即提高熔融合金的过热度,可延长液态保持时间,并提高其流动性,有利于充型。但浇注温度太高会使合金的收缩量增加,吸气增多,氧化严重,反而使铸件容易产生缩孔、缩松、粘砂、夹杂等缺陷。因此,必须综合各因素,在保证流动性足够的条件下,尽量采用较低的浇注温度。生产中,每种合金都有一定的浇注温度范围,一般铸钢为 1 520 ~1 620 ℃;铸铁为 1 230 ~1 450 ℃;铝合金为 680 ~780 ℃。

增大充型压力可改善熔融合金的充型能力,如生产中常采用增加直浇口高度,或应用压力铸造、离心铸造来增大充型压力,以提高熔融合金的充型能力。

此外,提高浇注速度也会使合金的充型能力得到提高。

3. 铸型条件

熔融合金充型时,铸型的阻力及铸型对合金的冷却作用,将影响合金的流动性和充型能力。

1)铸型的蓄热能力

铸型的蓄热能力是铸型从熔融金属中吸收并传出热量的能力。铸型的温度低、蓄热能力和热导率大,表示铸型从合金中吸收并传出热量的能力强,从而对熔融合金的冷却作用增强,合金在型腔中保持液态流动的时间缩短,合金的充型能力变差。因此,生产中常在浇注前将铸型预热到一定温度,延长合金在铸型中的流动时间,使合金流动能力提高。

2)铸型中的气体

铸型的排气能力差,浇注时因熔融合金在型腔中的热作用产生的大量气体排不出,就会滞留在型腔中产生较大的气体压力,阻碍合金流动,使合金的充型能力下降。铸造时,应尽量减少气体来源,如烘干铸型减少铸型的发气量,采用低温浇注减少熔融合金中的含气量等,此外,应增加铸型的透气性,开设出气口,使型腔及型砂中的气体顺利排出。

3)铸型结构

铸件结构复杂,壁厚过小或急剧变化,或有大的水平面时,会导致铸型中熔融合金流经路径复杂,型腔过窄或突变,流动落差过小及散热面增大,从而使流动阻力增大,充型能力下降。因此,在进行铸件结构设计时,铸件的形状应尽量简单,壁厚应大于规定的最小壁厚,并避免壁厚突变。对于形状复杂、薄壁、散热面大的铸件,应尽量选择流动性好的合金或采取其他相应措施。

4. 杂质

熔融金属中出现固态夹杂物,将使液体的黏度增加,合金的流动性下降,所以合金成分中凡能形成高熔点夹杂物的元素均会降低合金的流动性。

二、合金的收缩

(一)收缩的概念及主要影响因素

1. 收缩的概念

合金从浇注、凝固直至冷却到室温的过程中,其体积和尺寸缩减的现象称为收缩。收缩是合金的物理本性,会影响铸件几何形状、尺寸和致密性,而且是铸件产生缩孔、缩松、裂纹、变形和内应力等缺陷的重要原因之一。为保证铸件质量,获得形状、尺寸符合技术要求,组织致密的合格铸件,必须研究合金收缩的规律。

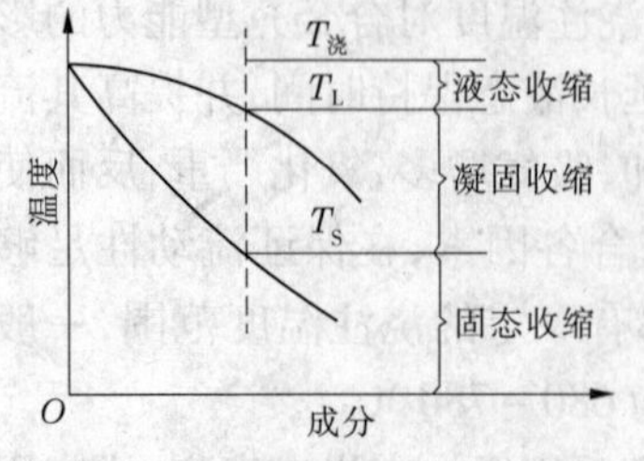

图 9-3 合金收缩的三个阶段

合金的收缩经历有以下三个阶段,如图 9-3 所示:

(1)液态收缩。从浇注温度($T_{浇}$)到凝固开始温度(即液相线温度 T_L)间的收缩。

(2)凝固收缩。从凝固开始温度 T_L 到凝固终止温度(即固相线温度 T_S)间的收缩。

(3)固态收缩。从凝固终止温度 T_S 到室温间的收缩。

合金的收缩为上述三个阶段收缩的总和。

合金的液态收缩和凝固收缩表现为合金体积的缩减,故常用单位体积收缩量(即体收缩率)来表示。合金的固态收缩通常表现为铸件外形尺寸的减小,因此常用单位长度上的收缩量(即线收缩率)来表示。

当温度自 T_0 下降到 T_1 时，合金的体收缩率以单位体积的变化量来表示；线收缩率以单位长度的相对变化量来表示。即：

体收缩率

$$\varepsilon_r = (V_0 - V_1)/V_0 \times 100\% = a_r(T_0 - T_1) \times 100\% \tag{9-1}$$

线收缩率

$$\varepsilon_l = (L_0 - L_1)/L_0 \times 100\% = a_l(T_0 - T_1) \times 100\% \tag{9-2}$$

式中 V_0、V_1——合金在 T_0、T_1 时的体积，cm^3；

L_0、L_1——合金在 T_0、T_1 时的长度，cm；

a_r、a_l——合金在 T_0、T_1 温度范围内的体收缩系数和线收缩系数，1/℃。

2. 影响收缩的主要因素

合金的实际收缩率与其化学成分、浇注温度、铸件结构和铸型条件有关。

(1)化学成分不同合金的收缩率不同。常用合金中，铸钢的收缩率最大，灰铸铁最小。灰铸铁收缩小是由于其中大部分碳是以石墨状态存在的，石墨的比容大，在结晶过程中析出石墨所产生的体积膨胀抵消了部分收缩。

几种铁碳合金的体积收缩率如表 9-1 所示。

表 9-1 几种铁碳合金的体积收缩率

合金种类	ω_C(%)	浇注温度(℃)	液态收缩率(%)	凝固收缩率(%)	固态收缩率(%)	总体收缩率(%)
碳素铸钢	0.35	1 610	1.6	3	7.86	12.46
白口铸铁	3.0	1 400	2.4	4.2	5.4~6.3	12~12.9
灰铸铁	3.5	1 400	3.5	0.1	3.3~4.2	6.9~7.8

(2)浇注温度。浇注温度愈高，熔融合金过热度愈大，液态收缩增加。

(3)铸件结构和铸型条件。在铸型中冷却时，各部分因形状和尺寸的不同，冷却速度不同，收缩不一致，相互约束而对收缩产生阻力。另外，铸型和型芯对收缩也会产生机械阻力。铸件结构越复杂、铸型和型芯硬度越大，收缩阻力越大。因此，铸件的实际线收缩率要比自由线收缩率小一些。

设计模样时，应根据合金种类、铸件形状和尺寸等因素，选取合适的收缩率。

(二)铸件的缩孔和缩松

铸件在凝固过程中，要发生液态收缩、凝固收缩和固态收缩，若液态收缩和凝固收缩引起的体积缩减得不到补充，便会在铸件的最后凝固部位形成一些孔洞。其中大而集中的孔洞称为缩孔，小而分散的孔洞称为缩松。缩孔和缩松的存在会减小铸件的有效承载截面积，引起应力集中，导致铸件力学性能下降。缩松严重时会影响铸件的气密性。

1. 缩孔

纯金属、共晶成分的合金铸件容易形成缩孔，见图 9-4。液态合金注满铸型型腔后，由于这些合金呈逐层凝固方式，型壁的传热使与型壁接触的合金液温度降至其凝固点以下，合金即凝固成一层细晶薄壳，并将内浇口堵塞，使尚未凝固的合金被封闭在薄壳内，见图 9-4(b)。温度继续下降，薄壳产生固态收缩；液态合金产生液态收缩和凝固收缩，而且远大于薄壳的固态收缩，致使合金液面下降，脱离壳顶形成真空孔洞，在负压及重力作用下，壳顶向内凹陷，见图9-4(c)。

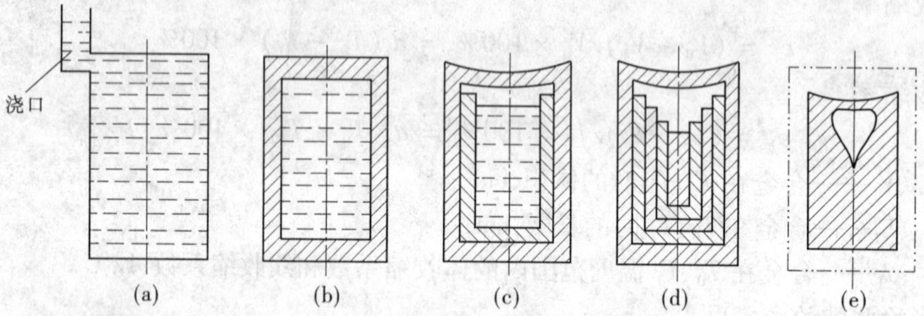

图9-4 缩孔形成过程示意图

温度再度下降，上述过程重复进行，凝固的硬壳逐层加厚，孔洞不断加大，直至整个铸件凝固完毕，遂在铸件最后凝固的部位形成一个倒锥形的大孔洞，这就是缩孔。铸件冷至室温后，由于固态收缩，使缩孔的体积略有减小。通常，在铸件的厚壁处，或在两壁相交金属积聚处(称热节)，容易产生缩孔。

2. 缩松

具有宽结晶温度范围的合金容易产生铸件缩松。这类合金倾向于糊状凝固或中间凝固方式，凝固区液固交错，枝晶交叉，将尚未凝固的液体合金彼此分隔成许多孤立的封闭液体区域，如图9-5所示。此时，如同形成缩孔一样，在继续凝固收缩时得不到新的液体合金的补充，就在枝晶分叉间形成许多微小孔洞，这就是缩松。缩松分布在整个铸件断面上。

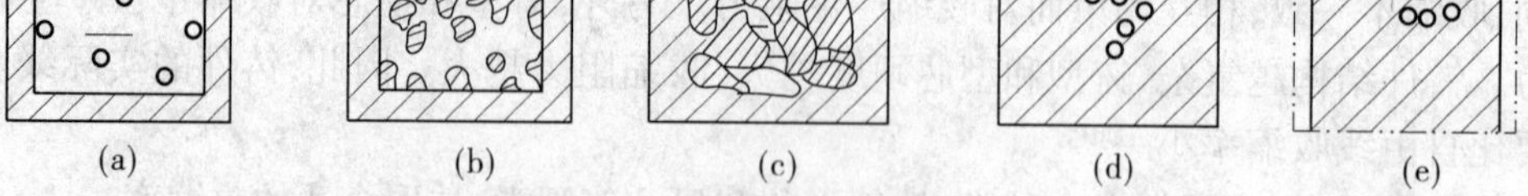

图9-5 缩松形成过程示意图

3. 防止缩孔和缩松的措施

不论是缩孔还是缩松，都使铸件承载能力降低，必须采用措施加以防止。例如，在铸件结构设计上，应避免局部金属积聚，工艺上常采取一定措施控制铸件的凝固。依铸件种类与要求，分别采取“顺序凝固”和“同时凝固”两种措施，达到防止缩孔或缩松的目的。

1) 顺序凝固

在铸件可能出现缩孔或最后凝固的部位(多数在铸件厚壁或顶部)，设置冒口或将冒口与冷铁配合使用，使铸件按照远离冒口的部位先凝固，靠近冒口的部位后凝固，最后才是冒口凝固的程序进行。这样，先凝固部位的收缩由后凝固部位的液体金属补缩；后凝固部位的收缩由冒口中的金属液补缩，使铸件各部位的收缩均得到金属液补缩，而缩孔则移至冒口,然后将冒口切除。

顺序凝固适于收缩大的合金铸件,如铸钢件、可锻铸铁件、铸造黄铜件等,还适于壁厚悬殊以及对气密性要求高的铸件。顺序凝固使铸件的温差大、热应力大、变形大,容易引起裂纹,必须妥善处理。

顺序凝固与逐层凝固是不同的概念,又有一定联系。逐层凝固时,铸件断面心部最后凝固,液体停留时间长,有利于顺序凝固及冒口的补缩。

2)同时凝固

同时凝固是使铸件各部位几乎同时冷却凝固,以防止缩孔产生。例如,在铸件厚部或紧靠厚部处的铸型上安放冷铁。同时凝固可减轻铸件热应力,防止铸件变形和开裂,但是容易在铸件心部出现缩松。故仅适于收缩小的合金铸件,例如碳硅含量较高的灰铸铁件。

(三)铸造内应力、变形和裂纹

1.内应力

铸件固态收缩受阻所引起的应力称为铸造内应力。它包括机械应力和热应力等。机械应力是铸件收缩受到铸型、型芯或浇冒口的阻碍而引起的应力,落砂后阻碍消除,应力便自行消失。但是,落砂前如果机械应力在铸型中与热应力共同作用,则会增大某些部位的拉应力,增大铸件产生裂纹的倾向。

热应力是因铸件壁厚不均匀,结构复杂,使各部分冷却收缩不一致,又彼此制约而引起的应力。现以图9-6所示铸件为例,分析热应力的形成。

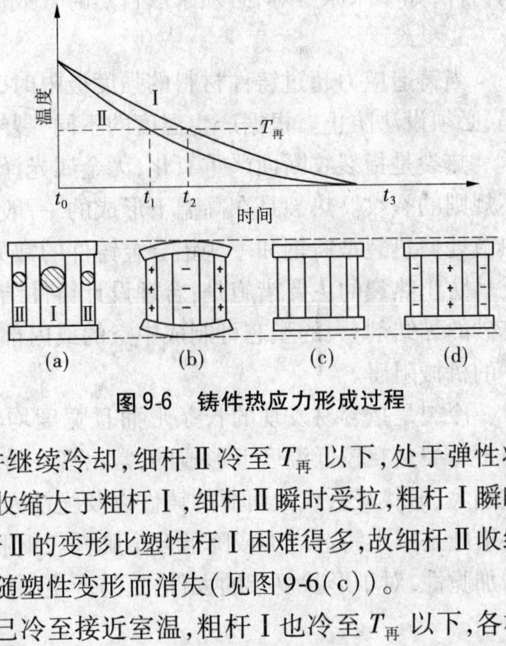

图9-6 铸件热应力形成过程

(1)塑性状态阶段 $t_0 \sim t_1$ 时刻,铸件在再结晶温度 $T_再$ 以上,杆Ⅰ和杆Ⅱ均处于塑性状态。冷却时,细杆Ⅱ冷得快,收缩大于粗杆Ⅰ;但杆Ⅰ、Ⅱ是一个铸件,其各个部分互相制约,故杆Ⅱ被塑性拉伸,杆Ⅰ被塑性压缩。瞬时应力随塑性变形而消失。

(2)弹塑性状态阶段 $t_1 \sim t_2$ 时刻,铸件继续冷却,细杆Ⅱ冷至 $T_再$ 以下,处于弹性状态;粗杆Ⅰ仍处于塑性状态。此时,细杆Ⅱ收缩大于粗杆Ⅰ,细杆Ⅱ瞬时受拉,粗杆Ⅰ瞬时受压(瞬时应力如图9-6(b)所示)。弹性杆Ⅱ的变形比塑性杆Ⅰ困难得多,故细杆Ⅱ收缩时,粗杆Ⅰ将被压缩,可以认为瞬时应力仍随塑性变形而消失(见图9-6(c))。

(3)弹性状态阶段 $t_2 \sim t_3$ 时刻,细杆Ⅱ已冷至接近室温,粗杆Ⅰ也冷至 $T_再$ 以下,各杆均处于弹性状态。但粗杆Ⅰ比细杆Ⅱ的温度高,收缩大于细杆Ⅱ,却受到整体铸件的牵制,因而粗杆Ⅰ被弹性拉伸一些,产生拉应力,而细杆Ⅱ被弹性压缩产生压应力,直至室温,在铸件中形成残余应力(见图9-6(d))。

可见,只有铸件的厚壁与薄壁都冷却到处于弹性状态的温度时,才会在铸件内产生热应力。热应力使铸件厚壁处或心部受拉伸,薄壁或表层受压缩。铸件固态收缩越大,壁厚差越大,形状越复杂,产生的热应力越大。

热应力的预防是尽量减少铸件各个部位间的温度差，使其均匀地冷却，如尽可能使铸件的壁厚均匀、在壁厚大处放置冷铁等。

2. 变形

残余内应力使铸件处于一种不稳定状态，会自发产生变形以缓解内应力。图 9-7(a)所示的 T 字梁铸件，凝固后，厚壁 Ⅰ 受拉应力，薄壁 Ⅱ 受压应力。各自都有恢复原状的趋势，厚壁 Ⅰ 处力图缩短，薄壁 Ⅱ 处力图伸长。若梁的整体刚度不够，即发生向梁的 Ⅰ 部厚方向的弯曲变形，如图 9-7(a)中点画线所示。按厚的部分内凹、薄的部分外凸的变形规律，图 9-7(b)所示 T 字梁的变形方向与图 9-7(a)相反。

铸件的变形会给装夹、加工造成困难，严重时甚至要报废。防止铸件变形的根本措施是减小铸造应力。为此，应合理设计铸件的结构，力求铸件壁厚均匀，形状对称；在铸造工艺上采用同时凝固原则，合理设计浇冒口、冷铁等，使铸件冷却均匀。铸件变形后，往往只能减少应力，而并不能完全消除应力。机加工后，由于失去平衡的残余应力存在于零件内部，经过一段时间又会产生二次变形，使机械零件失去应有的精度。为此，重要的铸件，如车床床身等，必须采取自然时效或去应力退火，以消除内应力。

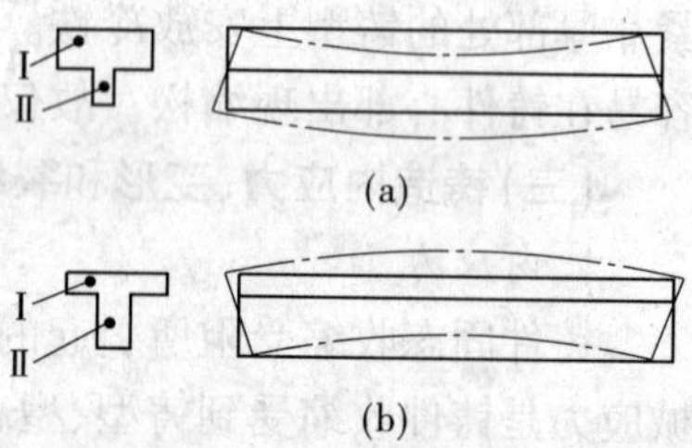

图 9-7　T 形梁铸钢件变形示意图

3. 裂纹

当铸造应力超过铸件材料的强度极限时，铸件就会产生裂纹。裂纹是严重的铸造缺陷，必须设法防止。根据产生温度的不同，裂纹分为热裂和冷裂两种。

热裂是指裂纹断面严重氧化，无金属光泽，裂口沿晶粒边界产生和发展，外形曲折而不规则的裂纹。热裂是在高温下形成的，一般产生在尖角、断面突变处等应力集中部位或热节处。热裂是铸钢和一些铝合金铸件的常见缺陷。

防止热裂的主要措施是：合理设计铸件结构，尽量使铸件厚薄均匀；合理选择型砂和芯砂的黏结剂，大的型芯可制成中空的或内部填以焦炭，以改善型砂的退让性，减少对铸件的机械阻碍。

冷裂是指容易发现的长条形而且宽度均匀的裂纹。裂纹常穿过晶粒延伸到整个断面。冷裂是在较低温度下形成的，常出现在铸件受拉伸部位，特别是应力集中部位。壁厚差别大、形状复杂或大而薄的铸件以及脆性大、塑性差的合金易产生冷裂。防止冷裂的主要措施是减小铸造应力或降低合金脆性。钢和铸铁中的磷能显著降低合金的冲击韧性，增加脆性，对于形状复杂的大件，更易产生裂纹，在合金的提炼中应严格控制磷含量。

第二节　砂型铸造

砂型铸造是指用型砂紧实制成型腔或型芯，将熔融金属浇入砂质铸型中，待凝固冷却后，将铸型破坏，获得毛坯或零件的铸造方法。

砂型铸造虽然生产率较低、铸件质量较差，但其适应性广、生产准备简单、生产成本较低，所以目前仍是产量较大的铸件生产方法，也是生产特大铸件的唯一方法。几乎所有的铸铁件和大部分铸钢件是用砂型铸造的方法生产的。

铸型一般由上砂型、下砂型、砂芯和浇注系统等几部分组成。上下砂箱通常要用定位销定位。铸型装配及部分名称如图 9-8 所示。

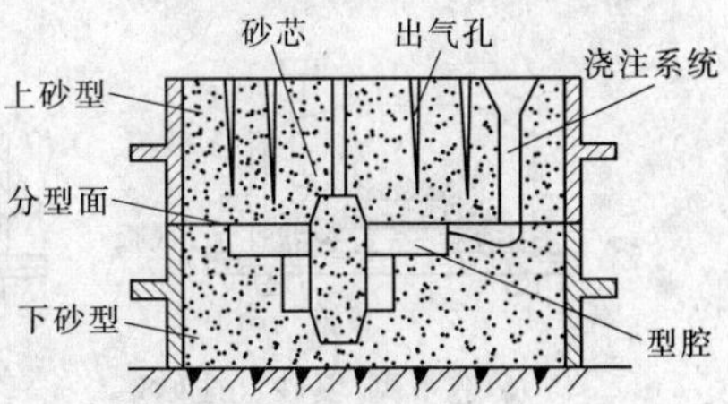

图 9-8　铸型装配图

砂型铸造生产工序很多,其中主要的工序为模样加工、配砂、造型、造芯、合箱、熔化、浇注 、落砂、清理和检验。套筒铸件的生产过程如图 9-9 所示。

用型砂及模样等工艺设备制造铸型的过程叫做造型。其中模样用来形成铸件外部轮廓,模样的外形尺寸与铸件外形相适应。制造模样的材料可用木材、金属或其他材料。用木材制造的模样称为木模,用金属制造的模样称为金属模。制造铸型或型芯用的材料称为造型材料。造型材料包括型砂、芯砂及涂料等。合理地选用和配制造型材料,对提高铸件质量,降低成本具有决定性的作用。

造型是砂型铸造的基本工序,根据完成造型工序方法的不同,分为手工造型和机器造型两大类。

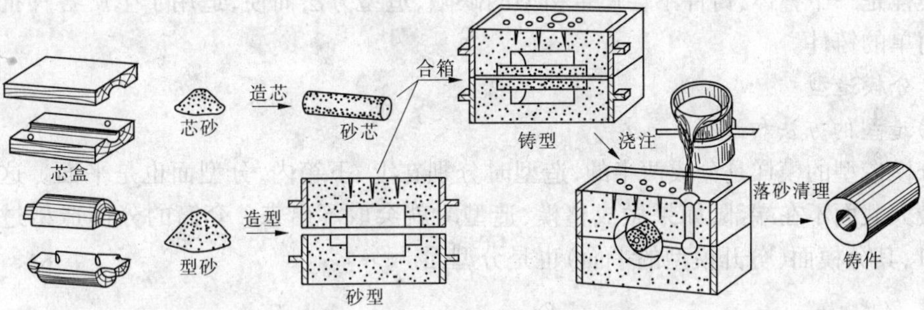

图 9-9　套筒的砂型铸造过程

一、各种造型方法的特点和应用

(一)手工造型的特点和应用

造型就是用型砂和模样制造铸型的过程,全部用手工或手动工具完成的造型工序称手工造型,目前在铸造生产中应用很广。它操作灵活,适应性强,工艺设备简单,生产准备时间短,成本低。但手工造型铸件质量较差,生产率低,劳动强度大,要求工人技术水平高。手工造型主要用于单件、小批量生产,特别是形状复杂或重型铸件的生产。

手工造型的方法很多,应根据铸件的形状、大小和生产批量的不同进行选择,常用的为下列六种造型方法。

1. 整模造型

1) 造型方法和过程

整模造型的模样是一个整体,造型时模样全部放在一个砂箱内,分型面(上型和下型的接触面)是平面。这类零件的最大截面一般在端部,而且是一个平面。整模造型的过程如图 9-10 所示。

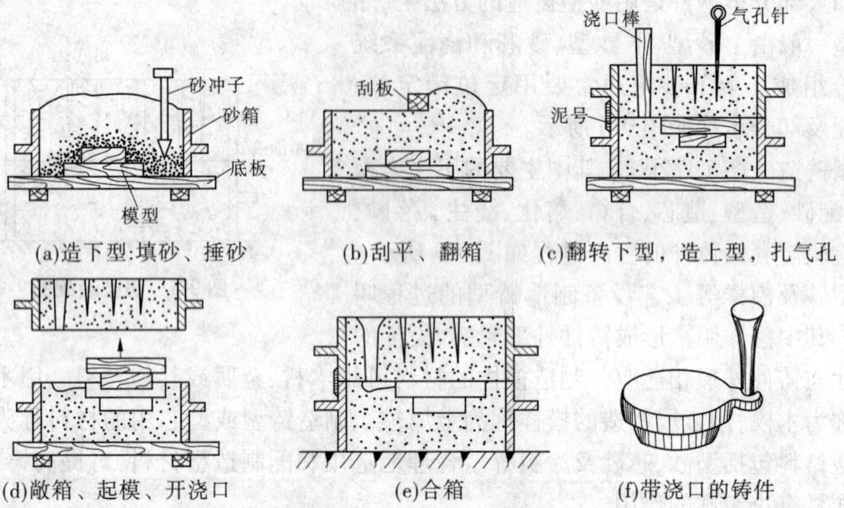

图 9-10　整模造型过程

2)主要特点和应用

模样是一个整体,铸件不会产生错型的缺陷,造型方法简便,适用于生产各种批量而形状简单的铸件。

2. 分模造型

1)造型的方法和过程

分模造型的模样是分成两半的,造型时分别在上、下箱内,分型面也是平面。这类零件的最大截面不在端部,如果做成整模,造型时就会取不出来。套筒的分模造型过程见图 9-11,其分模面(分开模型的平面)也是分型面。

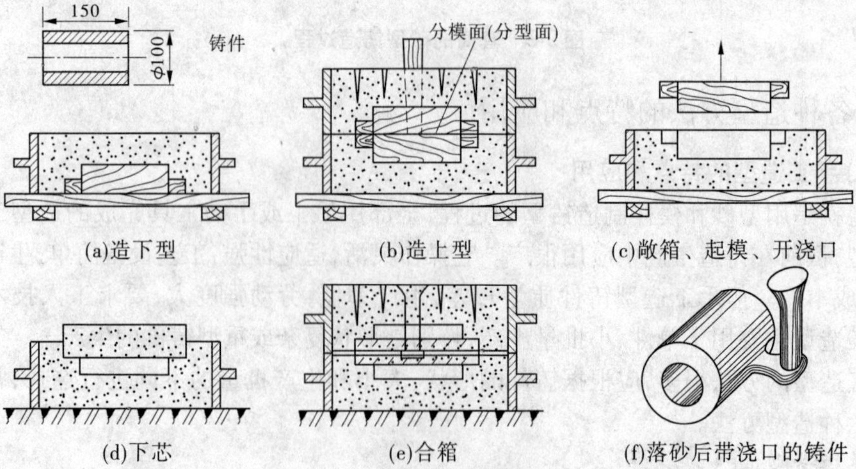

图 9-11　套筒的分模造型过程

2)主要特点和应用

分模造型操作简便,节省工时,适用于生产各种批量的套筒、管子、阀体类及形状较复杂的铸件,这种造型方法应用最广泛。

3. 挖砂造型和假箱造型

1)造型的方法和过程

有些铸件如手轮等,最大的截面不在一端,模型又不允许分成两半(模型太薄或制造分模很费事),可以将模型做成整体,采用挖砂造型法。手轮的分型面是曲面,它的造型过程见图 9-12。

挖修分型面时应注意:一定要挖到模型的最大断面 A—A 处(见图 9-12(b));分型面应平整光滑,坡度应尽量的小,以免上箱的吊砂过陡;不阻碍取模的砂子不必挖掉。

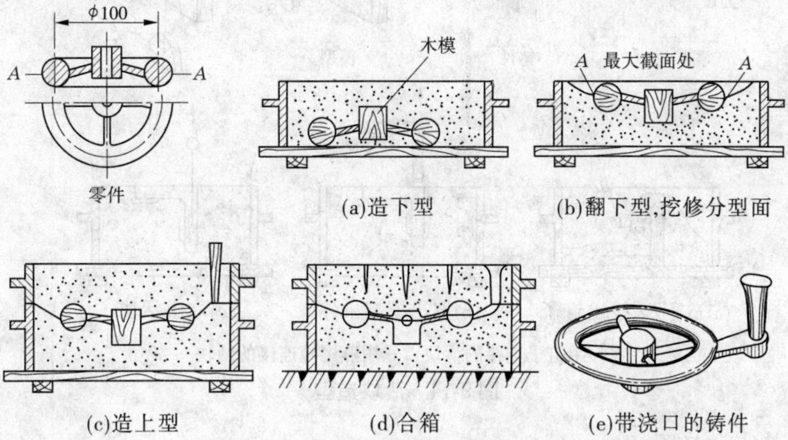

图 9-12 手轮的挖砂造型过程

生产数量较多时,一般采用假箱造型(见图 9-13)。先制出一个假箱代替底板,再在假箱上造下型。用假箱造型时不必挖砂就可以使模型露出最大的截面。假箱只用于造型,不参与浇注,所以叫做假箱。假箱一般是用强度较高的型砂捶制成的,要求能多次使用,分型面应光滑平整、位置准确。当生产数量很大时,可用木制的成型地板代替假箱。

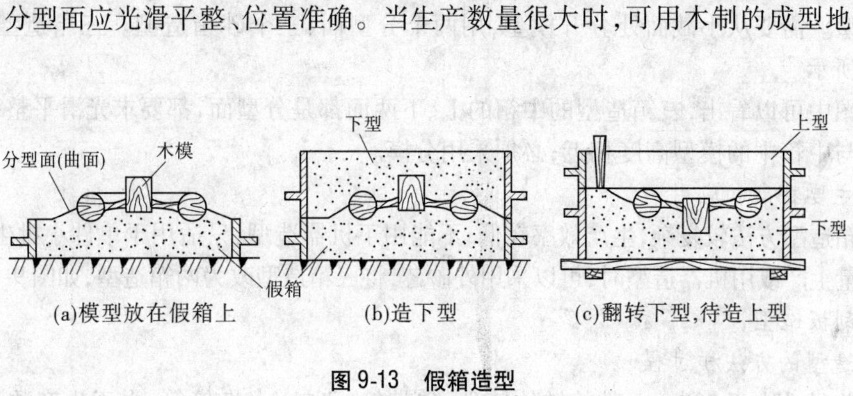

图 9-13 假箱造型

2)主要特点和应用

挖砂造型操作技术要求较高,生产效率较低,只适用于单件生产。假箱造型免去挖砂操作,提高了造型效率与质量,适用小件、成批生产。

4. 活块造型

1)造型的方法和过程

制模时,将妨碍起模的部分做成活块。图 9-14 中模型上的小凸台在取模时不能和模型主体同时取出,凸台就要做成活块。起模时,先取出模型主体,再单独取出活块,在用钉子连接的活块模造型中应注意活块四周的型砂塞紧后,要拔出钉子,否则模型取不出;捶砂时不要使活块移动;钉子不要过早拔出,以免活块错位。

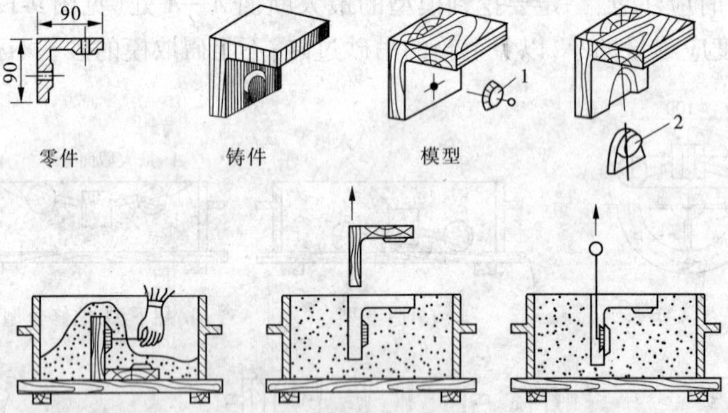

(a)造下型,拔出钉子　(b)取出模型主体　(c)取出活块

1—用钉子连接的活块;2—用燕尾榫连接的活块

图 9-14　活块造型

2)主要特点和应用

活块造型要求工人操作技术水平较高,而且生产率较低,仅适用于单件小批生产。若产量较大时,也可采用外砂芯做出活块的方法。

5. 三箱造型

1)造型的方法和过程

有些形状较复杂的铸件,往往具有两头截面大而中间截面小的特点,用一个分型面取不出模型。需要从小截面处分开模型,用两个分型面、三个砂箱造型。三箱造型过程如图 9-15所示。

从图中可以看出,三箱造型的中箱的上、下两面都是分型面,都要求光滑平整;中箱的高度应与中箱中的模型高度相近;必须采用分模。

2)主要特点和应用

三箱造型方法较复杂,生产效率较低,不能用于机器造型,只适用于单件小批生产。在成批大量生产或用机器造型时,可以采用外砂芯,将三箱造型改为两箱造型,如图 9-16所示。

6. 刮板造型

1)造型的方法和过程

有些尺寸大于500 mm 的旋转体铸件,如带轮、飞轮、大齿轮等,由于生产数量很少,为节省模型材料及费用,缩短加工时间,可以采用刮板造型。造型时不用模样,而是用一块和铸件断面形状相适应的木板刮出铸型的型腔。大带轮的刮板造型过程如图 9-17所示。

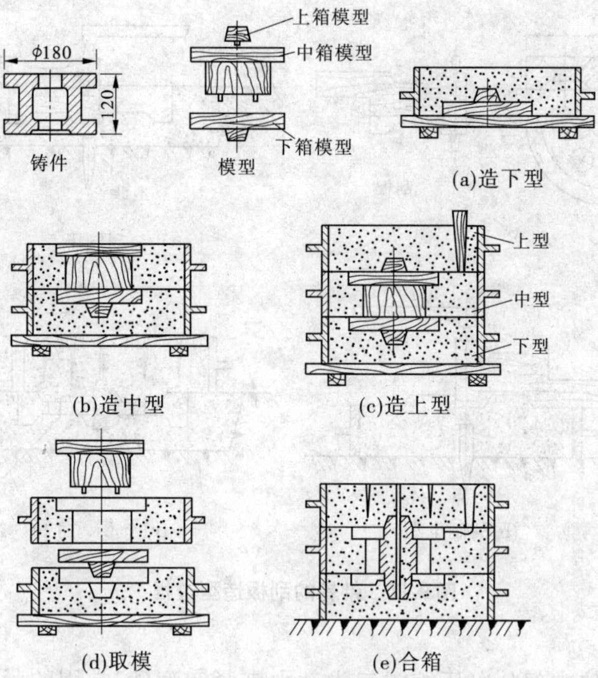

图 9-15　带轮的三箱造型过程

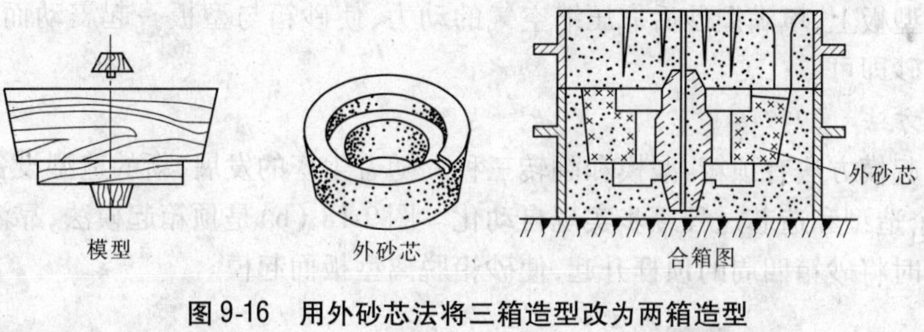

图 9-16　用外砂芯法将三箱造型改为两箱造型

刮板装好后，应当用水平仪校正，以保证刮板轴与分型面垂直。上、下型刮制好后，在分型面上分别做出通过轴心的两条互相垂直的直线，将直线引至箱边做上记号，作为合箱的定位线。

刮板造型可以在砂箱内进行，下型也可利用地面进行刮制。在地面上做下型，可以省掉下砂箱、降低砂型的高度以便于浇注。这种方法称为地面造型（或地坑造型）。其他的大型铸件在单件生产时，也可用地面造型的方法。

2）主要特点和应用

刮板造型模样制作简化，降低了模样制作成本，但造型费工，要求技术水平高，只适用等截面的大、中型回转体的单件小批量生产。

（二）机器造型

造型过程中的紧实型砂（紧砂）和起模两个基本操作，全部或部分实现机械化的造型工序称机器造型。

机器造型的两个主要工序是紧砂和起模。

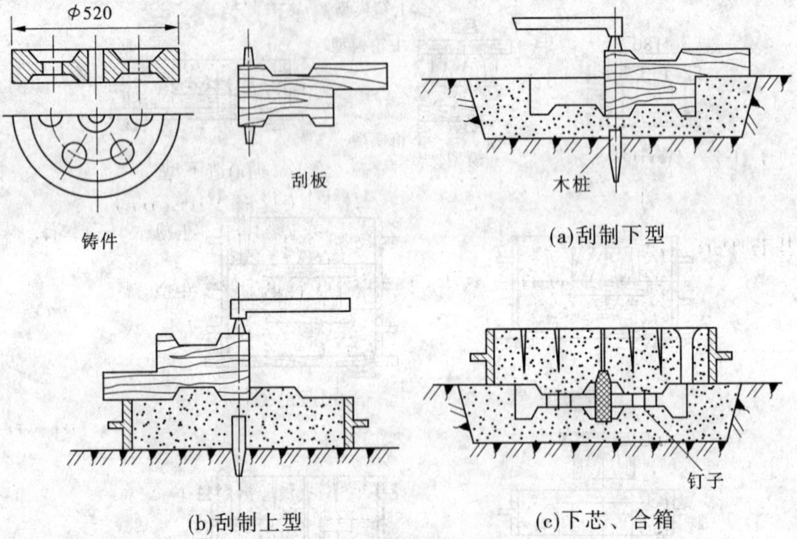

图 9-17　带轮的刮板造型过程

1. 紧砂方法

目前机器造型绝大部分以压缩空气为动力来紧实型砂，常用的紧砂方法有震实、压实、震压、抛砂、射压等几种形式，其中以震压式应用最广，如图 9-18(a)所示。砂箱放在带有模样的型板上，填满型砂后靠压缩空气的动力，使砂箱与型板一起震动而紧砂，再用压头压实型砂即可。

2. 起模方法

常用的起模方法有顶箱、漏模和翻转三种。随着生产的发展，新的造型设备将会不断出现，使整个造型和造芯过程逐步实现自动化。图 9-18 (b)是顶箱起模法，靠液压缸的起模活塞上行时将砂箱四周的顶杆升起，使砂箱脱离型板而起模。

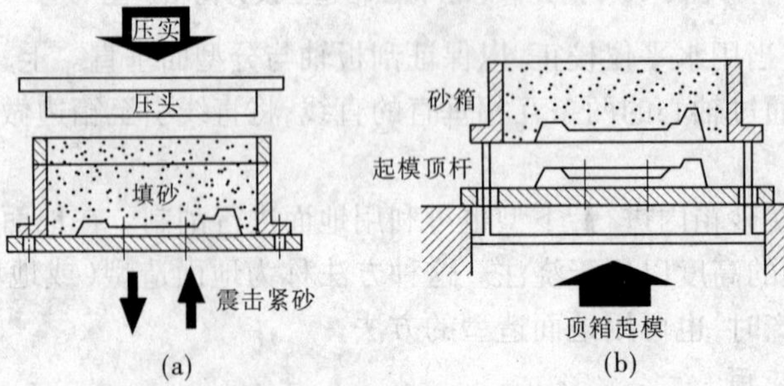

图 9-18　震压式造型机的紧砂和起模

(三)造芯

制造型芯的过程称为造芯。型芯用来形成铸件内部轮廓，制造型芯采用芯盒。芯盒的内腔形状应与铸件内腔形状相适应。用芯盒制造型芯的工艺同造型过程相似。为了增加型芯强度，在型芯中应放置型芯骨(可用铁丝或铁钉做型芯骨)。为进一步提高型芯的强度和透气性，型芯须在专用的烘干炉内烘干，以提高它的耐火度、强度和透气性。型芯可采用手工造芯，也可采用机器造芯。手工造芯时主要采用型芯盒造芯；单件、小批量生产大、中型回转体型芯时，可采用刮板造芯。其中用芯盒造芯是最常用的方法，它可以造出形状比较复杂的型芯。

如图 9-19 所示，短而粗的圆柱形型芯宜采用分开式芯盒制作（见图 9-19（a））；形状简单且有一个较大平面的型芯宜采用整体式芯盒制作（见图 9-19（b））。无论哪种制芯方法，都要在型芯中放置芯骨，并将芯烘干，以增加型芯的强度。通常还在芯中扎出通气孔或埋入蜡线形成通气孔。在大批量生产中，采用机器制芯。

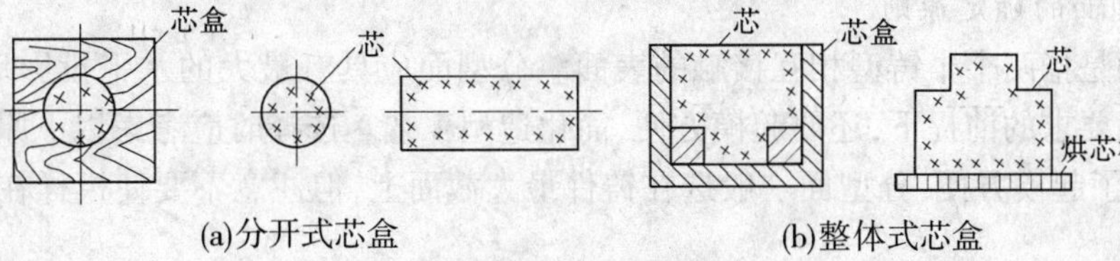

图 9-19　芯盒造芯

二、砂型铸造工艺

制造一个铸件，从铸件的零件图开始，到获得铸件，要涉及合金熔炼、铸型制备以及浇注、落砂、清理等许多工艺过程。因而，投产之前应进行铸造工艺设计，以指导生产，确保铸件质量。

（一）工艺设计程序与内容

工艺设计程序一般包括绘制铸造工艺图、铸件图、铸型装配图以及编制工艺卡等。大批量生产时，还要绘制模样图、模板图、砂箱图以及压铁、量具和工装设备图等。单件小批量生产时，一般只绘制铸造工艺图。

（二）铸造工艺图的绘制

铸造工艺图是根据零件图的要求，在分析铸件铸造工艺性的基础上，将确定的工艺方案、工艺参数及浇冒口系统等，用规定的工艺符号、文字，不同颜色加注在零件图上绘制而成的图样。图上清晰可见铸件的浇注位置、分型面、型芯与芯头、工艺参数、浇注系统和冒口、冷铁等，如图 9-20 所示。

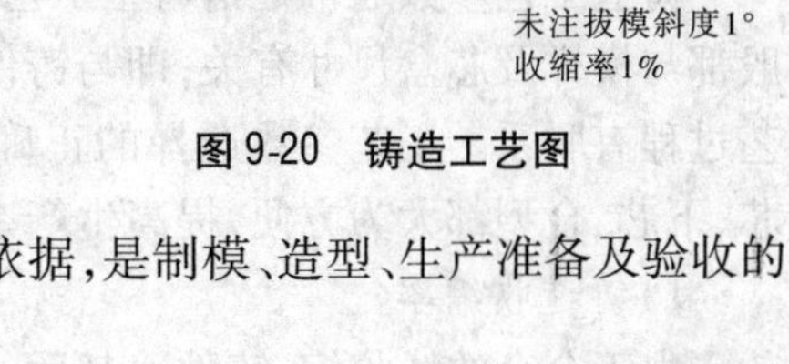

图 9-20　铸造工艺图

铸造工艺图不仅是控制工艺过程的图样，而且是绘制铸件图、模样图以及铸型装配图等的主要依据，是制模、造型、生产准备及验收的基本指导性文件。

1. 浇注位置的选择原则

浇注位置是指浇注时铸件在铸型内的位置。既要符合铸件的凝固规律，保证充型良好，又要简化造型和浇注工艺。选择时应考虑以下原则：

（1）一般情况下，铸件浇注位置的上面比下面铸造缺陷多，所以应将铸件的重要加工面或主要受力面等要求较高的部位放到下面，若有困难则可放到侧面或斜面。例如机床床身，其导轨面应放到最下面。

(2)浇注位置的选择应有利于铸件的充填和型腔中气体的排出，所以薄壁铸件应将薄而大的平面放到下面或侧立、倾斜，以防止出现浇不足或冷隔等缺陷。

(3)当铸件壁厚不匀，需要补缩时，应从顺序凝固的原则出发，将厚大部分放在上面或侧面，以便安放冒口和冷铁。

(4)尽可能避免使用吊砂或悬壁式砂芯。吊砂在合型、浇注时，容易造成塌箱；吊芯操作很不方便；悬壁式砂芯不稳定，在金属液浮力作用下易发生偏斜。

2. 分型面的确定原则

分型面是指两个半铸型相互接触的表面。分型面应具有最大的水平投影尺寸，在满足浇注位置要求的前提下，还要起模方便，简化造型工艺。选择时应考虑以下原则。

(1)为了起模方便，分型面一般选在铸件最大截面上，但注意不要使模样在一个砂型内过高。

(2)应将铸件的重要加工面或大部分加工面和加工基准面放在同一个砂型中，而且尽可能放在下型，以便保证铸件的精确。

(3)为了简化操作过程，保证铸件尺寸精度，应尽量减少分型面的数目，减少活块数目。

(4)分型面应尽量采用平直面，这样使操作方便。

(5)应尽量减少砂芯数目，图9-21是一接头，若按图9-21(a)所示对称分型，则必须制作砂芯；若按图9-21(b)分型，内孔可以用堆吊砂(简称自带砂芯)。

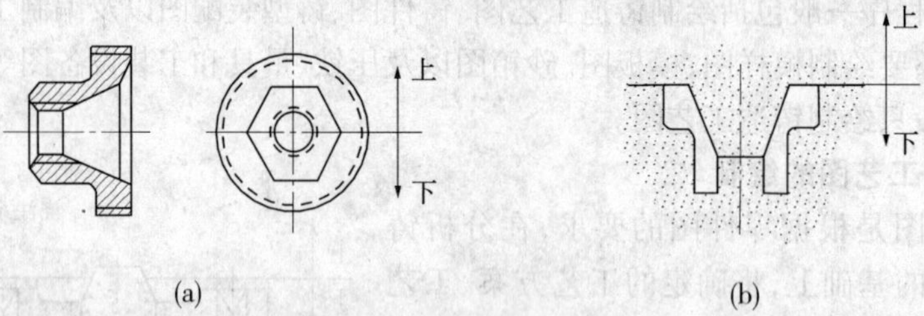

图9-21 接头分型面的选择

3. 主要工艺参数的确定

铸造工艺参数通常是指铸型工艺设计时需要确定的某些工艺数据，这些工艺参数一般都与模样及芯盒尺寸有关，即与铸件的精度有关，同时也与造型、造芯、下芯及合型的工艺过程有联系。工艺参数选择的正确合适，不仅使铸件的尺寸、形状精确，而且造型、造芯、下芯、合型都大为方便，提高生产率，降低成本。主要工艺参数有以下几个方面。

1)铸造收缩率

由于合金的线收缩，铸件冷却后的尺寸将比型腔尺寸略为减小，为保证铸件的应有尺寸，模样尺寸必须比铸件放大一个该合金的收缩量。

在铸件冷却过程中，其线收缩率除受到铸型和型芯的机械阻碍外，还受到铸件各部分之间的相互制约。因此，铸造收缩率除与合金的种类和成分有关外，还与铸件结构、大小、壁厚薄、砂型和砂芯的退让性、浇冒口系统的类型和开设位置、砂箱的结构等有关。一般铸造合金的收缩量按阻碍收缩率经验数据计算，阻碍收缩率的具体数值可查阅铸造手册。

2）机械加工余量

机械加工余量是为了保证铸件加工面尺寸和零件精度，在铸件工艺设计时预先增加的而在机械加工时切去的金属厚度。加工余量的代号用字母 MA 表示。加工余量等级由精到粗共分为 A、B、C、D、E、F、G、H 和 J 九个等级，详见 GB/T 11350—89。

铸件尺寸公差是指对铸件尺寸规定的允许变动量，其代号用字母 CT 表示，分为 1、2、3、…、16，共 16 个等级。铸件尺寸公差等级和加工余量等级，通常依据实际生产条件和有关资料确定，当铸件尺寸公差等级和加工余量等级确定后，就可以按 GB/T 11350—89 所提供数据表查出铸件的机械加工余量。

单件小批生产时，铸件的尺寸公差等级与造型材料及铸件材料有关。采用干、湿型砂型铸造铸出的灰铸铁件的尺寸公差等级为 CT15 ~ CT13。大批量生产时，铸件的尺寸公差等级与铸造工艺方法及铸件材料有关。采用砂型手工造型铸出的灰铸铁件的尺寸公差等级为 CT13 ~ CT11。

铸件的加工余量等级与铸件的尺寸公差等级应配套使用。单件小批生产时，采用干、湿型砂型铸造铸出的灰铸铁件 CT 与 MA 的配套关系是 CT13 ~ CT15/H，大批量生产时，采用砂型手工造型铸出的灰铸铁件 CT 与 MA 的配套关系是 CT11 ~ CT13/H。

3）拔模斜度

为了方便起模，在模样、芯盒的出模方向留有一定的斜度，以免损坏砂芯，这个在铸造工艺设计时所规定的斜度，称为拔模斜度。拔模斜度的大小应根据模样的高度、模样的尺寸和表面粗糙度以及造型方法来确定，通常为 $15' \sim 3°$。壁越高，拔模斜度越小，外壁拔模斜度小于内壁拔模斜度，机械造型应比手工造型的斜度小。拔模斜度在工艺图上用角度 α 或宽度表示，详见 JB/T 5105—91。

4）最小铸出孔

机械零件上的孔，在铸造时应尽可能铸出。但当铸件上的孔尺寸太小，而铸件壁又较厚、金属液压力较高时，反而会使铸件产生粘砂，为了铸出，必须采用复杂而且难度较大的工艺措施，而实现这些措施还不如用机械加工的方法制出更为方便和经济。有时由于孔距要求很精确，铸孔也很难保证质量。因此，在确定零件上的孔是否铸出时，必须考虑铸出这些孔的可能性、必要性和经济性。

最小铸出孔和铸件的生产批量、合金种类、铸件大小、孔的长度及孔的直径等有关。

5）型芯头

芯头是指伸出铸件以外，不与金属液接触的砂芯部分，其功用是定位、支撑和排气。为了承受砂芯本身重力及浇注时液体金属对砂芯的浮力，芯头的尺寸应足够大才不致破坏；浇注后，砂芯所产生的气体，应能通过芯头排至铸型以外，在设计芯头时，除要满足上面的要求外，还应做到下芯、合型方便，应留有适当斜度，芯头与芯座之间要留有间隙。

4. 浇注系统

引导液体金属进入铸型型腔的通道称为浇注系统。根据铸件的形状、大小及合金的种类的不同,采用不同的浇注系统。通常有上注式、低注式、中间注入式和分段注入式几种形式。

5. 冒口与冷铁

冒口除补缩外,还有排气、集渣作用。冷铁与冒口配合,可加强顺序凝固,防止缩孔、缩松。另外,还能加快铸件局部冷却,促使同时凝固,防止铸件变形、裂纹。

第三节　铸件的结构工艺性

铸件的结构指铸件的外形、内腔、壁厚、壁间的连接形式、加强肋和凸台的安置等,铸件结构工艺性是指进行铸件结构设计时,铸件的结构在满足使用要求前提下,还必须考虑铸造工艺和合金铸造性能对铸件结构的要求,采用生产率高、劳动量少、成本低的方法进行铸造生产。良好的铸件结构应与相应合金的铸造性能以及铸件的铸造工艺相统一。

一、铸造工艺对零件结构的要求

(一)铸件外形应力求简单

铸件结构应尽可能使制模、造型、造芯、合箱和清理等工序简化。虽然根据液态金属流动性的特点,铸件外形可很复杂,但仍应在满足使用要求前提下,力求简单,以方便起模,简化造型,尽量避免三箱、挖砂、活块造型。具体要求是:铸件外形尽可能采用平直轮廓,尽量少用非圆曲面,尽可能使分型面平直,尽可能不用或少用活块,铸件侧壁具有结构斜度。

(二)铸件的内腔结构应简单适用,避免不必要的复杂结构

1. 应尽量少用或不用型芯

型芯增加材料消耗,且使生产工艺过程复杂,成本提高,还会因型芯组装间隙影响铸件尺寸精度,容易产生由型芯导致的铸造缺陷。图 9-22(a)所示圆盖铸件内腔出口处直径较小,因此需采用型芯形成内腔。图 9-22(b)采用开口式内腔,且内腔直径 D 大于高度 H,则可直接在造型时采用自带型芯形成内腔。

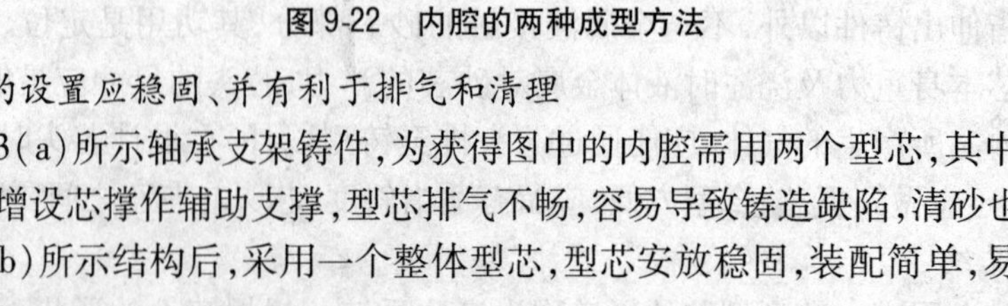

图 9-22　内腔的两种成型方法

2. 型芯的设置应稳固、并有利于排气和清理

如图 9-23(a)所示轴承支架铸件,为获得图中的内腔需用两个型芯,其中大的型芯呈悬臂状,必须增设芯撑作辅助支撑,型芯排气不畅,容易导致铸造缺陷,清砂也不方便。如改成图 9-23(b)所示结构后,采用一个整体型芯,型芯安放稳固,装配简单,易于排气且清理方便。

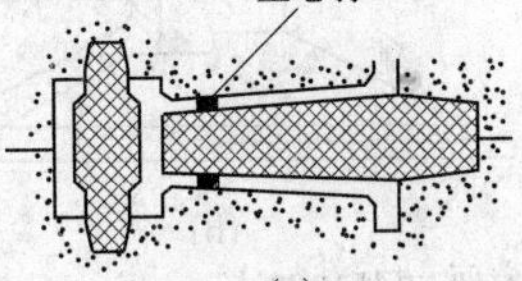

图 9-23　轴承支架铸件的两种结构

二、铸件质量对铸件结构的要求

为保证铸件质量，消除铸件中容易产生的缩孔、缩松、变形、裂纹、气孔、浇不足和冷隔等铸造缺陷，必须使铸件结构与所用合金的铸造性能相适应。设计铸件结构时，考虑的基本要求如下所述。

(一) 铸件应有合理的壁厚

在确定铸件壁厚时，设计的铸件壁厚不能小于铸件的最小壁厚，并尽可能保持均匀。铸件壁厚大，虽有利于液态合金充型，但随壁厚增加，铸件晶粒粗大，且易出现缩松、缩孔等缺陷。铸件壁厚小，有利于获得细小晶粒，但不利于液态合金充型，容易产生冷隔和浇不到等缺陷。

铸件的最小壁厚，指在某种工艺条件下，铸造合金能充满型腔的最小厚度。由于不同铸造合金的流动性各不相同，所以在相同铸造条件下，所能浇注出的铸件最小壁厚也不同。若所设计的铸件壁厚小于该最小壁厚，则铸件易产生浇不足和冷隔等缺陷。铸件的最小壁厚主要取决于合金的种类和铸件大小，具体数值可参考有关手册。

(二) 铸件壁间的连接应合理，防止应力集中

(1) 铸件壁的转弯处应为圆角以减少热节和应力集中。直角连接处，受力时会使内侧应力增大，造成应力集中而产生裂纹；因形成热节容易出现缩孔或缩松，也易产生裂纹。

(2) 不同壁厚之间要逐步过渡。当铸件壁厚难以均匀一致时，为减少应力集中，防止不同壁厚连接处产生裂纹，应采用逐步过渡的连接形式，避免壁厚突变。

(3) 壁间连接应避免交叉和锐角。如图 9-24(a)、(b) 所示的十字形交叉连接与锐角连接，容易形成热节和应力集中，在铸件连接处产生缩孔、缩松和裂纹等缺陷。应改成如图 9-24(c)、(d)、(e) 所示的交错连接、环状连接、垂直或钝角连接，则可有效避免上述缺陷。

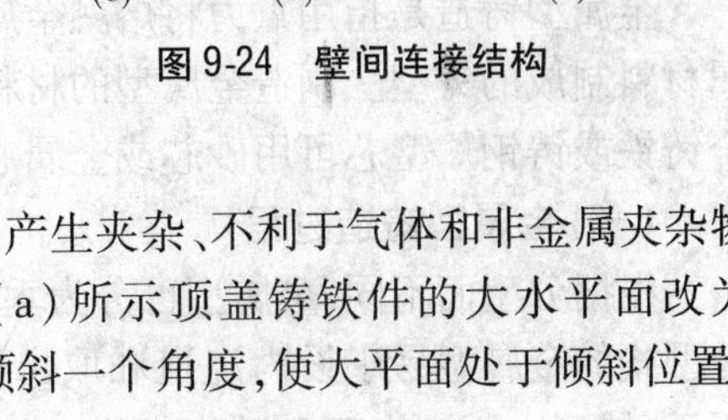

图 9-24　壁间连接结构

(三) 应避免铸件上的过大水平面

过大的水平面（按浇注位置）不利于金属液的充填，易产生浇不到、冷隔等缺陷，同时还有易产生夹杂、不利于气体和非金属夹杂物排出等缺点，应尽可能避免。例如，应将图 9-25(a) 所示顶盖铸铁件的大水平面改为图 9-25(b) 的大斜面。当然也可在浇注时将铸型倾斜一个角度，使大平面处于倾斜位置，但这会给铸造工艺过程带来不便。

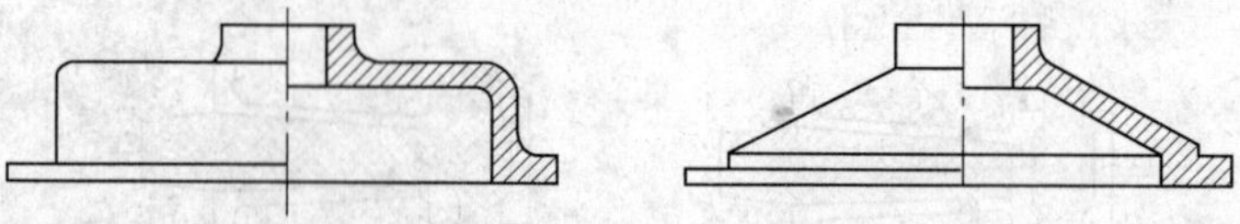

(a)　　　　　　　　(b)

图 9-25　铸件大平面的倾斜设计

(四)铸件结构应能自由收缩

铸件收缩受阻将产生很大的应力,设计时尽量使构件自由收缩。如轮形铸件(带轮、齿轮、飞轮等)的轮毂、轮缘与轮辐连接,轮辐形式不同,收缩受阻程度不同,产生裂纹的倾向也不同。为防止轮形铸件产生裂纹,应尽可能采用能减缓收缩受阻的轮辐形式。如图 9-26(a)为偶数对称直轮辐,当合金的收缩较大,而轮毂、轮缘与轮辐的厚度差较大时,就会在连接处产生裂纹。如果采用图 9-26(b)的奇数轮辐,每根轮辐的相对部位为轮缘,则收缩应力可通过轮缘的微量变形来缓解。如果采用图 9-26(c)的弯曲轮辐,则收缩应力可通过轮辐的微量变形来缓解。

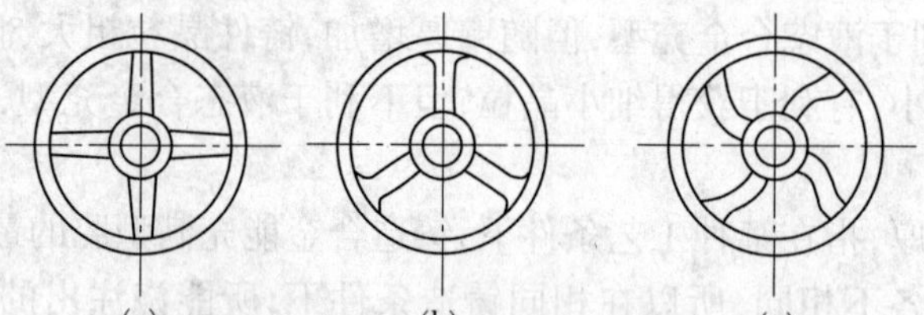

(a)　　　　(b)　　　　(c)

图 9-26　轮辐的连接形式

第四节　特种铸造简介

砂型铸造应用最为普遍,具有适应性广、生产设备简单等优点,但砂型铸件的尺寸精度低、表面粗糙。其中手工造型生产效率低、生产环境差、工人劳动强度大;而机器造型及造型生产线投资巨大;对薄壁非铁金属铸件、大尺寸精密铸件、管状铸件和高温合金等特殊零件,往往难以用砂型铸造方法来生产。为制造这类零件,出现了用砂较少或不用砂、采用特殊工艺装备的铸造方法,如熔模铸造、金属型铸造、压力铸造、低压铸造、离心铸造、实型铸造、挤压铸造等,这些铸造方法统称为特种铸造。各种特种铸造方法均有其突出的特点和一定的局限性,对铸件结构也有各自的特殊要求。本节介绍常见的特种铸造方法。

一、金属型铸造

金属型铸造是指用重力将熔融金属浇注入金属型获得铸件的方法。金属型是指用金属材料制成的铸型。制造金属型的材料熔点应高于浇注合金的熔点,常用的是灰铸铁、合金铸铁或铸钢。型芯可用砂芯或金属芯。

(一)金属型铸造过程

根据分型面不同,金属型可分为垂直分型式、水平分型式、复合分型式等。其中,垂直分型式的金属型易于设内浇道和取出铸件,且易于实现机械化,故应用较多。如图 9-27 所示,铸型由固定半型和活动半型两个半型组成。分型面位于垂直位置。浇注时两个半型合紧,凝固后利用简单的机构使两半型分开,取出铸件。

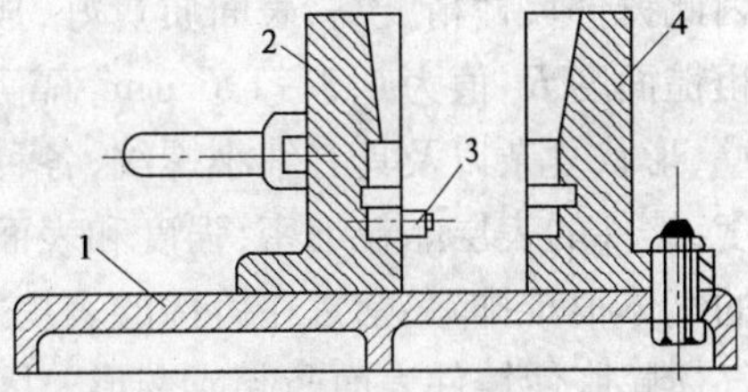

1—底座;2—活动半型;3—定位销;4—固定半型

图 9-27 垂直分型式金属型

(二)金属型铸造的特点及应用

金属型铸造实现了"一型多铸",克服了砂型铸造"一型一铸"造型工作量大、占地面积大、生产率低等缺点。金属型灰铸铁件的精度可以达到 CT9 ~ CT7 级,而砂型手工造型只能达到 CT13 ~ CT11 级。金属型导热快,过冷度大,结晶后铸件组织细密,力学性能比砂型铸造提高 10% ~20%。但熔融金属在金属型中的流动性差,容易产生浇不到、冷隔等缺陷。灰铸铁件还容易产生白口组织。

金属型铸造特殊的工艺特点还表现在以下几个方面:金属型的设计、制造和使用维护的要求高,例如型腔上部应设置排气孔、分型面上设置通气槽以避免因金属型不透气而导致铸件气孔等缺陷;为防止金属液冷却过快而产生的缺陷,浇注前要预热铸型;为延长铸型的使用寿命,用耐火涂料刷涂型壁;因金属型没有退让性,浇注后铸件在铸型中停留时间不能过长,所以要掌握合理的浇注温度和开型时间。

金属型铸造主要用于大批量生产非铁金属件,如铝合金活塞、气缸体、铜合金轴瓦等。一般不用于铸造形状复杂的铸件。

二、压力铸造

压力铸造是指将熔融金属在高压下高速充型,并在压力下凝固的铸造方法。高压和高速充型是压力铸造的重要特征。

(一)压力铸造过程

压铸机是压力铸造的基本设备,它所用的铸型称为压型。压铸机一般分为热压室压铸机和冷压室压铸机两大类。冷压室压铸机按其压室结构和布置方式分为卧式压铸机和立式压铸机两种,目前应用最多的是冷压室卧式压铸机。压力铸造使用的压铸型由定型、动型及金属芯组成。压力铸造过程是在压铸机上完成的,如图 9-28 所示,包括合型浇注、压射、开型顶出铸件等。

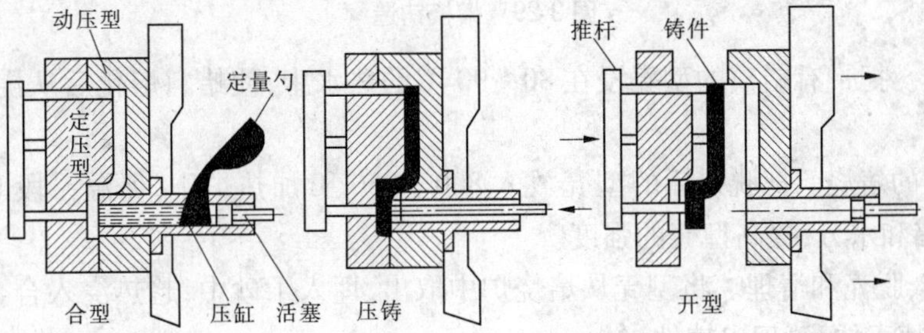

图 9-28 压力铸造

(二)压力铸造特点及应用

压力铸造在金属型铸造的基础上,铸型制造更加精密,加上在压力下快速充型、凝固,因此铸件尺寸精度高,表面质量好,压铸铜合金铸件的尺寸公差达到 CT8 ~ CT6 级,表面粗糙面度 R_a 值为 6.3 ~ 1.6 μm。高压高速下充型,极大地提高了充型能力,可以压铸薄壁、形状复杂以及具有细小螺纹,各种孔、齿形的铸件。由于在压力下凝固和高的冷却速度,铸件的表层晶粒细密,强度和表面硬度较高。但由于金属液的充型速度高,压铸型内的气体很难排除,常常在铸件的表皮之下形成许多皮下小孔。这些小气孔在加热时会因气体膨胀使铸件表面凸起或变形。因此,压铸件不能进行热处理。

压力铸造主要应用于铝、镁、锌、铜等非铁金属。目前,压铸已在汽车、拖拉机、仪表、兵器行业得到广泛应用。

三、熔模铸造

熔模铸造指用易熔材料(如石蜡)制成模样,在模样上包覆若干层耐火材料制成型壳,模样熔化流出后,将脱蜡后的型壳高温焙烧提高型壳强度,得到铸型的造型方法。这种方法也称失蜡铸造。它是发展较快的一种精密铸造方法。

(一)熔模铸造过程

(1)制造蜡模。蜡模材料常用 50% 石蜡和 50% 硬脂酸配制而成。首先将 45 ~ 48 ℃的糊状蜡料压入用钢或铝合金等材料制造的模具(压型)中,冷凝后取出即为蜡模,如图 9-29(a)所示,一般常把数个蜡模熔焊在蜡棒上,成为蜡模组,如图 9-29(b)所示。

(2)制造型壳。在蜡模组表面浸挂一层以水玻璃和石英粉配制的涂料,然后在上面撒一层较细的硅砂,并放入氯化铵水溶液中硬化。经重复多次,蜡模组外表面形成 5 ~ 10 mm 厚的耐火坚硬型壳,如图 9-29(c)所示。

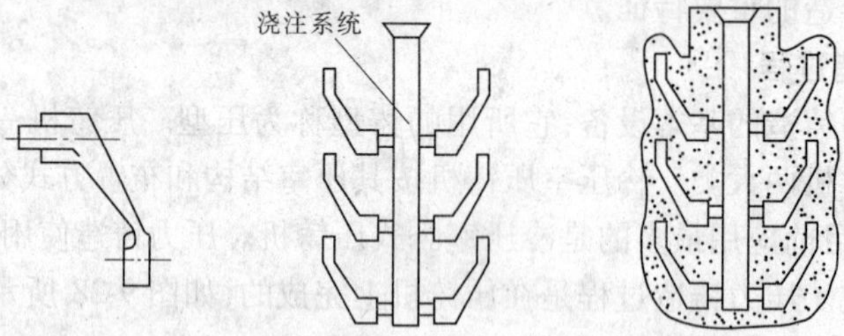

图 9-29　熔模铸造

(3)脱蜡。把带有蜡模的型壳浸在 80 ~ 90 ℃的热水中,使蜡料熔化后从浇注系统中流出。

(4)型壳的焙烧。把脱蜡后的型壳放入 800 ~ 950 ℃加热炉中,保温一段时间,烧去型壳内的残蜡和水分,提高型壳的强度。

(5)浇注、脱壳和清理。将型壳从焙烧炉中取出,埋入干砂中,趁热浇入合金液,凝固冷却,然后去掉壳体,清理出铸件。

(二)熔模铸造的特点及应用

熔模铸造使用的压型要经过精细加工。压铸的蜡模要经过逐个修整。使用壳型铸造无起模、分型和合型等操作。因此,熔模铸造的铸钢件,尺寸公差等级可达 CT7 ~ CT5,而砂型手工造型只能达到 CT13 ~ CT11。

熔模铸造的壳型是由耐高温的石英粉等耐火材料制成的。因此,各种合金材料都可以使用这种方法生产铸件。其缺点是材料昂贵、工序多、生产周期长,不宜生产大件等。

熔模铸造广泛应用于电器仪表、刀具、航空等制造行业。例如,汽车、拖拉机上的小型零件等可用熔模铸造。

四、离心铸造

离心铸造是指将熔融金属浇入旋转的铸型,在离心力作用下凝固成型的铸造方法。其铸件轴线与旋转铸型轴线重合。这类铸件多是简单的圆筒形,铸造时不用芯就可形成圆筒内孔。

(一)离心铸造过程

离心铸造必须在离心铸机上进行。根据铸型旋转轴空间位置不同,可分为立式和卧式两大类。铸型绕垂直轴线旋转时,浇注入铸型中的熔融金属自由表面呈抛物线形状,定向凝固成中空铸件;铸型绕水平轴线旋转时,浇注入铸型中的熔融金属自由表面呈圆柱形,无论在长度或圆周方向均可获得均匀的壁厚,定向凝固成中空铸件。生产过程如图 9-30所示。

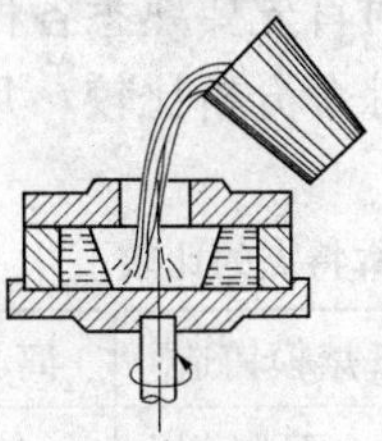

(a)绕垂直轴旋转

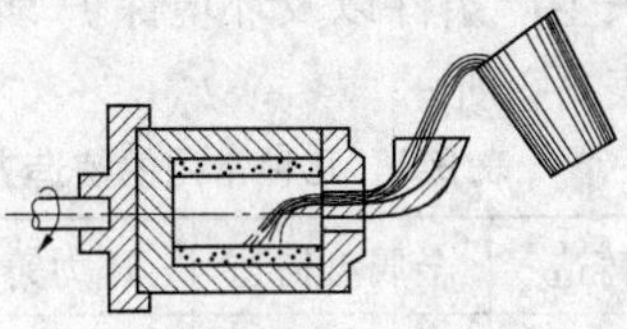

(b)绕水平轴旋转

图 9-30　离心铸造

(二)离心铸造的特点及应用

离心铸造在离心力的作用下充型并结晶,铸件内部组织致密,不易产生缩孔、气孔和夹杂物等缺陷。但铸件内表面尺寸不准确,质量也较差。

离心铸造主要用于铸造钢、铸铁、非铁金属等材料的各种管状铸件。

五、低压铸造

低压铸造是用较低压力(一般为 0.02 ~ 0.06 MPa)将金属液由铸型底部注入型腔,并在压力下凝固,以获得铸件的方法。与压力铸造相比,所用压力较低,故称为低压铸造。

(一)低压铸造过程

如图 9-31 所示,在密封的坩埚 3 中通入干燥的压缩空气,金属液 2 在气体压力的作用下沿升液管 4 上升,通过浇口 5 平稳地进入型腔 8 中,并保持坩埚内液面上的气体压力,一直到铸件完全凝固为止。然后解除液面上的气体压力,使升液管中未凝固的金属液流回坩埚中,再由气缸 12 开型,将铸件推出。

可见金属液在压力推动下进入型腔,并在外力作用下结晶,进行补缩,其充型过程既与重力铸造有区别，也与高压高速充型的压力铸造有区别。

（二）低压铸造的特点和应用

底注充型，平稳且易于控制，减少了金属液注入型腔时的冲击、飞溅现象，铸件的气孔、夹渣等缺陷较少；金属液的上升速度和结晶压力可调整，适用于各种铸型（如砂型、金属型等）、各种合金铸件。

低压铸造铸件的组织致密，力学性能高，可以铸出靠重力充型难以成型的铸件，尤其是薄壁耐压的铸件，如铝合金气缸盖等。目前主要用来生产要求高的铝、镁、合金铸件。由于省了补缩冒口，使金属利用率提高到90% ~98%；与重力铸造相比，铸件的组织致密、轮廓清晰，力学性能高。此外，劳动条件有所改善，易于实现机械化和自动化。

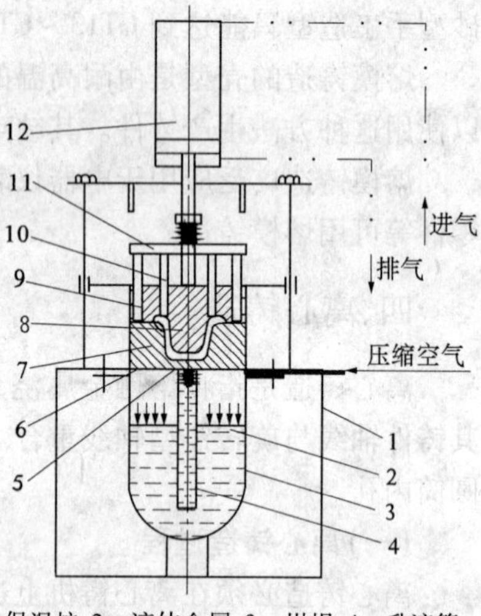

1—保温炉；2—液体金属；3—坩埚；4—升液管；5—浇口；6—密封盖；7—下型；8—型腔；9—上型；10—顶杆；11—顶杆板；12—气缸

图9-31　低压铸造

六、各种铸造方法的比较

各种铸造方法都分别适用于一定的范围。选择时首先要熟悉各种方法的基本特点，其次要从技术、经济、生产条件以及环境保护等方面综合分析比较。几种常用的铸造方法基本特点的比较如表9-2所示。

表9-2　几种常用的铸造方法基本特点的比较

项目	砂型铸造	金属型铸造	压力铸造	熔模铸造	离心铸造	低压铸造
适用合金	各种合金	非铁合金为主	非铁合金	不限，以铸钢为主	铸铁、铸钢、铜合金	非铁合金为主
适用铸件大小	不受限制	中小铸件	中小铸件，几克至几十千克	几十克至几十千克	几千克至十多吨	中小件至数百千克
铸件最小壁厚(mm)	铸铁 >3 ~4	铸铁 >5 铸铝 >3	铝合金0.5 铜合金2	0.5 ~0.7 孔 ϕ 0.5 ~2	优于同类铸型的常压铸造	2
铸件加工余量	大	小	小或不加工	小或不加工	外表面小，内表面大	较小
表面粗糙度 R_a(μm)	50 ~12.5	12.5 ~6.3	6.3 ~1.6	12.5 ~1.6	决定于铸型材料	12.5 ~3.2
铸件尺寸公差(mm)	100 ±1.0	100 ±0.4	100 ±0.3	100 ±0.3	决定于铸型材料	100 ±0.4
毛坯利用率(%)	70	70	95	90	70 ~90	80
投产的最小批量	单件	700 ~1 000	1 000	1 000	100 ~1 000	1 000
生产率	低中	中高	最高	低中	中高	中

（一）适用的合金种类

各种铸造方法适用的合金种类主要取决于铸型的耐热状况。

砂型铸造所用硅砂耐火度达 1 700 ℃，比碳钢的浇注温度还高 100～200 ℃，因此砂型铸造可用于铸钢、铸铁、非铁金属等各种材料。

金属型铸造、压力铸造和低压铸造一般都使用金属铸型和型芯，即使表面刷涂耐火涂料，铸型寿命也不高，因此一般只用于非铁金属铸件。

熔模铸造的型壳由耐火度更高的纯石英粉和硅砂制成，因此它还可用于生产熔点更高的合金钢铸件。

（二）适用的铸件大小

各种铸造方法适用的铸件大小主要与铸型尺寸有关。

砂型铸造限制较小，可铸造小、中、大件。

金属型铸造、压力铸造和低压铸造，由于制造大型金属铸型和金属型芯较困难及设备吨位的限制，一般用来生产中、小型铸件。

熔模铸造由于难以用蜡料做出较大模样以及型壳强度和刚度所限，一般只宜于生产小件。

（三）铸件尺寸精度和表面粗糙度

各种铸造方法所能达到的铸件尺寸精度和表面粗糙度主要与铸型的精度与表面粗糙度有关。

砂型铸件的尺寸精度最差，表面粗糙度值最大。

熔模铸造因压型加工很精确、光洁，故蜡模也很精确、光洁，而且型壳是个无分型面的铸型，所以熔模铸件的尺寸精度很高，表面粗糙度值很小。

压力铸造由于压铸型加工准确，且在高压、高速下成型，故压铸件的尺寸精度也很高，表面粗糙度值很小。

金属型铸造和低压铸造的金属铸型（型芯）不如压铸型精确、光洁，且是在重力或低压下成型，铸件的尺寸精度和表面粗糙度不如压铸件，但优于砂型铸件。

（四）铸件的形状复杂程度

凡是采用砂型和砂芯生产铸件的铸造方法，可以做出形状很复杂的铸件。

熔模铸造采用蜡模组合，且无分型面，可铸出形状很复杂的铸件。压力铸造采用结构复杂的压铸型也能生产出复杂形状的铸件，但这只有在大量生产时才是经济的。离心铸造较适用于管、套等这一类特定形状的铸件。

近年来，电子计算机在铸造生产中得到广泛的应用。利用计算机可对各种铸造过程进行数值模拟，如凝固过程的温度场数值模拟，金属液固相转变过程中的热应力场数值模拟以及固相转变后组织形态力学性能数值模拟等，通过这些单一和复合过程的数值模拟，可在铸件生产之前对其铸造工艺方案及其凝固过程进行计算机试浇和质量预计，利用各种数据判断各种铸造缺陷（如缩孔、缩松、气孔、夹渣、裂纹等）能否产生及其产生的部位，从而调整工艺方案。这对新产品试制可减少大量的人力、物力和时间，特别是对大型铸件的单件生产确保一次成功，带来可观的经济效益。

同时，先进的造型、制芯、落砂、清理工艺和设备发展较快。铸造成型工艺方面，可按产品对象，大致分为以下三种类型：

（1）大批量生产的中小型铸件，推广预紧实的高压、静压、射压或气冲造型高效流水线湿型砂造型，减少、淘汰震压式造型；推广树脂砂高效制芯（热、温和冷芯盒，壳芯等），减少油砂或黏土砂制芯的比例。湿型铸造中推广煤粉代用材料。

（2）单件、小批量生产的中、大型铸件，继续推广各种类型的树脂自硬砂（呋喃、Pepset法、碱性酚醛树脂砂等），在中、大型铸钢件生产中，也可推广采用酯硬化水玻璃砂，代替和淘汰黏土砂干型。

（3）特定铸件应推广各种特种铸造，如离心铸管、轻合金压铸、低压铸造、硅溶胶熔模铸造或硅溶胶—水玻璃复合制壳工艺、型材连铸、铁型覆砂、消失模铸造等。

思考与练习

9-1 何谓金属的流动性？影响流动性的因素主要有哪些？

9-2 金属收缩分为哪三个阶段？简述影响收缩的主要因素。

9-3 为什么灰铸铁收缩比碳钢小？

9-4 说明铸件产生缩孔、缩松的影响因素及防止方法。

9-5 简述浇注位置的确定原则。

9-6 简述分型面的确定原则。

9-7 铸造工艺参数主要包括哪些内容？

9-8 芯头的作用是什么？

9-9 为什么手工造型仍是目前主要造型方法？机器造型有哪些优越性？适用条件是什么？

9-10 何谓熔模铸造？简述其工艺过程及应用范围。

9-11 何谓金属型铸造？简述其工艺特点和应用范围。

9-12 简述压力铸造、低压铸造和离心铸造的工艺特点及其应用范围。

第十章 锻 压

学习指导

锻压是利用金属材料塑性变形的特点，对坯料施加外力，使之获得具有一定形状、尺寸和性能要求的零件、毛坯或原材料的加工方法。本章主要介绍金属的锻造性能，自由锻、胎模锻、模锻的特点及工序，板料冲压成型的基本工序及冲压件的结构工艺性等。对锻压新工艺仅作简单介绍。本章重点是金属的锻造性能、自由锻和模锻的各种成型方法和特点、冲压成型的基本过程和特点。

第一节 概 述

一、锻压的基本生产方式

锻压包括锻造和冲压，属于金属压力加工生产的一部分。常见锻压加工基本的生产方式如图 10-1 所示。

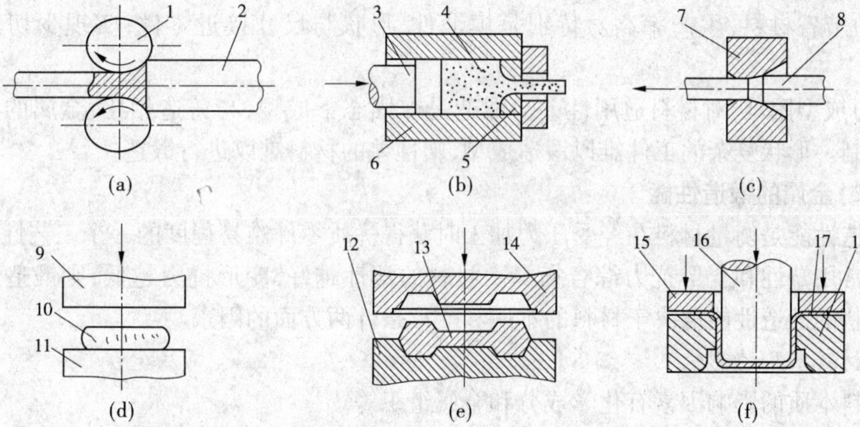

1—轧辊；2、4、8、10、13、17—坯料；3、16—凸模；5—挤压模；6—挤压筒；
7—拉拔模；9—上砧铁；11—下砧铁；12—下模；14—上模；15—压板；18—凹模

图 10-1 锻压加工基本生产方式示意图

(1)轧制。金属坯料在压力作用下，通过两个回转轧辊空隙，产生连续塑性变形，使坯料截面减小、长度增加的加工方法称为轧制，如图 10-1(a)所示。轧制所用坯料主要是金属锭，通过轧制可以生产出不同截面的型材、管材和板材等。

(2)挤压。将金属坯料置于挤压筒中加压，使其从挤压模的模孔中挤出而成型的加工方法称为挤压，如图 10-1(b)所示。挤压可以获得各种复杂截面的型材或零件，主要适用于低碳钢、有色金属及其合金的加工。

(3)拉拔。坯料在牵引力作用下拉过拉拔模的模孔而成型的加工方法称为拉拔,如图 10-1(c)所示。拉拔主要用于生产各种细线材、薄壁异形管及特殊截面型材。低碳钢和大多数有色金属及其合金都可以拉拔。

(4)自由锻。将金属坯料放置在锻造设备的上、下砧铁之间,受冲击力或压力作用而成型的加工方法称为自由锻,如图 10-1(d)所示。凡承受复杂应力、工作环境恶劣的重要零件,通常都采用锻造毛坯经切削加工制成,如重要齿轮、主轴等。

(5)模锻。利用一定形状的锻模模膛使金属坯料在冲击力或压力作用下产生塑性变形而成型的加工方法称为模锻,如图 10-1(e)所示。

(6)板料冲压。板料冲压是通过模具对金属板料施加外力,使之产生塑性变形或分离,从而获得一定尺寸、形状制件的加工方法,如图 10-1(f)所示。冲压通常在常温下进行,故又称为冷冲压。

二、金属的锻造性能与锻造比

(一)锻造的特点

锻造成型方法与其他成型方法相比具有如下特点:

(1)锻件的组织性能好。坯料通过锻造可消除疏松组织,提高致密度,能使晶格细化,能形成合理的锻造流线,提高力学性能。因此,大多数受力复杂承载大的重要零件,如齿轮、曲轴等常采用锻件毛坯。

(2)节省材料,生产率高。特别是模锻件,形状与尺寸接近零件,实现少切削和无切削。

(3)成型困难,对材料适用性差。锻造是在固态下成型,与铸造相比,金属的流动性受到限制。形状复杂的工件难以锻造成型,塑性差的材料难以进行锻造。

(二)金属的锻造性能

锻造性能是衡量材料在经受压力加工时获得优质零件难易程度的一个工艺性能。锻造性能常用塑性和变形抗力综合衡量。材料的塑性越好,变形抗力越低,则锻造性能越好。材料的锻造性能取决于材料的本质和变形条件两方面的因素。

1. 材料本质的影响

材料本质的影响因素有化学成分和金属组织等。

(1)化学成分。一般情况下,纯金属的锻造性能优于合金,且钢中合金元素含量越多,锻造性能越差。

(2)金属组织。同样的化学成分,固溶体组织的锻造性能优于机械混合物,细晶组织的锻造性能优于粗晶组织,热成型组织的锻造性能优于冷成型组织和铸态组织。

2. 变形条件的影响

变形条件方面的影响因素有变形温度、变形速度和应力状态等。

(1)变形温度。一般随着变形温度的提高,金属的锻造性能提高。

(2)变形速度。变形速度即单位时间内的变形程度。它对塑性及变形抗力的影响是矛盾的。一方面由于变形速度的增大,回复和再结晶不能克服加工硬化现象,使金属表现出塑性下降,变形抗力增加(见图 10-2),锻造性能变差;另一方面,金属在变形过程中,消耗于塑性变形的能量一部分转化为热能,使金属的温度升高,产生热效应。变形速度越大,热效应就越明显,使金属塑性上升,变形抗力下降,锻造性能变好(图 10-2 中 a 点以左)。但除高速锻锤外,在一般锻压加工中变形速度并不很快,因而热效应现象对锻造性的影响并不明显。

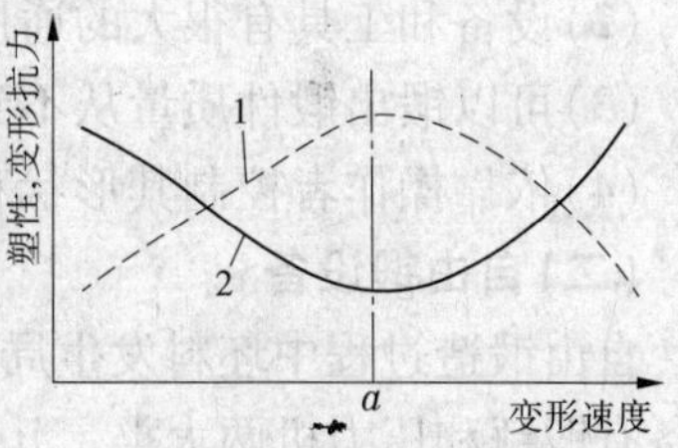

1—变形抗力曲线;2—塑性变化曲线

图 10-2　变形速度对金属锻造性能的影响

(3)应力状态。不同的压力加工方法在材料内部所产生的应力大小和性质(拉或压)是不同的,因而表现出不同的锻造性。例如:金属在挤压时呈三向压应力状态,表现出较高的塑性和较大的变形抗力;而金属在拉拔时呈两向压应力状态和一向拉应力状态,表现出较低的塑性和较小的变形抗力。

(三)锻造比

锻造比是锻造时金属变形程度的一种表示方法。通常用变形前后的截面比、长度比或高度比 Y 来表示,即拔长时的锻造比为

$$Y_b = A_0/A = L/L_0$$

镦粗时的锻造比为

$$Y_d = A/A_0 = H_0/H$$

式中　A_0、L_0、H_0——坯料变形前的横截面积、长度和高度;

A、L、H——坯料变形后的横截面积、长度和高度。

以钢锭为坯料,镦粗锻造比一般取 $Y_d = 2 \sim 2.5$;拔长锻造比一般取 $Y_b = 2.5 \sim 3$。以型材为坯料时,锻造比可取 $Y_d = 1.1 \sim 1.5$。锻造高合金钢或特殊性能钢时,为使碳化物弥散和细化,可采用较大的锻造比,如高速钢可取 $Y_d = 5 \sim 10$。

除以上所述因素外,还有加工方法对材料内部所产生应力的大小和性质、坯料尺寸及表面质量等因素的影响。总之,金属的锻造性能不仅取决于金属的内在因素(如化学成分、金属组织等),还取决于变形条件(如变形温度、变形速度等)。在锻压生产中应力求创造有利的变形条件,降低功耗,达到最佳的塑性成型效果。

第二节　锻　造

一、自由锻造

将金属坯料放在铁砧上,用冲击力或压力使其自由变形,获得所需形状的成型方法,称为自由锻造。自由锻造时坯料的变形没有模具的限制,锻件的形状和尺寸主要靠锻工的技术来保证。

(一)自由锻造特点

自由锻造的特点如下:

(1)主要应用于单件、小批生产;

(2)设备和工具有很大的通用性,且工具简单;

(3)可以锻出锻件质量从不到 1 kg 到 300 000 kg 的锻件;

(4)依靠操作者控制其形状和尺寸,锻件精度低,表面质量差,金属消耗较多。

(二)自由锻设备

自由锻造过程中坯料发生局部变形,所以需要的设备吨位比模锻低。常用的自由锻设备有锻锤和压力机两大类。几十公斤的小锻件采用空气锤,两吨以下的中小型件采用蒸汽—空气锤,大钢锭和大锻件则在水压机上锻造。

(1)空气锤。利用电动机直接驱动,其结构小,打击速度快,有利于小件一火锻成。空气锤的吨位是以落下部分的重量来表示的,最小为 65 kg,最大可达 1 000 kg。

(2)蒸汽—空气自由锻锤。大都以 600 ~ 900 kPa 的蒸汽或压缩空气为动力。

(3)水压机。水压机是用水泵产生的高压水为动力进行工作的。水压机加工具有工作行程大、变形速度低、工件变形均匀、无振动等优点。水压机的缺点是结构较大,供水和操作系统等附属设备较复杂。

(三)自由锻工序

根据作用与变形要求不同,自由锻的工序分为基本工序、辅助工序和精整工序三类。

(1)基本工序。基本工序是改变坯料的形状和尺寸以达到锻件基本成型的工序,包括镦粗、拔长、弯曲、冲孔、切割、错移等,见图 10-3。其中最常用的是镦粗、拔长和冲孔。

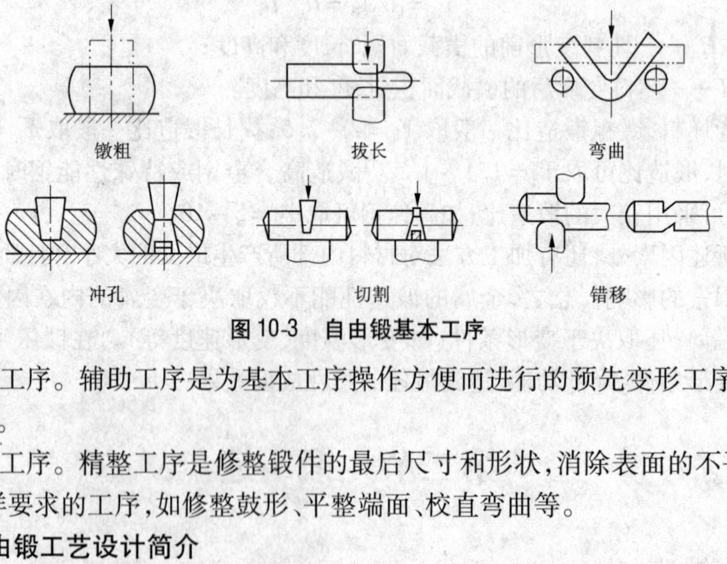

图 10-3 自由锻基本工序

(2)辅助工序。辅助工序是为基本工序操作方便而进行的预先变形工序,如压钳口、倒棱、切肩等。

(3)精整工序。精整工序是修整锻件的最后尺寸和形状,消除表面的不平和歪扭,使锻件达到图样要求的工序,如修整鼓形、平整端面、校直弯曲等。

(四)自由锻工艺设计简介

1. 绘制锻件图

锻件图是计算坯料、制订工艺、设计工具和检验锻件质量的依据,它是根据零件图样并考虑余块、加工余量和锻件公差等因素绘制的,绘制时主要考虑工艺余块、余量及锻件公差。典型自由锻锻件图参见图 10-4。为了便于了解零件的尺寸和检查锻件的实际加工余量,在图上用双点画线(或细实线)画出零件的轮廓形状。在尺寸线上面标注锻件的尺寸和公差,下面标注零件的名义尺寸,并加括号。

(1)余块。某些零件的精细结构,如键槽、齿槽、退刀槽以及小孔、不通孔、台阶等,难以用自由锻锻出，为了简化锻件形状，以便于进行锻造，常在锻件的某些地方添加一部分大于加工余量的金属，这部分金属就称为余块（或称为敷料）。余块在切削加工时切除，增加了金属的损失和切削加工量，故不能任意添加。

(2)加工余量。锻件的尺寸精度和表面粗糙度一般不能达到零件图的要求，锻后需进行机械加工，所以锻件表面需留有加工余量。余量的大小取决于零件的形状和尺寸、精度和表面粗糙度的要求，同时还应考虑刀具等生产条件。

(3)锻件公差。锻件公差是锻件名义尺寸的允许变动量。公差的数值可查有关国家标准，通常为加工余量的1/4～1/3。

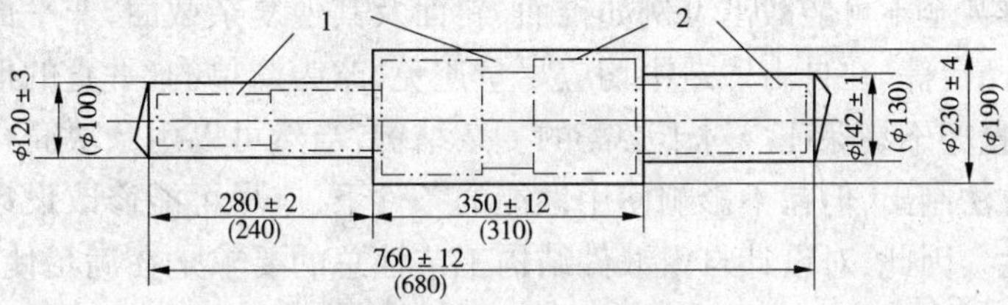

1—余块;2—余量

图10-4　典型锻件图

2. 计算坯料质量和尺寸

1)坯料质量

坯料质量包括锻件质量与锻造过程中的各种损耗之和，可按下式确定：

$$m_{坯} = m_{锻} + m_{烧} + m_{切}$$

式中　$m_{坯}$——坯料的质量；

$m_{锻}$——锻件的质量；

$m_{烧}$——火焰加热时坯料表面氧化烧损质量，第一次取被加热金属质量的2%～3%，以后各次加热取1.5%～2%；

$m_{切}$——包括冲孔时芯料的质量和修切锻件端部料头的质量，冲孔芯料和修切料头的质量与锻件形状的复杂程度有关，用钢材做坯料时，可按被加热金属质量的2%～4%计算，锻造大型锻件采用钢锭做坯料时，切头部分质量还要考虑切掉钢锭头部和尾部的质量。

2)坯料尺寸

确定坯料尺寸时，先根据计算出的坯料质量算出坯料的体积，然后考虑锻造比和采取的变形方式等因素确定坯料截面尺寸，最后再确定坯料的长度尺寸或钢锭的尺寸。确定坯料尺寸时，应考虑到坯料在锻造过程中必需的变形程度，即锻造比的问题。对于以碳素钢锭作为坯料并采用拔长方法锻制的锻件，锻造比一般不小于2.5～3；如果采用轧材做坯料，则锻造比可取1.2～1.5。根据计算所得的坯料质量和截面大小，即可确定坯料长度尺寸或选择适当尺寸的钢锭。

3. 选择锻造工序

确定锻造工序的依据是锻件的形状、尺寸及技术要求等。对于饼块类锻件，基本变形工序是镦粗或局部镦粗；对于轴杆类锻件，基本变形工序是拔长，若需增大锻造比，应先镦粗(或局部镦粗)后再拔长;对于空心类锻件,基本变形工序是镦粗加冲孔(有时还需扩孔);对于曲轴类锻件,基本变形工序是拔长和错移。若用钢锭为坯料,通常需增加切割头部和尾部等工序。

工艺规程的内容还包括选择锻造设备,确定加热火次,确定所用工(夹)具、加热设备,加热及冷却规范,热处理及锻件的后续热处理等。

(五)自由锻件结构工艺性

由于锻件是在固态下成型的,锻件所能达到的复杂程度不如铸件。自由锻使用简单的通用性工具,锻件成型主要依靠工人的操作技术。许多在铸造中很合理的零件结构,在自由锻造中很难甚至不可能锻出。例如锥面、斜面及其他复杂截面,非平面的交接结构,以及加强肋、小凸台等,在自由锻造中均应尽量避免,改为简单的、平直的形状,否则将导致费工费料,质量亦不易保证。对于必需的复杂结构,当然可以用余块简化锻件外形,最后用切割加工方法制出,但在不影响使用性能的条件下,应尽可能修改设计,使之适应自由锻造的工艺性。因此,对设计自由锻件结构工艺性总的要求是在满足使用要求的前提下,零件形状应尽量简单和规则。

二、胎模锻

在自由锻设备上,使用可移动胎模具生产锻件的锻造方法称为胎模锻。胎模不固定在自由锻锤的砧块上,需要时才放上去。锻造时,将加热后的坯料放入胎模锻制成型。一般操作是先将坯料经过自由锻预锻成近似锻件的形状,然后用胎模终锻成型。

(一)胎模锻特点

胎模锻的特点如下:

(1)扩大了自由锻设备的应用范围,生产成本降低;

(2)锻件表面质量、形状和尺寸精度都高于自由锻造;

(3)金属在胎模内成型,锻件余块少且加工余量小,节省金属;

(4)胎模锻工艺操作灵活,可以局部成型;

(5)胎模结构简单,容易制造且造价低。

(二)胎模种类

胎模种类有以下四种:

(1)摔模。一般用于锻造回转体锻件。其中普通摔模用于修整光圆轴类锻件,成型摔模用于台阶轴类锻件的成型锻造,如图10-5(a)所示。

(2)扣模。用于具有平直侧面的非回转锻件的成型。锻造时锻件不翻转,扣型后翻模90°,在锤砧上平整侧面。它具有敞开的模膛,锻件不产生飞边,如图10-5(b)所示。

(3)套筒模。主要用于生产以镦粗为主要成型方式的锻件,其结构可分为开式和闭式两种类型,如图10-5(c)、(d)所示。

(4)合模。用来锻造形状比较复杂的锻件。合模由上、下模及导向凸凹台组成,如图10-5(e)所示。在锻造过程中,多余金属流入飞边槽形成飞边。合模是一种通用性较广的胎模,适用于各种锻件的终锻成型,特别是非回转体类锻件,如连杆、叉形锻件等。

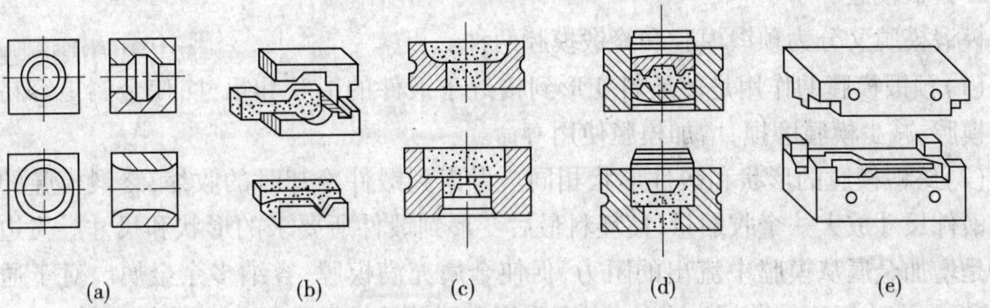

图 10-5　胎模种类

三、模锻

模锻是使金属坯料在锻模模膛内一次或多次承受冲击力或压力的作用，而被迫流动成型的方法。由于模膛对金属坯料流动的限制，最终得到与模膛形状相符的锻件。

(一) 模锻主要特点

模锻的主要特点如下：

(1) 金属变形是在模膛内进行的，锻件成型快，生产率高；

(2) 模锻件尺寸相对精确，加工余量小；

(3) 可以锻出形状比较复杂的锻件；

(4) 比自由锻节省材料，减小切削加工工作量，降低成本；

(5) 操作简单，易于实现机械化和自动化生产。

模锻的不足之处在于，坯料整体变形，变形抗力较大，而且锻模的制造成本很高，适合中、小型锻件的大批量生产。

(二) 锤上模锻

锤上模锻所使用的设备有蒸汽—空气模锻锤、无砧座锤、高速锤等。其中蒸汽—空气模锻锤应用最广泛。其工作原理与蒸汽—空气自由锻锤基本相同。由于模锻锤工作时受力大，要求设备的刚性好，导向精度高，因此模锻锤的机架与砧座相连接，形成封闭结构。锤头与导轨之间的间隙较小，保证合模准确性。模锻锤吨位为 1 ~ 16 t，锻件质量为 0.5 ~ 150 kg。锤上模锻用的锻模如图 10-6 所示。它由带燕尾的活动上模 2 和固定下模 4 两部分组成，并分别用楔铁 10、7 紧固在锤头 1 和模座 5 上。上、下模合模后，其中部形成完整的模膛 9、分模面 8 和飞边槽 3。

锻模模膛可分为制坯模膛和模锻模膛两大类。

1. 制坯模膛

制坯模膛的主要作用是使坯料形状基本接近模锻件形状，合理分布金属材料，使之更易于充满模膛。一般有以下几种类型：

(1) 拔长模膛，用于减小坯料某部分的横截面积，增加该部分长度；

(2) 滚压模膛，用于减小坯料某部分的横截面积，增大另一部分的横截面积，使金属按模锻件形状分布；

(3) 弯曲模膛，用于弯曲杆类模锻件的坯料。

2. 模锻模膛

模锻模膛又分为预锻模膛和终锻模膛两种。

(1)预锻模膛的作用是使坯料变形到接近于锻件的形状和尺寸,使金属更容易充满终锻模膛,减少模膛磨损,增加模膛使用寿命。

(2)终锻模膛的形状和锻件形状相同。考虑到锻件冷却时的收缩,终锻模膛的尺寸应比锻件尺寸放大一个收缩量,使坯料最后变形到锻件所要求的形状和尺寸。飞边槽的作用是增加金属从模膛中流出的阻力,促使金属充满模膛,容纳多余金属。对于通孔锻件,终锻在孔内留下一薄层冲孔连皮,可采用专用模具将飞边和冲孔连皮切除。

根据模锻件复杂程度不同,锻模又可分为单膛锻模和多膛锻模。单膛锻模是在一副锻模上只具有一个终锻模膛,多膛锻模是在一副锻模上具有两个以上的模膛。如图 10-7 所示,为弯曲连杆模锻件的多膛锻模。

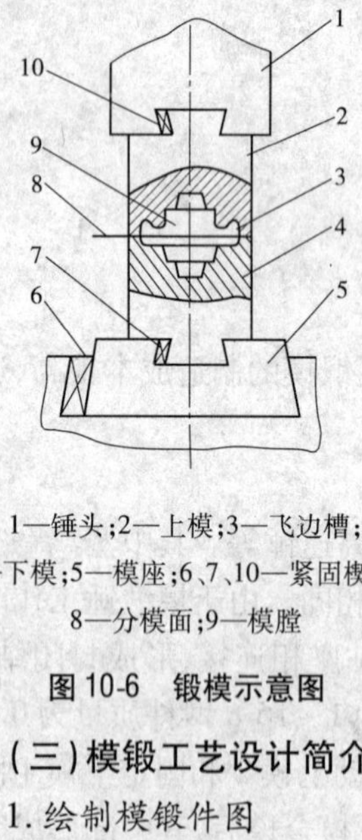

1—锤头;2—上模;3—飞边槽;
4—下模;5—模座;6、7、10—紧固楔铁;
8—分模面;9—模膛

图 10-6　锻模示意图

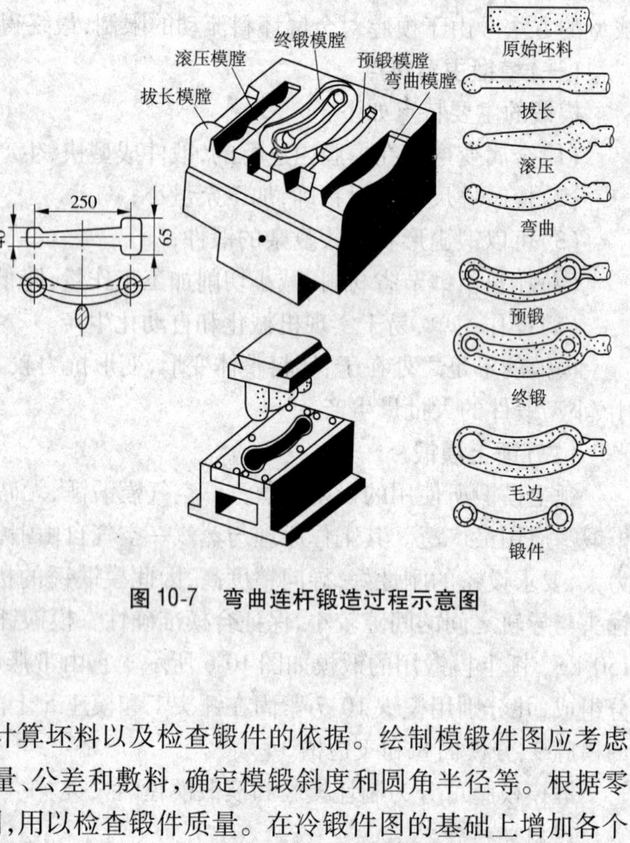

图 10-7　弯曲连杆锻造过程示意图

(三)模锻工艺设计简介

1. 绘制模锻件图

模锻件图是设计和制造锻模、计算坯料以及检查锻件的依据。绘制模锻件图应考虑的问题有合理选择分模面,确定余量、公差和敷料,确定模锻斜度和圆角半径等。根据零件图绘制的模锻件图称为冷锻件图,用以检查锻件质量。在冷锻件图的基础上增加各个尺寸的热膨胀量绘制的模锻件图,称为热锻件图,用以制造锻模的终锻模膛。

1)分模面

分模面即是上下锻模在模锻件上的分界面。锻件分模面的位置选择得合适与否,关系到锻件成型、锻件出模、材料利用率等一系列问题。选择分模面应遵循以下原则:

(1)保证模锻件能从模膛中取出,一般应选在模锻件最大尺寸的截面上。如图 10-8 所示零件,若选 $a—a$ 面为分模面,则无法从模膛中取出锻件。

(2)防止上下模产生错模现象，分模面的位置应保证其上下模膛的轮廓相同。图 10-8 的 c—c 面就不符合此原则。

(3)为有利于金属充满模膛，便于模具加工，节约金属材料，分模面要选在能使模膛深度最浅的位置上，图 10-8 的 b—b 面就不适合。

(4)节约金属材料，减少切削加工的工作量。图 10-8 的 b—b 面做分模面时，零件中间的孔锻造不出来，只能做余块，所以该面不宜选做分模面。

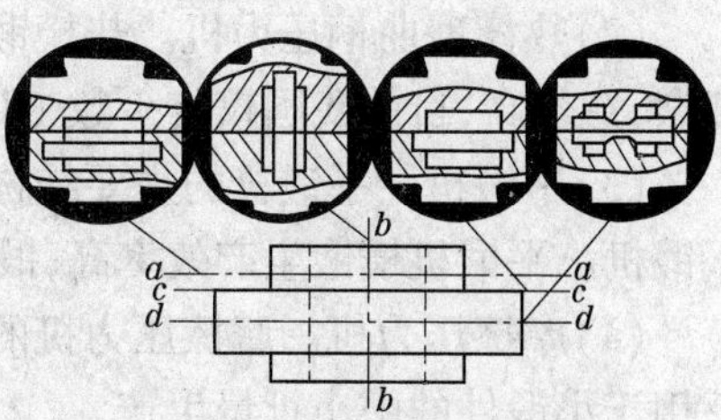

图 10-8　分模面的选择比较

(5)最好使分模面为一个平面，使上下锻模的模膛深度基本一致，差别不宜过大，以便于制造锻模。

综合分析，d—d 面做分模面比较合理。

2)余量和公差

模锻时金属坯料是在锻模中成型的，因此模锻件的尺寸较精确，其公差和余量比自由段件小得多。余量一般为 1～4 mm，公差一般取 0.3～3 mm。对于孔径 $d>25$ mm 的带孔模锻件，孔应锻出，但需留冲孔连皮。冲孔连皮的厚度与孔径 d 有关，当孔径为 30～80 mm 时，冲孔连皮的厚度为 4～8 mm。

3)模锻斜度

模锻件上平行于锤击方向的表面必须具有斜度，如图 10-9 所示，以便从模膛中取出锻件。对于锤上模锻，模锻斜度一般为 5°～15°。模锻斜度与模膛深度和宽度有关。

4)圆角半径

在模锻件上所有两平面的交角处均需做成圆角，如图 10-10 所示。这样可增大锻件强度，使锻造时金属易于充满模膛，避免锻模上的内尖角处产生裂纹，减缓锻模外尖角处的磨损，从而提高锻模使用寿命。钢的模锻件外圆角半径(r)取 1.5～12 mm，内圆角半径(R)比外圆角半径大 2～3 倍。模膛越深，圆角半径取值就越大。

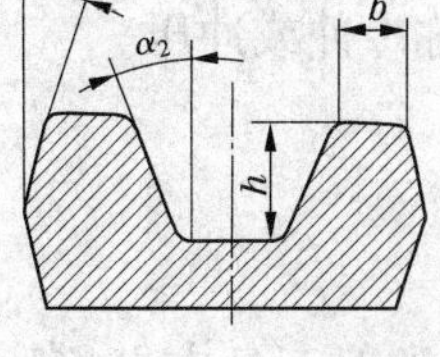

图 10-9　模锻斜度

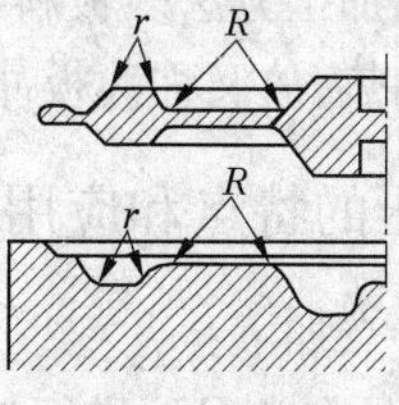

图 10-10　圆角半径

2. 选择模锻设备

模锻设备可参考模锻锤吨位进行选择。

(1)蒸汽—空气模锻锤。模锻锤的吨位一般为 1～16 t。模锻锤工作时噪音和震动大，环境污染严重，不便于机械化操作，但由于其通用性好，能锻造各种不同类型的锻件，因而仍得到广泛应用。

(2)热模锻曲柄压力机。热模锻曲柄压力机的吨位一般为200～12 000 t。由于结构复杂,造价高,目前我国仅有少数工厂组成了以辊锻机曲柄压力机模锻的生产线。

(3)平锻机。平锻机的主要结构与曲柄压力机相同,只因滑块作水平方向运动,故称平锻机。平锻机模锻生产效率高,锻件质量好。

(4)摩擦压力机。摩擦压力机的吨位一般为80～1 000 t,摩擦压力机的适应性好,广泛用于小锻件的中小批量生产。

3.计算坯料尺寸

坯料计算方法与自由锻相同。坯料重量为锻件、飞边、连皮、钳口料头和氧化皮重量的总和,一般飞边是锻件重量的20%～25%,氧化皮是锻件、飞边、连皮等重量总和的2.5%～4%。

(四)模锻件结构工艺性

模锻主要靠锻模模膛使坯料成型,锻件形状可较复杂。但为减少制模成本和简化模锻工艺,仍应尽量采用简单、对称的形状。在考虑模锻件的工艺性时,还应注意以下问题:

(1)应有合理的分模面,以保证锻件既能从模膛中取出,又利于金属充填、减少余块和易于制模。

(2)与分模面垂直的非加工面应有结构斜度,以利于从模膛中取出锻件。非加工面的交接处应采用圆角过渡,以利于金属在模膛中流动充填和防止产生应力集中。

(3)应避免筋的设置过密或高宽比过大,以利于金属充填模膛。

(4)应避免腹板过薄,以减小变形抗力及利于金属填充模膛。

(5)应尽量避免深孔或多孔结构,以利于制模和减少余块。

(6)形状复杂件宜采用锻—焊、锻—螺纹连接等组合结构,以简化模具和减少余块。

第三节　板料冲压

板料冲压是利用装在冲压机床上的冲模对金属板料加压,使之产生变形或分离,从而获得零件或毛坯的加工方法。板料冲压件的坯料通常是厚度在6 mm以下的薄板,而且冲压时一般不需加热,故又称薄板冲压或冷冲压,简称冷冲或冲压。

一、板料冲压的特点和应用

板料冲压的特点如下:

(1)板料冲压是在常温下进行的,要求原材料在常温下具有良好的塑性和较低的变形抗力。所以,板料冲压的原材料主要是含碳量0.1%～0.2%的低碳钢和合金钢,以及塑性良好的铝、铜等有色金属。

(2)由于塑性变形对材料的加工硬化作用和冲压零件的几何形状影响,冲压件具有重量轻、刚度好、结构轻巧等优点。

(3)冲压件的尺寸要求靠高精度的模具保证,在大多数情况下,不再需要切削加工,只要稍作钳工修整即可作为零件使用,而且质量稳定,互换性好。

(4)冲压生产操作简便,易于实现机械化和自动化,具有相当高的生产率。目前,高速冲床每分钟可生产几百个甚至上千个冲压件。

(5)冲压加工不需要对坯料加热,也不像切削加工那样,把大量金属切成碎屑,消耗很多能量,因此它是一种经济的、节能的加工方法。

总之,板料冲压是一种高质量、高效率、低成本的加工方法。冲压产品应用十分广泛,特别是在交通运输工具、机械产品、电机电器、仪器仪表、常规和尖端武器的制造等方面占有重要地位,在日常应用的金属制品中,绝大多数也都是冲压件。但由于冲压模具制造成本高,只有在大批量生产中采用冲压加工才是合理的。

二、冲压模具

冲模是冲压生产中必不可缺的工艺装备,按冲压工序的组合程度不同,可分为简单冲模、连续冲模和复合冲模三种。冲模结构形式是根据冲压件的生产批量、尺寸大小、精度要求、形状复杂程度和生产条件等多方面因素确定的。

(一)简单冲模

在冲床的一次行程中,只完成一个工序的冲模叫做简单冲模。冲裁用简单冲模的结构如图 10-11 所示。图中,凹模 2 用压板 7 固定在下模板 4 上,下模板用螺栓固定在冲床工作台上。凸模 1 用压板 6 固定在上模板 3 上,上模板则通过模柄 5 与冲床的滑块连接随滑块上下运动。凸模向下冲压时,冲下部分落入凹模孔。条料夹住凸模一起回程,碰到固定在凹模上的卸料板 8 时被推下。将条料沿两个导板 9 之间送进,碰到定位销 10 止,重复上述运动,完成连续冲压。为了保证凸模向下运动时能对准凹孔,保持均匀的间隙以及提高零件精度,采用了由导柱 12 和套筒 11 组成的导向机构。

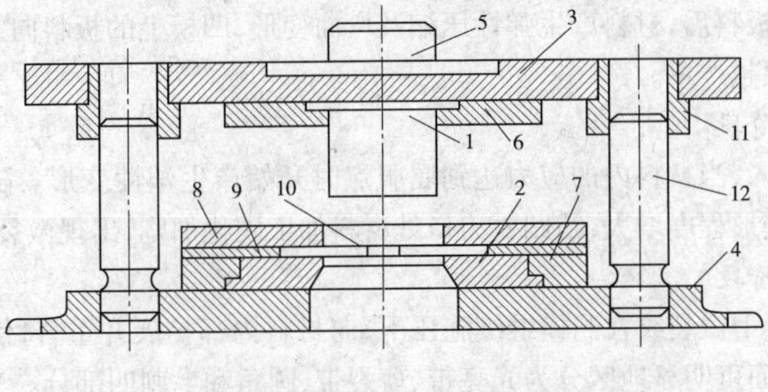

1—凸模;2—凹模;3—上模板;4—下模板;5—模柄;6、7—压板;
8—卸料板;9—导板;10—定位销;11—套筒;12—导柱

图 10-11　简单冲模示意图

(二)连续冲模

连续冲模是把两个或两个以上的简单冲模安装在一个模板上,在冲床的一次冲程内,在模具的不同位置上同时完成两个以上冲压工序。这种模具生产效率高,易于实现机械化与自动化,但要求定位精度高,制造成本也高。

(三)复合冲模

在冲床的一次冲程中,在模具同一部位上完成数道冲压工序的模具叫做复合冲模。这种模具适用于产量大、精度高的冲压件生产。

三、冲压的基本工序

冲压生产可进行的工序有多种,其基本工序有分离工序和变形工序两大类。

(一)分离工序

分离工序是使板料发生剪切破裂的冲压工序,如落料、冲孔、切断、精冲等。其中,落料和冲孔一般统称为冲裁。冲裁是按封闭轮廓使坯料分离的一种冲压方法。冲裁中,落料和冲孔这两个工序的坯料变形过程和模具结构是相同的。区别在于,落料是被分离的部分为成品,周边是废料;冲孔是被分离的部分为废料,而周边是带孔的成品。例如冲制平面垫圈,制取内孔的工序称为冲孔,而制取外形的工序称为落料。冲裁时,板料变形过程可分为三个阶段,如图 10-12 所示。

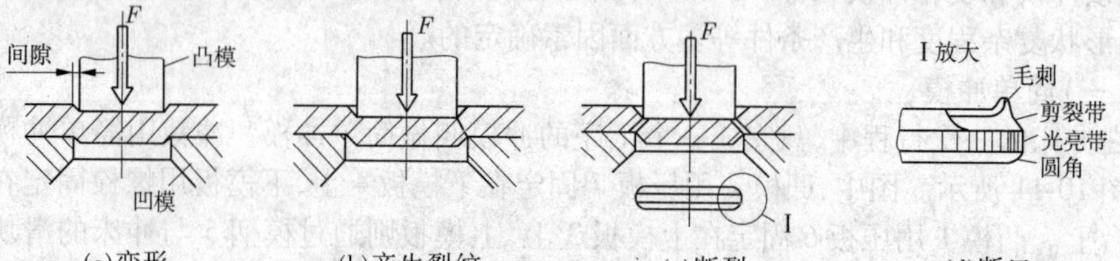

图 10-12 冲裁板料变形过程示意图

1. 弹性变形阶段

在凸模接触板料后,材料产生弹性压缩及弯曲变形,凹模上的板料向上翘,凸、凹模间隙越大,上翘现象越严重。

2. 塑性变形阶段

凸模继续压入,当材料内的应力达到屈服点时开始产生塑性变形。随着凸模压入深度的增加,塑性变形程度增大,凸凹模刃口处材料加工硬化加剧,出现微裂纹。

3. 断裂分离阶段

刃口处的上、下微裂纹在凸模继续施压下,向材料内部扩展并重合,使板材被剪断分离。冲裁后的断面可明显地区分为光亮带、剪裂带、圆角和毛刺四部分。光亮带是在塑性变形开始阶段,刃口挤压切入材料而形成的,切口表面较平整、光滑,质量最好。剪裂带是刃口处的微裂纹不断扩展、断裂而形成的,断口表面粗糙并略带倾斜。圆角是冲裁过程中刃口附近金属纤维被弯曲和拉伸的结果。毛刺是由于凸凹模刃口变钝或间隙不均匀造成的。冲裁件的断口主要由光亮带和剪裂带组成。断口处各部分比例与材料性能、厚度、凸凹模结构及间隙有关。材料塑性好,则光亮带宽,圆角和毛刺也大,剪裂带窄些;材料塑性差,则相反。对于同一种材料,断口质量主要受凸凹模间隙的影响。提高冲裁件的质量就要增大光亮带宽度,缩小圆角和毛刺高度,同时,要减少冲裁件翘曲。

模具间隙对冲裁质量和模具寿命有重大影响。间隙合适时,上、下裂纹自然汇合,光亮带约占板厚的1/3,毛刺不大,大部分是剪裂带,可以满足一般冲裁件的要求。间隙过大,光亮带窄,断口粗糙;间隙过小,刃口会很快磨损钝化,大大缩短模具寿命。在生产中,对于软钢及铝、铜合金，间隙一般等于6% ~10%的板料厚度；对于硬钢，间隙为板料厚度的8% ~12%。

由于同一副冲模所完成的落料件和冲出的孔尺寸不同，故设计冲模时应注意：落料时应使凹模刃口基本尺寸等于工件最小极限尺寸；冲孔时应使凸模刃口基本尺寸等于工件孔的最大极限尺寸。

（二）变形工序

变形工序是使坯料的一部分相对于另一部分产生位移而不破裂的工序，如拉深、弯曲、翻边、胀型、旋压等。

1. 拉深

拉深是利用拉深模将冲裁得到的平面坯料变成开口空心件的冲压工序。拉深可以制成筒形、二阶梯形、盒形、球形及其他复杂形状的薄壁零件。

拉深模与冲裁模不同，拉深凸、凹模都有一定的圆角而不是锋利的刃口，其单边间隙一般稍大于板料厚度。拉深过程如图 10-13 所示。凸模压入过程中，伴随着坯料变形和厚度的变化，拉深件的底部一般不变形，厚度基本不变。其余环形部分坯料经变形成为空心件的侧壁，厚度有所减小。侧壁与底之间的过渡圆角部位被拉薄最严重。拉深件的法兰部分厚度有所增大。拉深件的成型是金属材料产生塑性流动的结果，坯料直径越大，空心件直径越小，变形程度越大。

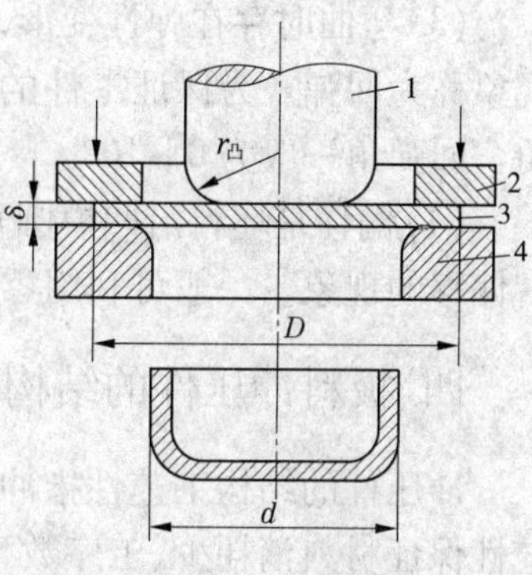

1—凸模；2—压边圈；3—板料；4—凹模

图 10-13　拉深过程

拉深件最容易产生的缺陷是起皱和拉裂。拉裂最危险的部位是侧壁与底的过渡圆角处，当拉应力超过材料的抗拉强度时，此处将被拉裂。起皱是拉深时坯料的法兰部分受到切向压应力作用，使整个法兰产生波浪形的连续弯曲现象。为了防止拉深件缺陷的产生，应采取以下措施：

（1）正确选择拉深系数。拉深系数是衡量拉深变形程度的指标，其值为拉深件直径 d 与坯料直径 D 的比值，用 m 表示，即 $m = d/D$。若拉深系数越小，拉深件直径越小，变形程度越大，越容易产生拉裂废品。拉深系数一般不小于 0.5 ~ 0.8，塑性好的坯料可取下限值。

（2）如果拉深系数过小，不能一次拉深成型时，可采用多次拉深的方法。坯料多次拉深时，必然产生加工硬化，应安排工序间的退火处理加以消除。而且，拉深系数应依次略微增大。

（3）凸凹模圆角半径的确定。钢制拉深件一般取 $r_凹 = 10\delta$（δ 为板厚），$r_凸 = (0.6 \sim 1)\ r_凹$。圆角过小，产品容易拉裂。

（4）凸凹模间隙一般取 $Z = (1.1 \sim 1.2)\delta$。间隙过小容易擦伤工件表面，降低模具寿命。

（5）注意模具的润滑，拉深时要加润滑剂，降低侧壁部分的拉伸应力，减小模具磨损。拉深中的起皱现象，可通过设置压边圈的方法解决。

2. 弯曲

弯曲是将板材、型材或管材在弯矩作用下弯成一定曲率和角度，获得一定形状零件的冲压工序,如图 10-14 所示。弯曲时,坯料内侧受压缩,处于压应力状态;处侧受拉伸,处于拉应力状态。当外侧的拉应力超过材料的抗拉强度时,将产生弯裂现象。坯料越厚、内弯曲半径越小,坯料应力越大,越容易弯裂。

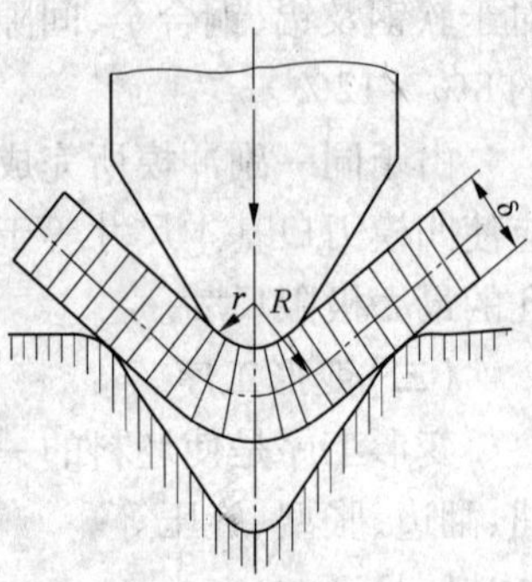

图 10-14 弯曲过程示意图

弯曲后,零件容易产生的质量缺陷有弯裂、回弹和偏移,应采取以下防止措施:

(1)在弯曲过程中,坯料外表面的拉应力值最大。为防止弯裂,弯曲模的弯曲半径要大于限定的最小弯曲半径 r_{min},通常取 $r_{min}=(0.25\sim1)\delta$。

(2)弯曲时,应尽可能使弯曲线与坯料纤维方向垂直。这样不仅能防止弯裂,也有利于提高零件的使用性能。

(3)弯曲时存在弹性变形,外力去除后,由于弹性变形恢复,会使零件弯曲角增大,此现象称为回弹。为保证零件的尺寸精度,设计模具时,其角度应比零件角度小一个回弹角。回弹角一般为 0 ~ 10°。

(4)偏移是坯料沿凹模圆角变形时,由于坯料受到不同摩擦阻力的影响产生向左或右偏移的现象。一般可利用零件上的工艺孔或压料装置加以消除。

四、板料冲压件的结构工艺性

冲压件的结构工艺性指冲压件结构、形状、尺寸对冲压工艺的适应性。良好的结构工艺性保证材料消耗少、工序数目少、模具结构简单且寿命长、产品质量稳定、操作简单等。

(一)对冲裁件的要求

冲裁件的外形应能使排样合理,废料最少,以提高材料的利用率。冲裁件的形状应简单对称,凸、凹部分不能太窄太深,孔间距离或孔与零件边缘之间的距离不可太小,这些值的大小与板料厚度有关,如图 10-15 所示。

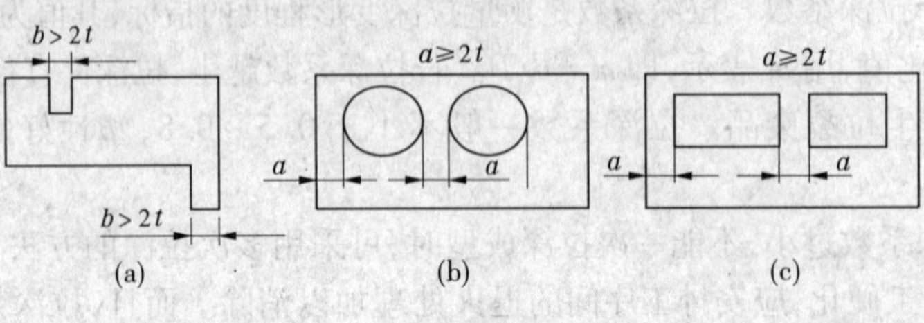

t—板料厚度

图 10-15 冲裁件凸凹部分和孔的位置

冲孔时因受凸模强度限制,孔的尺寸不能太小。

(二)对弯曲件的要求

(1)形状应尽量对称,弯曲半径不能小于材料允许的最小弯曲半径。

(2)弯曲边过短不易成型,故应使弯曲边的平直部分 $H>2t$,如图 10-16 所示。

(3)弯曲带孔件时为避免孔的变形,孔的位置应如图 10-17 所示,图中 L 应大于 $(1.5\sim2)t$。

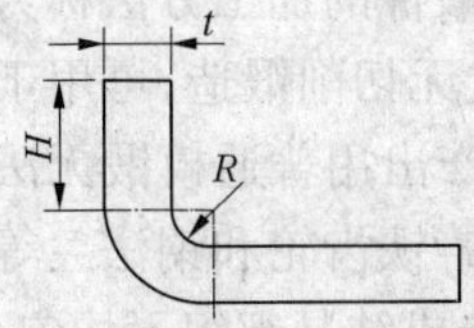

图 10-16　弯曲边长度

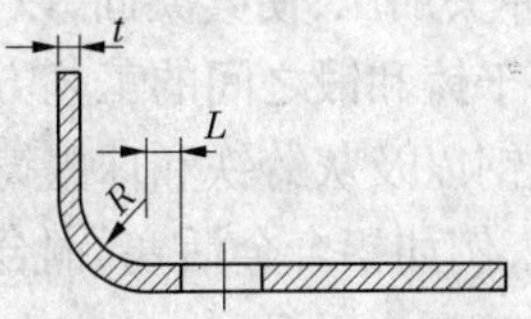

图 10-17　带孔的弯曲件

(4)弯曲半径较小的弯边交接处易开裂,为此可在弯曲前钻出止裂孔,以防裂纹的产生,如图 10-18 所示。

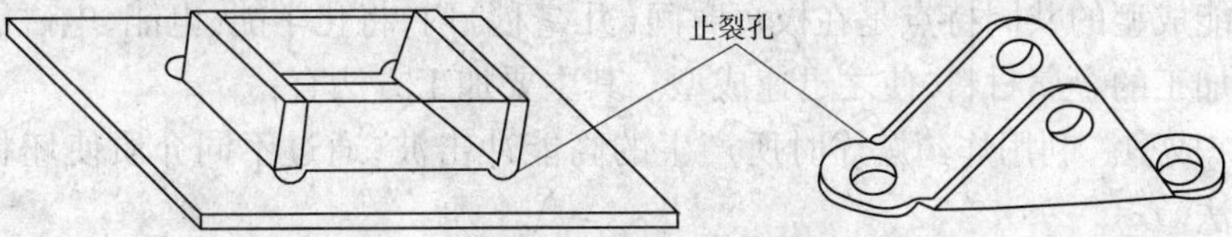

图 10-18　弯曲件的止裂孔

(三)对拉深件的要求

(1)形状应力求简单、对称。

(2)应尽量避免直径小而深度过深。

(3)底部与侧壁,凸缘与侧壁应有足够的圆角。

(4)拉深件直径方向上的精度一般为 IT9 ~ IT10,经整形后精度可达到 IT6 ~ IT7。

第四节　锻造新工艺简介

一、超塑性成型

超塑性是指金属材料在特定条件下所表现出来的极大的异常塑性现象。一般塑性较好的金属材料的伸长率只有百分之几十,但在超塑性情况下其伸长率可达百分之几百乃至百分之一千以上。例如,具有超塑性的钢,其伸长率可达 500%,纯钛超过 300%,铝合金超过 1 000%。但并不是所有的金属材料都具有超塑性。一般来说,只有流动应力对应变速率的变化非常敏感的金属在某些特定的条件才有可能出现超塑性。

与其他压力加工方法相比,超塑性成型具有变形抗力低、充模性能好、工件尺寸精确、机加工余量小、具有细小均匀的晶粒等特点。另外,一些难以变形加工的材料,也可以进行超塑性成型。图 10-19 为超塑性板料拉深的示意图。

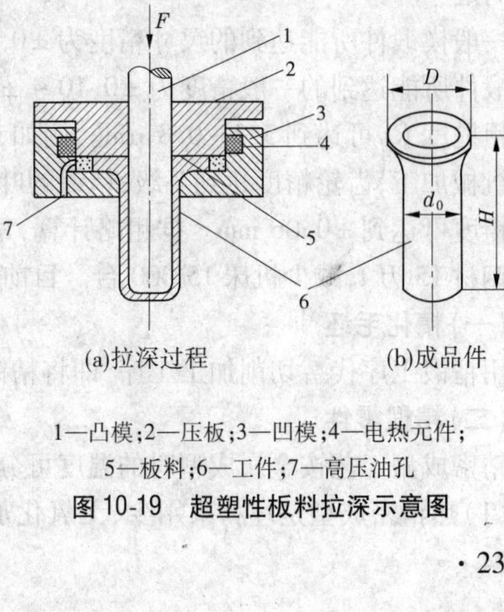

(a)拉深过程　(b)成品件

1—凸模;2—压板;3—凹模;4—电热元件;

5—板料;6—工件;7—高压油孔

图 10-19　超塑性板料拉深示意图

二、液态成型

将定量的熔化金属倒入凹模型腔内,在金属即将凝固或半凝固状态下(即液、固两相共存)用冲头加压,使其凝固,以得到所需形状锻件的加工方法称为液态模锻。液态模锻是一种介于铸和锻之间的工艺方法,可实现少、无切削锻造,可用于生产各种有色金属、碳钢、不锈钢以及灰铸铁和球墨铸铁工件,可生产出用普通模锻无法成型而性能要求高的复杂工件,例如铝合金活塞、铜合金涡轮、球墨铸铁齿轮和钢法兰等锻件。但液态模锻不适于制造壁厚小于 5 mm 的空心工件,因为会造成结晶组织不均匀,无法保证锻件质量。

三、高速高能成型

高速高能成型的共同持点是在极短时间(几毫秒)内,将化学能、电能、电磁能或机械能传递给被加工的金属材料,使之迅速成型。其主要加工方法有:

(1)爆炸成型。利用炸药爆炸时所产生的高能冲击波,通过不同介质使坯料产生塑性变形的方法。

(2)电液成型。利用在液体介质中高压放电时所产生的高能冲击波,使坯料产生塑性变形的方法。

(3)电磁成型。利用电流通过线圈所产生的磁场,其磁力作用于坯料使工件产生塑性变形。

四、精密模锻

精密模锻是在一般模锻基础上逐步发展起来的一种少、无切削加工新工艺,与一般模锻相比,它能获得表面质量好、机械加工余量少和尺寸精度较高的锻件,从而能提高材料利用率。取消或部分取消切削加工工序,可以使金属流线沿零件轮廓合理分布,提高零件的承载能力。因此,对于量大而广的中小型锻件,若能采用精密成型方法生产,则可显著提高生产率、降低产品成本和提高产品质量。特别是对于一些难以切削的贵重金属如钛、锆、钼、铌等合金零件的精密成型,其技术经济效果更为显著。有些零件,例如汽车上的同步器齿圈,用切削加工方法很困难,而用精密模锻方法成型后,只需少量的切削加工便可装配使用。因此,精密模锻是现代机器制造工业中的一项重要新技术,也是锻压技术的发展方向之一。

一般模锻件所能达到的尺寸精度为 ±0.50 mm,表面粗糙度 R_a 也只能达到 12.5 μm,而精锻件所能达到的一般精度为 ±0.10 ~ ±0.25 mm,较高精度为 ±0.05 ~ ±0.10 mm,表面粗糙度 R_a 可达到 3.2 ~ 0.8 μm。例如,用精密模锻生产的直齿圆锥齿轮,齿形不再进行机械加工,齿轮精度达到 7 级;精锻的叶片,轮廓尺寸精度可以达到 ±0.05 mm,厚度尺寸精度可达到 ±0.06 mm。据粗略计算,每 100 万 t 钢材由切削加工改为精密模锻,可节约钢材 15 万 t,减少机床 15 000 台。目前,精密成型主要应用于下面两个方面。

(一)精化毛坯

用精锻工序代替切削加工工序,即将精锻件直接进行精切削加工而得到成品零件。

(二)精锻零件

精密成型工艺按金属成型时的温度可分为热精密成型、冷精密成型和温热精密成型。

(1)热精密成型是坯料采用少、无氧化加热,在高温下成型的,这时金属材料的塑性较好,变形抗力小。但目前防止氧化的效果还不够理想,有待进一步研究开发。

(2)冷精密成型是在室温下进行的,由于未经加热,不存在氧化、脱碳和热胀冷缩问题,但金属材料的变形抗力较大,塑性较低。

(3)温热精密成型是将坯料加热到未产生严重氧化和脱碳的温度下进行的。温热精密成型既可防止坯料表面剧烈氧化,又可避免冷精密成型时变形抗力较大的缺点。

思考与练习

10-1 何谓锻压生产?它包括哪些内容?锻压生产有何特点?

10-2 何谓金属的锻造性能?影响金属锻造性能的因素有哪几方面?

10-3 自由锻有哪些基本工序?简述最常用的三种工序。

10-4 何谓分模面、余块和公差、模锻斜度?

10-5 绘制自由锻件图应考虑哪些因素?锻件图与零件图有何区别?

10-6 如何确定模锻件分模面的位置?模锻件分模面与铸件的分型面有何异同?

10-7 试比较自由锻造、锤上模锻和胎模锻的工艺特点及应用。

10-8 为什么自由锻能够锻造大型锻件,而模锻只能锻造中小型锻件?

10-9 落料与冲孔的区别是什么?其凸模和凹模尺寸如何确定?凸、凹模间隙对冲裁质量和模具寿命有何影响?

10-10 何谓简单冲模、连续模、复合模?各有何特点?应用如何?

10-11 自行车上的锻压件有哪些(至少找出8个)?是用什么锻压方法生产的?

10-12 简单介绍锻造的新工艺。

第十一章　焊　接

学习指导

焊接是通过加热或加压，或两者并用，并且用或不用填充材料，使金属原子扩散和结合，把分离的材料牢固地连接在一起的加工方法。在现代制造业中，焊接技术起着十分重要的作用。本章主要介绍常用焊接工艺方法、焊接接头、常用金属材料的焊接、焊接结构工艺性和焊接新技术。重点是焊条电弧焊、焊接接头的组织和性能、常用金属材料的焊接。

第一节　概　述

一、焊接方法分类

焊接方法种类繁多，而且新的焊接技术仍在不断涌现，目前一般按照其焊接过程的不同将焊接分为三大类，如图 11-1 所示。

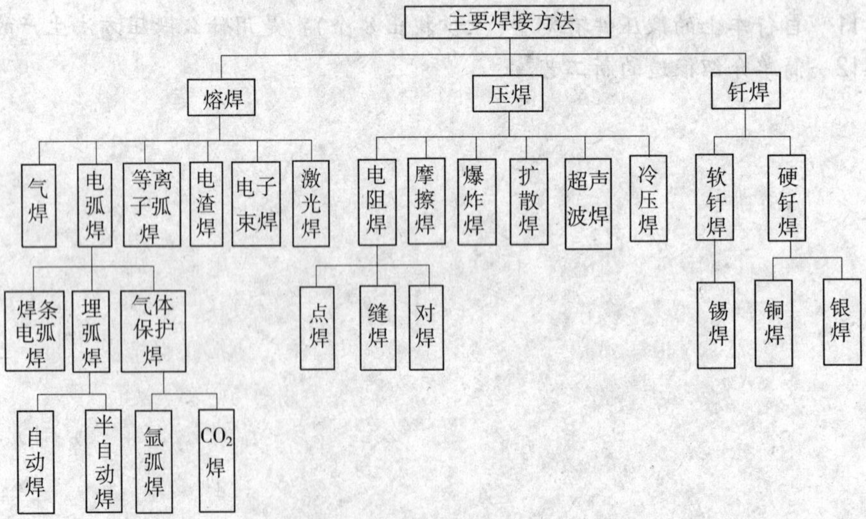

图 11-1　主要焊接方法分类框图

(一)熔焊

这一类焊接方法的共同特点是把焊件局部连接处加热至熔化状态形成熔池，待其冷却结晶后形成焊缝，将两部分材料焊接形成一个整体。因两部分材料均被熔化，故称熔焊。

(二)压焊

在焊接过程中必须对焊件施加压力(加热或不加热)的一类焊接方法，叫压焊。

(三)钎焊

利用熔点比金属低的填充金属(称为钎料)熔化后,填入接头间隙并与固态的母材通过扩散实现连接的一类焊接方法。

二、焊接的应用

焊接主要用于制造金属构件,如锅炉、压力容器、船舶、桥梁、管道、车辆、起重机、海洋结构、冶金设备;生产机器零件(或毛坯),如重型机械的机架、底座、箱体、轴、齿轮等。传统的毛坯是铸件或锻件,但在特定条件下,也可用钢材焊接而成。与铸造相比,不需要制造木模和砂型、不需要专门冶炼和浇注、生产周期短、节省材料、降低成本。如我国自行设计制造的 120 MN 水压机的下横梁,若用铸钢件重量可达 470 t,采用焊接结构净重仅 260 t,重量减轻约 45%;对于一些单件生产的特大型零件(或毛坯),可通过焊件以小拼大,简化工艺;修补铸、锻件的缺陷和局部损坏的零件,这在生产中具有较大的经济意义。世界上主要工业国家年生产的焊接结构占总产量的 45%。

焊接正是有了连接性能好、省工省料、成本低、重量轻、可简化工艺等优点,才得以广泛应用。但同时也存在一些不足:如结构不可拆、更换修理不方便;焊接头组织性能变坏;存在焊接应力,容易产生焊接变形;容易出现焊接缺陷等。有时焊接质量成为突出问题,焊接接头往往是锅炉压力容器等重要容器的薄弱环节,实际生产中应特别注意。

第二节　焊条电弧焊

利用电弧作为热源的熔焊方法,称为电弧焊。焊条电弧焊是指用手工操纵焊条进行焊接的电弧焊方法(也称手工电弧焊)。

一、焊接电弧

焊接电弧是焊接电源供给的,具有一定电压的两电极间或电极与焊件间,在气体介质中产生的强烈而持久的放电现象。

焊接时,先使焊条与焊体瞬间接触,由于短路产生高热,使接触处金属很快熔化,并产生金属蒸汽。当焊条迅速提起,离开焊件 2 ~ 4 mm 时,焊条与焊件之间充满了高热的气体与气态的金属,由于质点的热碰撞以及焊接电压的作用使气体电离而导电,于是在焊条与焊件之间形成了电弧。

当使用直流电源进行焊接时,焊接电弧由阴极区、弧柱、阳极区组成。

(一)阴极区

阴极区是电弧紧靠负电极的区域。该区放射出大量电子部分,要消耗一定的能量,产生热量较少,约占电弧总热量的 38%,阴极区(钢材)温度可达 2 400 K。

(二)阳极区

阳极区是电弧紧靠正电极的区域。该区是受电子撞击和吸入电子的部分,获得很大的能量,放出热量较高,约占电弧总热量的 42%,阳极区(钢材)温度可达 2 600 K。

（三）弧柱

弧柱是电弧阴极区和阳极区之间的部分。温度最高可达5 000～8 000 K，热量约占20%。

由于电弧发出的热量在两极有差异，因此在极性上有正接和反接两种：正接指焊件接电源正极，电极接电源负极的接线法，也称正极性。正接热量大部分集中在焊件上，可加速焊件熔化，有较大熔深，这种接法应用最多。反接指焊件接电源负极，电极接电源正极的接线法，也称反极性。常用于薄板钢材、铸铁、不锈钢、非铁合金焊件，或用于低氢型焊条焊接的场合。

当使用交流电源进行焊接时，由于电流方向交替变化，两极温度大致相等，不存在极性问题。

二、焊缝形成过程

如图11-2所示，焊接时，焊条9（用焊钳10夹持）和工作台13为两极与焊接电源相连接。电弧5在焊芯7与焊件2之间燃烧。焊芯熔化后形成的熔滴11滴入熔池12中，焊条9上的药皮8熔化后形成保护气体6及熔渣。保护气体充满在熔池周围，液态熔渣从熔池中浮起，覆盖在熔池表面上，共同起到隔绝空气，防止液态金属氧化的保护作用。焊条向右移动形成新的熔池，脱离电弧作用的熔池金属凝固成焊缝3，液态熔渣冷却后在焊缝上面形成坚硬的熔渣壳4。

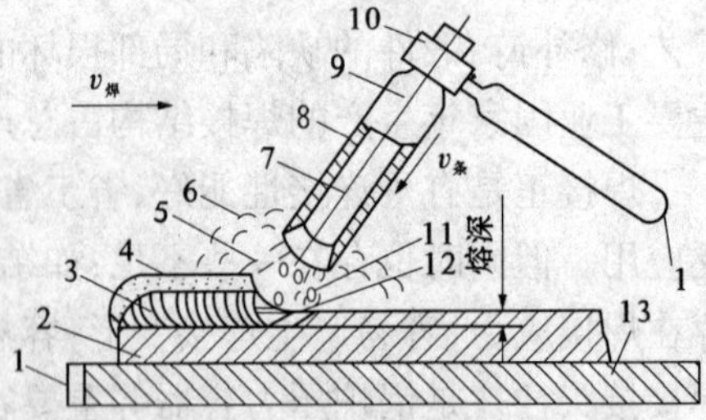

1—电极；2—焊件；3—焊缝；4—熔渣壳；5—电弧；6—保护气体；7—焊芯；8—药皮；9—焊条；10—焊钳；11—熔滴；12—熔池；13—工作台

图11-2　焊条电弧焊接过程示意图

三、焊条

焊条是涂有药皮的供手弧焊用的熔化电极。它由焊芯和药皮两部分组成。

（一）焊芯

焊芯是指焊条中被药皮包覆的金属芯。其作用有：一是作为电极传导电流，产生电弧；二是作为填充金属，与被焊母材熔合在一起。焊芯的化学成分、杂质含量均直接影响焊缝质量。国标规定，焊芯必须由专门冶炼的金属丝制成，并规定了它们的牌号和化学成分。焊芯用钢分为碳素钢、合金钢和不锈钢三类，其牌号冠以“焊”字，代号为“H”，随后的数字和符号意义与结构钢牌号相似。例如：H08MnA中H表示焊丝；08表示平均含碳量0.08%；Mn＜1.05%；A是高级优质。我国生产的电焊条，基本上以H08A钢做焊芯。

（二）药皮

药皮是压涂在焊芯表面上的涂料层。它由矿石、岩石、铁合金、化工物料等的粉末混合后黏结在焊芯上制成。药皮在焊接过程中的主要作用如下：

（1）提高燃弧的稳定性（加入稳弧剂）。

（2）防止空气对金属熔池的有害作用（加入造气剂、造渣剂）。

（3）保证焊缝金属的脱氧，并加入保护合金元素，使焊缝金属有合乎要求的化学成分和力学性能（加入脱氧剂、合金等）。

(三)焊条的分类、型号及牌号

1. 焊条的分类

焊条的品种很多,通常可以从焊条的药皮成分、熔渣的碱度及用途来分类。

(1)按焊条药皮的主要成分,焊条可分为氧化钛型、氧化钛钙型、钛铁矿型、氧化铁型、纤维素型、低氢型、石墨型、盐基型等。

(2)按熔渣的碱度可将焊条分为酸性焊条和碱性焊条。酸性焊条药皮内含有多种酸性氧化物;碱性焊条药皮中含有多种碱性氧化物。酸性焊条电弧稳定性较好,可交直流两用,价低,但焊缝中氧和氢的含量较多,影响焊缝金属的力学性能。碱性焊条焊缝中含氧和氢少,杂质少,有高的韧性、高的塑性,但电弧稳定性差,一般宜用直流电源施焊。

2. 焊条的型号和牌号

1)焊条型号——国家标准中的焊条代号

碳钢焊条应用最广泛,按《碳钢焊条》(GB/T 5117—1995)标准,其型号用大写字母"E"和四位数字($EX_1X_2X_3X_4$)表示。"E"表示焊条,前两位数字 X_1X_2 表示焊条系列,共有43系列和50系列两种,分别代表熔敷金属抗拉强度最小值为43 kgf/mm^2(420 MPa)和50 kgf/mm^2(490 MPa);第三位数字 X_3 表示焊条适用位置,"0"和"1"表示适宜全位置焊接(平、立、仰、横),"2"表示焊条适用于平焊及平角焊,"4"表示焊条适用于向下立焊;第三位和第四位数字组合 X_3X_4 表示焊接电流种类及药皮类型。例如,E4303中"03"表示钛钙型,交直流两用。

2)焊条牌号——焊条行业统一的焊条代号

焊条牌号一般用一个大写拼音字母和三个数字表示,如J422、J506等。拼音字母表示焊条的各大类,如:字母"J"表示结构钢焊条;"R"表示钼和铬耐热钢焊条;"B"表示不锈钢焊条;"D"表示堆焊条;"W"表示低温钢焊条;"Z"表示铸铁焊条;"N"表示镍及镍合金焊条;"T"表示铜及铜合金焊条;"L"表示铝及铝合金焊条等。如J422后面的三位数字中前两位"42"表示熔敷金属抗拉强度值为420 MPa,第三位数字代表两个含义:电流种类、药皮类型,该例中"2"表示允许用交流或直流电源,药皮为钛钙型(酸性)。又如J507表示结构钢焊条,焊缝金属 $\sigma_b \geq 500$ MPa,是低氢型(碱性)药皮,只适用于直流电源。结构钢焊条牌号中数字的意义见表11-1,其他焊条牌号表示方法见《焊接材料产品样本》。

表11-1 结构钢焊条牌号中数字的含义

牌号中前两位数字	焊缝金属抗拉强度等级(MPa)	牌号中第三位数字	药皮类型	焊接电源种类
42	420	0	不属于规定类型	不规定
50	490	1	氧化钛型	直流或交流
55	540	2	氧化钛钙型	直流或交流
60	590	3	钛铁矿型	直流或交流
70	690	4	氧化铁型	直流或交流
75	740	6	低氢钾型	直流或交流
80	780	7	低氢钠型	直流

一般来说,型号和牌号是对应的,但一种型号可以有多种牌号,因牌号比较简明,所以生产中常用牌号表示,表 11-2 为部分结构钢焊条牌号与型号关系及其用途。

表 11-2　部分结构钢焊条牌号与型号关系及其用途

牌号	型号	药皮类型	焊接电流	用途
J421	E4313	氧化钛型	交直流	焊接一般低碳钢薄板结构
J421X	GBE4313	氧化钛型	交直流	用于碳素钢薄板立向下行焊及间断焊
J421Fe13	E4324	铁粉钛型	交直流	焊接一般低碳钢薄板结构的高效率焊条
J422	E4303	氧化钛钙型	交直流	焊接较重要的低碳钢结构和同强度等级的低合金钢
J422GM	E4303	氧化钛钙型	交直流	焊接海上平台、船舶、车辆、工程机械等表面装饰焊接
J422Fe	E4314	铁粉钛钙型	交直流	焊接较重要的低碳钢结构
J427	E4315	低氢钠型	直流	焊接重要的低碳钢及某些低合金钢结构
J427Ni	E4315	低氢钠型	直流	焊接重要的低碳钢及某些低合金钢结构
J501Fe15	E5024	铁粉钛型	交直流	焊接 0245 及某些低合金钢结构的高效率焊条
J507	E5015	低氢钠型	直流	焊接中碳钢及 0245 等重要的低合金钢结构
J507R	E5015 - G	低氢钠型	直流	用于压力容器的焊接
J507GR	E5015 - G	低氢钠型	直流	用于船舶、锅炉、压力容器、海洋工程等重要结构的焊接

(四)焊条的选用

低碳钢低合金钢焊件,一般要求母材与焊缝金属等强度,因此可根据钢材等级选用相应焊条,但应注意,两者的定级强度不同,对要求焊后焊缝金属性好,抗裂能力强,低温性能好的,应选用碱性焊条;由于酸性焊条价廉,对受力不复杂,母材质量好的,选用酸性焊条。

为保证焊缝金属的主要成分与母材相同或相近,对特种性能要求的钢种如耐热钢和不锈钢以及铸铁、非铁合金,应选用相应的专用焊条。

第三节　其他焊接方法

一、气焊与气割

在生产中,可利用气体火陷所释放出来的热量作为热源焊接或切割金属,这就是气焊与气割。气焊是利用氧气和可燃气体(一般是乙炔)混合燃烧时产生的大量热量,将焊件和焊丝局部熔化,再经冷却结晶后使焊件连接在一起的方法,如图 11-3 所示。当将上述气体燃烧时所释放出的热量用于切割金属时,则称为气割。

（一）气焊设备和焊接材料

气焊设备包括氧气瓶、减压瓶、乙炔气瓶、回火防止器等，它们之间相互连接，形成整套系统。

气焊材料主要有焊丝和焊剂。焊丝起填充金属作用，与熔化的母材一起组成焊缝金属。因此，应根据工件的化学成分选用成分类型相同的焊丝。气焊焊剂是气焊时的助熔剂。其作用是除去氧化物，改善母材润湿性等。

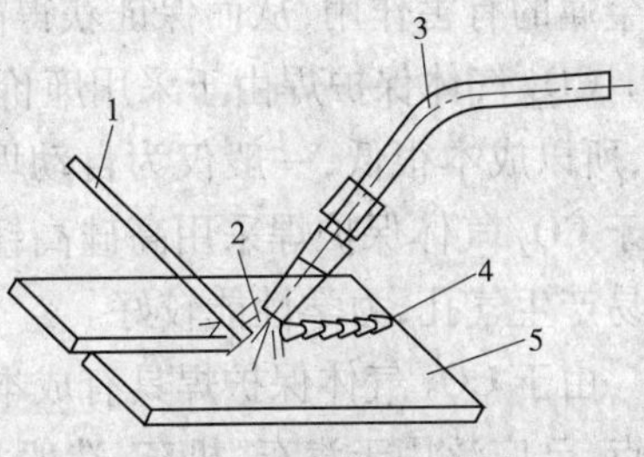

1—焊丝；2—火焰；3—焊炬；4—焊缝；5—工件

图 11-3　气焊示意图

（二）气焊火焰及其应用

氧乙炔由于混合比不同，有三种火焰：中性焰、氧化焰、碳化焰。

中性焰是氧乙炔混合比为 1.1～1.2 时燃烧所形成的火焰，在一次燃烧区内既无过量氧也无游离碳。其特征为亮白色的焰心，端部有淡白色火焰闪动，时隐时现（见图 11-4(b)）。中性焰应用最广，气焊低、中碳钢，低合金钢，不锈钢，紫铜，锡青铜，铝及铝合金，铅、锡、镁合金和灰铸铁等一般都用中性焰。中性焰焰心外 2～4 mm 处温度最高，达 3 150 ℃左右。因此，气焊时焰心离开工件表面 2～4 mm，此时热效率最高，保护效果最好。

氧化焰是氧乙炔混合比大于 1.2 时的火焰。其特征是焰心端部无淡白火焰闪动，内、外焰分不清（见图 11-4(c)）。氧化焰中有过量氧，具有氧化性，适合气焊黄铜，镀锌铁皮等。

碳化焰是氧乙炔混合比小于 1.1 时的火焰。其特征是内焰呈白色（见图 11-4(a)），这是因为内焰有多余的游离碳。碳化焰具有较强的还原作用，也具有一定的渗碳作用，适用于焊高碳钢、铸铁、高速钢、硬质合金等。

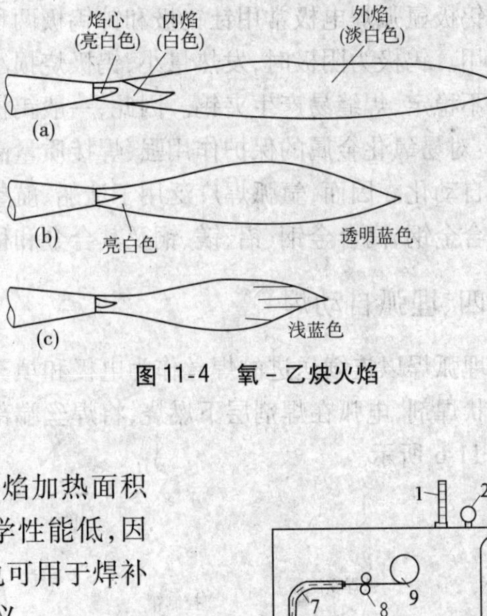

图 11-4　氧－乙炔火焰

气焊与焊条电弧焊相比，生产率低，火焰加热面积大，工件变形大，火焰保护效果差，焊缝力学性能低，因此常用于焊接薄钢板、铜合金、铝合金等，也可用于焊补铸铁。气焊对于无电源的地方具有特殊意义。

二、CO_2 气体保护焊

CO_2 气体保护焊是利用外加的 CO_2 气体作为电弧介质并保护电弧和焊接区的电弧焊方法。CO_2 气体保护焊的焊接过程如图 11-5 所示。CO_2 气体经供气系统从焊枪喷出，当焊丝与焊件接触引起燃电弧后，连续送给的焊丝末端和熔液被 CO_2 气流所保护，防止空气对熔

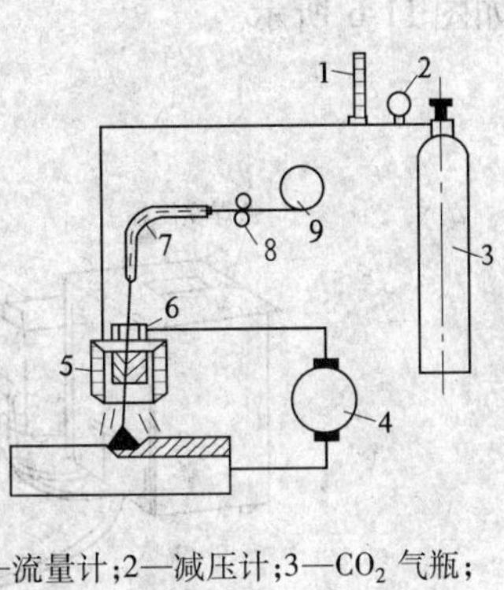

1—流量计；2—减压计；3—CO_2 气瓶；4—电焊机；5—焊炬喷嘴；6—导电嘴；7—送丝软管；8—送丝机构；9—焊丝盘

图 11-5　CO_2 气体保护焊

化金属的有害作用，从而保证获得高质量的焊缝。

CO_2 气体保护焊由于采用廉价的 CO_2 气体和焊丝代替焊接剂和焊条，加上电能消耗小，所以成本很低，一般仅为自动埋弧焊接的40%，为焊条电弧焊的37% ~42%。同时，由于 CO_2 气体保护焊采用高硅高锰焊丝，它具有较强的脱氧还原和抗蚀能力，因此焊缝不易产生气孔，力学性能较好。

由于 CO_2 气体保护焊具有成本低、生产效率高、焊接质量好、抗蚀力强及操作方便等优点，已广泛用于汽车、机车、造船及航空等工业部门，用来焊接低碳钢、低合金结构钢和高合金钢。

三、氩弧焊

氩弧焊是氩气保护焊的简称。氩气是惰性气体，在高温下不和金属起化学反应，也不溶于液态金属，可以保护电弧区的熔池、焊缝和电极不受空气的有害作用，是一种较理想的保护气体。氩气电离势高，引弧较困难，但一旦引燃就很稳定。氩气纯度要求达99.9%。

氩弧焊分钨极（不熔化极）氩弧焊和熔化极（金属极）氩弧焊两种。

钨极氩弧焊电极常用钍钨极和铈钨极两种。焊接时，电极不熔化，只起导电和产生电弧作用。钨极为阴极时，发热量小，钨极烧损小；钨极为阳极时，发热量大，钨极烧损严重，电弧不稳定，焊缝易产生夹钨。因此，一般钨极氩弧焊不采用直流反接。氩弧焊的主要优点是：对易氧化金属的保护作用强、焊接质量高、工件变形小、操作简便以及容易实现机械化和自动化。因而，氩弧焊广泛用于造船、航空、化工、机械以及电子等工业部门，进行高强度合金钢、高合金钢、铝、镁、铜及其合金和稀有金属等材料的焊接。

四、埋弧自动焊

埋弧焊以连续送进的焊丝作为电极和填充金属。焊接时，在焊接区的上面覆盖一层颗粒状焊剂，电弧在焊剂层下燃烧，将焊丝端部和局部母材熔化，形成焊缝。其焊接过程如图 11-6 所示。

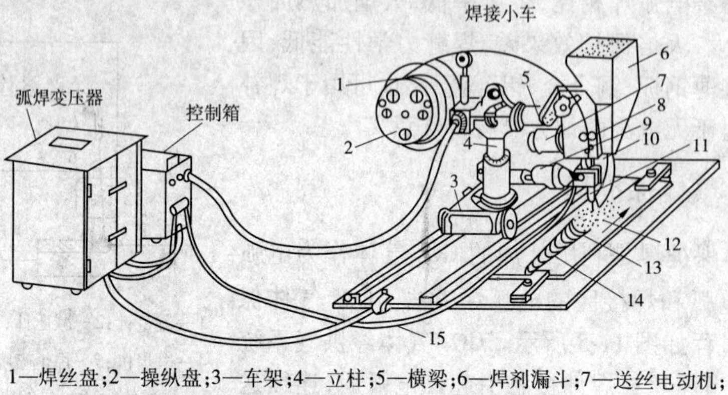

1—焊丝盘；2—操纵盘；3—车架；4—立柱；5—横梁；6—焊剂漏斗；7—送丝电动机；8—送丝滚轮；9—小车电动机；10—机头；11—导电嘴；12—焊剂；13—渣壳；14—焊缝；15—焊接电缆

图 11-6　埋弧焊示意图

焊缝形成过程由于电弧在焊剂层下燃烧，能防止空气对焊接熔池的不良影响；焊丝连续送进，焊缝连续性好；由于焊剂的覆盖，减少了金属烧损和飞溅，可节省焊接材料。埋弧焊与手工电弧焊相比有生产率高、节约金属、提高焊缝质量和性能、改善劳动条件等优点，在造船、锅炉、车辆等工业部门广泛应用。

五、电渣焊

电渣焊是利用电流通过液体熔渣所产生的电阻热进行焊接的方法。按电渣焊使用的电极不同，将其分为丝极电渣焊、板极电渣焊、熔嘴电渣焊，其中丝极电渣焊在生产上应用较多，图 11-7 为丝极电渣焊焊接过程示意图。

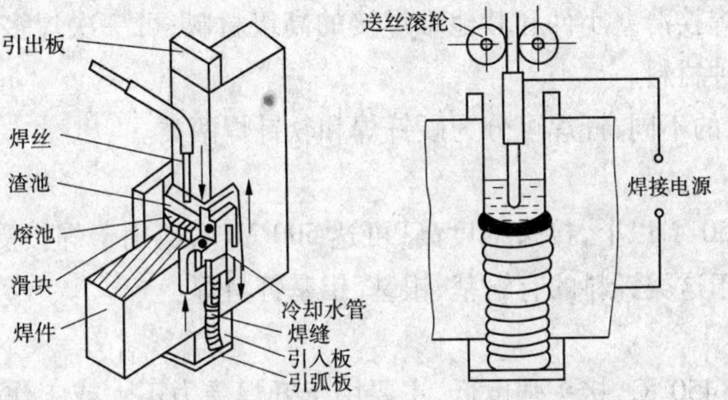

图 11-7　丝极电渣焊焊接过程示意图

电渣焊主要特点是大厚度工件可以不开坡口一次焊成，成本低，生产率高，技术比较简单，工艺方法易掌握，焊缝质量良好。电渣焊主要用于厚壁压力容器纵缝的焊接。在大型机械（如水轮机组、水压机、汽轮机、轧钢机、高压锅炉和石油化工等）制造中得到广泛应用。

六、电阻焊

电阻焊是工件组合后通过电极施加压力，利用电流通过接头的接触面及邻近区域产生的电阻热进行焊接的方法。这种焊接不需要外加填充金属和焊剂。根据焊接接头型式可分为对焊、点焊、缝焊三种，如图 11-8 所示。

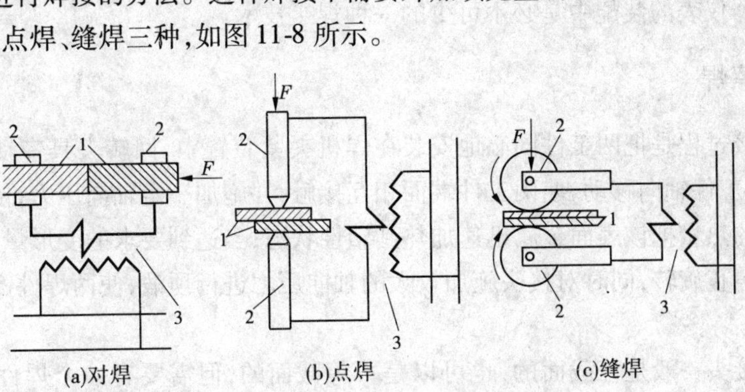

1—焊件；2—电极；3—电源

图 11-8　电阻焊类型示意图

电阻焊生产率很高,易实现机械化和自动化,适宜于成批、大量生产。但是它所允许采用的接头型式有限制,主要是棒、管的对接接头和薄板的搭接接头。一般用于汽车制造、飞机制造、刀具制造、仪表、建筑等工业部门。

七、钎焊

钎焊是采用比母材熔点低的金属材料做钎料,将焊件和钎料加热到钎料熔点,低于母材熔化温度,利用液态钎料润湿母材、填充接头间隙并与母材互相扩散实现连接焊件的方法。

钎焊特点(同熔化焊比):焊件加热温度低,组织和力学性能变化小;变形较小,焊件尺寸精度高;可以焊接薄壁小件和其他难焊接的高级材料;可一次焊多工件多接头;生产率高;可以焊接异种材料。

根据钎料熔点的不同,钎焊可分为硬钎焊和软钎焊两类。

(一)硬钎焊

钎料熔点在450 ℃以上,接头强度高,可达500 MPa,适用于焊接受力较大或工作温度较高的焊件,属于这类钎料的有铜基、银基、铝基钎料等。

(二)软钎焊

钎料熔点低于450 ℃,接头强度低,主要用于钎焊受力不大或工作强度较低的焊件,常用的为锡、铅钎料。

钎料的种类很多,有一百多种。只要选择合适的钎料就可以焊接几乎所有的金属和大量的陶瓷。如果焊接方法得当,还可以得到高强度的焊缝。

钎焊时一般需要使用钎剂,钎剂作用是:清除液体钎料和工件待焊表面的氧化物,并保护钎料和钎件不被氧化。常用的钎剂有松香、硼砂等。

钎焊加热方法很多,有烙铁加热、火焰加热、感应加热、电阻加热等。

钎焊是一种既古老又新颖的焊接技术,从日常生活物品(如眼镜、项链、假牙等)到现代尖端技术,都广泛采用。钎焊在喷气式发动机、火箭发动机、飞机发动机、原子反应堆构件制造及电器仪表的装配中是必不可少的一种焊接技术。

八、摩擦焊

摩擦焊接过程是把两工件同心地安装在焊机夹紧装置中,回转夹具带动一工件高速旋转,非回转工件轴向移动,使两工件端面相互接触,并施加一定轴向压力,依靠接触面强烈摩擦产生的热量把该表面金属迅速加热到塑性状态;当达到要求的变形量后,利用刹车装置使焊件停止旋转,同时对接头施加较大的轴向压力进行顶锻,使两焊件产生塑性变形而焊接起来。

摩擦焊接头一般是等截面的,也可以是不等截面的,但需要有一个焊件为圆形或筒形。摩擦焊广泛用于圆形工件、棒料及管子的对接,可焊实心焊件的直径从2 mm到100 mm以上,管子外径可达数百毫米。

第四节　焊接接头

一、焊接接头的组织与性能

熔化焊和部分压力焊焊件接头都经过加热、然后迅速冷却的过程，因而焊缝及其临近区域的金属材料都受到一次不同温度的加热和冷却的影响，其组织性能都发生相应的变化。故临近焊缝区域又叫热影响区。

焊缝(熔化区)部分的金属温度最高，冷却时结晶从熔池壁开始并垂直于池壁方向发展，最后形成柱状铁素体和珠光体组织，其力学性能依含碳量及焊接规范而定。

热影响区大体上分半熔化区、过热区、正火区、部分相变区等几个区段。其中以半熔化区及过热区焊接接头质量影响最大。半熔化区是焊缝与固态焊件交界区，晶粒粗大、塑性差，是容易产生应力集中及裂缝的区段，希望越窄越好。低碳钢半熔化区较窄，影响不大。过热区在 A_{c3} 以上 100 ~ 200 ℃至半熔化区之间，仍处于高温，晶粒长大十分严重，常常形成过热组织，塑性、韧性很低，也是容易产生裂缝的区段。正火区略低于过热区温度，冷却后晶粒得到细化，力学性能得到改善。其他各区段对焊接性能影响不大。

总之，应尽量减小焊接接头热影响区。热影响区的大小与焊接方法、焊接规范、焊接材质、焊后冷却速度等因素有关。为消除、减少热影响区有害影响，可改变焊接方法及焊后热处理的方法。正常规范下，各种焊接相比，以气焊时热影响区为最大，手工电弧焊小得多，埋弧自动焊更小，电阻焊及等离子弧焊则几乎无过热区。

在焊接中碳钢、高碳钢时，过热区、正火区，甚至部分相变区都是淬火区，会出现淬火组织(如马氏体、屈氏体)，其硬度高、脆性大、易出现裂缝。焊接铸铁时，除产生淬火组织外，半熔化区易出现白口组织，难以机加工，更易出现裂缝。因此，必须采取预热等措施，以消除白口组织及淬火组织，保证焊接质量。

如图 11-9 所示为低碳钢分别用熔化焊和压力焊后焊缝和热影响区组织变化示意图。

(一)焊缝

焊缝组织如图 11-9 所示，属于铸造组织。焊接时，熔池中的熔融金属从熔池的边缘即熔合区开始结晶，向熔池中心方向生长。完全凝固之后，形成焊缝，使焊件之间实现了原子的结合。显然，焊缝金属的成分主要决定于焊芯金属的化学成分，但也受到焊件上被熔化金属和药皮成分的影响。通过选择焊条可以保证焊缝金属的力学性能。

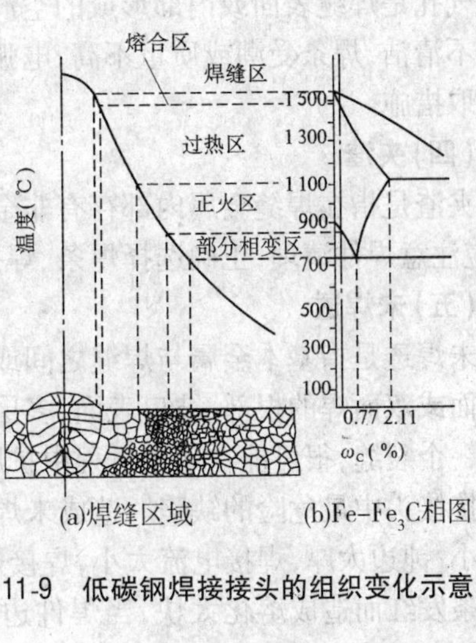

图 11-9　低碳钢焊接接头的组织变化示意图

（二）热影响区

对应 Fe－Fe_3C 相图，低碳钢焊接接头因受热温度不同，热影响区可分为过热区、正火区和部分相变区（见图 11-9）。

1. 过热区

过热区指在热影响区中，温度接近于 *AE* 线，具有过热组织或晶粒显著粗大的区域。过热区的塑性、韧性差，容易产生焊接裂纹。

2. 正火区

正火区指在热影响区中，温度接近于 A_{c3}，具有正火组织的区域。其组织性能好。

3. 部分相变区

部分相变区指在热影响区中，温度处于 $A_{c1} \sim A_{c3}$，部分组织发生相变的区域。其晶粒大小不均匀，力学性能稍差。

（三）熔合区

在焊接接头中焊缝向热影响区过渡的区域。熔合区在焊接时处于半熔化状态，组织成分极不均匀，力学性能不好。

熔合区和过热区是焊接接头中的薄弱环节。

二、焊接接头的缺陷

（一）焊缝尺寸不符合要求

焊缝大、太高或太低、宽窄不均，不符合图纸要求。为了防止这种情况，应正确选择坡口及间隙，合理选择焊接规范，并注意操作方法。

（二）咬边

咬边是指焊缝与基本金属交界处形成的凹陷。咬边会降低工作截面及引起应力集中，降低接头强度。其产生的原因主要是电流（或焊条号码）过大，焊条夹角和弧长不当。防止办法是正确选择焊接规范，注意操作方法。

（三）气孔

气孔是焊缝表面或内部形成的空洞。气孔的存在会降低接头的致密性。其原因是：焊件不清洁，焊条受潮或质量不高，电弧过长，冷却过快等。因此，防止气孔应针对上述原因采取措施。

（四）夹渣

夹渣是指在焊缝金属内部存有非金属夹杂物。夹渣也降低焊缝金属强度。为防止夹渣，应注意焊件清理，正确选择焊条、焊接规范，并注意操作方法。

（五）未焊透

未焊透是指基本金属与焊缝之间或焊缝金属之间的局部未熔合现象。未焊透可产生在单面或双面焊的根部、坡口表面、多层焊道之间或重新引弧处。未焊透在焊接接头中相当于一个裂缝，很可能在使用过程中扩展成更大的裂缝，导致结构破坏，但不易发现，所以是焊接接头中最危险的缺陷。造成未焊透的主要原因是：焊件表面不清洁，坡口角度及间隙太小，钝边太厚，焊接电流太小，焊接速度太快，焊条角度不对；还有使用焊接电流过大，使焊条发红而造成熔化太快，当焊件边缘尚未熔化时，焊条金属已覆盖上去。防止办法是:认真清理焊件,正确选择坡口、间隙、焊接电流、焊接速度,认真操作,防止焊偏和夹渣等。

(六)裂缝

裂缝有宏观和微观两种。微观裂缝不易发现,危害较大,有的焊件在使用过程中会导致突然断裂,所以焊接接头中如有裂缝,须铲除后补焊。产生裂缝的主要原因是焊接过程中产生较大的内应力,同时焊缝金属有低熔点杂质(如 FeS),使焊缝具有热脆性;焊缝区有脆性组织及含有较多的氢,在拉力作用下,导致冷裂缝。因此,应根据具体情况,采取相应的措施。

第五节　常用金属材料的焊接

一、金属材料的焊接性

(一)金属焊接性概念

金属焊接性是金属材料对焊接加工的适应性,是指金属在一定的焊接方法、焊接材料、工艺参数及结构型式条件下,获得优质焊接接头的难易程度。它包括两个方面内容:一是工艺性能,即在一定条件下,焊接接头工艺缺陷的倾向,尤其是出现裂纹的可能性;二是使用性能,即焊接接头在使用中的可靠性,包括力学性能及耐热、耐蚀等特殊性能。

金属焊接性是金属的一种加工性能。它决定于金属材料的本身性质和加工条件。就目前的焊接技术水平而言,工业上应用的绝大多数金属材料都是可以焊接的,只是焊接的难易程度不同而已。

(二)金属焊接性的评定

金属焊接性的主要影响因素是化学成分。钢的化学成分不同,其焊接性也不同。钢中的碳和合金元素对钢焊接性的影响程度是不同的。碳的影响最大,其他合金元素可以换算成碳的相当含量来估算它们对焊接性的影响。换算后的总和称为碳当量,作为评定钢材焊接性的参数指标。这种方法称为碳当量法。

碳当量有不同的计算公式。国际焊接学会推荐的碳素结构钢和低合金结构钢碳当量 CE 的计算公式为:

$$CE = \mathrm{C} + \mathrm{Mn}/6 + (\mathrm{Ni} + \mathrm{Cu})/15 + (\mathrm{Cr} + \mathrm{Mo} + \mathrm{V})/5 \quad (\%) \tag{11-1}$$

式(11-1)中化学元素符号都表示该元素在钢材中的质量分数,各元素含量取其成分范围的上限。

碳当量越大,焊接性越差。当 $CE < 0.4\%$ 时,钢材焊接性良好,焊接冷裂纹倾向小,焊接时一般不需要预热;$CE = 0.4\% \sim 0.6\%$ 时,焊接性较差,冷裂倾向明显,焊接时需要预热并采取其他工艺措施防止裂纹;$CE > 0.6\%$ 时,焊接性差,冷裂倾向严重,焊接时需要较高的预热温度和严格的工艺措施。

用碳当量法评定金属焊接性,只考虑化学成分因素,而没考虑板厚、焊缝含氢量等其他因素的影响。国外经过大量试验提出了用冷裂纹敏感系数 P_c 来评定钢材焊接性。其计算公式如下:

$$P_c = C + Si/30 + Mn/20 + Cu/20 + Ni/60 + Cr/20 + Mo/15 + V/10 + 5B + h/600 + H/60\ (\%) \tag{11-2}$$

式中　h——板厚,mm;

H——焊缝金属中扩散氢含量,$cm^3/100\ g$。

P_c 值中各项含量均有一定范围。通过斜 V 形坡口对接裂纹试验还得出了防止裂纹的最低预热温度 T_p 公式:

$$T_p = 1\,440\ P_c - 392\quad (℃)$$

用 P_c 值判断冷裂纹敏感性比用碳当量 CE 值更好。根据 T_p 得出的防止裂纹的预热温度,在多数情况下是比较安全的。

二、常用金属材料的焊接

(一)碳钢的焊接

1. 低碳非合金钢的焊接

低碳钢中 $\omega_C < 0.25\%$,碳当量 $CE < 0.4\%$,没有淬硬倾向,冷裂倾向小,焊接性良好。除电渣焊外,焊前一般不需要预热,焊接时不需要采取特殊工艺措施,适合各种方法焊接。只有板厚大于 50 mm,在 0 ℃以下焊接时,应预热 100 ~ 150 ℃。

含氧量较高的沸腾钢,硫、磷杂质含量较高且分布不均匀,焊接时裂纹倾向较大;厚板焊接时还有层状撕裂倾向。因此,重要结构应选用镇静钢焊接。

在焊条电弧焊中,一般选用 E4303(J422)和 E4315(J427)焊条;埋弧自动焊,常选用 H08A 或 H08MnA 焊丝和 HJ431 焊剂。

2. 中碳非合金钢的焊接

中碳钢中 $\omega_C = 0.25\% \sim 0.6\%$,碳当量 $< 0.4\%$,其焊接特点是淬硬倾向和冷裂纹倾向较大;焊缝金属热裂倾向较大。因此,焊前必须预热至 150 ~ 250 ℃。焊接中碳钢常用焊条电弧焊,选用 E5015(J507)焊条。采用细焊条、小电流、开坡口、多层焊,尽量防止含碳量高的母材过多地熔入焊缝。焊后应缓慢冷却,防止冷裂纹的产生。厚件可考虑用电渣焊,提高生产效率,焊后进行相应的热处理。

$\omega_C > 0.6\%$ 的高碳钢焊接性更差。高碳钢的焊接只限于修补工作。

(二)低合金高强度结构钢的焊接

低合金高强度结构钢一般采用焊条电弧焊和埋弧自动焊。此外,强度级别较低的可采用 CO_2 气体保护焊;较厚件可采用电渣焊;$\sigma_s > 500$ MPa 的高强度钢,宜采用富氩混合气体(如 Ar80% + $CO_2$20%)保护焊。

Q345 钢 $CE < 0.4\%$,焊接性良好,一般不需要预热,它是制造锅炉压力容器等重要结构的首选材料。当板厚大于 30 mm 时,或环境温度较低时,焊前应预热,焊后应进行消除应力处理。

焊接含有其他合金元素和强度等级较高的材料时,应选择适宜的焊接方法,制定合理的焊接参数和严格的焊接工艺。

(三)铸铁的焊补

铸铁含碳量高,硫、磷杂质较多,塑性极差,其焊接性不好。铸铁焊接时的主要问题:

一是易产生白口组织，难以切削加工；二是易产生裂纹和形成气孔。

根据铸铁特点，铸铁焊补可采用以下两种方法。

1. 热焊

焊前将工件整体或局部加热达600～700 ℃高温，并在焊接过程中保持该预热温度，焊后缓慢冷却。这种方法可使焊件受热均匀，冷却速度慢，防止产生白口组织和裂纹。

热焊常用的焊接方法有手弧焊、气焊，其中气焊应用得较多，焊补的质量容易保证。气焊时采用铸铁焊丝作为填充金属，并要用气焊熔剂去除氧化物，通常用 CJ201 或硼砂等。热焊的成本高，生产效率低，工人劳动条件差，一般用于焊补小型复杂且焊后需要加工的重要工件，如汽缸体和机床导轨等。热焊的焊补质量较好。

2. 冷焊

冷焊焊前不预热或预热温度较低（400 ℃以下）。冷焊常用的焊接方法是焊条电弧焊。在焊接过程中可依靠焊条成分来调整焊缝的性能，并配以相应的工艺参数和工艺措施来避免白口组织及裂纹的产生，比如小电流、短弧焊、窄缝焊、短焊道（每次焊缝长度不超过50 mm），焊后立即锤击焊缝，以松弛焊接应力等。冷焊与热焊相比，生产效率高，成本低，劳动条件好，但焊补质量不如热焊，因此主要用于焊补要求质量不高和怕高温预热引起变形的铸件及非加工表面。

铸铁冷焊常用的焊条有镍基焊条（Z308）、铸铁芯焊条（Z248）、钢芯石墨化铸铁焊条（Z208）及铜基铸铁焊条（Z607）等。

（四）有色金属的焊接

1. 铜及铜合金的焊接

铜及铜合金的焊接性能较差，主要原因有：

（1）铜的导热性好，因此焊接时必须供给较大而集中的热量，常需预热，否则将因导热快而不易焊透。

（2）铜在液态时易氧化生成 Cu_2O，分布在晶界上，且铜的膨胀系数大，凝固系数也大，容易产生较大的焊接应力，极易引起热裂纹。

（3）铜在液态时吸气性强，易产生气孔。

（4）铜合金中合金元素（如锌等）在焊接高温下被烧损，影响焊缝的化学成分和力学性能。

铜及铜合金常用的焊接方法有氩弧焊、气焊、焊条电弧焊、钎焊等。其中氩弧焊的接头质量最好。气焊时须采用气焊熔剂 CJ301 以去除表面氧化物和杂质。焊条电弧焊时应选用相应的铜及铜合金焊条。

2. 铝及铝合金焊接

铝及铝合金的焊接较困难，主要特点如下：

（1）极易氧化成氧化铝（Al_2O_3），形成一层熔点高（2 050 ℃）、相对密度大、组织致密的氧化层覆盖在金属表面，阻碍金属熔合，并易使焊缝夹渣。

（2）铝的导热系数大，焊接时要求大功率或能量集中的热源，易于出现较大的焊接应力和变形。

（3）铝可吸收大量气体，因此在熔池凝固时易生成气孔。

(4)铝在高温时强度和塑性很低,而且由固态转变为液态时无明显的颜色变化,使得焊接操作困难,稍不注意,焊缝就会塌陷。

铝及铝合金常用的焊接方法有氩弧焊、气焊、电阻焊和钎焊。目前氩弧焊应用最广。氩弧焊时,由于氩气的可靠保护以及氩弧具有"阴极破碎"作用,因此焊接质量较高。对于焊接质量要求不高的工件,可采用气焊,气焊时必须采用气焊熔剂 CJ401 以去除表面氧化物和杂质。无论是哪种焊接方法,焊前必须清除被焊部位的氧化物和杂质。

第六节　焊接结构工艺性

焊接结构的设计除应考虑使用性能外,还应考虑焊接结构工艺的要求,力求做到生产率高、成本低、焊接质量好。焊接结构工艺性主要包括以下三方面。

一、焊接结构材料的选择

(一)材料性能

在满足结构工作性能的前提下,应尽量选择焊接性能好的材料。如低碳钢和部分普通低碳钢,由于它们的焊接性良好,采用普通的焊接方法和简便的工艺措施进行焊接,即可得到优质接头。

(二)材料厚度

在满足工作要求的情况下,应尽量减小厚度。因为材料越厚,焊接应力越复杂,也越大,结构重量也会增加。

(三)对于形状复杂的薄壁焊接结构

生产批量较大时,应尽量将形状复杂的薄壁结构设计成冲压—焊接组合结构,这样不仅可以减少焊接变形,提高生产率,还可以增加结构的强度和刚度。

二、焊缝的布置

在焊接结构中,焊缝布置与焊接质量、生产率、成本及工人劳动条件有密切关系,因此考虑焊缝布置时应注意以下一般原则:

(1)焊缝的布置应尽量分散,避免密集、交叉,以防止金属严重过热,力学性能下降,如图 11-10 所示。图 11-10(a)、(b)、(c)为焊缝集中和重叠,均为不合理结构,应改为图 11-10(d)、(e)、(f)的形式。

(2)焊缝应尽量避开最大应力和应力集中的部位。如大跨度钢梁,板料接口焊缝不应布置在梁的中间,如图 11-11(a)所示,而把焊缝移到两边支撑点的地方,并尽量采用斜焊缝,如图 11-11(b)、(c)所示。对于压力容器不能采用平板接头和无折边的封头,如图 11-12(a)、(b)所示,而应采用碟形封头(见图 11-12(c))或椭圆封头。

(3)焊缝位置应尽量均匀、对称,以减少焊接应力与变形。如图 11-13(a)所示焊缝偏置于焊件中性轴一侧,焊后会产生较大的弯曲变形。图 11-13(b)所示焊缝对称于中性轴,有可能使弯曲变形抵消。如图 11-13(c)所示焊缝在中性轴上,焊后变形较小。

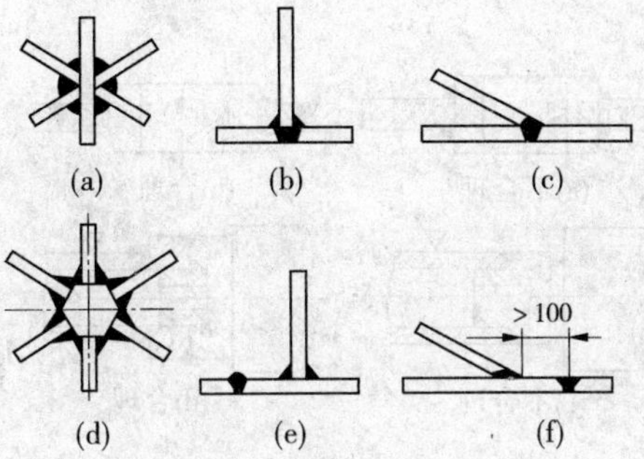

图 11-10　焊缝的分散布置

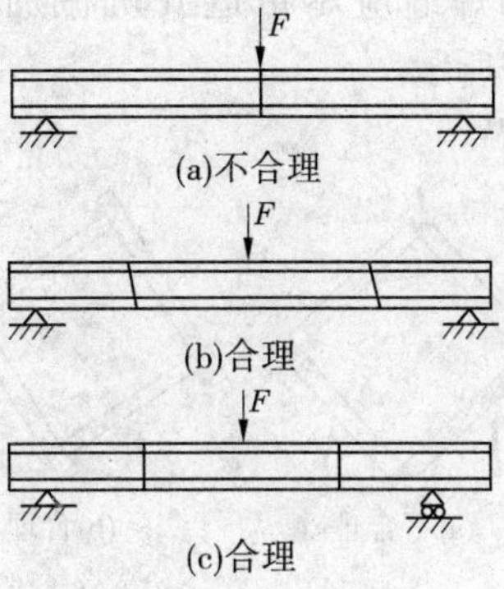

图 11-11　大跨度梁焊缝布置

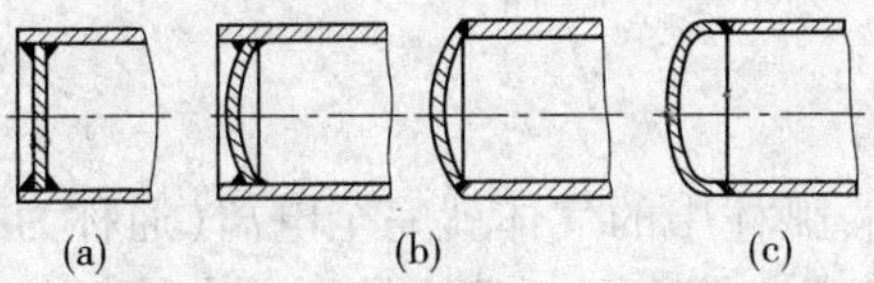

图 11-12　压力容器封头举例

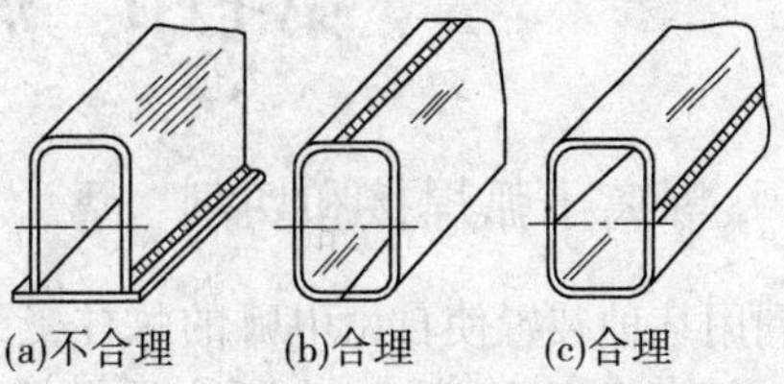

图 11-13　对称布置焊缝

(4)焊缝位置应便于操作，焊条电弧焊时，应考虑焊接操作的空间。如图 11-14(a)所示的内侧焊缝，焊条无法伸到待焊部位，图 11-14(b)为合理焊缝位置。点焊与缝焊时，应考虑电极能伸到待焊位置，如图 11-15 所示；埋弧焊时应考虑接头便于安放焊剂，如图 11-16 所示。

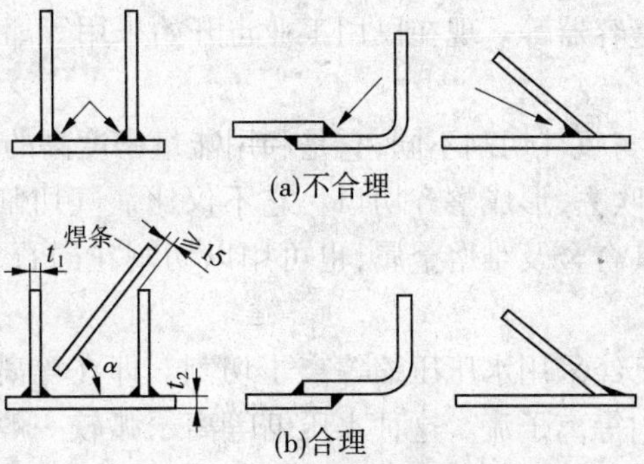

图 11-14　焊条电弧焊焊缝设置

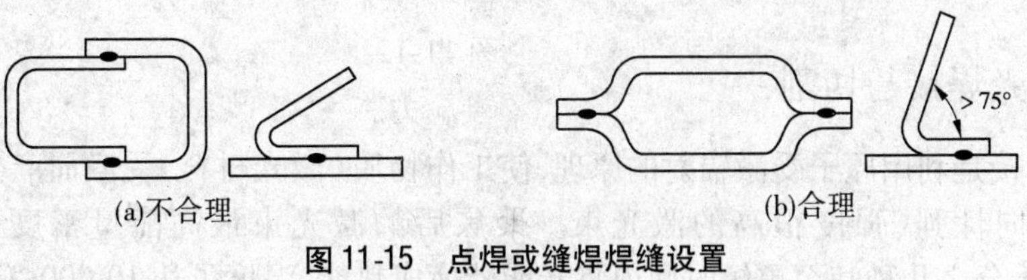

图 11-15　点焊或缝焊焊缝设置

(5)焊缝应尽量避开机械加工表面,以免破坏加工表面的精度和表面质量,如图 11-17所示。

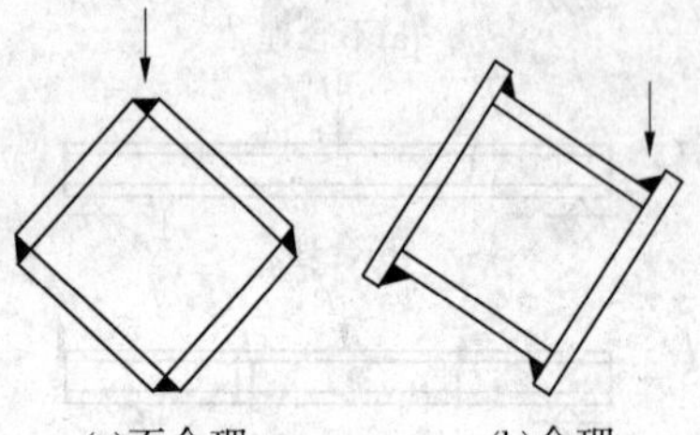

图 11-16　弧焊时焊缝设置

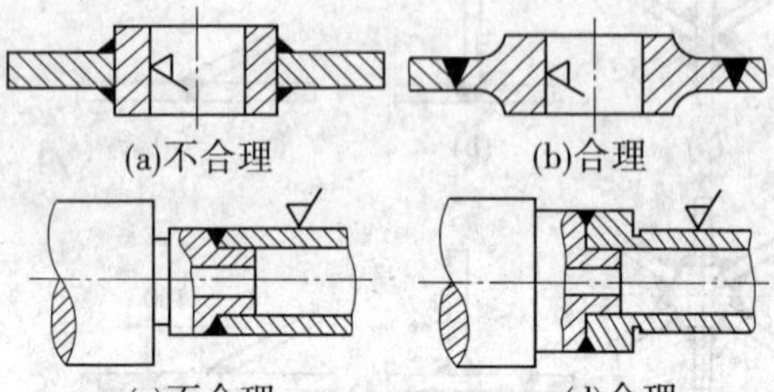

图 11-17　焊缝远离已加工表面设置

第七节　焊接新技术简介

一、等离子弧焊接和切割

利用某种装置使自由电弧的弧柱受到压缩,弧柱中的气体就完全电离(通称为压缩效应),便产生温度比自由电弧高得多的等离子弧。等离子弧发生装置是在钨极与工件之间加一高压,经高频振荡器使气体电离形成电弧。它能迅速熔化金属材料,用来焊接和切割。等离子弧焊接分为大电流等离子弧焊和微束等离子弧焊两类。

等离子弧焊除具有氩弧焊优点外,还有以下两方面特点:一是有小孔效应且等离子弧穿透能力强,所以 10 ~ 12 mm 厚度焊件可不开坡口,能实现单面焊双面自由成型;二是微束等离子弧焊可用以焊很薄的箔材。因此,它日益广泛地应用于航空航天等尖端技术所用的铜合金、钛合金、合金钢、钼、钴等金属的焊接,如钛合金导弹壳体、波纹管及膜盒、微型继电器、飞机上的薄壁容器等。现在民用工业也开始采用等离子弧焊,如锅炉管子的焊接等。

等离子弧切割原理与氧气切割不同,它是利用能量密度高的高温高速等离子流,将切割金属局部熔化并随即吹去,形成整齐切口。它不仅比氧气切割效率高 1 ~ 3 倍,还能切割不锈钢、有色金属及其合金及难熔金属,也可用以切割花岗石、碳化硅、耐火砖、混凝土等非金属材料。

目前,我国工业中已经采用水压压缩等离子切割。即在等离子弧喷嘴周围设置环状压缩喷水通路,对称射向等离子流。这种水压缩等离子弧较一般等离子弧可提高切口质量和切割速度,降低成本并有效地防止切割时产生的金属蒸气和粉尘等有毒烟尘,改善劳动条件。

二、激光焊接与切割

激光焊接是利用原子受激辐射的原理,使工作物质(激光材料)受激而产生的一种单色性好、方向性强、强度很高的激光束。聚焦后的激光束最高能量密度可达 1 013 W/cm^2,在千分之几秒甚至更短时间内将光能转换成热能,温度可达 10 000 ℃以上,可以用来焊接和切割。

激光焊分为脉冲激光焊接和连续激光焊接两大类。脉冲激光焊对电子工业和仪表工业微型件焊接特别适用。

连续激光焊接主要使用大功率 CO_2 气体激光器，连续输出功率可达 100 kW，可以进行从薄板精密焊到 50 mm 厚板深穿入焊的各种焊接。

激光焊接的特点：能量密度大且放出极其迅速，适合于高速加工，能避免热损伤和焊接变形，故可进行精密零件、热敏感性材料的加工；被焊材不易氧化，可以在大气中焊接，不需要气体保护或真空环境；激光焊接装置不需要与被焊接工件接触；激光可对绝缘材料直接焊接，对异种金属材料焊接比较容易，甚至能把金属与非金属焊接在一起。

激光束能切割各种金属材料和非金属材料，如氧气切割难以切割的不锈钢、钛、铝、锆及其合金等金属材料，木材、纸、布、橡胶、塑料、岩石、混凝土等非金属材料。

激光切割有激光蒸发切割、激光熔化吹气切割和激光反应气体切割三种。激光切割具有切割质量好、效率高、速度快、成本低等优点。

三、电子束焊接与切割

电子束焊是利用加速和聚焦的电子束，轰击置于真空或非真空中的焊件所产生的热能进行焊接的方法。电子束轰击焊件时 99% 以上的电子动能会转变为热能，因此焊件或割件被电子束轰击的部位可被加热至很高温度，实现焊接或切割。

电子束焊根据所处环境的真空度不同，可分为高真空电子束焊、低真空电子束焊和非真空电子束焊。

由于焊件在真空中焊接，金属不会被氧化、氮化，故焊接质量高，焊接变形小，可进行装配焊接；焊接适应性强；生产率高、成本低，易实现自动化。真空电子束焊的主要不足是设备复杂，造价高，焊前对焊件的清理和装配质量要求很高，焊件尺寸受真空室限制，操作人员需要防护 X 射线的影响。

真空电子束焊适于焊接各种难熔金属（如钛、钼等）、活性金属（除锡、锌等低沸点元素多的合金外）以及各种合金钢、不锈钢等，既可用于焊接薄壁、微型结构，又可焊接厚板结构。例如微型电子线路组件、大型导弹外壳、原子能设备中厚壁结构以及轴承齿轮组合件等。

四、扩散焊

扩散焊是焊件紧密贴合，在真空或保护气氛中，在一定温度和压力下保持一段时间，使接触面之间的原子相互扩散而完成焊接的压焊方法。

扩散焊的特点是接头强度高，焊接应力和变形小；可焊接材料种类多；可焊接复杂截面的焊件。扩散焊的主要不足是单件生产率较低，焊前对焊件表面的加工清理和装配质量要求十分严格，需用真空辅助装置。

扩散焊主要用于焊接熔焊、钎焊难以满足质量要求的小型、精密、复杂的焊件。近年来，扩散焊在原子能、航天导弹等尖端技术领域中解决了各种特殊材料焊接问题。

五、爆炸焊

爆炸焊是利用炸药爆炸时产生的冲击力造成焊件迅速碰撞，实现焊接的一种压焊方法。

爆炸焊适于焊接双金属轧制焊件和表面包覆有特殊物理—化学性能的合金或合金钢及异种材料制成的焊件，也适宜制造冲—焊、锻—焊结构件。

六、堆焊与喷涂

（一）堆焊

堆焊是为增大或恢复焊件尺寸，或使焊件表面获得具有特殊性能的熔敷金属而进行的焊接。其目的不是连接焊件，而是在于使焊件表面获得具有耐磨、耐热、耐蚀等特殊性能的熔敷金属，或是恢复或增加焊件尺寸。

堆焊的焊接方法很多，几乎所有的熔焊方法都能用来堆焊。

堆焊工艺与熔焊工艺区别不大，包括零件表面的清理、焊条焊剂烘干、焊接缺陷的去除等。与熔焊不同的地方主要是焊接工艺参数有差异。堆焊时，应在保证适当生产率的同时，尽量采用小电流、低电压、快焊速，以使熔深较小、稀释率较低以及金属元素烧损量较低。

（二）热喷涂

热喷涂是将喷涂材料加热到熔融状态，通过高速气流使其雾化，喷射到工件表面形成喷涂层，使工件具有耐磨、耐热、耐腐蚀、抗氧化等性能的加工方法。

喷涂层与工件表面主要为物理结合和机械结合。结合强度为 5 ~ 50 MPa，依工艺材料不同而异。涂层有一定孔隙度，其密度为本身材料密度的 85% ~ 99%。

喷涂的主要特点是喷涂材料来源广泛，工艺简便、灵活，工件变形小，生产效率高，便于获得很薄的涂层。

喷涂方法有电弧喷涂、火焰喷涂 、等离子喷涂及爆炸喷涂等，其中电弧喷涂、火焰喷涂和等离子喷涂应用比较广泛。

思考与练习

11-1　焊接按焊接过程特点可分为哪三大类？

11-2　名词解释：焊条电弧焊、酸性焊条、电渣焊、碳当量、压焊、咬边。

11-3　焊芯的作用是什么？化学成分有何特点？焊条药皮有哪些作用？

11-4　下列焊条型号的含义是什么？

E4303　E5015　E307 – 15　J506　EZNi　J423

11-5　电阻焊通常分为哪三种？简述电阻焊的特点。

11-6　什么叫焊接热影响区？低碳钢焊接热影响区组织与性能怎样？

11-7　焊接接头由哪几部分组成？并以低碳钢为例，说明热影响区中各区段的组织和力学性能的变化情况。

11-8　结构钢焊条如何选用？试给下列钢材选择两种不同牌号的焊条，并说明理由。

Q235　20　45　Q345(16Mn)

11-9　焊接铝及铝合金时，用何种焊接方法可获得较好的焊接质量？

11-10　什么是金属焊接性？怎样来评定金属的焊接性？

11-11　普通低合金钢焊接的主要问题是什么？焊接时应该采取哪些措施？

11-12　焊条电弧焊焊接接头的基本形式有哪几种？各适用什么场合？

11-13　焊缝布置的原则是什么？如图 11-18 所示，两焊件的焊缝布置是否合理？若不合理，请加以改正。

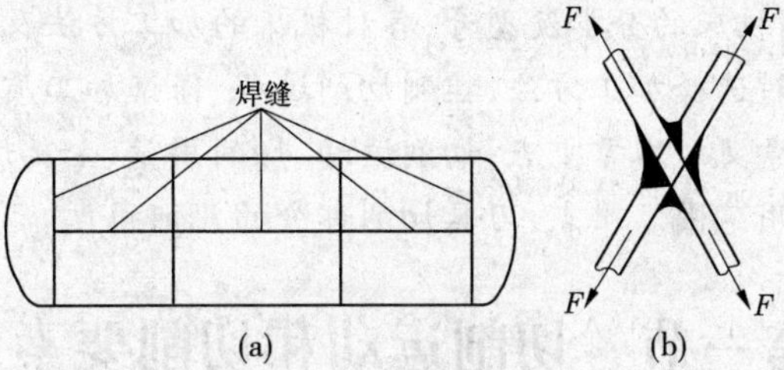

图 11-18　题 11-13 图

11-14　埋弧焊、气体保护焊为什么便于实现自动化焊接？电阻焊、电渣焊、钎焊为什么生产率也很高？气焊为什么适于焊薄板？什么情况下必须使用气焊方法焊接？哪几种焊接方法过热区比较大？

11-15　简述产生焊接接头缺陷的原因及预防措施。

第十二章　金属切削加工基础

学习指导

切削过程是刀具和工件相互作用,刀具从工件表面切除多余的材料得到零件预期表面的过程。本章介绍切削运动和切削要素,切削刀具的基本知识,切削过程中的切削力、积屑瘤等概念,金属切削机床的分类及型号,各种机床的加工方法及工艺特点。学习和掌握这些基本理论和规律对选择加工方法、控制切削过程、保证加工质量、提高生产效率、降低加工成本具有重要的意义。本章重点:切削运动、切削用量、金属切削刀具、常用切削加工方法的工艺特点和应用范围。难点:刀具切削部分的几何角度。

第一节　切削运动和切削要素

一、零件表面的形成

机械零件表面的形状虽然各种各样,但分析起来,可以看成是一条线(称为母线)沿着另一条线(称为导线)移动或旋转而形成的,母线和导线统称发生线。

如图 12-1 所示。圆柱面可以看成是由一条直线母线沿一条圆导线运动的轨迹。圆锥面可以看成是由一条斜母线沿圆导线运动的轨迹。平面可以看成是由一条直线母线沿一条直导线运动的轨迹。图 12-1(d)所示的成形面,可以看成是由一条曲线母线沿一条圆导线或直导线运动的轨迹。切削加工时,零件上的实际表面就是根据这一原理,通过刀具与工件之间的相互作用和相对运动形成的。

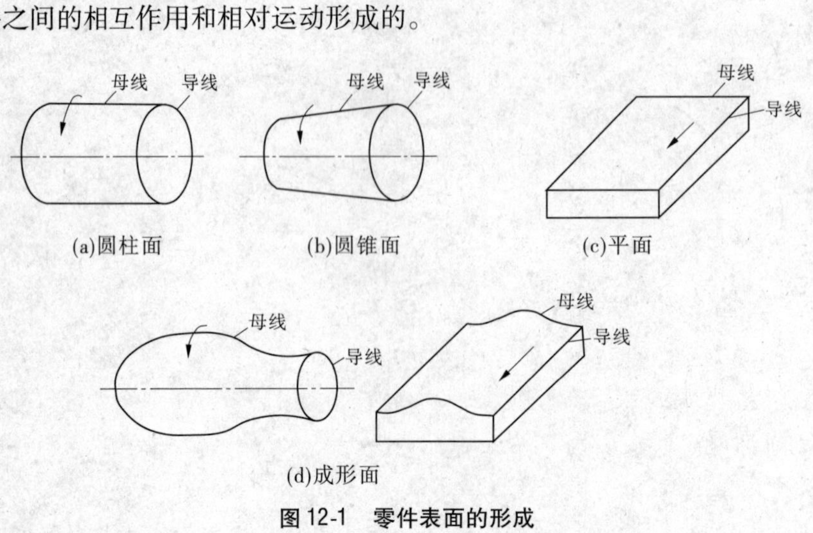

图 12-1　零件表面的形成

二、切削运动

切削运动包括主运动和进给运动。

(一)主运动

主运动是使刀具与工件产生主要相对运动以进行切削的最基本运动，是必不可少的成形运动。主运动速度最高，消耗功率最多，在切削运动中，主运动只有一个。它可以由工件完成，也可以由刀具完成；可以是旋转运动，也可以是直线运动。如车削时，工件的回转运动是主运动；平面刨削时刀具的直线往复运动是主运动，如图 12-2 所示。主运动的速度即为切削速度，用 v_c 表示。

(二)进给运动

进给运动是使金属层不断送入切削所需的运动(见图 12-2)。进给运动一般速度较低，消耗的功率较少。一种加工可以有一种或一种以上的进给运动。进给运动可以是连续的也可以是断续的。进给运动的速度即为进给速度，用 v_f 表示。

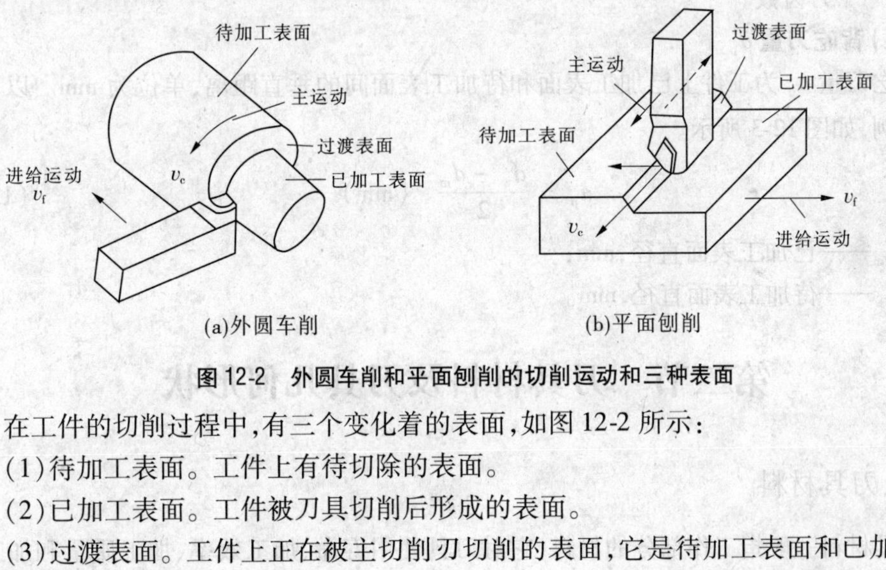

(a)外圆车削　　(b)平面刨削

图 12-2　外圆车削和平面刨削的切削运动和三种表面

在工件的切削过程中，有三个变化着的表面，如图 12-2 所示：

(1)待加工表面。工件上有待切除的表面。

(2)已加工表面。工件被刀具切削后形成的表面。

(3)过渡表面。工件上正在被主切削刃切削的表面，它是待加工表面和已加工表面之间的表面。

三、切削要素

切削加工中，必须合理地选择切削速度 v_c、进给量 f(或进给速度 v_f)和背吃刀量 a_p，v_c、f、a_p 称为切削用量三要素。车削加工的切削要素如图 12-3 所示。

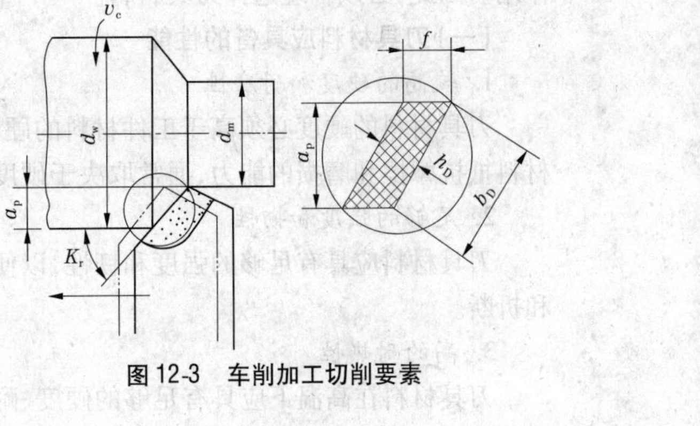

图 12-3　车削加工切削要素

(一)切削速度 v_c

切削刃上选定点相对于工件的主运动速度为切削速度。即在单位时间内，工件和刀具沿主运动方向的相对位移。若主运动

为旋转运动(车、钻、镗、铣等加工),切削速度为加工表面的最大线速度:

$$v_c = \frac{\pi dn}{1\ 000} \quad (\mathrm{m/s}\ 或\ \mathrm{m/min}) \tag{12-1}$$

式中 d——切削处工件或刀具的直径,mm;

n——工件或刀具的转速,r/s 或 r/min。

(二)进给量 f

进给量是工件或刀具在一个工作循环内(每回转一周或每往复一次),刀具与工件之间沿进给运动方向的相对位移,单位是 mm/r(或 mm/双行程)。进给速度 v_f 是单位时间的进给量,单位是 mm/s(或 mm/min)。

在铣刀、铰刀、拉刀等多刃切削工具进行切削时,还应规定每一个刀齿的进给量 f_z,单位是 mm/z(毫米/齿)。

进给速度 v_f、进给量 f、每齿进给量 f_z 之间的关系为:

$$v_f = fn = f_z zn \quad (\mathrm{mm/s}\ 或\ \mathrm{mm/min}) \tag{12-2}$$

式中 z——刀齿数。

(三)背吃刀量 a_p

背吃刀量 a_p 为工件上已加工表面和待加工表面间的垂直距离,单位为 mm。以车削加工为例,如图 12-3 所示。

$$a_p = \frac{d_w - d_m}{2} \quad (\mathrm{mm}) \tag{12-3}$$

式中 d_m——已加工表面直径,mm;

d_w——待加工表面直径,mm。

第二节 刀具材料及刀具几何形状

一、刀具材料

刀具材料一般指工作部分的材料,它对刀具使用寿命、加工效率、加工质量和加工成本影响极大,在切削加工时,由于塑性变形及摩擦,刀具要承受高温、高压、冲击和振动的作用。因此,必须合理选择刀具材料。

(一)刀具材料应具备的性能

1. 较高的硬度和耐磨性

刀具材料的硬度必须高于工件材料的硬度,常温硬度须在 60 HRC 以上。耐磨性表示材料抵抗摩擦和磨损的能力,通常取决于硬度,一般硬度越高,耐磨性越好。

2. 足够的强度和韧性

刀具材料应具有足够的强度和韧性,以便承受切削力、冲击和振动,而不致产生崩刃和折断。

3. 高的耐热性

刀具材料在高温下应具有足够的硬度、耐磨性、强度和韧性,以及良好的抗氧化能力。

4. 良好的导热性和耐热冲击性能

刀具材料的导热性能要好，材料内部不会因承受大的热冲击而产生刀具内部裂纹。

5. 良好的工艺性能

刀具材料应具有良好的锻造性能、焊接性能、磨削加工性能和热处理性能等，以便制造各种刀具。

此外，刀具材料还应考虑经济性，尽可能地结合国内资源，选用成本较低、性能较好的刀具。

（二）常用刀具材料

常用的刀具材料有碳素工具钢、合金工具钢和高速钢、硬质合金、陶瓷、金刚石和立方氮化硼等。碳素工具钢（如 T10A、T12A）和合金工具钢（如 9SiCrR、CrWMn），因其耐热性很差，通常仅用于手工工具和切削速度较低的刀具，如手用锯条、丝锥等；陶瓷、金刚石则由于性质脆、工艺性差及价格昂贵等原因，仅用于有限的场合。目前，刀具材料用得最多的仍是高速钢和硬质合金。

1. 高速钢

高速钢的种类有普通高速钢、高性能高速钢、粉末冶金高速钢。普通高速钢已在第四章介绍。

高性能高速钢是在普通高速钢中增加碳（C）、钒（V）含量及增加钴（Co）、铝（Al）等合金元素的新钢种，耐热性和耐磨性高于普通高速钢，可用于加工奥氏体不锈钢、高温合金、钛合金、超高强度钢等难加工材料。W2Mo9CrVCo8（简称 M42）和 W6Mo5Cr4V2Al（简称 501）是高性能高速钢的典型牌号。

粉末冶金高速钢是用高压惰性气体（如氩气）雾化熔融的高速钢钢水，直接得到细小的高速钢粉末，再经过热压（同时进行烧结）制成刀坯，或制成钢坯再经轧制或锻制成材。优点是韧性、硬度较高，热处理变形小，磨削加工性好，在加工耐热合金、不锈钢时，刀具寿命明显提高，特别适合制造精密刀具和形状复杂的刀具。

2. 硬质合金

硬质合金是以高硬度、难熔的金属化合物（如 WC、TiC、TaC、NbC 等）粉末为主要成分，并以钴或镍等为黏结剂烧结而成的粉末冶金制品。这些碳化物的硬度、耐磨性、耐热性都很高，化学稳定性和热稳定性较好，因此硬质合金的硬度、耐磨性、耐热性都很高，常温硬度为 89～93 HRA（相当于 74～82 HRC），热硬温度可达 800～1 000 ℃。刀具寿命比高速钢高几倍到几十倍，在相同的耐用度时，切削速度可提高 4～10 倍。但抗弯强度和冲击韧性较差。

硬质合金是最常用的刀具材料之一，常用于制造车刀、端铣刀和部分立铣刀、深孔钻、铰刀等。

ISO 国际标准化组织把切削刀具用的硬质合金分为三类：P 类、K 类和 M 类。常用硬质合金的牌号、性能和使用范围见表 12-1。

表 12-1　常用硬质合金的牌号、性能和使用范围

类型	牌号	物理机械性能			使用性能			使用范围		相当的ISO牌号
		硬度		抗弯强度(GPa)	耐磨	耐冲击	耐热	材料	加工性质	
		HRA	HRC							
钨钴类(K类)	YG3	91	78	1.08				铸铁及有色金属	连续切削时精、半精加工	K05
	YG6X	91	78	1.37				铸铁及耐热合金	精加工、半精加工	K10
	YG6	89.5	75	1.42	↑	↓	↑	铸铁及有色金属	连续切削时粗加工,间断切削时半精加工	K20
	YG8	89	74	1.47				铸铁及有色金属	间断切削时粗加工	K30
钨钛钴类(P类)	YT5	89.5	75	1.37				钢	粗加工	P30
	YT14	90.5	77	1.25				钢	间断切削时半精加工	P20
	YT15	91	78	1.13	↑	↓	↑	钢	连续切削时粗加工,间断切削时半精加工	P10
	YT30	92.5	81	0.88				钢	连续切削时精加工	P01
添加稀有金属碳化物类(M类)	YW1	92	80	1.28		较好	较好	难加工钢材	精加工、半精加工	M10
	YW2	91	78	1.47		好		难加工钢材	半精加工、粗加工	M20

注:表中符号意义:Y——硬质合金;G——钴,其后数字为含钴量;X——细颗粒合金;T——钛,其后数字为碳化钛的含量;W——通用合金。

K类(钨钴类(YG))硬质合金。这类合金由WC和Co组成,我国生产的常用牌号有YG3、YG6、YG8等。K类硬质合金抗弯强度和冲击韧性较好,很适于加工切屑呈崩碎状的铸铁材料;K类硬质合金的刃磨性好,故也可以用来加工有色金属和合金等材料。随着钴含量的增多,硬度和耐磨性下降,抗弯强度和韧性增高。

P类(钨钛钴类(YT))硬质合金。这类合金由WC、TiC和Co组成,常用牌号有YT5、YT14、YT15、YT30等,主要用于加工钢料。合金中随着TiC含量的提高,钴含量的相应减少,硬度和耐磨性增高,抗弯强度下降。

M类(通用类(YW))硬质合金。这类合金在WC、TiC、Co的基础上加入TaC或NbC而成。常用牌号有YW1、YW2等,加入TaC或NbC后,提高了硬质合金的韧性和耐热性,使其具有较好的综合切削性能。这类合金既可加工铸铁和有色金属,又可加工钢料,还可以加工高温合金和不锈钢等难加工的材料,被称为通用硬质合金。

二、刀具切削部分的几何角度

金属切削刀具的种类虽然很多,但其切削部分的几何形状与参数都有着共性。外圆车刀是最基本、最典型的切削刀具。各种多齿刀具和复杂刀具都可以看做是外圆车刀的演变和组合。因此,可以外圆车刀为代表来说明刀具的切削部分的结构要素和几何角度。

(一)刀具切削部分的组成

刀具各组成部分中承担切削工作的部分为刀具的切削部分。外圆车刀由三个刀面、两条切削刃和一个刀尖组成,如图 12-4 所示。

(1)前刀面:刀具上切屑流过的表面。

(2)主后刀面:与工件上过渡表面相对的表面。

(3)副后刀面:与工件上已加工表面相对的表面。

(4)主切削刃:前刀面与主后刀面的交线称为主切削刃,它完成主要的切削工作。

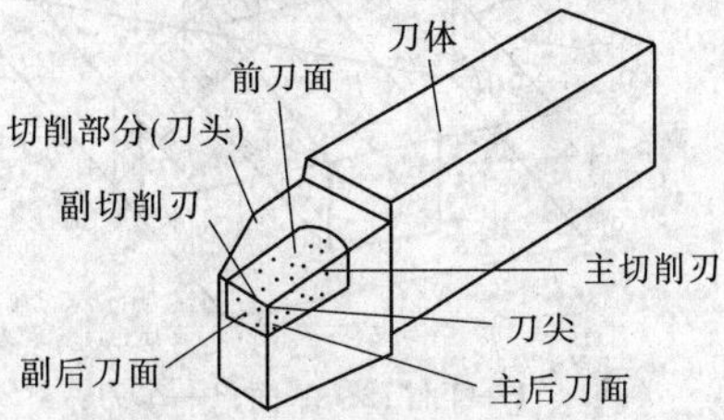

图 12-4 车刀切削部分组成要素

(5)副切削刃:前刀面与副后刀面的交线称为副切削刃。它协同主切削刃完成部分的切削工作,并最终形成已加工表面。

(6)刀尖:主切削刃与副切削刃的连接处的一小部分切削刃。在实际应用中,为了增加刀尖的强度和耐磨性,许多刀具都在刀尖处磨出直线或圆弧形过渡刃。

(二)刀具的标注角度

1. 刀具标注角度参考系

刀具要从工件上切除金属材料,必须具有一定的切削角度,切削角度决定了各切削部分之间的相对位置关系。为标注刀具的角度,必须建立如图 12-5 所示的、由三个坐标平面组成的参考系。其定义如下:

(1)基面(P_r):通过切削刃上任意点,垂直于该点切削速度方向的平面。车刀的基面是平行于车刀底面的平面。

(2)切削平面(P_s):通过主切削刃上任意点并与工件加工表面相切的平面。

(3)主剖面(正交平面 P_o):通过主切削刃上任意点并与主切削刃在基面上的投影垂直的平面。

基面、切削平面和主剖面相互垂直,组成了标注刀具角度的参考系,称为正交平面参考系,用于定义刀具设计、制造、刃磨和测量时的几何参数。在正交平面参考系中刀具的主要标注角度有五个,如图 12-6 所示。

2. 刀具的角度

(1)前角 γ_0:在主剖面 P_o 内测量的刀具前刀面与基面之间的夹角,前角有正负之分,即刀具前刀面在基面之下时为正前角,刀具前刀面在基面之上时为负前角。

增大前角能使刀具锋利,切削轻快,减小切削力和切削热。但前角过大,刀刃和刀尖的强度下降,刀具导热体积减小,影响刀具使用寿命。通常硬质合金车刀的前角在 -5° ~

20°的范围内选取。前角的大小对表面粗糙度、排屑及断屑的情况都有一定的影响。

(2)后角 α_0:在主剖面 P_o 内测量的刀具主后刀面与切削平面之间的夹角。后角的作用是为了减小后刀面与工件的摩擦,减少后刀面的磨损。后角不能过大,否则同样会使切削刃强度下降。

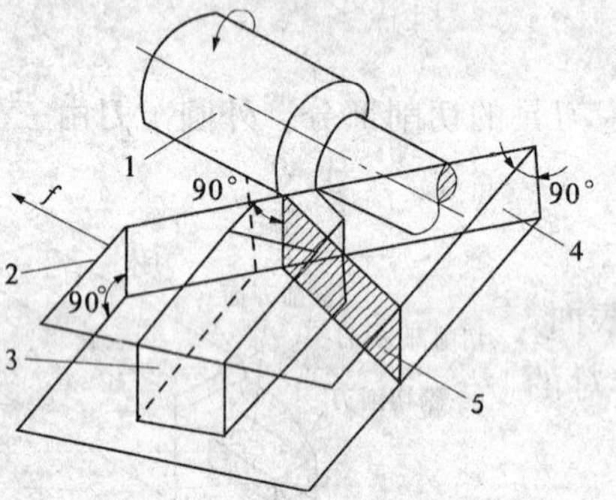

1—工件;2—基面;3—车刀;

4—切削平面;5—主剖面

图 12-5　正交平面参考系

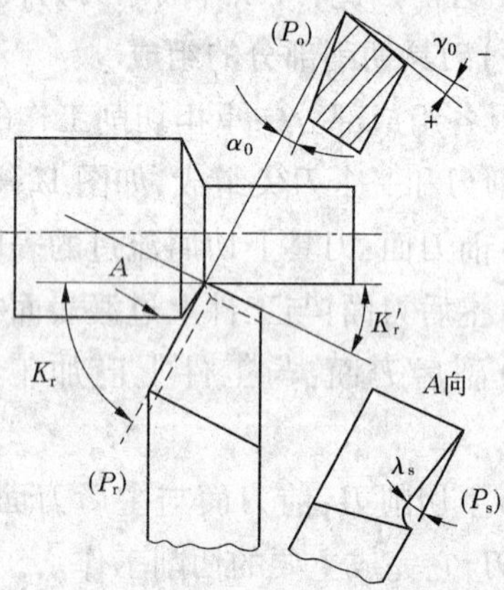

图 12-6　车刀的主要标注角度

粗加工和承受冲击载荷的刀具,为了使刀刃有足够的强度,应取较小的后角,一般为 5°~7°;精加工为保证加工的表面质量,应取较大的后角,一般为 8°~12°;高速钢刀具的后角可比同类硬质合金刀具稍大些。

(3)主偏角 K_r:在基面 P_r 内测量的主切削刃在基面上的投影与进给运动方向之间的夹角。

在进给量和切削深度相同的情况下,减小主偏角可使刀刃参加切削的长度增加,切屑变薄,因而使刀刃单位长度上的负荷减轻。同时加强了刀尖,增大了散热面积,从而使切削条件得到改善,刀具寿命提高。但在切削力同样大小的情况下,减小主偏角会使切深抗力(径向抗力)增加。当加工刚性较弱的工件时,为避免工件变形和振动,应选用较大的主偏角。车刀常用的主偏角有 45°、60°、75°、90°几种。

(4)副偏角 K_r':在基面 P_r 内测量的副切削刃在基面上的投影与进给运动反方向之间的夹角。

副偏角 K_r' 的作用是为了减小副切削刃和副后刀面与工件已加工表面的摩擦,以防止切削时产生振动。副偏角的大小影响表面粗糙度。减小副偏角,可使工件表面粗糙度数值减小。副偏角一般取 5°~15°,粗加工取较大值,精加工取较小值。

(5)刃倾角 λ_s:在主切削平面 P_s 内测量的主切削刃与基面间的夹角。

刃倾角总为锐角,有正、负和零值之分,其正、负值的确定原则如图 12-7 所示:当刀尖位于主切削刃上最高点时,刃倾角为正值;反之为负值。刃倾角主要影响刀头的强度、切削分力和排屑方向。

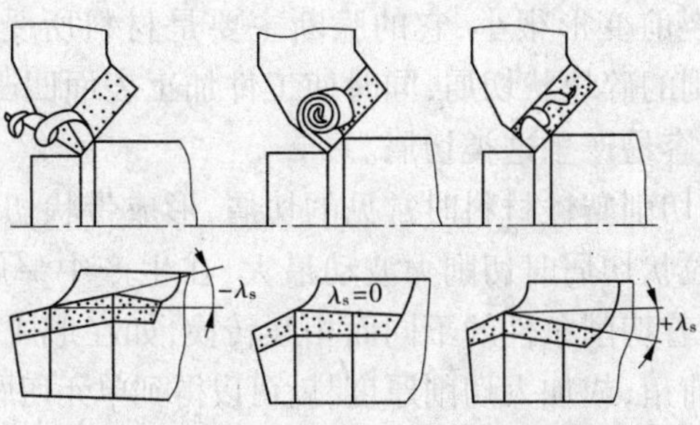

图 12-7　刃倾角及其对排屑方向的影响

第三节　金属的切削过程

一、切屑形成过程及切屑种类

(一)切屑的形成过程

在切削金属材料时,切削层受到前刀面的挤压,开始产生弹性变形;随着刀具进一步切入,金属内部的剪应力继续增加,达到材料的屈服强度时,产生塑性变形;刀具再继续前进,剪应力达到材料的断裂强度,金属材料被挤裂,并沿着刀具的前刀面流出而成为切屑。因此可以说,金属切削过程是切削层受到刀具前刀面的挤压后,产生以剪切滑移为主的塑性变形,而形成切屑的过程。

(二)切屑的种类

由于工件材料不同,刀具的角度和切削用量不同,产生的切屑类型也不同,但主要有以下四种切屑类型,如图 12-8 所示。

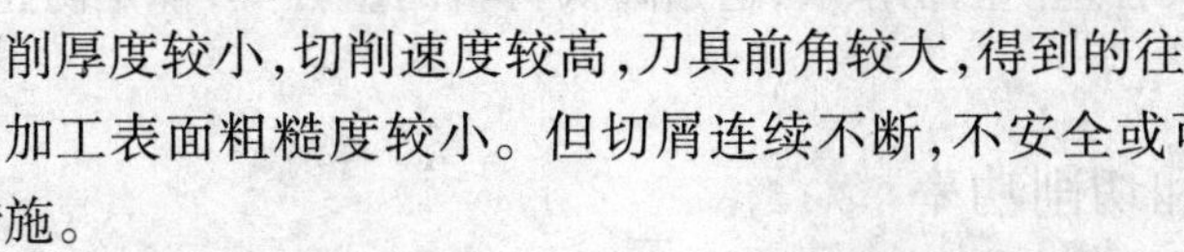

图 12-8　切屑类型

(1)带状切屑。连续不断呈带状,它的内表面是光滑的,外表面是毛茸的;一般加工塑性金属材料,切削厚度较小,切削速度较高,刀具前角较大,得到的往往是这类切屑。它的切削力较平稳,加工表面粗糙度较小。但切屑连续不断,不安全或可能刮伤已加工表面,要采取断屑措施。

(2)节状切屑。又称挤裂切屑,形成切屑时,在切屑厚度的背面出现剪切断裂呈节状流出。它的外表面呈锯齿形,内表面有时有裂纹。在切削速度较低、切削厚度较大、材料中等硬度、刀具前角较小时产生这种切屑。由于切削力波动较大,工件表面较粗糙。

(3)粒状切屑。又叫单元切屑(各粒形状相似),在切削层中发生严重塑性变形,剪切应力超过了材料的断裂强度,切屑被剪切断裂成颗粒状。

(4)崩碎切屑。切削铸铁、青铜等脆性金属时,由于材料的塑性很小、抗拉强度较低,刀具切入后，切屑在破裂前变形很小，它的脆断主要是材料所受应力超过了它的抗拉极限，从而形成形状不规则的碎块状切屑，同时使工件加工表面凹凸不平。工件材料越是硬脆，切削厚度越大时，越容易产生这类切屑。

上述前三种切屑是切削塑性材料时常见的切屑，形成带状切屑时切削过程最平稳，切削力的波动最小，形成粒状切屑时切削力波动最大，在生产中一般最常见的是带状切屑。这三种切屑类型可以随着切削条件的不同而相互转换，如在形成节状切屑的情况下，改变切削条件：进一步减小前角，或加大切削厚度，就可以得到单元切屑；反之，加大前角，提高切削速度，减小切削厚度，则可得到带状切屑。这说明切屑的形态是可以随切削条件而转化的。

二、积屑瘤

在加工一般钢料或铝合金等塑性金属时，在能够形成带状切屑的某一切削速度范围内，常在前刀面切削处粘着一块剖面呈三角状的硬块，如图 12-9 所示，它的硬度很高，通常为工件材料硬度的 2 ~ 3 倍，这块粘在前刀面上的金属称为积屑瘤。

(一) 积屑瘤的形成

切削时切屑流经前刀面的过程中，在适当的温度和较高的压力下，切屑底层材料会黏结（冷焊）在前刀面上，连续流动的切屑从粘在刀面上的材料上流过时，黏结层逐渐积聚，最后形成积屑瘤。

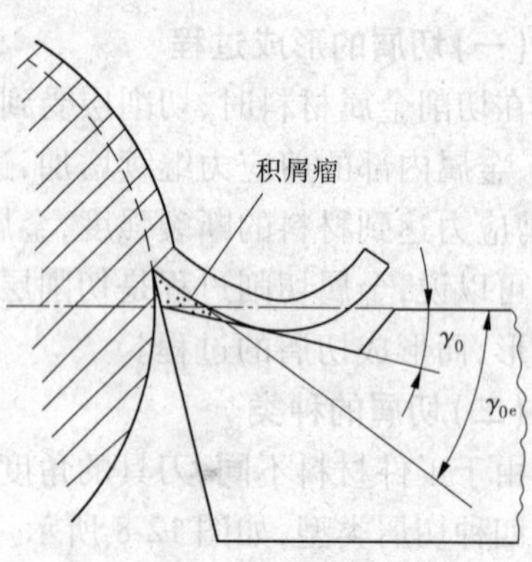

图 12-9　积屑瘤

(二) 积屑瘤对切削过程的影响

积屑瘤包围着切削刃，可以代替刀刃进行切削，从而保护了刀刃，减少了刀具的磨损。同时积屑瘤使刀具的实际工作前角增大（由 γ_0 增至 γ_{0e}），而且，积屑瘤越高，实际工作前角越大，刀具越锋利。因此，粗加工时，可利用积屑瘤。但是积屑瘤是不稳定的，它前端伸出切削刃外，而且在不断地产生和脱落，直接影响加工尺寸精度，并导致切削力的变化，引起振动，使表面粗糙度数值增大。所以，精加工应避免产生积屑瘤。

(三) 避免积屑瘤的措施

采用低速（2 ~ 5 m/min）或高速（ >75 m/min）切削，减小进给量，增大刀具前角，降低前刀面粗糙度数值，合理使用切削液，适当降低材料的塑性等，都是防止积屑瘤产生的有效措施。

三、切削力和切削功率

(一) 切削力的来源

在切削过程中，刀具要克服材料变形抗力及其与工件和切屑之间的摩擦力，这些力的合力就是切削力。即切削力来自材料变形抗力和刀具与工件、切屑之间的摩擦力。

(二) 切削合力、切削分力及切削功率

作用于刀具上的总切削力 F 的大小和方向随加工条件的不同而变化，为便于测量和应用，一般将 F 分解为三个互相垂直的分力，称为切削分力。如图 12-10 所示为车削时总

切削力分解情况。

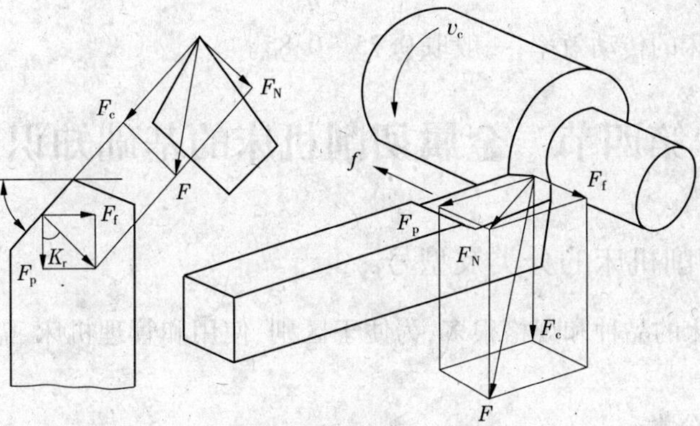

图 12-10　切削合力与分力

主切削力 F_c:垂直于基面,沿切削速度方向上的分力,又称切向力;主切削力的大小占总切削力的 80% ~90%,是计算切削功率和设计及校核机床主传动系统、夹具及刀具强度、刚度的重要依据。

切深抗力 F_p:平行于基面,在切深方向上的分力,又称径向力。同时垂直于主运动和进给运动方向,不消耗功率,但易使工件变形或造成振动,影响加工精度和表面粗糙度。

进给抗力 F_f:平行于基面,在进给运动方向上的分力,又称轴向力,是设计和校核机床进给机构强度的重要依据。

由图 12-10 可知,合力 F 先分解为 F_c 和 F_N,F_N 再分解为 F_p 和 F_f。

$$F = \sqrt{F_c^2 + F_N^2} = \sqrt{F_c^2 + F_p^2 + F_f^2} \tag{12-4}$$

$$F_p = F_N \cos k_r \tag{12-5}$$

$$F_f = F_N \sin k_r \tag{12-6}$$

(三)切削功率

切削过程中各切削分力消耗功率的总和,称为切削功率。因 F_p 方向的位移极小,可忽略不计,故有

$$P_c = \left(F_c v_c + \frac{F_f nf}{1\,000}\right) \times 10^{-3} \quad (\text{kW}) \tag{12-7}$$

式中　F_c——主切削力,N;

v_c——切削速度,m/s;

F_f——进给力,N;

n——工件的转速,r/s;

f——进给量,mm/r。

由于 F_f 远远小于 F_c,而 F_f 方向的运动速度又很小,F_f 所消耗的功率与 F_c 所消耗的功率相比很小(一般小于 1%),故可以略而不计。即

$$P_c = F_c \cdot v_c \cdot 10^{-3} \quad (\text{kW}) \tag{12-8}$$

根据切削功率选择机床电动机时,还要考虑机床的传动效率。机床电动机的功率 P_E 应为:

$$P_E \geqslant \frac{P_c}{\eta_m} \tag{12-9}$$

式中　η_m——机床的传动效率,一般取 0.75 ~0.85。

第四节　金属切削机床的基础知识

一、金属切削机床的分类及型号

金属切削机床的品种和规格很多,为便于区别、使用和管理机床,需对机床加以分类和编制型号。

(一)机床的分类

机床的分类方法很多,主要是按加工性质和所用的刀具进行分类的。根据我国制定的机床型号编制方法,目前将机床分为 11 大类:车床、钻床、镗床、磨床、齿轮加工机床、螺纹加工机床、铣床、刨插床、拉床、锯床及其他机床。在每一类机床中,又按工艺范围、布局形式和结构性能等,分为 10 组,每一组又细分为若干系(系列)。

除上述分类方式外,机床还可根据其他特征进一步细分。同类型机床按应用范围(通用性程度)又可分为以下几种。

1. 通用机床

通用机床可用于加工多种零件的多种工序,加工范围较宽,通用性较强,但结构比较复杂。这种机床主要适用于单件小批生产,例如卧式车床、摇臂钻床、万能升降台铣床等。

2. 专门化机床

专门化机床的工艺范围较窄,只能加工某一类或少数几类零件的某一道(或几道)特定工序,如曲轴车床、凸轮轴车床等。

3. 专用机床

专用机床的工艺范围最窄,只能用于加工某一特定零件的特定工序,适用于大批量生产。如机床主轴箱的专用镗床、车床导轨的专用磨床等。各种组合机床也属于专用机床。

机床按自动化程度可分为手动机床、机动机床、半自动机床和自动机床。

同类型机床按工作精度又可分为普通精度机床、精密机床和高精密机床。

机床按重量与尺寸可分为仪表机床、中型机床、大型机床、重型机床和超重型机床。

按机床主要工作部件的数目,可以分为单轴的、多轴的机床或单刀的、多刀的机床等。

(二)金属切削机床型号的编制方法

机床的型号用以简明地表示机床的类型、通用特性和结构特性以及主要技术参数等。我国的机床型号,现在是按《金属切削机床型号编制方法》(GB/T 15375—1994)编制的。

1. 通用机床的型号编制

通用机床型号由基本部分和辅助部分组成,中间用“/”隔开,基本部分需统一管理,辅助部分是否纳入型号由企业自定。通用机床型号基本部分表示方法如表 12-2 所示。

表 12-2　机床型号基本部分表示方法

表示方法	[◎]	○	[○]	◎	◎	[×◎]	[○]	[/◎]
含义	分类代号(阿拉伯数字)	类代号(汉语拼音字母大写)	通用特性、结构特性代号(汉语拼音字母大写)	组、系代号(阿拉伯数字)	主参数或设计顺序号(阿拉伯数字)	第二主参数(阿拉伯数字)	重大改进顺序号(汉语拼音字母大写)	同一型号机床的变型代号(阿拉伯数字)

注:1. 有“[　]”的代号或数字,当无内容时不表示,若有内容,则不带括号;

2. 有“○”符号者,为大写的汉语拼音字母;

3. 有“◎”符号者,为阿拉伯数字。

1)机床的类和分类代号

机床的类别用汉语拼音大写字母表示,见表 12-3。当需要时,每类又可分为若干分类;分类代号用阿拉伯数字表示,在类代号之前,它居于型号的首位,但第一分类不予表示,例如,磨床类分为 M、2M、3M 三个分类。

表 12-3　机床的类别代号

类别	车床	钻床	镗床	磨床			齿轮加工机床	螺纹加工机床	铣床	刨插床	拉床	锯床	其他机床
代号	C	Z	T	M	2M	3M	Y	S	X	B	L	G	Q
读音	车	钻	镗	磨	二磨	三磨	牙	丝	铣	刨	拉	割	其

2)机床的特性代号

当某类型机床除有普通型外,还有某种通用特性时,则在类代号之后加上通用特性代号,表 12-4 为通用特性代号,例如“CK”表示数控车床。如同时具有两种通用特性,则可用两个代号同时表示,如“MBG”表示半自动高精度磨床。如某类型机床仅有某种通用特性,而无普通型者,则通用特性不必表示。如 C1107 型单轴纵切自动车床,由于这类自动车床没有“非自动”型,所以不必用“Z”表示通用特性。

表 12-4　通用特性代号

通用特性	高精密	精密	自动	半自动	数控	加工中心	仿形	轻型	加重型	简式或经济型	柔性加工单元	数显	高速
代号	G	M	Z	B	K	H	F	Q	C	J	R	X	S
读音	高	密	自	半	控	换	仿	轻	重	简	柔	显	速

为了区分主参数相同而结构不同的机床,在型号中用结构特性代号表示。结构代号为汉语拼音字母。例如,CA6140 型卧式车床型号中的“A”,可理解为这种型号车床在结

构上区别于 C6140 型车床。结构特性的代号字母是根据各类机床的情况分别规定的，在不同型号中的意义可不一样。

3）机床的组和系代号

每类机床按其结构性能及使用范围划分为 10 个组，用阿拉伯数字 0～9 表示，排在类或特性代号之后。如车床类机床，可分为仪表车床、落地及卧式车床等若干组，如表 12-5 所示。每组机床又分为 10 个系（系列），系的划分原则是：主参数相同，并按一定公比排列，工件和刀具本身的相对运动特点基本相同，且基本结构及布局型式相同的机床，即划分为同一系。系代号也用阿拉伯数字表示，排在组代号之后。

表 12-5　车床类机床的组别

组别	仪表车床	单轴自动车床	多轴自动半自动车床	回轮、转塔车床	曲轴及凸轮轴车床
代号	0	1	2	3	4
组别	立式车床	卧式及落地车床	仿形及多刀车床	轮、轴、锭辊及铲齿车床	其他车床
代号	5	6	7	8	9

4）机床主参数、第二主参数和设计顺序号

机床主参数代表机床规格的大小，通常以机床的最大加工尺寸或与此有关的机床部件尺寸作为主参数。型号中的主参数用折算值表示。折算值等于折算系数乘以主参数值。当折算值大于 1 时，取为整数；当折算值小于 1 时，则直接用主参数表示，并在前面加零。表 12-6 为常用机床的主参数和折算系数。

表 12-6　常用机床的主参数及折算系数

机床	主参数	折算系数	机床	主参数	折算系数
卧式车床	床身上最大工件回转直径	1/10	外圆磨床	最大磨削直径	1/10
单轴自动车床	最大棒料直径	1	升降台铣床	工作台面宽度	1/10
牛头刨床	最大刨削长度	1/10	回轮车床	最大棒料直径	1
摇臂钻床	最大钻孔直径	1	卧式镗床	主轴直径	1/10

为了更完整地表示机床的工作能力和加工范围，有些机床还有第二主参数，第二主参数一般是指最大模数、最大转矩、最大工件长度、工作台工作面长度等。第二主参数也用折算值表示，位于主参数后面，并以“×”（读作“乘”）号相隔。当无法用主参数表示时，则在型号中用设计顺序号表示。设计顺序号由 1 起始。当设计顺序号小于 10 时，由 01 开始编号。

5）机床的重大改进顺序号

当机床的性能及结构布局有重大改进，并按新产品重新设计、试制和鉴定时，在原机床型号的尾部，加重大改进顺序号，以区别于原机床型号。序号按 A、B、C、…字母的顺序选用。机床型号含义举例如下：

【例 12-1】 CA6140 型卧式机床

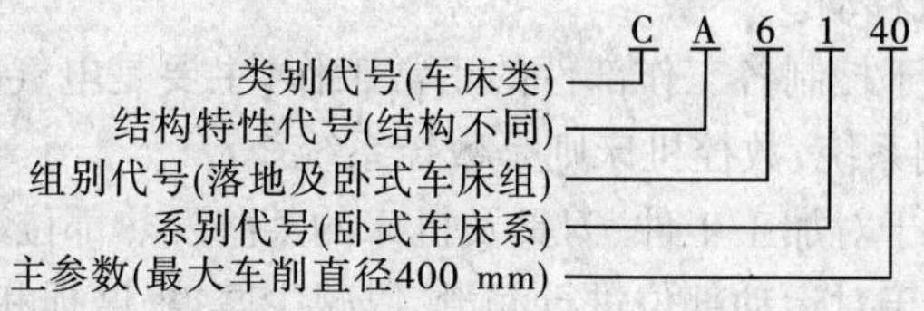

【例 12-2】 MG1432A 型高精度万能外圆磨床

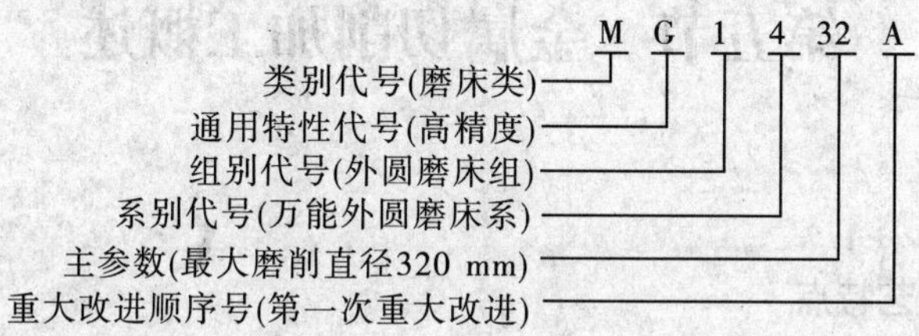

2. 专用机床的型号编制

专用机床型号表示方法为：

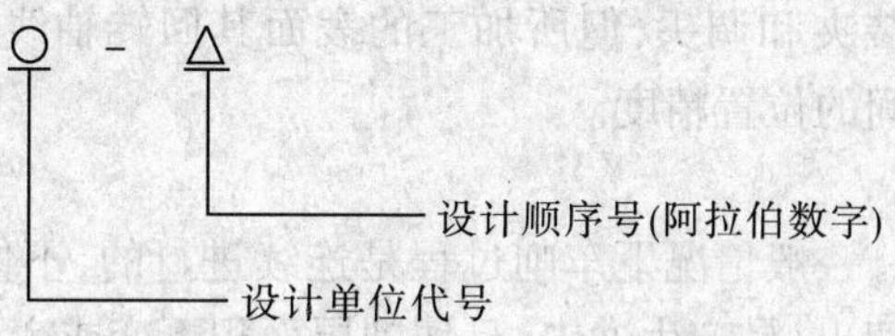

例如，北京第一机床厂设计制造的第 15 种专用机床为专用铣床，其型号为 B1 -015。

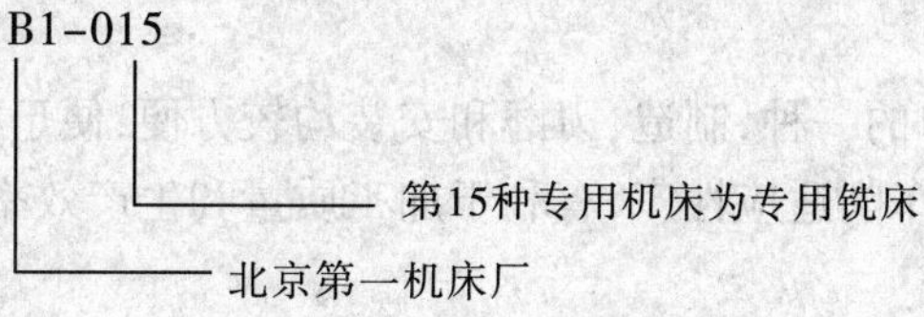

二、金属切削机床的基本结构

机床的品种和规格繁多，担负着各种各样的切削加工任务，但它们大体是由以下几部分所构成的：

(1)动力源。为执行元件提供运动和动力的装置。如交流异步电动机、直流或交流调速电动机或伺服电动机。

(2)传动系统。传递动力和运动的装置。包括主传动系统、进给传动系统和其他运动的传动系统，如变速箱、进给箱等部件。

(3)支承件。用于安装和支承其他固定的或运动的部件，承受其重力和切削力，如床身、底座、立柱等。

(4)运动执行机构。为机床执行运动的部件，如主轴、刀架和工作台等，它们带动被加工工件或刀具旋转或移动。

(5)控制系统。用于控制各工作部件的正常工作，主要是电气控制系统，有些机床局部采用液压或气动控制系统，数控机床则是数控系统。

(6)冷却系统。用于对加工工件、刀具及机床的某些发热部位进行冷却。

(7)润滑系统。用于对运动部位进行润滑，以减少摩擦、磨损和发热。

(8)其他装置。如排屑装置、自动测量装置等。

第五节　金属切削加工概述

一、车削加工

(一)车削的工艺特点

1. 易于保证被加工零件各表面位置精度

回转工件各加工表面具有同一回转轴线，因此在一次装夹后可加工外圆、内孔、端面，依靠机床的精度保证回转面间的同轴度及轴线与端面间的垂直度。另外，对于中心孔定位的轴类零件，虽然多次装夹和调头，但所加工的表面其回转轴线始终是两中心孔的连线，因而能保证相应表面间的位置精度。

2. 切削过程平稳

除车削不连续表面外，一般情况下车削过程是连续进行的，不像铣削和刨削，在一次走刀中，刀齿多次切入和切出，易产生冲击；且切削层面积不变或变化不大，所以切削力变化小，切削过程平稳。又因为车削的主运动为回转运动，避免了惯性力和冲击的影响，所以车削允许用较大的切削用量进行高速切削或强力切削，有利于提高生产效率。

3. 刀具简单

车刀是刀具中最简单的一种，制造、刃磨和安装均较方便，便于根据具体的加工要求，选用合理的角度。因此，车削适应性广，有利于加工质量和生产效率的提高。

(二)车削的应用

车床类机床既可用车刀对工件进行车削加工，又可采用各种孔加工刀具，如钻头、扩孔钻、铰刀、丝锥、板牙、滚花刀等对工件进行加工，可加工的表面有内外圆柱表面、圆锥表面、成形回转表面、回转体的端面和各种内外螺纹面等，如图12-11为车床的典型加工工序。

车削主要用于外圆加工，在普通车床上粗车尺寸公差等级为IT13～IT11，表面粗糙度R_a值为50～12.5 μm；精车尺寸公差等级为IT8～IT6，表面粗糙度R_a值为1.6～0.8 μm。在普通车床上镗孔的精度是：粗镗尺寸公差等级为IT11～IT10，表面粗糙度R_a值为12.5～6.3 μm；精镗尺寸公差等级为IT8～IT7，表面粗糙度R_a值为1.6～0.8 μm。

车削常用来加工单一轴线的零件，如直轴和一般的盘、套类零件等。若改变工件的安装位置或将车床适当改装，还可以加工多轴线的零件(如曲轴、偏心轮等)或盘形凸轮。对于单件小批量生产的各种轴类、盘类、套类零件，常选用卧式车床或数控车床进行加工；

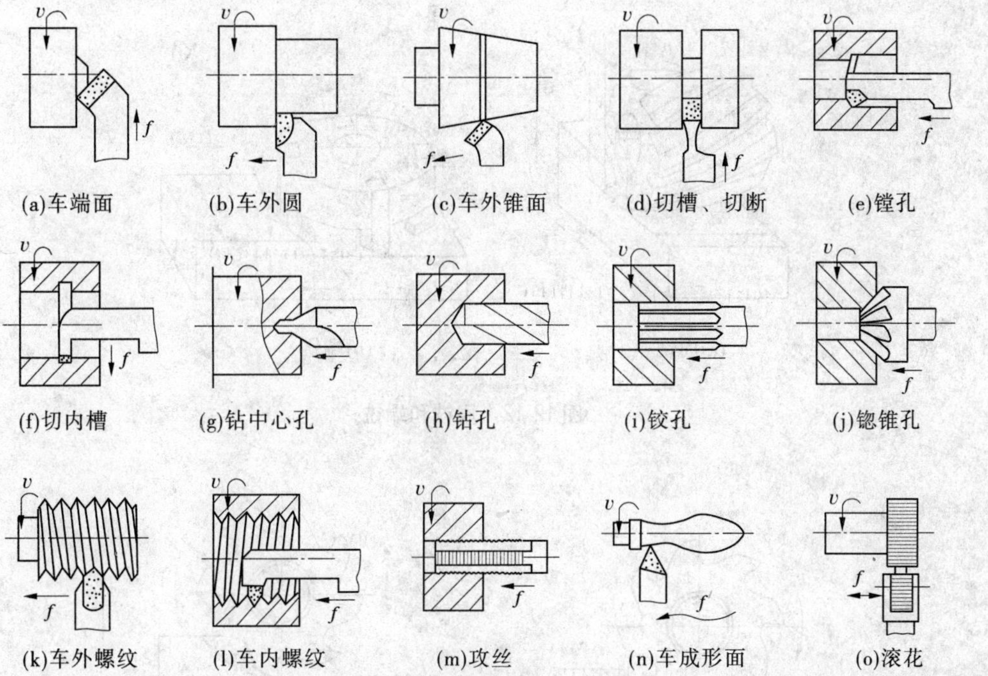

图 12-11　车床典型加工工序

对于直径大而长度短及重型零件多选用立式车床；成批生产外形较复杂，且具有内孔及螺纹的中小型轴、套类零件，应选用转塔车床进行加工；大批量生产简单形状的小型零件，可选用半自动或自动车床进行加工，它的生产率很高，但精度较低。

二、铣削加工

(一)铣削方式

铣削方法有端铣和周铣两种。周铣是用铣刀圆周上切削刃铣削工件表面的方法，端铣是利用铣刀端面的刀齿来铣削工件的方法，如图 12-12 所示。周铣有顺铣和逆铣之分。端铣分为对称铣削法和不对称铣削法。

工件进给运动方向与铣刀的旋转方向相反称为逆铣，工件进给运动方向与旋转运动方向相同称为顺铣。如图 12-13 所示。

逆铣和顺铣时，由于切入工件时的切削厚度不同，刀齿与工件的接触长度不同，故铣刀磨损程度不同。实践表明，顺铣时，铣刀寿命可比逆铣时提高 2 ~ 3 倍，表面粗糙度也可降低。但顺铣不宜用于铣削带硬皮的工件。

逆铣时，工件受到的水平分力与进给运动的方向相反，如图 12-13 所示，铣床工作台丝杠与螺母始终接触，而顺铣时工件所受水平分力与进给方向相同，由于丝杠、螺母之间有螺纹间隙，就会造成工作台窜动，使铣削进给量不匀，甚至还会打刀。因此，在没有消除螺纹间隙装置的一般铣床上，只能采用逆铣，而无法采用顺铣。

根据铣刀和工件材料相对位置的不同，端铣分为对称铣和不对称铣，如图 12-14 所示。

当工件与铣刀处于对称位置时称为对称铣(见图 12-14(a))。当工件铣削宽度偏于

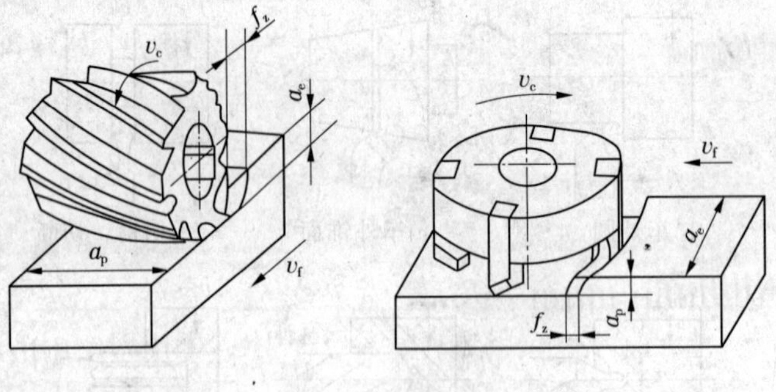

(a)周铣　　　　(b)端铣

图 12-12　周铣和端铣

(a)逆铣　　　　(b)顺铣

图 12-13　顺铣和逆铣

端铣刀回转中心一侧时称为不对称铣削(见图 12-14(b)、(c))。其中图 12-14(b)为不对称逆铣,切削厚度由小到大,切削力变化小,切削平稳。这种铣削方式适宜铣削较窄的工件。图 12-14(c)为不对称顺铣,较少采用。对某一刀刃而言,从切入到切离工件的过程中,有一半属于逆铣,一半属于顺铣。这种铣削方法适用于工件宽度接近端铣刀直径且刀齿较多的情况。

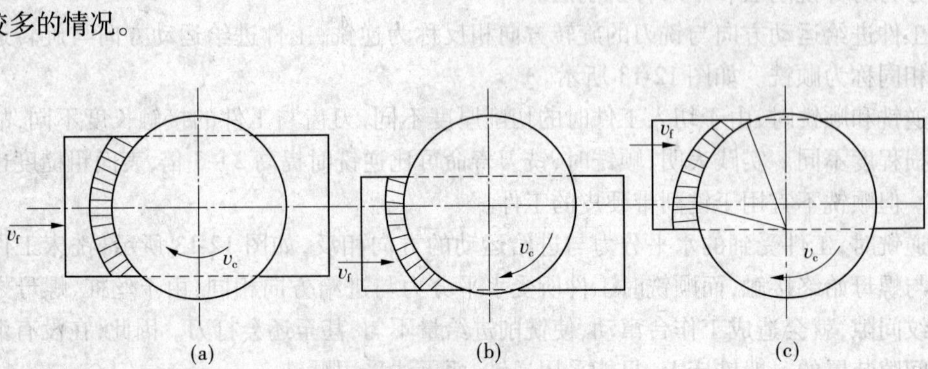

(a)　　　　(b)　　　　(c)

图 12-14　对称铣和不对称铣

（二）铣削的工艺特点

1. 生产率高

铣刀是典型的多齿刀具，铣削时，几个刀齿同时参与工作，且铣削的主运动是铣刀的旋转运动，有利于采用高速切削，故铣削效率一般比刨削高。

2. 切削过程不平稳

铣刀的刀齿切入和切出时，切削厚度是变化的，切削力的大小和方向也在不断变化。因此，切削过程不平稳，容易产生振动，影响加工质量的进一步提高。

（三）铣削的应用

铣削的工艺范围很广，主要用来加工各种平面、沟槽（键槽、T 形槽、燕尾槽等）、齿槽（齿轮、链轮、棘轮、花键轴等）、螺旋形表面及各种曲面等，如图 12-15 所示。铣削一般分为粗铣和精铣，粗铣尺寸精度可达 IT13 ~ IT11，表面粗糙度 R_a 值可达 12.5 μm；精铣后加工精度可达 IT8 ~ IT7；表面粗糙度 R_a 可达 1.6 ~ 3.2 μm。

单件小批生产中，加工小、中型工件，多用升降台式铣床；加工中、大型工件，可用工作台不升降式铣床。成批大量生产中，多用龙门铣床加工。

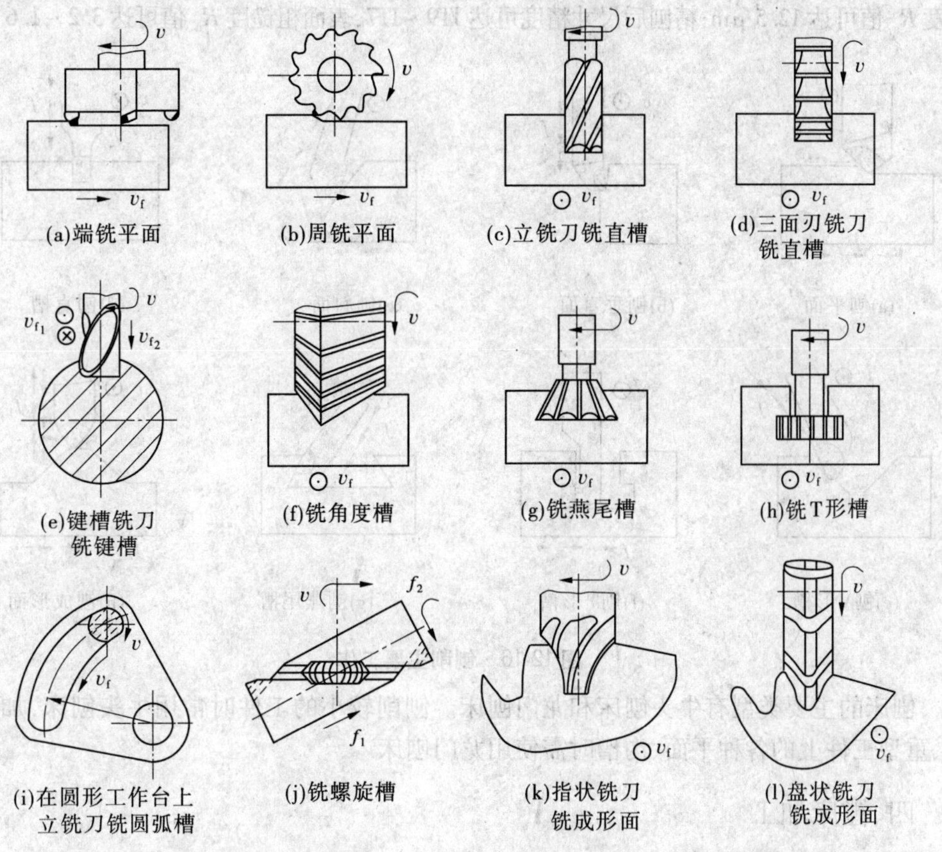

图 12-15 铣床主要工作

三、刨削加工

(一)刨削的工艺特点

刨削的工艺特点如下:

(1)刨床结构简单,价格便宜,调整、操作方便,通用性好。

(2)刨刀形状简单,制造、刃磨、安装方便。

(3)生产率一般较低。由于机床的主运动是直线往复运动,运动部件换向时需克服惯性力,形成冲击,使主运动速度难以提高,生产效率低,所以在大批大量生产中常被铣床和拉床所取代;但龙门刨床行程由几米到几十米,可以把许多工件组装起来一块刨削,生产率反而提高。

(二)刨削的应用

刨削加工是加工平面的主要方法之一,它能加工各种平面(水平面、斜面、垂直面)和沟槽(T形槽、燕尾槽)以及纵向成形表面等,如图12-16所示。刨削主要用在单件、小批生产中,在维修车间应用较多。普通刨削一般分为粗刨和精刨。刨削加工过程中由于惯性及冲击振动的影响使刨削加工质量不如车削,粗刨后尺寸精度可达IT13~IT11,表面粗糙度 R_a 值可达12.5 μm;精刨后尺寸精度可达IT9~IT7,表面粗糙度 R_a 值可达3.2~1.6 μm。

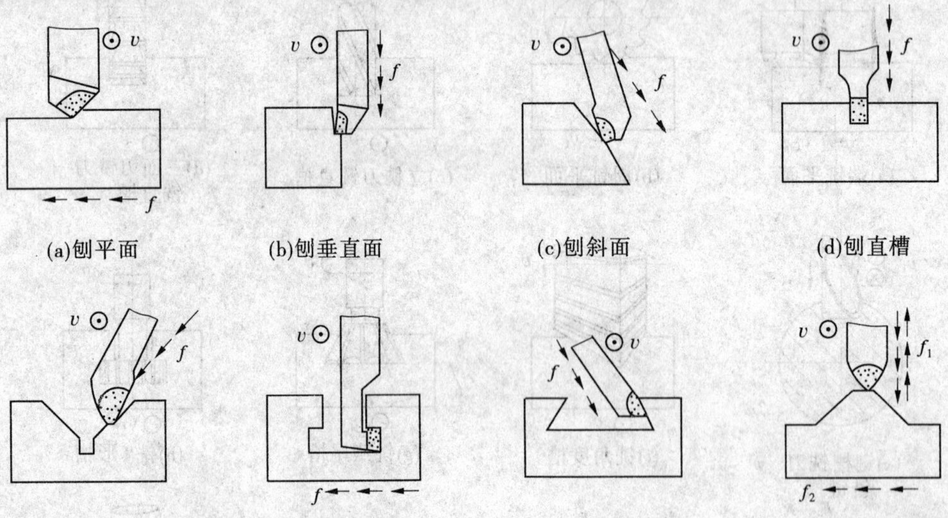

(a)刨平面 (b)刨垂直面 (c)刨斜面 (d)刨直槽

(e)刨V形槽 (f)刨T形槽 (g)刨燕尾槽 (h)刨成形面

图12-16 刨削主要工作

刨床的主要类型有牛头刨床和龙门刨床。刨削较小的工件时常用牛头刨床,加工大型、重型工件上的各种平面、沟槽时需使用龙门刨床。

四、镗床加工

镗孔是用镗刀切削扩大工件孔的方法,是常用的孔加工方法之一,镗孔多在车床或镗床上进行。回转体零件上的孔适宜在车床上加工,箱体零件上的孔和孔系适宜在镗床上加工。

(一)镗床加工工艺特点

1. 加工范围广泛

镗床是一种多功能通用机床。既可镗单个孔,又可镗孔系,孔径尺寸不受刀具尺寸的限制,特别是对直径较大的孔、内成形表面及孔内的环形槽等,镗孔几乎是唯一的加工方法。除此外,还可进行铣削和车削工作。

2. 镗削的生产率低

镗杆受孔径的限制,一般刚性较差,为减少镗孔时引起的镗杆振动,只能用较小的切削用量,进行多次走刀;且用单刃镗刀时,只一个切削刃参与切削,生产效率低。

3. 能保证被加工孔的形位精度

镗孔具有较强的误差修正能力,可通过多次走刀来修正原孔轴线偏斜误差,而且在镗床上加工复杂工件上的若干相互间有同轴度、位置度及垂直度等精度要求的孔系时,可以保证孔系的形状和位置精度。所以,镗床是加工机座、箱体、支架等外形复杂的大型零件的主要设备。

4. 能获得较高的精度和较高的表面质量

普通镗床镗孔的尺寸公差可达 IT8 ~ IT7,表面粗糙度 R_a 值可达 1.6 ~ 0.8 μm,若采用金刚石镗床或坐标镗床,可获得更高的精度和更小的表面粗糙度数值。

(二)镗削加工的应用

镗床是一种主要用镗刀加工有预制孔工件的机床。通常用于加工尺寸较大、精度要求较高的孔,特别是分布在不同表面上、孔距和位置精度要求较高的孔。镗床的工艺范围很广,在镗床上,除镗孔外,还可以进行铣削、钻孔、铰孔等工作,如图 12-17 所示。镗床的主要类型有卧式镗床、坐标镗床、金钢镗床等。

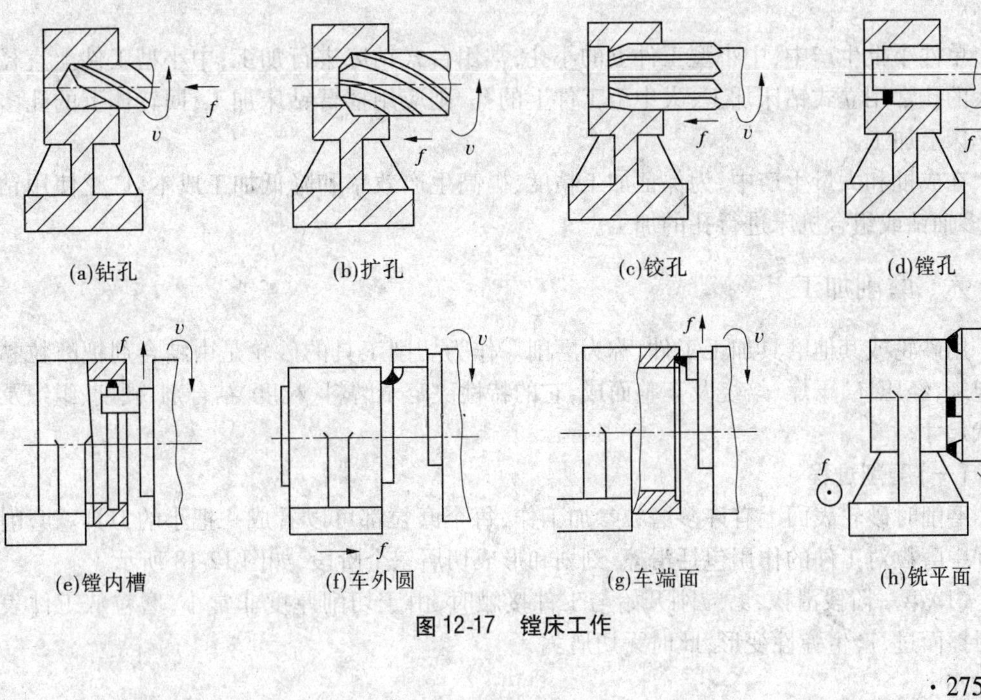

图 12-17 镗床工作

五、钻削加工

(一)钻削的工艺特点

1. 加工精度低

钻孔一般多用麻花钻在钻床上切削孔,孔加工所用刀具的尺寸受被加工孔尺寸的限制,刚性差,容易产生“引偏”。“引偏”是指加工时由于钻头弯曲而引起的孔径扩大、孔不圆或孔的轴线歪斜等。另外,用定值尺寸刀具加工孔时,孔的尺寸往往直接取决于刀具的相应尺寸,刀具的制造误差和磨损误差将直接影响孔的加工精度。

2. 排屑困难

钻孔时,由于切屑较宽,容屑槽尺寸又受到限制,因而在排屑过程中,往往与孔壁发生较大摩擦、挤压,拉毛和刮伤已加工表面。有时切屑可能堵塞钻头的容屑槽,卡死钻头,甚至将其折断。为了改善排屑条件,钻钢料工件时,可在钻头上修磨出分屑槽,以利于排屑。当钻深孔时,应采用合适的深孔钻进行加工。

3. 切削热不易传散

钻孔时,切削区在工件内部,切削液难以注入到切削区,切屑、刀具与工件间的摩擦很大,切削温度高,致使刀具磨损加剧,这也限制了切削用量和生产效率的提高。

(二)钻削的应用

在各类机器零件上,经常需要钻孔,所以钻削的应用十分广泛。但由于钻削常用的是麻花钻,钻头的弯曲刚度和扭转刚度均较低,加之定心性不好,排屑困难,钻孔加工的精度较低,一般只能达到IT13~IT11;表面粗糙度也较差,R_a 一般为50~12.5 μm,但钻孔的金属切除量大,切削效率高。钻孔主要用于加工质量要求不高的孔,如螺纹孔、油孔等,对于加工精度和表面质量要求较高的孔,则应在后续加工中通过扩孔、铰孔、镗孔或磨孔等来实现。

单件小批生产中,中小型工件上的小孔,常用台式钻床进行加工;中小型工件上直径较大的孔常用立式钻床加工;大中型工件上的孔,则应用摇臂钻床加工;回转体上的孔多在车床上加工。

在成批和大量生产中,为保证加工精度、提高生产效率和降低加工成本,广泛使用钻模、多轴钻或组合机床进行孔的加工。

六、磨削加工

用砂轮或其他磨具加工工件,称为磨削。作为切削工具的砂轮是由结合剂把磨粒黏结起来,经压坯、干燥、焙烧及车整而成,它的特性决定于磨料、粒度、结合剂、硬度、组织及形状尺寸。

(一)磨削过程

磨削时砂轮表面上有许多磨粒参加工作,每个磨粒都可以看成一把小的刀具。磨削过程中磨粒对工件的作用包括滑擦、刻划和形成切屑三个阶段,如图12-18所示。

(1)第一阶段滑擦:磨粒刚开始与工件接触时,由于切削厚度非常小,磨粒从工件表面滑擦而过,产生弹性变形,此时无切屑。

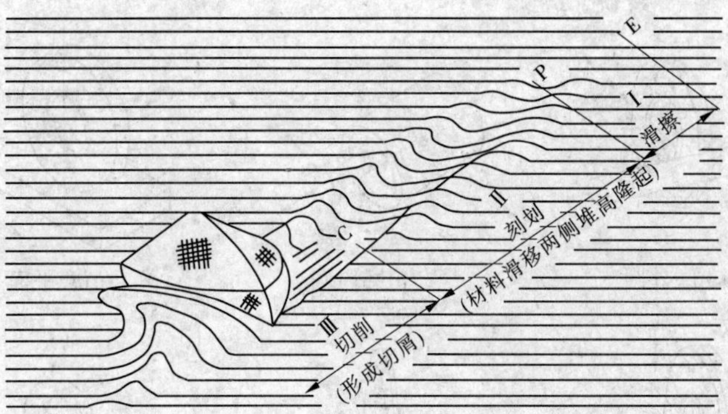

图 12-18　磨粒的切削过程

(2)第二阶段刻划：随着切削厚度的增加，被磨工件表面开始产生塑性变形，磨粒逐渐切入工件表层材料中，表层材料被挤向磨粒的前方和两侧，刻划出沟痕，并形成隆起，此时磨粒对工件的挤压摩擦剧烈，产生的热量大大增加。

(3)第三阶段切削：当磨粒的切削层厚度增大到某一临界值时，磨粒前面的金属产生明显的剪切滑移形成切屑。

(二)磨削加工工艺特点

磨削加工工艺特点如下：

(1)磨削加工属于精加工，尺寸精度高，表面粗糙度值小。磨削时，砂轮表面有极多的切削刃，并且刃口圆弧半径小，磨粒上较锋利的切削刃能够切下一层很薄的金属，切削厚度可以小到数微米，这是精密加工所必需的条件之一。

磨床制造精度高，刚性好，稳定性好。并且具有微量的进给机构，可以进行微量切削，从而保证了精密加工的实现。因此，磨削可以达到高的精度和小的粗糙度。

(2)砂轮具有自锐作用，有利于进行强力连续磨削，以提高磨削加工的生产率。

(3)背向磨削力(F_p)大。磨削过程中，由于切削深度很小，砂轮与工件表面接触面大，使背向磨削力(径向分力)F_p 比主磨削力 F_c 大，一般 F_p 为$(1.5\sim3)F_c$。而且工件材料塑性愈小，F_p/F_c 比值愈大。

由于背向磨削力大，在此力方向上机床、夹具、工件、刀具组成的工艺系统刚度要求高，如果较差会造成工艺系统变形，影响工件加工精度；另外，工艺系统的变形会使实际磨削深度比名义值小，所以一般在最后几次走刀时，要少吃刀或不吃刀，以便逐步消除由于变形而产生的加工误差。

(4)磨削温度高。由于磨削时单位磨削力比车削时大得多，当切除金属体积相同时，磨削所消耗的能量远远大于车削所消耗的能量，因此磨削中应大量采用切削液。切削液除具有冷却、润滑作用外，还可以冲洗砂轮，保证磨削的正常运行，提高砂轮的耐用度和工件的加工质量。

(三)磨削的应用

磨削是机械制造中常用的加工方法之一，它的应用范围十分广泛，可以加工外圆、内圆、平面、成形面、螺纹、花键、齿轮及切割钢材等，如图 12-19 所示。磨削加工容易实现自动化生产。磨削常用于精加工，在一般的磨削加工中，加工的尺寸精度可达 IT5 ~ IT7 级，表面粗糙度 R_a 一般为 0.1 ~ 0.8 μm，在超精磨和镜面磨削中，R_a 可分别达到 0.04 mm、0.08 μm。

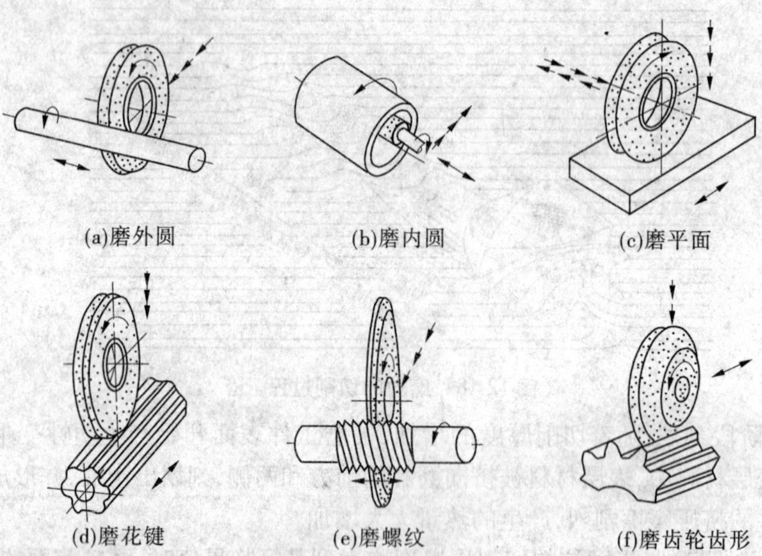

图 12-19　磨削应用

思考与练习

12-1　什么是切削用量三要素？在外圆车削中，它们与切削层参数有什么关系？

12-2　确定外圆车刀切削部分几何形状最少需要几个基本角度？试画图标出这些基本角度。

12-3　什么是积屑瘤？它对加工过程有什么影响？

12-4　什么是顺铣？什么是逆铣？分析其工艺特征。

12-5　简述车削加工、铣削加工、刨削加工、镗削加工、钻削加工、磨削加工的工艺特点和应用范围。

12-6　金属切削机床有哪些类型？机床的型号怎样构成？

12-7　指出下列机床型号的含义：C616；T6180；Z3025。

12-8　在图 12-20 所示的车刀中，标出车刀的前角 γ_0、后角 α_0、主偏角 K_r、副偏角 K_r'。

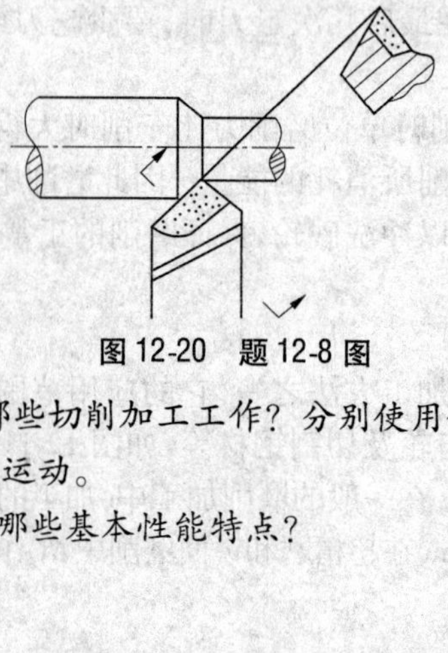

图 12-20　题 12-8 图

12-9　在车床上能进行哪些切削加工工作？分别使用何种刀具？试画出两种车削加工工作的工艺简图，标出切削运动。

12-10　刀具材料应具备哪些基本性能特点？

参 考 文 献

[1] 丁德全. 金属工艺学[M]. 北京:机械工业出版社,2000.
[2] 陈明深. 金属材料及热处理[M]. 北京:中国劳动出版社,1995.
[3] 姚云英. 公差配合与技术测量[M]. 北京:机械工业出版社,2007.
[4] 马丽霞. 极限配合与技术测量[M]. 北京:机械工业出版社,2004.
[5] 杨化书. 机械基础[M]. 郑州:黄河水利出版社,2007.
[6] 于骏一. 机械制造技术基础[M]. 北京:机械工业出版社,2006.
[7] 肖华. 机械制造基础[M]. 北京:中国水利水电出版社,2005.
[8] 宫成立. 金属工艺学[M]. 北京:机械工业出版社,2007.
[9] 韩进宏. 互换性与技术测量[M]. 北京:机械工业出版社,2005.
[10] 陈于萍. 互换性与技术测量[M]. 北京:高等教育出版社,2005.
[11] 刘跃南. 机械基础[M]. 北京:高等教育出版社,2005.
[12] 杨瑞成. 材料科学与工程导论[M]. 哈尔滨:哈尔滨工业大学出版社,2002.
[13] 付廷龙. 工程材料与机加工概论[M]. 北京:北京理工大学出版社,2007.
[14] 施江篮. 材料成形技术基础[M]. 北京:机械工业出版社,2007.
[15] 郑修本. 机械制造工艺学[M]. 北京:机械工业出版社,1999.
[16] 邓文英. 金属工艺学[M]. 北京:高等教育出版社,2000.
[17] 林江. 机械制造基础[M]. 北京:机械工业出版社,2007.